Cuadernos de lógica, epistemología y lenguaje

Volumen 15

Lógica, Conocimiento y Abducción
Homenaje a Ángel Nepomuceno

Volumen 4
Ciencias de la Vida: Estudios Filosóficos e Históricos
Pablo Lorenzano, Lilian A.-C. Pereira Martíns, Anna Carolina K. P. Regner, editores

Volumen 5
Lógica dinámica epistémica para la evidencialidad negativa. Las partículas negativas lā/ʾal en ugarítico
Cristina Barés Gómez

Volumen 6
La Lógica como Herramienta de la Razón. Razonamiento Ampliativo en la Creatividad, la Cognición y la Inferencia
Atocha Aliseda

Volumen 7
Paradojas, Paradojas y más Paradojas
Eduardo Barrio, editor

Volumen 8
David Hilbert y los fundamentos de la geometría (1891-1905)
Eduardo N. Giovannini

Volumen 9
Henri Poincaré. Del Convencionalismo a la Gravitación
María de Paz

Volumen 10
Innovación en el Saber Teórico y Práctico
Anna Estany y Rosa M. Herrera

Volumen 11
El fundamento y sus límites. Algunos problemas de fundamentación en ciencia y filosofía.
Jorge Alfredo Roetti y Rodrigo Moro, editores

Volumen 12
Una introducción a la teoría lógica de la Edad Media
Manuel A. Dahlquist

Volumen 13
Aventuras en el Mundo de la Lógica. Ensayos en Honor a María Manzano
Enrique Alonso, Antonia Huertas y Andrei Moldovan, editors

Volumen 14
Infinito, lógica, geometría
Paolo Mancosu

Volumen 15
Lógica, Conocimiento y Abducción. Homenaje a Ángel Nepomuceno
C. Barés Gómez, F. J. Salguero Lamillar and F. Soler Toscano, editores

Cuadernos de Lógica, epistemología y lenguaje
Series Editors   Shahid Rahman and Juan Redmond
Assistant Editor   Rodrigo López-Orellana

Lógica, Conocimiento y Abducción
Homenaje a Ángel Nepomuceno

Editores

C. Barés Gómez
F. J. Salguero Lamillar
and
F. Soler Toscano

© Individual author and College Publications 2021. All rights reserved.

ISBN 978-1-84890-358-6

College Publications
Scientific Director: Dov Gabbay
Managing Director: Jane Spurr http://www.collegepublications.co.uk

Cover produced by Laraine Welch

All rights reserved. No part of this publication may be reproduced, stored in a retrieval system or transmitted in any form, or by any means, electronic, mechanical, photocopying, recording or otherwise without prior permission, in writing, from the publisher.

Índice

Prefacio y prólogo. Cristina Barés Gómez,
Francisco J. Salguero Lamillar y Fernando Soler Toscano 1

Parte I: Lógica 7

Capítulo 1. *¿A qué huelen las cosas que no tienen olor? Algunas consideraciones didácticas sobre las demostraciones por diagonalización.*
Enrique Alonso 9

Capítulo 2. *Cercanía y despreciabilidad usando lógica con órdenes de magnitud.*
Alfredo Burrieza, Emilio Muñoz-Velasco y Manuel Ojeda-Aciego 21

Capítulo 3. *Soundness and completeness of the axioms of a probabilistic modal logic.* Nino Guallart 35

Capítulo 4. *Los casos cerrados en Agatha Christie. Reflexiones en torno a consistencia y completitud.* Carmen Hernéndez 51

Capítulo 5. *Tools for Teaching Logic transcurridos 22 años.*
María Manzano 63

Capítulo 6. *¿Es la lógica formal una teoría de los argumentos?*
Huberto Marraud 83

Capítulo 7. *It Ought to be Forbidden! Islamic Heteronomous Imperatives and the Dialectical Forge.*
Shahid Rahman, Walter E. Young y Farid Zidani 97

Capítulo 8. *Conciencia, lógica y computación.*
Fernando Soler Toscano 115

Parte II: Conocimiento 129

Capítulo 9. *Buscando el requisito decisivo, o condición última, para el origen del número.* Teresa Bejarano 131

Capítulo 10. *From Russia with Love.*
Hans van Ditmarsch y David Fernández-Duque 153

Capítulo 11. *Putnam's Reference Theory, Semantic Externalism and his Views on Realism.* Luis Fernández Moreno 175

Capítulo 12. *Fórmula Barcan y omnisciencia ontológica.*
Emilio Gómez-Caminero Parejo 187

Capítulo 13. *De la información al conocimiento biomédico a través de la ciencia de datos.*
Isabel A. Nepomuceno-Chamorro y Juan A. Nepomuceno-Chamorro 197

Capítulo 14. *Natural language and philosophical language. Nationalism and Universalism in Leibniz's praise of the German language.*
Olga Pombo 205

Capítulo 15. *The logic of semantic and pragmatic strategies in discourse. A linguistic point of view.* Francisco J. Salguero-Lamillar ... 219

Capítulo 16. *La singularidad epistemológica del modelado en dinámica de sistemas.* Margarita Vázquez y Manuel Liz 237

Parte III: Abducción **249**

Capítulo 17. *Ignorance-based Cognitives Strategies.*
Selene Arfini, Lorenzo Magnani y Tommaso Bertolotti 251

Capítulo 18. *Un análisis de la inferencia en la práctica médico-veterinaria antigua. Los textos hipiátricos de Ugarit.*
Cristina Barés Gómez 265

Capítulo 19. *Identificación y lógica epistémica: una hipótesis abductiva.* Matthieu Fontaine 285

Capítulo 20. *Knowledge-Enhancing Abduction and Eco-Cognitive Openness Reconsidered. Locked and Unlocked Cognitive Strategies.*
Lorenzo Magnani 299

Capítulo 21. *Observaciones sobre el concepto de abducción.*
Pascual F. Martínez-Freire 321

Capítulo 22. *From the Atom to the Cosmos, in Three Stories on the Weight of Imagination in Science.* Andrés Rivadulla 331

Capítulo 23. *Counterfactuals in reasoning from observation to explanation.* Fernando Velázquez 347

Contribuciones

ALONSO, ENRIQUE
Departamento de Lingüística, Lenguas Modernas, Lógica y Filosofía de la Ciencia, Teoría de la Literatura y Literatura Comparada. Universidad Autónoma de Madrid.
enrique.alonso@uam.es

ARFINI, SELENE
Department of Humanities, Philosophy Section and Computational Philosophy Laboratory, University of Pavia, Italia.
selene.arfini@gmail.com

BARÉS GÓMEZ, CRISTINA
Departamento de Filosofía, Lógica y Filosofía de la ciencia. Universidad de Sevilla.
crisbares@gmail.com

BEJARANO, TERESA
Departamento de Filosofía, Lógica y Filosofía de la ciencia. Universidad de Sevilla.
tebefer@us.es

BERTOLOTTI, TOMMASO
Department of Humanities, Philosophy Section and Computational Philosophy Laboratory, University of Pavia, Italia.
bertolotti@unipv.it

BURRIEZA, ALFREDO
Departamento de Filosofía. Universidad de Málaga.
burriezamuniz@gmail.com

DITMARSCH, HANS VAN
LORIA, Francia
hans.van-ditmarsch@loria.fr

FERNÁNDEZ DUQUE, DAVID
Department of Mathematics. Ghent University, Bélgica.
David.FernandezDuque@UGent.be

FERNÁNDEZ MORENO, LUIS
Departamento de Lógica y Filosofía de la ciencia. Universidad Complutense de Madrid.
luis.fernandez@filos.ucm.es

FONTAINE, MATTHIEU
Departamento de Filosofía, Lógica y Estética. Universidad de Salamanca.
fontaine.matthieu@gmail.com
GÓMEZ-CAMINERO PAREJO, EMILIO
Grupo de Lógica, Lenguaje e Información. Universidad de Sevilla.
egcaminero@yahoo.es
GUALLART, NINO
Departamento de Filosofía, Lógica y Filosofía de la ciencia. Universidad de Sevilla.
nguallart@us.es
HERNÉNDEZ, CARMEN
Departamento de Filosofía, Lógica y Filosofía de la ciencia. Universidad de Sevilla.
mchm696680882@gmail.com
LIZ, MANUEL
Area de Lógica y Filosofía de la ciencia. Universidad de La Laguna.
manuliz@ull.es
MAGNANI, LORENZO
Department of Humanities, Philosophy Section and Computational Philosophy Laboratory, University of Pavia, Italia.
lmagnani@unipv.it
MANZANO, MARÍA
Departamento de Filosofía, Lógica y Estética. Universidad de Salamanca.
mara@usal.es
MARRAUD, HUBERT
Departamento de Lingüística, Lenguas Modernas, Lógica y Filosofía de la Ciencia, Teoría de la Literatura y Literatura Comparada. Universidad Autónoma de Madrid.
hubert.marraud@uam.es
MARTÍNEZ-FREIRE, PASCUAL F.
Departamento de Filosofía. Universidad de Málaga.
martinez.freire@gmail.com
MUÑOZ-VELASCO, EMILIO
Departamento de Matemática Aplicada. Universidad de Málaga.
ejmunoz@uma es
NEPOMUCENO-CHAMORRO, ISABEL A.
Departamento Lenguajes y Sistemas Informáticos.Universidad de Sevilla.
inepomuceno@us.es
NEPOMUCENO-CHAMORRO, JUAN A.
Departamento Lenguajes y Sistemas Informáticos.Universidad de Sevilla.
janepo@us.es
OJEDA-ACIEGO, MANUEL
Departamento de Matemática Aplicada . Universidad de Málaga.
aciego@uma.es

POMBO, OLGA
Centro de Filosofia das Ciências da Universidade de Lisboa.Portugal.
ommartins@fc.ul.pt
RAHMAN, SHAHID
Département Philosophie. Université Lille. Francia.
shahid.rahman@univ-lille.fr
RIVADULLA, ANDRÉS
Departamento de Lógica y Filosofía de la ciencia. Universidad Complutense de Madrid.
arivadulla@filos.ucm.es
SALGUERO LAMILLAR, FRANCISCO J.
Departamento de Lengua Española, Lingüística y Teoría de la Literatura. Universidad de Sevilla
salguero@us.es
SOLER TOSCANO, FERNANDO
Departamento de Filosofía, Lógica y Filosofía de la ciencia. Universidad de Sevilla.
fsoler@us.es
VÁZQUEZ, MARGARITA
Area de Lógica y Filosofía de la ciencia. Universidad de La Laguna.
mvazquez@ull.es
VELÁZQUEZ QUESADA, FERNANDO R.
Institute for Logic, Language and Computation. Universidad de Amsterdam. Holanda.
FernandoRVelazquezQ@gmail.com
YOUNG, WALTER E.
Institute of Islamic Studies. McGill University. Canadá
walter.young@mail.mcgill.ca
ZIDANI, FARID
Alger II - University. Argelia
zidani_farid@yahoo.fr

Prefacio

«En el Mañana Clara no sólo se sirven cafés, churros y tostadas, sino que los parroquianos también se desayunan con juegos lingüísticos, paradojas y problemas de lógica. Todo es culpa de don Ataúlfo Veritario.»
Los desayunos de Ataúlfo Veritario. Lógica de lo cotidiano.
A. Nepomuceno. Anantes. Sevilla. 2018.

Una breve semblanza biográfica

Ángel Nepomuceno nació el 24 de noviembre de 1950 en Villanueva del Río y Minas, un pueblo de la provincia de Sevilla. Aunque provenía de una familia de mineros, su primera ocupación laboral fue como empleado de banca y usaba sus ratos libres para estudiar en la Universidad. Todo este esfuerzo dio sus frutos cuando comenzó a trabajar como Profesor Ayudante de Clases Prácticas en la Universidad de Sevilla, después como Ayudante de Universidad, Profesor Asociado a tiempo completo (niveles II y III), Profesor Titular Interino, y, desde 1996 hasta 2009, ya como Profesor Titular de Universidad. Hoy se jubila como Catedrático de Universidad y pasa a ser Investigador Honorario de la Universidad de Sevilla.

Se doctoró en Filosofía y Ciencias de la Educación en 1990 bajo la dirección del Prof. Emilio Díaz Estevez, con una tesis titulada «Lógica de segundo orden. Problemas metateóricos». Fue miembro del Grupo de Investigación de Lógica de la Universidad de Sevilla, y, desde 1997 hasta 2016, pasó a ser el Investigador Principal del Grupo de Investigación de Lógica, Lenguaje e Información de la Universidad de Sevilla (GILLIUS).

Ha participado en 12 proyectos de investigación de nivel autonómico y nacional, de los cuales ha liderado 11 como IP, y ha sido también promotor de un proyecto del PAIDI con incorporación de Investigador de Reconocida Valía, además de liderar un proyecto internacional y varias acciones especiales y acciones integradas.

Tiene publicados más de 95 trabajos, dos libros y ha editado (o coeditado) otros 8. En los últimos 8 años, 22 artículos suyos aparecen en revistas de reconocido prestigio internacional y alto índice de impacto, como *The Review of Symbolic Logic, Logic Journal of the IGPL, Journal of Applied Non Classical Logics*, etc. Igualmente, ha aportado un número similar de contribuciones a volúmenes de editoriales de amplia difusión internacional, como Springer, Kluwer o College Publications.

Ha realizado estancias en centros extranjeros como el Instituto de Investigaciones Filosóficas de la UNAM, la Université de Lille, o el Centro de Filosofia das Ciências da Universidade de Lisboa. Ha impartido cursos y conferencias en diversos centros extranjeros, como la Universidad Nacional de Tucumán, la UNAM, la Universidad de Costa Rica o la Universidad de Gante, entre otras. Por otra parte, ha participado en numerosos congresos, tanto nacionales como internacionales, y organizado congresos y reuniones científicas en su Universidad.

La internacionalización de su labor investigadora ha propiciado la atracción de talento al grupo de Lógica, Lenguaje e Información. Además del Investigador de Reconocida Valía (Hans van Ditmarsch), también trabajaron en su grupo de investigación un investigador Ramón y Cajal (Joost Joosten, procedente del ILLC de Amsterdam, actualmente en U. Barcelona) y 2 Juan de la Cierva (David Fernández Duque, doctorado en Stanford, actualmente en Gante, y Fernando Velázquez Quedasa, doctorado en el ILLC, donde trabaja actualmente). Del mismo modo, ha establecido colaboraciones con prestigiosos especialistas en su área, entre los que destacan Atocha Aliseda (UNAM), Walter Carnielli y Marcelo Coniglio (Universidade de Campinas), Shahid Rahman y Tero Tulenheimo (Université de Lille), Lorenzo Magnani (Università de Pavia), Olga Pombo (Universidade de Lisboa) y otros más que nos llevaría mucho tiempo nombrar.

Asimismo, ha organizado congresos y reuniones científicas, como el X Congreso de Lenguajes Naturales y Lenguajes Formales, JoLL2000, LOFT 2012, varias Jornadas Ibéricas de Lógica y Filosofía de la Ciencia, MBR'18_SPAIN, etc.

Dicho todo lo cual, y como punto y seguido a su amplia labor académica y científica, debemos acabar esta breve semblanza destacando su vocación literaria, que ha dado como fruto varias obras: «Amor eterno», «Competitividad», «Travesura», «Infosfera», «Ortiguillas», «El anillo de París», «Los desayunos de Ataúlfo Veritario» —que une sus dos pasiones: la lógica y la literatura— y su última obra, junto con Isabel Álvarez, «Palabras para la memoria».

Prólogo

Este volumen es un homenaje al trabajo del Profesor Ángel Nepomuceno por su jubilación como Catedrático de Lógica de la Universidad de Sevilla. Los diferentes trabajos que se encuentran en este volumen han sido realizados por personas que de un modo u otro han compartido algún aspecto de su vida académica con él. Entre ellos hay compañeros de área, de facultad, participantes de sus proyectos y estudiantes que han hecho sus tesis doctorales bajo su dirección. Esperamos que este volumen atestigüe, aunque claramente no toda, parte de su trayectoria y se considere como punto de inflexión en su vida académica. Aunque esperamos que no se considere un punto final, sino más bien un comienzo para una nueva etapa pues continúa con nosotros como Investigador Honorario.

La estructuración del volumen se ha realizado teniendo en cuenta tres grandes áreas en las que ha trabajado el Prof. Nepomuceno durante toda su carrera: Lógica, Conocimiento y Abducción. Aunque realmente en la carrera de Ángel se encuentran unidas, hemos considerado que pueden ser las tres áreas más representativas de su labor académica.

La primera parte está dedicada a la lógica, en la que el Prof. Nepomuceno ha trabajado desde los inicios de su carrera académica. Ha trabajado tanto en cuestiones teóricas de diversas lógicas (lógica de segundo orden, diferentes lógicas modales, dinámicas, etc.), como en el desarrollo de cálculos para ciertos sistemas lógicos (tableaux para fragmentos decidibles de lógica de predicados en modelos finitos, para lógicas modales, etc.). Podemos decir que la lógica es el centro de la trayectoria académica del Prof. Nepomuceno, que ha sabido aplicarla a cuestiones de epistemología formal como veremos en las siguientes partes del volumen. Esta parte se abre con el trabajo de Enrique Alonso titulado «¿A qué huelen las cosas que no tienen olor? Algunas consideraciones didácticas sobre las demostraciones por diagonalización», donde reflexiona acerca de las pruebas por diagonalización con especial atención a sus aspectos didácticos. Son reflexiones que retoman cuestiones que presentó en Sevilla en 2005 por invitación de los profesores A. Nepomuceno y E. Díaz Estévez. A continuación, Alfredo Burrieza, Emilio Muñoz-Velasco y Manuel Ojeda, en su trabajo «Cercanía y despreciabilidad usando lógica con órdenes de magnitud» proponen un enfoque lógico de la noción de cercanía basado en intervalos de proximidad. Demuestran la capacidad de decisión de la lógica introducida y muestran algunos aspectos de su potencia expresiva. Nino Guallart, en «Soundness and completeness of the axioms of a probabilistic modal logic» extiende los resultados de su tesis doctoral (dirigida por el Prof. Nepomuceno) donde proponía una lógica modal probabilística y ofrecía una semántica para la misma. Ahora ofrece axiomas y demostraciones de corrección y completitud. Carmen Hernández dedica a su antiguo discípulo Ángel Nepomuceno «Los casos cerrados en Agatha Christie. Reflexiones en torno a consistencia y completitud», trabajo que transita entre la lógica y la literatura, dos grandes vocaciones del Prof. Nepomuceno. Reflexiona sobre los problemas de adaptar al razonamiento ordinario los conceptos de completitud y consistencia. Mara Manzano, en «Tools for Teaching Logic transcurridos 22 años» realiza una síntesis y valoración de los frutos de un largo proyecto iniciado a finales del siglo XX por un grupo de lógicos de Europa y Latinoamérica que se unieron en un proyecto ALFA dedicado a la enseñanza de la lógica. El Prof. Nepomuceno participó desde el comienzo en las tareas de esta red y en los congresos que se fueron organizando. Huberto Marraud, en «¿Es la lógica formal una teoría de los argumentos?» analiza la teoría de las argumentaciones que se desprende de los trabajos del Prof. Nepomuceno, que considera inspirada en John Corcoran. Shahid Rahman, Walter E. Young y Farid Zidani, en «Ought to be Forbidden! Islamic Heteronomous Imperatives and the Dialectical Forge» presentan una reconstrucción desde la lógica deóntica del pensamiento de Ibn Hazm de Córdoba, prominente filósofo andalusí. Finalmente, Fernando Soler, en «Conciencia, lógica y computación», emplea medidas de complejidad algorítmica basadas en máquinas de Turing para detectar crisis epilépticas a partir de datos de electroencefalograma.

La segunda parte, dedicada al conocimiento, representa un aspecto importante de la trayectoria académica del Prof. Nepomuceno. En diferentes trabajos ha explorado el papel del conocimiento y la creencia de agentes desde un punto de vista de la epistemología formal. Ha estudiado su expresión por parte de los agentes reales, así como su rol en la inferencia científica con herramientas lógicas. El trabajo «Buscando el requisito decisivo, o condición última, para el origen del número» de Teresa Bejarano abre esta segunda parte. En él, la autora investiga sobre el origen del número mediante la capacidad humana de reformular un conocimiento por medio de la corrección o puesta al día de una creencia falsa o caducada. En «From Russia with love», Hans van Ditmarsch y David Fernández Duque, estudian desde un punto de vista lógico y de comprobación de modelos el problema de las cartas rusas. En este puzle combinatorio dos jugadores se transmiten información sin el conocimiento de un tercero. Seguidamente, Luis Fernández Moreno en «Putnam's Reference Theory, Semantic Externalism and his view on Realism» nos ofrece un análisis de la visión de Putnam sobre el realismo con el objetivo de hacer explícitas sus relaciones con su teoría de la referencia y su semántica externalista. En «Fórmula Barcan y omnisciencia ontológica», Emilio Gómez-Caminero Parejo analiza el axioma A5 de la lógica epistémica y su relación con la fórmula Barcan y su conversa para estudiar la construcción de la lógica epistémica de primer orden con dominios constantes y variables, considerando los últimos como adecuados para las situaciones de ignorancia ontológica. Isabel Nepomuceno-Chamorro y Juan Antonio Nepomuceno-Chamorro en «De la información al conocimiento biomédico a través de la ciencia de datos» usan una serie de técnicas computacionales para la inferencia de nuevo conocimiento a partir de la información almacenada en bases de datos en el campo biomédico. El siguiente artículo de Olga Pombo, «Natural Language and Philosophical Language. Nationalism and Universalism in Leibniz's praise of the German Language», está dedicado al análisis de la concepción de Leibniz sobre la lengua alemana y su importancia en la filosofía. En «The Logic of Semantic and Pragmatic Strategies in Discourse. A

Linguistic Point of View», Francisco J. Salguero-Lamillar trata los problemas de construcción de los módulos semánticos en sistemas de diálogos basados en intercambios de información incompletos y el tratamiento de las intenciones comunicativas de los hablantes humanos. Por último en esta parte, Margarita Vázquez y Manuel Liz en «La singularidad epistemológica del modelado en dinámica de sistemas» proponen un análisis filosófico de la Dinámica de Sistemas desde la perspectiva de los principales problemas y discusiones sobre las nociones de verdad y justificación en la teoría del conocimiento, defendiendo que también son importantes las nociones de creencia intuitiva y acción intencional.

La tercera parte está dedicada a la Abducción. El Prof. Nepomuceno ha dedicado parte de su carrera a estudiar el razonamiento abductivo con herramientas lógicas. Cabe destacar sus estudios de la abducción con árboles semánticos y su formalización con lógica dinámica epistémica y *Belief Revision*, así como algunos trabajos teóricos relacionados con la filosofía de la ciencia. Esta parte comienza con un artículo titulado «Ignorance-based Cognitives Strategies» realizado por Selene Arfini, Lorenzo Magnani y Tommaso Bertolotti. En él se estudia el razonamiento abductivo como razonamiento que preserva la ignorancia desde un análisis epistemológico y cognitivo, considerando la ignorancia como virtud para la emergencia de abducciones creativas satisfactorias. En «Un análisis de la inferencia en la práctica médico-veterinaria antigua. Los textos hipiátricos de Ugarit», Cristina Barés Gómez, estudia el diagnóstico médico-veterinario como inferencia abductiva, dando importancia a la activación de la hipótesis más allá del aspecto explicativo. En el siguiente capítulo, «Identificación y lógica epistémica: una hipótesis abductiva», Matthieu Fontaine trata el requisito de criterios de identificación de las líneas de mundos de Hintikka como una hipótesis epistémica abductiva que no forma parte de la semántica en las lógicas modales de primer orden. En «Knowledge-Enhancing Abduction and Eco-Cognitive Openness Reconsidered. Locked and Unlocked Cognitive Strategies», Lorenzo Magnani analiza los problemas de *fill-up* y *cutdown* que caracterizan la abducción desde un punto de vista cognitivo, haciendo uso del *eco-cognitive model* propuesto anteriormente por el mismo autor para describir estrategias cerradas y no cerradas y su rol en el conocimiento y la creatividad. Seguidamente, Pascual Martínez-Freire, en «Observaciones sobre el concepto de abducción», expone algunas precisiones históricas de autores como Bacon, William Whewell, John Stuart Mill y Peirce y discute las nociones de inducción y abducción. En «From the Atom to the Cosmos, in Three Stories on the Weight of Imagination in Science», Andrés Rivadulla nos presenta tres casos de estudio que muestran la importante repercusión de la imaginación en las hipótesis atrevidas en ciencia mediante razonamientos abductivos. Por último, Fernando Velázquez, en «Counterfactuals in Reasoning from Observation to Explanation», estudia la abducción desde una perspectiva de lógica dinámica epistémica introduciendo aspectos temporales con una estructura contrafactual.

En Sevilla a 24 de noviembre de 2020

Los editores

Parte I

Lógica

Capítulo 1

¿A qué huelen las cosas que no tienen olor? Algunas consideraciones didácticas sobre las demostraciones por *diagonalización*

ENRIQUE ALONSO
Universidad Autónoma de Madrid

> *Resumen.* Este texto recoge algunas reflexiones sobre el tratamiento de pruebas por diagonalización con una especial atención a sus aspectos didácticos. En concreto, me centro en el comportamiento de este mecanismo de prueba en aquellos contextos en que no tiene aplicación -de ahí el título del artículo-, es decir, cuando tratamos con conjuntos r.e. Se trata, en definitiva, de analizar qué información ofrece el fallo de la técnica de diagonalización sobre el orden de un conjunto r.e.

1.1. Una vieja obsesión

La primera vez que visité Sevilla por motivos académicos fue de la mano de Ángel y del ya fallecido Emilio Díaz Estévez en un muy lejano 2005. Se me propuso hablar sobre algún aspecto de Teoría de la Computación, disciplina en la que trabaja activamente por aquel entonces -[Alonso, 2006]- y no se me ocurrió nada mejor que el tópico de la *hipercomputación*, relativamente activo en aquel momento. Como más tarde me confesaron algunos de los presentes, la charla fue interesante, pero difícilmente asequible para el público al que en principio estaba dirigida: estudiantes de primeros cursos con una formación elemental en Lógica. Es un error del que confieso haber aprendido mucho y del que aún me estoy disculpando con Ángel en mi fuero interno: perdón una vez más.

Mi interés por la *hipercomputación*[1] responde, en el fondo, al mismo impulso que el problema al que está dedicado este trabajo: mi fascinación por las soluciones no-estándar dentro de disciplinas bien establecidas[2]. En esta ocasión me voy a ocupar del uso de la *técnica de diagonalización* en contextos en los que no debería tener aplicación posible, es decir, en el tratamiento de conjuntos enumerables o r.e. Abordaré el asunto con una perspectiva claramente pedagógica, orientada más a estudiantes interesados por las herramientas de la Lógica en niveles avanzados, que a los especialistas, que poco nuevo van a encontrar en mis palabras, aunque quizá sí puedan apreciar problemas en los que poco nos hemos parado a pensar.

Debo advertir al hipotético lector de la maldición que siempre pesa sobre este tipo de aproximaciones a problemas clásicos. La primera tentación de los expertos y me incluyo, ante tratamientos no-estándar de tópicos tradicionales suele ser de incredulidad y rechazo. Lo más común pasa por suponer una falta de conocimientos o la existencia de confusiones de fondo por parte de los proponentes, algo que no se puede negar en ciertas ocasiones, pero que ensombrece la vía a los abordajes genuinamente oblicuos de los problemas tradicionales. Espero que en esta ocasión se me conceda el privilegio de hablar desde el conocimiento de una técnica a la que me he visto enfrentado en multitud de oportunidades y que, aunque solo sea por eso, conozco con cierto detalle. Y hablo así porque recuerdo que en la primera ocasión que planteé el análisis del comportamiento de la técnica de diagonalización sobre conjuntos enumerables o recursivamente enumerables, la respuesta que obtuve no fue positiva. ¿Por qué diagonalizar sobre un conjunto que, de hecho, no diagonaliza? ¿Acaso se pretende revisar la validez de algún resultado aceptado por todos desde tiempo atrás? Nadie pretende tal cosa y menos yo. Diagonalizar sobre un conjunto enumerable tiene el interés de apreciar las razones por las que la construcción, inexpugnable en muchos sentidos, falla en tales ocasiones. Y con ello de ganar la oportunidad de entender con mayor precisión y detalle como funcionan estas pruebas.

No obstante, fue años más tarde cuando pude comprobar que ese conocimiento fructífero podía ser una fuente fundamental de inspiración. Leyendo la bibliografía disponible en torno a la *Tesis de Church* encontré la siguiente cita de S. Kleene:

---

[1] Creo que una referencia útil aún para quienes quieran saber algo más del tópico es el texto de Hamkin y Lewis -[Hamkin y Lewis, 2000]

[2] Otro ejemplo de esta rara pasión es la solución paraconsistente a los Teoremas de Gödel defendida originalmente por Priest en [Priest, 1979] que, junto la hipercomputabilidad y el uso no-estándar de la *diagonalización son mis pasiones más confesadas.*

> When Church proposed this thesis, I sat down to disprove it by diagonalizing out of the class of the λ-definable functions. But, quickly realizing that the diagonalisation cannot be done effectively, I became overnight a supporter of the thesis. [Kleene, 1981, p.59]

Poco tiempo después tuve la ocasión de comentar la cita con Mara[3] a quien le lancé una pregunta nada obvia: ¿cuándo sabes que un conjunto no diagonaliza? De la discusión ulterior surgió precisamente uno de los artículos que más valoro de nuestra mutua colaboración: *Diagonalisation and Church's Thesis: Kleene's Homework* -[Manzano y Alonso, 2005]-.

Creo que ahora, ya si, podemos pasar al asunto que nos ocupa.

1.2. Algunos ejemplos y sus consecuencias

Tanto por el declarado afán pedagógico de este texto, como por el deseo de fijar la terminología, voy a proceder a aplicar diagonalización sobre el conjunto potencia de los naturales, es decir, sobre $\mathfrak{P}(\mathbb{N})$. Emplearé en primer lugar la representación tabular estándar bajo la siguiente convención:

Convención 1 *Para cada A_i existe una única secuencia binaria, es decir, formada por "0" y "1" que cumple lo siguiente:*
$\sigma_i = <s_{i0}, s_{i1}, \ldots s_{in}, \ldots >$ *es tal que* $n \in A_i$ *syss* $s_{in} = 1$

Dicho de otra manera, la ocurrencia del símbolo "1" en la n-ésima posición en la secuencia σ_i debe interpretarse como indicador de la pertenencia del número natural n al conjunto A_i. De forma correspondiente, la ocurrencia de "0" deberá interpretarse como que $n \notin A_i$. Y eso es todo.

Estas convenciones son relevantes en lo que sigue y volveremos a ellas.

Ahora consideramos la construcción de la tabla canónica eligiendo una enumeración arbitraria de las secuencias binarias σ_i bajo la *Convención 1*.

Tabla 1

$\mathfrak{S}$	0	1	2	...	n	...
σ_0	s_{00}	s_{01}	s_{02}	...	s_{0n}	...
σ_1	s_{10}	s_{11}	s_{12}	...	s_{1n}	...
σ_2	s_{20}	s_{21}	s_{22}	...	s_{2n}	...
...	...	...	...	...	...	...
σ_n	s_{n0}	s_{n1}	s_{n2}	...	s_{nn}	...
...	...	...	...	...	...	...

Según la *Convención 1* es evidente que cada secuencia σ_i está asociada a un único conjunto A_i de números naturales. Puesto que las secuencias son infinitas ya que siguen el propio orden de los naturales, esta convención representa

---
[3]María Manzano.

conjuntos de cualquier cardinal enumerable, claro está. Y es ahora cuando la técnica de *diagonalización* entra en funcionamiento.

Definición 1 *Sea δ la secuencia binaria definida a partir de la Tabla 1 del siguiente modo:*

$$\delta = <s_{00}, s_{11}, s_{22}, \ldots, s_{nn}, \ldots>$$

Definición 2 *Por la involución binaria de una secuencia se entenderá la operación sobre secuencias definida del modo siguiente:*

$$\sigma^*_{jk} = <s^*_{j1}, s^*_{j2}, \ldots, s^*_{jj}, s^*_{jk} \ldots>, \; donde$$

1. $s^*_{jn} = 1 \; si \; s_{jn} = 0$

2. $s^*_{jn} = 0 \; si \; s_{jn} = 1$

La inversión binaria de una secuencia simplemente es el resultado de cambiar las ocurrencias de "1" por "0" y viceversa.

Teorema 1 *El conjunto $\mathfrak{P}(\mathbb{N})$ no es enumerable.*

Prueba: Supongamos que por el contrario es enumerable. En tal caso existe una enumeración de sus elementos que permite crear una tabla bajo la Convención 1 con la propiedad de que contendrá todas las secuencias binarias σ que representan conjuntos en $\mathfrak{P}(\mathbb{N})$. La secuencia δ^* -la inversión de δ representa un conjunto en $\mathfrak{P}(\mathbb{N})$, pero no está en la tabla.

1. *Supongamos no obstante que δ^* está en la tabla correspondiente.*

2. *En tal caso $\delta^* = \sigma_i$ para algún i.*

3. *Por lo anterior $\sigma_i = <s^*_{i1}, s^*_{i2}, \ldots, s^*_{ii}, s^*_{ik} \ldots>$*

4. *Y por tanto alcanzamos la siguiente contradicción: $s_{ii} = s^*_{ii}$*

Puesto que la enumeración elegida para generar la tabla es arbitraria, llegamos a la conclusión de que no existe ninguna enumeración de los elementos de $\mathfrak{P}(\mathbb{N})$ que los contenga a todos.

Esta prueba, a primera vista, parece aplicable a cualquier colección de objetos para los que se carezca de una prueba de enumerabilidad. La razón es que parece depender de unos requisitos tan generales y poc exigentes que apenas cabe imaginar otra cosa. Pero lo cierto es que sí depende de determinados requisitos nada baladíes que a menudo pasan desapercibidos. El primero viene dado por la *Convención 1* y resulta más o menos explícito en la prueba. El segundo tiende a pasar desapercibido: ¿qué garantiza que δ^*, tenida en cuenta la *Convención 1*, o la que aplique en cada caso, *representa* un elemento del conjunto sometido a diagonalización, $\mathfrak{P}(\mathbb{N})$ en este caso?

Volveré al asunto en breve, ya que constituye el nucleo de nuestra argumentación. Pero permítaseme antes una breve discusión de la técnica empleada. Es común afirmar que la técnica de diagonalización depende en definitiva de un fenómeno más profundo y sutil: la autorreferencia. En términos intuitivos este término alude a la capacidad de un sistema de símbolos[4] para hacer *referencia a expresiones del propio sistema en contextos definicionales*. En términos algo más formales lo podríamos expresar formulando una condición sobre funciones del siguiente modo:

Definición 3 *Un sistema S es autorrefencial si el siguiente esquema es expresable en S:*

$h(x) = g(f^x(x))$, *donde $h(x)$, $g(x)$ y $f^x x$ están definidas sobre el mismo conjunto inicial.*

Esta condición es la que está asociada a resultados tan fundamentales como el *Lema de Diagonalización*, el *Teorema de la Recursión* o a resultados tan renombrados como *Problema de Parada* o los *Teoremas de Incompletitud de Gödel*[5]. ¿Pero dónde está la autorrencia en la demostración del *Teorema 1*? Obsérvese que la notación $f^x(x)$ es peculiar. Emplea variables del mismo tipo en lugares que expresan tipos distintos[6]. El *superíndice* x hace referencia a una enumeración de las funciones definibles en S mientras que la ocurrencia restante hace referencia al argumento de la función. Puesto que $h(x) = f^i(x)$ para algún i, lo que estamos habilitando es un mecanismo definicional que permite refreirse al objeto que está siendo definido en la propia definición. La función del *problema de parada -halting function-* se define expresamente de ese modo a partir de la enumeración efectiva de las funciones *Turing-computables* mientras que la proposición G indemostrable de Gödel hace lo propio a partir de la enumeración efectiva de las fórmulas de PA[7] y la definibilidad del predicado de *substitución* y del predicado de *prueba* $Bew(x)$. En ningún caso eso supone que la función de parada sea Turing-computable, no lo es, ni que G sea demostrable en PA, que tampoco lo es supuesta su consistencia.

¿Pero dónde está la autorreferencia en la demostración anterior? No se ha empleado un formalismo muy estricto, sino tan solo una escueta colección de convenciones y mecanismos de representación. El truco en este caso reside en la capacidad para definir δ a partir de la propia tabla generada por la *Convención 1*. Lo que ocurre es que en este caso hemos operado sobre el *metalenguaje* asociado al mecanismo de representación adoptado y no sobre un sistema bien definido como presuntamente lo estaría el sistema S mencionado en la Definición 3. Obsérvese que a partir de la *Tabla 1* nada nos impide definir nuevas secuencias de las formas más variadas posibles. Por ejemplo: $j_i = <s_{0i}, s_{1i}, \ldots s_{ii}, \ldots >$ que correspondería a la *i-ésima* columna o cualquier otro recorrido que se nos

---

[4]Empleo esta expresión para asimilar el tratamiento formal del problema a su uso en el lenguaje ordinario.
[5]Para los que quieran ampliar sus conocimientos sobre estos tópicos me atrevería a recomendar dos clásicos: [Davis, 1958] y [Rogers, 1992].
[6]El uso de *teoría de tipos* en este punto nos eximiría de cualquier explicación.
[7]*Peano Arithmetic* o *Aritmética de Primer Orden*.

pueda ocurrir. Dicha secuencia ha sido definida autorreferencialmente del mismo modo que δ y solo difiere de δ^* en que en este caso no hemos recurrido a ninguna operación extra, como si se hace cuando recurrimos a la *inversión binaria* de una secuencia previamente definida. Pero igual lo podríamos haber hecho, nada lo impide.

En todo caso, estos esquemas definicionales no garantizan, como ya hemos visto:

1. Que la secuencia así definida pertenezca a la tabla generada.

2. Que la secuencia satisfaga la *convención* representacional empleada en la tabla generada.

Las pruebas por diagonalización se han centrado de manera casi exclusiva en la primera de esta posibilidad, en cuyo caso la conclusión alcanzada apunta siempre a un resultado de no-enumerabilidad de la clase o conjunto analizado. ¿Pero qué pasa en el segundo caso?

1.3. Tensando la cuerda

Obsérvese que la técnica empleada aquí para demostrar la no emumerabilidad de $\mathfrak{P}(\mathbb{N})$ responde a tan pocos requisitos que parace aplicable bajo casi cualquier circunstancia. Y de hecho así es. La secuencia δ^* siempre se va a poder generar a partir de una tabla como la *Tabla 1* ya que su formulación tiene lugar en el metalenguaje y nunca, por su propia definición, va a pertenecer a las secuencias representadas en esa o en cualquier otra tabla a partir de la cual se haya generado. Diagonalizar sobre un conjunto que es enumerable no está en modo alguno prohibido, esto es lo que quiero hacer notar, sino que el resultado arrojado no será contrario al hecho probado del carácter enumerable del conjunto en cuestión. En consecuencia, y esto es lo interesante del caso, solo cabe esperar que δ^* viole de alguna manera la convención representacional adoptada para generar la tabla en cuestión. Es decir, que la secuencia δ^* no *represente* un elemento propio del conjunto enumerable sobre el que se aplica la técnica de diagonalización. Veámoslo con un ejemplo trivial que luego complicaremos un tanto.

Vamos a analizar el conjunto $\mathbb{U} = \{\{0\}, \{1\}, \{2\}, \ldots \{n\}, \ldots\}$, es decir, el conjunto formado por los conjuntos unitarios de los naturales. Como es obvio, se trata de un conjunto efectivamente enumerable ya que no es sino una representación alternativa del propio $\mathbb{N}$. En este caso la convención para representar tales entidades en una tabla apropiada no puede ser la *Convención 1* sino otra mucho más restricitiva:

Convención 2 *Para cada A_i en $\mathbb{U}$ existe una única secuencia binaria, es decir, formada por "0" y una **única** ocurrencia del símbolo "1" para la que se cumple:*
$\rho_i = <r_{i0}, r_{i1}, \ldots r_{in}, \ldots>$ *es tal que* $n \in A_i$ *syss* $r_{in} = 1$

Una posible presentación tabular del conjunto $\mathfrak{R}$ de todas las secuencias binarias unitarias del tipo ρ_i tendría entonces el siguiente aspecto:

Tabla 2

$\mathfrak{R}$	0	1	2	...	n	...
ρ_0	1	0	0	...	0	...
ρ_1	0	1	0	...	0	...
ρ_2	0	0	1	...	0	...
...	...	...	...	...	...	...
ρ_n	0	0	0	...	1	...
...	...	...	...	...	...	...

Es eviente apreciar que la *Tabla 2* recoge todos los elementos en $\mathfrak{R}$ y en consecuencia constituye una representación adecuada de $\mathbb{U}$. Las secuencias δ y δ^* quedarían como se muestra a continuación:

Definición 4 *Dada la enumeración de $\mathfrak{R}$ se obtiene que:*
$\delta = < 1, 1, 1, \ldots, 1, \ldots >$
$\delta^* = < 0, 0, 0, \ldots, 0, \ldots >$

Nótese que no es necesario perder el tiempo en demostrar que $\delta^* \notin \mathfrak{R}$, sino más bien en constatar que de hecho es esto lo que debe suceder. Es decir, lo que debe ser establecido sin lugar a dudas es que la secuencia δ^* viola la *Condición 2* y en consecuencia no representa ningún elemento en $\mathbb{U}$. En este caso resulta obvio ya que la secuencia binaria δ^* no contiene ninguna ocurrencia del símbolo "1". Pero este argumento no demuestra mucho por sí mismo: no basta con establecer que bajo una determinada enumeración de los elementos de $\mathfrak{R}$ la secuencia δ^* viola la *Convención 2*, es preciso hacerlo extensivo a *toda* posible enumeración de los elementos de $\mathfrak{R}$ y esto es algo que resulta muy interesante en sí mismo. Si nos centramos solo en *permutaciones recursivas* de la enumeración canónica ϵ empleada en la *Tabla 2* obtenemos un corolario llamativo cuya demostración *indirecta* solo precisa apelar a la enumerabilidad de $\mathfrak{R}$:

Corolario 1 *No existe una permutación recursiva de la enumeración canónica ϵ capaz de generar una secuencia δ^* que satisfaga la Convención 2.*

Prueba: Puesto que hablamos de permutaciones recursivas de ϵ, podemos garantizar que la enumeración resultante genera tantas secuencias como las que produce la propia ϵ y por tanto δ^* no puede representar una secuencia binaria que corresponda ningún elemento en $\mathbb{U}$.

Lo que se consigue de este modo es releer un resultado trivial sobre diagonalización como una caracterización relevante de conjuntos numéricos recursivamente enumerables. Da igual cómo barajemos, reordenemos sus miembros, nunca va a ser posible hacerlo de manera que la secuencia δ satisfaga la convención representacional adoptada. Y esto se hace extensivo, no solo a permutaciones recursivas, sino a cualquier función de elección por la que pudiéramos optar y que cumpliera unos requisitos mínimos, lo que lleva de nuevo a una interesante perspectiva sobre el orden interno de los conjuntos r.e. y enumerables en general.

El último caso que quiero analizar es el del conjunto $\mathbb{F}$ formado por los todos los suconjuntos finitos de números naturales. Aunque no ofreceré una demostratación exacta de la enumerabilidad efectiva de dicho conjunto, téngase en cuenta que aqui solo estamos constatando la habilidad de nuestro ingenio formal para manejar adecuadamente sistemas de símbolos formados por *palabras finitas* a partir de un alfabeto enumerable. Algo explotado de forma magistral por Gödel en *Sobre Proposiciones formalmente indecidibles...* como base para la codificación de la sintaxis de PA sobre los naturales -[Gödel, 1986, p. 145 y ss.]-.

La convención a manejar ahora es considerablemente más laxa que la anterior, de hecho solo se trata de volver a la *Convención 1* y modificarla un poco:

Convención 3 *Para cada F_i en $\mathbb{F}$ existe una única secuencia binaria, es decir, formada por "0" y una cantidad **finita** de ocurrencias del símbolo "1" para la que se cumple:*

$$\phi_i = <f_{i0}, f_{i1}, \ldots f_{in}, \ldots> \text{ es tal que } n \in F_i \text{ syss } f_{in} = 1$$

Las secuencias ϕ que formarán la nueva tabla son secuencias de extensión infinita pero para las que podemos garantizar que tienen una última ocurrencia del símbolo "1" desde la izquierda, como es obvio. Es decir, tienen el siguiente aspecto: $\phi_i = <0, \ldots, 1, \ldots, 0, \ldots>$, donde los puntos suspensivos finales indican una sección final enumerable de ocurrencias del símbolo "0".

Demostrar que $\mathbb{F}$ es enumerable se reduce trivialmente a observar que bajo la *Convención 3* existe una biyección entre el conjunto de secuencias ϕ_i y la expresión binaria de los naturales. Pero en este caso también se puede demostrar que sus elementos puede ser listados de forma recursiva. El matiz es notable ya que estamos tratando con un problema asimilable a la unión contable de conjuntos contables. Cuando tales conjuntos son disjuntos es preciso apelar al *axioma de elección contable*, a no confundir con el propio *axioma de elección*, pero que indica que nos movemos ya en un terreno algo más resbaladizo.

Demostrar que podemos enumerar recursivamente los elementos de $\mathbb{F}$ se reduce a establecer una *enumeración canónica* de las secuencias que respetan la *Convención 3* de un modo similar al empleado en el caso anterior, es decir, en la *Tabla 2*. Por fortuna, en este caso es sencillo:

Tabla 3

$\mathfrak{F}$	0	1	2	4	n	...
ϕ_0	1	0	0	0	0	...
ϕ_1	0	1	0	0	0	...
ϕ_2	1	1	0	0	0	...
ϕ_3	0	0	1	0	0	...
ϕ_4	1	0	1	0	0	...
ϕ_5	0	1	1	0	0	...
ϕ_6	1	1	1	0	0	...
...	...	...	...	...	...	...

La enumeración ϵ' empleada en la *Tabla 3* simplemente aprovecha el hecho de que las secuencias ϕ_i pueden ser interpretadas como la codificación binaria de secuencias que tienen secciones finales solo formadas por ocurrencias del símbolo "0" y que, por tanto, aprovechan el propio orden de los naturales. En realidad lo único que hemos hecho es biyectar las secuencias ϕ_i del siguiente modo: $\epsilon'(\phi_i) = i + 1$, garantizando por tanto que se trata de una enumeración recursiva.

La constatación de que la *Tabla 3* contiene todas las secuencias que satisfacen la correspondiente convención basta para demostrar que la secuencia δ^* generada contiene una secuencia final formada por una serie finita de ocurrencias del símbolo "1", es decir, viola la *Convención 3* y por tanto no representa un conjunto en $\mathbb{F}$. Esto se extiende a un resultado más general que podría expresarse del siguiente modo:

Corolario 2 *Cualquier tabla binaria que represente **todos** los elementos de un conjunto dado genera una secuencia δ^* que no representa un elemento en el conjunto en cuestión.*

Obsérvese que el énfasis se pone en este caso en el hecho de que estemos o no ante una representación completa de un conjunto previamente definido en términos de secuencias binarias. Esto demuestra el hecho evidente de que la diagonalización es una técnica esencialmente ligada al fenómeno de la *completitud*, entendida esta en un sentido más amplio al que habitualmente le otorgamos. Permite también entender que en este tipo de demostraciones, y este era el objetivo de este texto, es conveniente distinguir los dos fenómenos que destacábamos al principio -2-. Me refiero al hecho de que la secuencia δ^* nunca pueda ser incluida en la tabla binaria que la genera, lo queda siempre garantizado por la propia construcción, y el fenómeno mucho más interesante, de que δ^* satisfaga o no la misma convención representacional que las secuencias que forman la tabla.

El corolario anterior no dice otra cosa que lo siguiente: es condición suficiente que una representación binaria de un conjunto dado sea *completa* con respecto a los elementos de ese conjunto para que la secuencia δ^* no satisfaga la misma convención representacional que las secuencias enumeradas en la tabla. Conversamente, si δ^* satisface la misma convención que el resto de las secuencias binarias incluidas propiamente en la tabla dada, entonces esta no es una representación completa del conjunto pretendido.

Este hecho trivial conecta con ciertos aspectos no tan elementales en *teoría de la recursión* como es la noción de *conjunto creativo*[8] y otras igualmente conectadas con el problema de la representación completa de conjuntos del más diverso tipo. Y en relación a esto sugiere la interesante hipótesis de si una secuencia δ^* que satisfaga el mismo principio respresentacional que el resto de las secuencias incluidas en la tabla en cuestión, contiene información suficiente para deducir las secuencias ausentes en la tabla. En definitiva, si permite identificar el elemento o elementos ausentes en la tabla considerada. Este extremo es fuertemente dependiente de la representación que genera la tabla y lo único que hace es chequear si la convención adoptada para su producción ha sido recogida de forma completa por esa representación. El uso de conjuntos creativos en computación suele estar asociado a este fenómeno, pero en contextos de incompletabilidad esencial, lo que no es nuestro caso.

Pero creo que es hora de dejarlo estar, al menos por el momento.

Dedicatoria

Al principio de este ensayo prometí resarcir a Angel del poco talento pedagógico mostrado en aquella ocasión que tuve de exhibir mi trabajo en la Universidad de Sevilla hace ya tanto tiempo. Mucho me temo que he vuelto a hacerlo... La disculpa debida seguirá pendiente, al menos por ahora.

Confío, eso sí, que pese a su retiro formal de la actividad académica tengamos la ocasión, más pronto que tarde, de volver a vernos -pese a las dificultades presentes- y de disfrutar de las charlas y anécdotas que tanto echo de menos. Al menos para mi, encontrarme con Angel al fondo de una sala de conferencias fue siempre un motivo de alegría y la promesa de un merecido respiro al final de jornadas por lo general extenuantes. Confío en que el tiempo nos de la ocasión de repetir experiencias o al menos de recordar como se merecen las ya vividas.

Bibliografía

[Alonso, 2006] Alonso, E. (2006). De la computabilidad a la hipercomputabilidad. *Azafea*, 8:121–146.

[Davis, 1958] Davis, M. (1958). *Computability & Unsolvability*. McGraw-Hill, New York.

[Gödel, 1986] Gödel, K. (1986). *On formally undecidable propositions of Principia mathematica and related Systems I*, volume I. Oxford University Press, New York.

---

[8]Véase, por ejemplo, [Davis, 1958, pp. 184-6].

[Hamkin y Lewis, 2000] Hamkin, J. y Lewis, A. (2000). Infinite time turing machines. *Journal of Symbolic Logic*, 65:567–604.

[Kleene, 1981] Kleene, S. (1981). Origins of recursive function theory. *Annals of the History of Computing*, 3/1:52–67.

[Manzano y Alonso, 2005] Manzano, M. y Alonso, E. (2005). Diagonalisation and church's thesis: Kleene's homework. *History and Philosophy of Logic*, 26:2:93–113.

[Priest, 1979] Priest, G. (1979). The logic of paradox. *Journal of Philosophical Logic*, 8 (1):219–241.

[Rogers, 1992] Rogers, H. (1992). *Theory of Recursive Functions ans Effective Computability*. The Mit Press, Cambridge, Massachusetts.

Capítulo 2

Cercanía y despreciabilidad usando lógica con órdenes de magnitud

ALFREDO BURRIEZA, EMILIO MUÑOZ-VELASCO, MANUEL OJEDA-ACIEGO
Universidad de Málaga

Dedicado a Ángel Nepomuceno con motivo de su fiesta de jubilación.
Un abrazo desde Málaga.

Resumen. En este trabajo[1] nos centramos en un enfoque lógico de la importante noción de cercanía, que no ha recibido mucha atención en la bibliografía. Introduciremos una noción de cercanía basada en intervalos llamados *intervalos de proximidad*, que se utilizarán para decidir los elementos que están cerca unos de otros. Algunas de las intuiciones de esta definición se explican sobre la base de ejemplos. Además, presentamos una noción de despreciabilidad que combinamos con la noción de cercanía. Probaremos la capacidad de decisión de la lógica multimodal introducida y, a continuación, mostraremos algunos aspectos de la potencia expresiva de nuestra lógica: su capacidad para denotar posiciones particulares de los intervalos de proximidad, la cantidad de intervalos que posee una clase cualitativa dada y su capacidad para definir diferentes tipos de conectivas modales sobre intervalos, sean o no de proximidad.

---
[1] Este trabajo es una adaptación/extensión de [7].

2.1. Introducción

El razonamiento cualitativo es muy útil para buscar soluciones a problemas sobre el comportamiento de los sistemas físicos sin utilizar datos numéricos exactos. De esta manera, es posible razonar sobre un conocimiento incompleto proporcionando una abstracción de los valores numéricos con el fin de poder resolver problemas que no pueden ser tratados sólo con un enfoque cuantitativo. El razonamiento cualitativo tiene muchas aplicaciones en Inteligencia Artificial como la Cinemática Robótica [13], y el manejo de los movimientos [14, 15]. En cuanto al tratamiento lógico del razonamiento cualitativo, algunos trabajos se han centrado en el Razonamiento Espacio-Temporal [4]; además, podemos encontrar propuestas de lógica para tratar con el movimiento, por ejemplo [15].

Otro enfoque interesante en razonamiento cualitativo es razonar con órdenes de magnitud [16], donde el manejo de valores exactos es sustituido por el razonamiento sobre clases cualitativas y relaciones entre ellas. Existen algunas lógicas multimodales para el razonamiento de orden de magnitud que tratan las relaciones de despreciabilidad y comparabilidad, ver por ejemplo [8, 11]; pero, por lo que sabemos, las únicas referencias publicadas sobre la noción de cercanía en un contexto basado en la lógica son [3, 5, 6].

En [5], la noción de cercanía se trata conjuntamente con la de distancia usando Lógica Dinámica Proposicional. Las definiciones de estas nociones se basan en el concepto de suma cualitativa; concretamente, se supone que dos valores están cercanos si uno de ellos puede obtenerse del otro añadiendo un número pequeño, donde los números pequeños se definen como aquellos que pertenecen a un intervalo fijo. Este enfoque tiene varias aplicaciones potenciales pero puede no ser tan útil en otras situaciones, por ejemplo, cuando se consideran espacios físicos en los que hay barreras naturales o artificiales: se puede estar muy cerca de un lugar, pero si tenemos un río en medio, este lugar no está realmente tan cerca en términos de tiempo consumido y distancia recorrida (ya que debemos buscar un puente para cruzar el río); una situación similar se da en el caso de un robot que se mueve en una casa entre dos puntos separados por una pared. De manera similar, se pueden considerar barreras temporales, como es el caso de la fecha límite para presentar un artículo: si la fecha límite es, por ejemplo, el 31 de mayo, la fecha del 30 de mayo puede considerarse cercana a la fecha límite, desde el punto de vista del autor, pero el 1 de junio no es así, porque la fecha límite ya ha pasado.

Por otra parte, en [6] se consideró un enfoque de lógica multimodal para tratar la cercanía y la despreciabilidad, donde la noción de cercanía se deriva del hecho de que dos valores se consideran *cercanos* si están dentro de un área prescrita o *intervalo de proximidad*; en cierto sentido, este enfoque se asemeja a la noción de granularidad tal como se da en [9]. Esta idea es útil para tratar las situaciones descritas en el párrafo anterior, ya que el conjunto de intervalos de proximidad puede establecerse en función de la existencia de las barreras. Este enfoque es puramente *crisp* y no utiliza ideas relacionadas con conjunto difusos, como se hizo en [1], donde se introdujo un enfoque basado en el conjunto difuso para el manejo de órdenes de magnitud relativos.

En este artículo, mostramos fundamentalmente la capacidad de la lógica para expresar diferentes propiedades de la relación de proximidad en términos de la principal novedad técnica de esta lógica, a saber, los intervalos de proximidad representados mediante el uso de un conjunto finito de constantes. Incluimos, además, una noción de despreciabilidad que da lugar a propiedades de interés al combinarla con la relación de cercanía [6]. Este enfoque puede considerarse híbrido de muchas maneras: por una parte, considera conjuntamente la lógica multimodal y el razonamiento cualitativo de orden de magnitud, en la línea de [12]; por otra parte, considera tanto el enfoque absoluto como el relativo de orden de magnitud, en el que el primero es un enfoque puramente cualitativo basado en abstracciones de valores cuantitativos, mientras que el segundo se basa en relaciones entre valores cuantitativos. Además, también puede considerarse híbrido en el sentido de lógicas híbridas, [2], debido al uso de nominales.

2.2. Sobre las nociones de cercanía y despreciabilidad

Consideremos un conjunto de números reales dotado de un orden lineal estricto ($\mathbb{S}, <$) dividido en las siguientes clases cualitativas:

$$\text{NG} = (-\infty, -\gamma) \qquad\qquad\qquad \text{PP} = (+\alpha, +\beta]$$
$$\text{NM} = [-\gamma, -\beta) \qquad \text{INF} = [-\alpha, +\alpha] \qquad \text{PM} = (+\beta, +\gamma]$$
$$\text{NP} = [-\beta, -\alpha) \qquad\qquad\qquad \text{PG} = (+\gamma, +\infty)$$

Los elementos $-\alpha, +\alpha, -\beta, +\beta, -\gamma, +\gamma$ se llaman *separadores*. Nótese que todos los intervalos se consideran relativos al conjunto $\mathbb{S}$.

Las etiquetas corresponden a "negativo grande" (NG), "negativo mediano" (NM), "negativo pequeño" (NP), "infinitesimales" (INF), "positivo pequeño" (PP), "positivo mediano" (PM) y "positivo grande" (PG). Obsérvese que esta clasificación es ligeramente más general que la estándar [16], ya que la clase cualitativa que contiene el elemento 0, es decir, INF, no tiene por qué ser un conjunto unitario; esto permite considerar valores muy cercanos a cero como valores nulos en la práctica, lo que se ajusta más a un enfoque cualitativo en el que no siempre es posible realizar mediciones precisas.

Introduzcamos ahora la noción de cercanía. Como se ha dicho en la introducción, la idea intuitiva que subyace a nuestra noción de cercanía es que, en los problemas de la vida real, hay situaciones en las que conscientemente elegimos no distinguir entre "ciertos" pares de elementos (por ejemplo, dos coches con un precio de 19.000 y 18.000 euros pueden ser aceptables, pero quizás 20.000 euros se consideran demasiado caros para nuestro presupuesto). De alguna manera, existen algunas áreas de indistinguibilidad, de modo que se dice que x se aproxima a y si y sólo si tanto x como y pertenecen a la misma área (aunque,

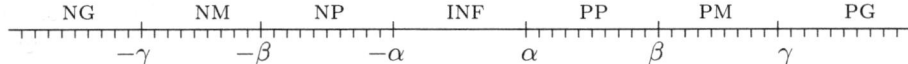

Figura 2.1: Intervalos de proximidad.

en el ejemplo, 18.000 y 20.000 son equidistantes a 19.000, la nota de pie de página muestra que para la percepción psicológica [2] es que 20.000 podría ser demasiado caro y, por lo tanto, no se considera cercano a 19.000).

Para capturar técnicamente la noción de cercanía que vamos a usar consideraremos que cada clase cualitativa se divide en clases disjuntas de intervalos llamados *intervalos de proximidad*, como se muestra en la Fig. 2.1. Concretamente, la clase cualitativa INF es en sí misma un intervalo de proximidad.

Definición 1 Sea $(\mathbb{S}, <)$ un conjunto estrictamente ordenado dividido en las clases cualitativas definidas anteriormente.

- Una *(r-)estructura de proximidad* es un conjunto finito de *intervalos de proximidad* en $\mathbb{S}$ de cardinal r, $\mathcal{I}(\mathbb{S}) = \{I_1, I_2, \ldots, I_r\}$, tal que:

  1. Para todo $I_i, I_j \in \mathcal{I}(\mathbb{S})$, si $i \neq j$, entonces $I_i \cap I_j = \varnothing$.
  2. $I_1 \cup I_2 \cup \cdots \cup I_r = \mathbb{S}$.
  3. Para todo $x, y \in \mathbb{S}$ e $I_i \in \mathcal{I}(\mathbb{S})$, si $x, y \in I_i$, entonces x, y pertenecen a la misma clase cualitativa.
  4. INF $\in \mathcal{I}(\mathbb{S})$.

- Dada una estructura de proximidad $\mathcal{I}(\mathbb{S})$, la relación binaria de cercanía $\mathfrak{c}$ se define, para todo $x, y \in \mathbb{S}$, como sigue: $x \mathfrak{c} y$ si y sólo si existe $I_i \in \mathcal{I}(\mathbb{S})$ tal que $x, y \in I_i$.

Obsérvese que, como consecuencia del punto 3 anterior, cada intervalo de proximidad se incluye en una única clase cualitativa.

También vale la pena notar que, por definición, el número de intervalos de proximidad es finito, independientemente de la cardinalidad del conjunto $\mathbb{S}$. Esta elección se justifica por la naturaleza de los aparatos de medida que, al llegar a un determinado límite, no distinguen entre cantidades casi iguales; por ejemplo, consideremos los límites para representar los números en una calculadora de bolsillo, un termómetro, un velocímetro, etc.

A partir de ahora, denotaremos por $\mathcal{Q} = \{\text{NG}, \text{NM}, \text{NP}, \text{INF}, \text{PP}, \text{PM}, \text{PG}\}$ el conjunto de clases cualitativas, y usaremos QC para referirnos a cualquier elemento de $\mathcal{Q}$.

El siguiente resultado es consecuencia directa de la definición de cercanía.

---

[2]Es un efecto bien conocido en el marketing.

Proposición 1 *La relación de cercanía* c *definida anteriormente tiene las siguientes propiedades:*

1. c *es una relación de equivalencia en* $\mathbb{S}$.

2. *Para todo* $x, y, z \in \mathbb{S}$, *se verifica:*

   (a) *Si* $x, y \in \text{INF}$, *entonces* x c y.

   (b) *Para todo* $\text{QC} \in \mathcal{Q}$, *si* $x \in \text{QC}, x$ c y, *entonces* $y \in \text{QC}$.

La noción informal de despreciabilidad que utilizaremos [7] es la siguiente: x es *despreciable* con respecto a y si, o bien (i) x es infinitesimal e y no lo es, o bien (ii) x es pequeño (pero no infinitesimal) e y es *suficientemente grande*. Formalmente:

Definición 2 Sea $(\mathbb{S}, <)$ un orden lineal estricto, dividido en las clases cualitativas definidas anteriormente. La relación binaria de despreciabilidad n se define en $\mathbb{S}$ como x n y si se verifica alguna de las siguientes condiciones:

(i) $x \in \text{INF}, y \notin \text{INF}$,

(ii) $x \in \text{NP} \cup \text{PP}, y \in \text{NG} \cup \text{PG}$.

El siguiente resultado propone algunas propiedades interesantes relacionadas con la interacción entre las relaciones de cercanía y despreciabilidad.

Proposición 2 *Para todo* $x, y, z \in \mathbb{S}$ *se tiene:*

(i) *Si* x c y, y n z, *entonces* x n z.

(ii) *Si* x n y, y c z, *entonces* x n z.

Para explicar mejor el comportamiento subyacente de las definiciones de cercanía y despreciabilidad incluimos el siguiente ejemplo.

Ejemplo 1 En una ciudad como Málaga no llueve muy a menudo, pero hay un peligro real de inundaciones debido a las lluvias torrenciales. Por esta razón, hay un embalse muy cerca de la ciudad para controlar el exceso de agua proveniente de las montañas. Representemos la cantidad de agua del embalse por la clases cualitativas positivas PP, PM, PG y establezcamos los intervalos de proximidad con una longitud que puede considerarse no significativa con respecto a la cantidad total de agua del embalse, por ejemplo, 1.000 litros. Utilizando las definiciones anteriores podemos expresar muchas situaciones interesantes. Por ejemplo, supongamos que PP es el nivel de agua del embalse considerado OK (es decir, seguro), si el nivel del embalse alcanza la cantidad PM, debe mostrarse un mensaje de advertencia y si alcanzamos la cantidad PG, entonces estamos en una situación peligrosa que obligaría a abrir las compuertas. Si la cantidad de agua x es OK, es decir, $x \in \text{PP}$ y se espera una cantidad de lluvia que haga aumentar el total de agua en el pantano hasta la cantidad y, pueden darse diferentes situaciones, tales como: (a) Si x c y, entonces $y \in \text{PP}$, es decir, si se espera una pequeña cantidad de lluvia, la situación se mantendrá OK y no habrá necesidad de abrir las compuertas. (b) Si $x \mathbin{\text{n}} y$, then $y \in \text{pg}$, es decir, si se espera una gran cantidad de lluvia, las compuertas deben abrirse y se debe liberar agua del pantano.

Las propiedades dadas en la proposición anterior pueden ser usadas en este contexto. Si se espera una pequeña cantidad de lluvia ($x \mathbin{\text{c}} y$) y, a continuación, se espera una gran cantidad de lluvia ($y \mathbin{\text{n}} z$), entonces se deben abrir las compuertas ($x \mathbin{\text{n}} z$), usando la propiedad (i).

Introducimos ahora la lógica que permitirá razonar en situaciones similares a las del ejemplo anterior.

2.3. Sintaxis y semántica

En esta sección definimos una lógica para el razonamiento cualitativo multimodal basado en intervalos de proximidad, cuyo lenguaje denotaremos por $\mathcal{L}(MQ)^{\mathcal{P}}$. Usaremos las conectivas modales $\overrightarrow{\Box}$ y $\overleftarrow{\Box}$ para tratar el orden habitual $<$, así que $\overrightarrow{\Box}A$ y $\overleftarrow{\Box}A$ tienen las lecturas informales *A es cierto para todos los números mayores que el actual* y *A es cierto para todos los números menores que el actual*, respectivamente. También usaremos $\boxdot$ para cercanía, donde la lectura informal de $\boxdot A$ es *A es verdad para todos los números cercanos al actual*, y $\boxminus$ para despreciabilidad, donde $\boxminus A$ significa *A es verdad para todos los números con respecto a los cuales el actual es despreciable*.

El alfabeto del lenguaje $\mathcal{L}(MQ)^{\mathcal{P}}$ se define usando un conjunto de átomos o variables proposicionales, $\mathcal{V}$, las conectivas clásicas $\neg, \wedge, \vee$ y $\rightarrow$; las constantes para los separadores $\alpha^-, \alpha^+, \beta^-, \beta^+, \gamma^-, \gamma^+$; un conjunto finito $\mathcal{C}$ de constantes para los intervalos de proximidad, $\mathcal{C} = \{c_1, \ldots, c_r\}$; las conectivas unarias modales $\overrightarrow{\Box}, \overleftarrow{\Box}, \boxminus, \boxdot$, así como los paréntesis '(' and ')'. Definimos las fórmulas de $\mathcal{L}(MQ)^{\mathcal{P}}$ como sigue:

$$A = p \mid \xi \mid c_i \mid \neg A \mid (A \wedge A) \mid (A \vee A) \mid (A \rightarrow A) \mid \overrightarrow{\Box}A \mid \overleftarrow{\Box}A \mid \boxminus A \mid \boxdot A$$

donde $p \in \mathcal{V}$, $\xi \in \{\alpha^+, \alpha^-, \beta^+, \beta^-, \gamma^+, \gamma^-\}$ and $c_i \in \mathcal{C}$.

La *imagen del espejo* de una fórmula A se obtiene reemplazando en A cada aparición del símbolo $\overrightarrow{\Box}$, $\overleftarrow{\Box}$, α^+, β^+ y γ^+, respectivamente, por $\overleftarrow{\Box}$, $\overrightarrow{\Box}$, α^-, β^- y γ^-, y viceversa. Usaremos los símbolos $\overrightarrow{\Diamond}, \overleftarrow{\Diamond}, \diamondsuit, \diamondsuit$ como abreviaturas, respectivamente, de $\neg\overrightarrow{\Box}\neg$, $\neg\overleftarrow{\Box}\neg$, $\neg\boxdot\neg$ y $\neg\boxminus\neg$. Además, introducimos ng, ..., pg como abreviaturas de las clases cualitativas, por ejemplo, pp representa $(\overleftarrow{\Diamond}\alpha^+ \wedge \overrightarrow{\Diamond}\beta^+) \vee \beta^+$.

La cardinalidad r del conjunto $\mathcal{C}$ de las constantes para los intervalos de proximidad jugará un papel importante ya que, de alguna manera, codifica la granularidad de la lógica subyacente. Esto implica que, en realidad, *estamos introduciendo una familia de lógicas que dependen paramétricamente de r*.

Definición 3 *Una estructura multimodal cualitativa para $\mathcal{L}(MQ)^{\mathcal{P}}$ (estructura, abreviadamente) es una tupla $\Sigma = (\mathbb{S}, \mathcal{D}, <, \mathcal{I}(\mathbb{S}), \mathcal{P})$, donde:*

1. $(\mathbb{S}, <)$ es un conjunto estrictamente ordenado.

2. $\mathcal{D} = \{+\alpha, -\alpha, +\beta, -\beta, +\gamma, -\gamma\}$ es un conjunto de separadores en $\mathbb{S}$.

3. $\mathcal{I}(\mathbb{S})$ es una r-estructura de proximidad.

4. $\mathcal{P}$ es una biyección (llamada función de proximidad), $\mathcal{P}\colon \mathcal{C} \longrightarrow \mathcal{I}(\mathbb{S})$, que asigna a cada constante de proximidad c un intervalo de proximidad.

Nótese que el punto 4 anterior significa que cada intervalo de proximidad corresponde a una y sólo una constante de proximidad.

Definición 4 Sea Σ una estructura para $\mathcal{L}(MQ)^\mathcal{P}$, un modelo cualitativo multimodal en Σ (un modelo MQ, para abreviar) es un par ordenado $\mathcal{M} = (\Sigma, h)$, donde h es una interpretación $h\colon \mathcal{V} \longrightarrow 2^\mathbb{S}$. Cualquier interpretación puede ser extendida unívocamente al conjunto de todas las fórmulas de $\mathcal{L}(MQ)^\mathcal{P}$ de la forma usual para las conectivas booleanas clásicas. Para el resto de elementos se verifican las siguientes condiciones:

$$
\begin{aligned}
h(\overrightarrow{\Box}A) &= \{x \in \mathbb{S} \mid y \in h(A) \text{ para todo } y \text{ tal que } x < y\} \\
h(\overleftarrow{\Box}A) &= \{x \in \mathbb{S} \mid y \in h(A) \text{ para todo } y \text{ tal que } y < x\} \\
h(\boxdot A) &= \{x \in \mathbb{S} \mid y \in h(A) \text{ para todo } y \text{ tal que } x \mathfrak{c} y\} \\
h(\boxminus A) &= \{x \in \mathbb{S} \mid y \in h(A) \text{ para todo } y \text{ tal que } x \mathfrak{n} y\} \\
h(\alpha^+) &= \{+\alpha\} \quad h(\beta^+) = \{+\beta\} \quad h(\gamma^+) = \{+\gamma\} \\
h(\alpha^-) &= \{-\alpha\} \quad h(\beta^-) = \{-\beta\} \quad h(\gamma^-) = \{-\gamma\} \\
h(c_i) &= \{x \in \mathbb{S} \mid x \in \mathcal{P}(c_i)\}
\end{aligned}
$$

Las definiciones de *verdad*, *satisfacibilidad* y *validez* son las usuales.

Ejemplo 2 El objetivo de este ejemplo es especificar en $\mathcal{L}(MQ)^\mathcal{P}$ el comportamiento de un dispositivo para controlar automáticamente la velocidad de un coche. Supongamos que el sistema tiene, idealmente, que mantener la velocidad cerca de algún límite de velocidad v. Para propósitos prácticos, es admisible cualquier valor en un intervalo $[v - \varepsilon, v + \varepsilon]$ para valores pequeños de ε. Los puntos extremos de este intervalo pueden ser considerados como los separadores $-\alpha$ y $+\alpha$ de nuestra estructura; por otro lado, consideraremos diferentes niveles de velocidad en un enfoque cualitativo que van desde muy lento a muy rápido. En consecuencia introducimos los átomos $v_{-3}, v_{-2}, v_{-1}, v_0, v_1, v_2, v_3$ asociados a dichos niveles (que se interpretan, respectivamente, como las clases cualitativas NG, NM, NP, INF, PP, PM, PG y, además, introducimos el nivel v_0 que representa el intervalo $[v - \varepsilon, v + \varepsilon]$).

Introduciremos también los átomos acelerar, mantener, soltar y frenar para describir las acciones del sistema con su significado intuitivo. Ahora representamos cómo funciona el sistema:

1. Cuando la velocidad es inferior al límite previsto, se acelera el motor, mientras que cuando la velocidad está dentro de los límites admisibles,

se mantiene la velocidad. Así, tenemos las dos fórmulas siguientes

$$(v_{-3} \vee v_{-2} \vee v_{-1}) \to \mathtt{acelerar} \qquad v_0 \to \mathtt{mantener}$$

2. Puede ocurrir que la velocidad aumente más del límite permitido debido a factores externos, por ejemplo cuando la carretera tenga una pendiente negativa, por lo que se requieren algunas reglas para mantener la velocidad. Normalmente, cuando el coche alcanza el límite de velocidad, el conductor no frena inmediatamente sino que suelta el acelerador, de modo que el rozamiento con el aire ayuda a recuperar una velocidad admisible. Realizamos esta acción precisamente en el intervalo de proximidad inmediatamente después de v_0, que llamaremos c. Como consecuencia, tenemos las dos fórmulas siguientes:

$$c \to (\overleftarrow{\Diamond} \alpha^+ \wedge \overleftarrow{\Box}(\overleftarrow{\Diamond} \alpha^+ \to c)) \qquad c \to \mathtt{soltar}$$

3. Cuando hemos rebasado el límite impuesto por el intervalo c, entonces el sistema tiene que *frenar* activamente:

$$(\neg c \wedge \overleftarrow{\Diamond} c) \to \mathtt{frenar}$$

De acuerdo con el significado de las fórmulas anteriores, los átomos `acelerar`, `mantener`, `soltar` son verdaderos, respectivamente, en

$$\mathrm{NG} \cup \mathrm{NM} \cup \mathrm{NP} \qquad \mathrm{INF} \qquad I_c \qquad (\mathrm{PP} \smallsetminus I_c) \cup \mathrm{PM} \cup \mathrm{PG}$$

donde I_c es el intervalo de proximidad representado por c. Nótese que la longitud de este intervalo depende de la granularidad del sistema.

Algunas consecuencias del comportamiento del sistema (específicamente, fórmulas válidas en el modelo) son las siguientes:

$\mathtt{frenar} \to \overrightarrow{\Box} \mathtt{frenar}$
(Si el sistema frena a una velocidad específica, entonces frena a velocidades más altas)

$\mathtt{soltar} \to \boxed{c}(v_1 \wedge \neg \mathtt{frenar})$
(Si se suelta el acelerador a cierta velocidad, cualquier pequeña variación implica que la velocidad sigue siendo ligeramente rápida y el sistema no frena)

$\mathtt{soltar} \to \boxed{c}(v_{-3} \to \mathtt{acelerar})$
(Si el acelerador se suelta a cierta velocidad y, por cualquier circunstancia, la velocidad disminuye excesivamente, entonces hay que volver a acelerar)

$\mathtt{acelerar} \to \boxed{c} \neg \mathtt{frenar}$
(Si el sistema acelera, no frenará inmediatamente)

$\overrightarrow{\Box}(v_2 \to \overleftarrow{\Diamond} \mathtt{soltar})$
(Se soltará el acelerador antes de alcanzar una velocidad rápida)

2.4. Expresividad de $\mathcal{L}(MQ)^\mathcal{P}$ respecto de los intervalos de proximidad

En esta sección mostraremos la capacidad de nuestro lenguaje para representar ciertas situaciones centrándonos en sus rasgos híbridos. Por un lado, atenderemos a la posibilidad de expresar las posiciones, con respecto al ordenamiento subyacente, de los intervalos de proximidad dentro de una clase cualitativa. Concretamente, consideraremos la existencia de fórmulas que son verdaderas sólo en un intervalo de proximidad dado atendiendo a su posición en la clase. Asimismo, veremos que el lenguaje es capaz de expresar el número exacto de intervalos de proximidad que tiene una clase cualitativa. Por último, introduciremos nuevas conectivas definidas que hablan sobre los intervalos de proximidad y otro tipo de intervalos que podemos construir con las distintas constantes de nuestro lenguaje.

2.4.1. Expresando la posición de intervalos de proximidad dentro de una clase cualitativa

Para comenzar mostramos un ejemplo. La fórmula siguiente

$$\bigvee_{i=1}^{r} (c_i \wedge \overleftarrow{\Diamond} \alpha^+ \wedge \overleftarrow{\Box}(\overleftarrow{\Diamond}\alpha^+ \to c_i)) \tag{2.1}$$

expresa el primer intervalo de proximidad después de $+\alpha$, en el sentido de que la fórmula es cierta sólo en los puntos que pertenecen a ese intervalo.

El significado intuitivo de cada disyunto de la fórmula (2.1) es que no hay otros intervalos de proximidad después de $+\alpha$ y antes del actual. Para probarlo, supongamos un modelo $\mathcal{M} = (\mathbb{S}, \mathcal{D}, <, \mathcal{I}(\mathbb{S}), \mathcal{P}, h)$ y sea K el primer intervalo de proximidad después de $+\alpha$ in $\mathcal{M}$. Tal intervalo existe, ya que PP contiene al menos un intervalo de proximidad. Probemos que la fórmula (2.1) es verdadera en un punto x (respecto del modelo $\mathcal{M}$) si y solo si $x \in K$. Asumamos que c_k, para algún $k \in \{1, \ldots, r\}$, ha sido asignado por la función $\mathcal{P}$ al intervalo K, esto es, $\mathcal{P}(c_k) = K$ (véase la definición 3).

Dado $x \in K$, por la definición de modelo, tenemos que $x \in h(c_k)$. Más aún, puesto que $+\alpha < x$ y $+\alpha \in h(\alpha^+)$, entonces $x \in h(\overleftarrow{\Diamond}\alpha^+)$. Para todo y menor que x, trivialmente tenemos $y \in h(\overleftarrow{\Diamond}\alpha^+ \to c_k)$, con lo que $x \in h(\overleftarrow{\Box}(\overleftarrow{\Diamond}\alpha^+ \to c_k))$. Por lo tanto, obtenemos

$$x \in h(c_k \wedge \overleftarrow{\Diamond}\alpha^+ \wedge \overleftarrow{\Box}(\overleftarrow{\Diamond}\alpha^+ \to c_k))$$

y, en consecuencia, la fórmula (2.1) es verdadera en x.

Recíprocamente, supongamos $x \notin K$. Por la definición 1, tenemos que x pertenece a algún intervalo de proximidad $J \neq K$, y supongamos que $\mathcal{P}(c_j) = J$. En estas condiciones, el único disyunto de la fórmula (2.1) que podría ser verdadero en x sería el siguiente

$$c_j \wedge \overleftarrow{\Diamond}\alpha^+ \wedge \overleftarrow{\Box}(\overleftarrow{\Diamond}\alpha^+ \to c_j)$$

Ahora, tenemos dos posibilidades:

- Si x está a la izquierda de K, entonces claramente $x \notin h(\overleftarrow{\Diamond}\alpha^+)$
- Si x está a la derecha de K, entonces $x \notin h(\overleftarrow{\Box}(\overleftarrow{\Diamond}\alpha^+ \to c_j))$, ya que $\overleftarrow{\Diamond}\alpha^+ \to c_j$ no es verdadera en los puntos de K.

Cualquiera de las posibilidades anteriores demuestra que la fórmula (2.1) no es verdadera en x.

Podemos expresar también el segundo intervalo después de $+\alpha$ mediante

$$\bigvee_{i=1}^{r} \left(c_i \wedge \bigvee_{j=1}^{r} \left(\neg c_j \wedge \overleftarrow{\Box}((\neg c_j \wedge \overleftarrow{\Diamond}c_j) \to c_i) \wedge \overleftarrow{\Diamond}L_j^1 \right) \right) \qquad (2.2)$$

donde $L_j^1 = c_j \wedge \overleftarrow{\Box}(\overleftarrow{\Diamond}\alpha^+ \to c_j) \wedge \overleftarrow{\Diamond}\alpha^+$. En este caso, el significado intuitivo de la fórmula (2.2) es el siguiente: el segundo intervalo de proximidad después de $+\alpha$ es, obviamente, algún c_i que está después del primero (denotado por alguna constante c_j y representado por L_j^1) y no hay ningún otro intervalo de proximidad entre ellos.

Para expresar el n-ésimo intervalo de proximidad después de $+\alpha$ será conveniente considerar la siguiente generalización de L_i^1:

$$L_i^1 := c_i \wedge \overleftarrow{\Diamond}\alpha^+ \wedge \overleftarrow{\Box}(\overleftarrow{\Diamond}\alpha^+ \to c_i)$$
$$L_i^2 := c_i \wedge \bigvee_{j=1}^{r}(X_{i,j} \wedge \overleftarrow{\Diamond}L_j^1)$$
$$\vdots \qquad \vdots$$
$$L_i^n := c_i \wedge \bigvee_{j=1}^{r}(X_{i,j} \wedge \overleftarrow{\Diamond}L_j^{n-1})$$

donde $X_{i,j} := \neg c_j \wedge \overleftarrow{\Box}((\neg c_j \wedge \overleftarrow{\Diamond}c_j) \to c_i)$, para cualquier $i, j \geq r$, se lee como "c_i representa el primer intervalo de proximidad después de c_j."

No es difícil comprobar que L_i^k indica que c_i denota el k-ésimo intervalo de proximidad después de $+\alpha$. Por lo tanto, de manera similar a las fórmulas (2.1) y (2.2), para representar el intervalo n-ésimo después de $+\alpha$ es suficiente considerar la disyunción de las fórmulas L_i^n, a saber

$$\bigvee_{i=1}^{r} \left(c_i \wedge \bigvee_{j=1}^{r}(X_{i,j} \wedge \overleftarrow{\Diamond}L_j^{n-1}) \right) \qquad (2.3)$$

Nótese que la construcción anterior se ha dado para el punto de referencia $+\alpha$ sólo por poner un ejemplo pero, de hecho, puede utilizarse para representar cualquier intervalo después de un punto de referencia dado o de una constante de proximidad.

Siguiendo exactamente las mismas ideas podemos caracterizar el último intervalo de una clase cualitativa dada. En el caso de INF, PP y PM dicho intervalo se representa como el primer intervalo a la izquierda de su límite derecho. En el caso de NM y NP como el primer intervalo a la derecha de su límite izquierdo. En cambio, las clases NG y PG son especiales, ya que NG carece de una frontera por la izquierda y PG por la derecha. Estas dos clases son las únicas en nuestro planteamiento que pueden ser vacías, con lo cual no está garantizado que contengan intervalos de proximidad. Veamos el caso de PG por ejemplo (para NG es similar). El último intervalo (si existe) puede definirse como sigue:

$$\overleftarrow{\Diamond}\gamma^+ \wedge \bigvee_{i=1}^{r}(c_i \wedge \overrightarrow{\Box}c_i)$$

2.4.2. Expresando el número de intervalos de proximidad de una clase cualitativa

En la siguiente construcción consideramos simultáneamente los intervalos de proximidad y las clases cualitativas. A continuación, introducimos las fórmulas que permiten expresar la granularidad de una clase cualitativa determinada, es decir, el número de intervalos de proximidad que contiene. Para el caso particular de PP $= (+\alpha, +\beta]$ tenemos la siguiente fórmula

$$L_i^k \wedge (\beta^+ \vee \overrightarrow{\Diamond}\beta^+) \wedge \overrightarrow{\Box}((\beta^+ \vee \overrightarrow{\Diamond}\beta^+) \rightarrow c_i)$$

donde c_i denota el k-ésimo intervalo de proximidad después de $+\alpha$ (debido a la presencia de L_i^k) y el resto de la fórmula expresa que es el último intervalo antes de $+\beta$; por lo tanto, su significado es que hay exactamente k intervalos de proximidad en la clase cualitativa PP.

Como caso particular mostremos cómo podemos expresar cuántos intervalos de proximidad hay en clases especiales como la clase cualitativa inicial NG y la clase cualitativa final PG de la estructura. Consideremos ésta última (podemos proceder de manera similar respecto de NG). Si no hay ningún intervalo en PG, tenemos la fórmula

$$\gamma^+ \wedge \overrightarrow{\Box}\bot$$

que expresa justamente que γ^+ es el punto final de la estructura, así que la clase PG es vacía y, por consiguiente, tiene cero intervalos de proximidad. Por el contrario, si existe al menos un intervalo de proximidad en PG, para decir que la clase contiene k intervalos de ese tipo definimos la situación así:

$$\overleftarrow{\Diamond}\gamma^+ \wedge \bigvee_{i=1}^{r}(L_i^k \wedge \overrightarrow{\Box}c_i)$$

Es decir, nos hallamos en el k-ésimo intervalo de proximidad de PG y no hay más por la derecha.

Combinando convenientemente fórmulas que hablan de los intervalos de los extremos de una clase cualitativa se puede expresar la posición y el número exacto de intervalos de proximidad que hay en dicha clase. Por ejemplo, para decir que nos hallamos en el primer intervalo tras $+\alpha$ y hay exactamente dos intervalos en PP tenemos la fórmula:

$$\bigvee_{i=1}^{r} \left(c_i \wedge \overleftarrow{\boxminus}(\overleftarrow{\Diamond}\alpha^+ \to c_i) \wedge \overleftarrow{\Diamond}\alpha^+ \wedge \overrightarrow{\Diamond} \bigvee_{j=1}^{r} (X \wedge \overrightarrow{\boxminus}((\beta^+ \vee \overrightarrow{\Diamond}\beta^+) \to c_j) \wedge (\beta^+ \vee \overrightarrow{\Diamond}\beta^+)) \right)$$

donde:

$$X = c_j \wedge \neg c_i \wedge \overleftarrow{\boxminus}((\neg c_i \wedge \overleftarrow{\Diamond} c_i) \to c_j)$$

Más aún, si queremos expresar a la vez que nos hallamos en el intervalo que ocupa la última posición en PP y que hay dos intervalos de proximidad en dicha clase tenemos la fórmula:

$$\bigvee_{i=1}^{r} \left(c_i \wedge \overrightarrow{\boxminus}((\beta^+ \vee \overrightarrow{\Diamond}\beta^+) \to c_i) \wedge (\beta^+ \vee \overrightarrow{\Diamond}\beta^+) \wedge \overleftarrow{\Diamond} \bigvee_{j=1}^{r} (X \wedge \overleftarrow{\boxminus}(\overleftarrow{\Diamond}\alpha^+ \to c_j) \wedge \overleftarrow{\Diamond}\alpha^+) \right)$$

donde:

$$X = c_j \wedge \neg c_i \wedge \overrightarrow{\boxminus}((\neg c_i \wedge \overrightarrow{\Diamond} c_i) \to c_j)$$

En cambio, si deseamos expresar que PP posee exactamente dos intervalos de proximidad sin tener en cuenta la posición usamos la disyunción de las dos fórmulas anteriores.

2.4.3. Nuevas conectivas definidas sobre intervalos

Introduciremos nuevas conectivas modales que expresen que una fórmula dada es verdadera en todo punto de un intervalo de proximidad cualquiera (o bien en alguno). Definiremos con tal propósito conectivas del tipo $[\text{QC}, n]$, donde QC representa una clase cualitativa y n indica la n-ésima posición del intervalo en esa clase. Denotaremos a este intervalo mediante la expresión I_{QC}^n. Así, $[\text{PP}, n]A$ significa "A es verdadera en todo punto del n-ésimo intervalo de proximidad dentro de la clase PP (es decir, el n-ésimo intervalo tras $+\alpha$)". La semántica de la conectiva es la siguiente: Sea $\mathcal{M} = (\mathbb{S}, \mathcal{D}, <, \mathcal{I}(\mathbb{S}), \mathcal{P}, h)$ un modelo, entonces definimos:

$$h([\text{PP}, n]A) = \{x \in \mathbb{S} \mid y \in h(A) \text{ para todo } y \in I_{\text{PP}}^n\}$$

Es decir, $[\text{PP}, n]A$ es verdadera en el punto x si y sólo si A es verdadera en todo punto del n-ésimo intervalo de proximidad dentro de PP. Así pues, si esto ocurre, la fórmula $[\text{PP}, n]A$ es válida en el modelo, en caso contrario $[\text{PP}, n]A$ es falsa en todo punto del modelo.

Advirtamos que el punto de evaluación x que consideremos en la semántica de $[\text{PP}, n]A$ carece de relevancia para la satisfacción de la fórmula en dicho punto. Algo similar ocurre en la lógica híbrida con el operador $@_a$ (véase, por ejemplo, [2]).

2.5. Conclusiones

Las lógicas para el razonamiento de orden de magnitud son importantes para tratar situaciones en las que los valores numéricos son imprecisos o no están disponibles. En este artículo, presentamos una lógica multimodal para el razonamiento de orden de magnitud que considera un nuevo enfoque de la cercanía basado en intervalos de proximidad. En este sentido, hemos demostrado que el orden relativo entre los intervalos de proximidad se puede reproducir en términos de la lógica y se han mostrado algunos ejemplos. Hemos atendido fundamentalmente a la capacidad expresiva de la lógica atendiendo a su capacidad para expresar posiciones y número exacto de intervalos de proximidad dentro de las clases cualitativas. Además, hemos introducido una noción de despreciabilidad combinada con la cercanía mostrando la interacción entre ambas.

Agradecimientos. Este trabajo ha sido parcialmente financiado por el Ministerio de Ciencia, Innovación y Universidades (MCIU), la Agencia Estatal de Investigación (AEI), la Junta de Andalucía (JA), la Universidad de Málaga (UMA) y los fondos FEDER a través de los proyectos PGC2018-095869-B-I00 (MCIU/AEI/FEDER) y UMA2018-FEDERJA-001 (JA/UMA).

Bibliografía

[1] A. Ali, D. Dubois, y H. Prade. Qualitative reasoning based on fuzzy relative orders of magnitude. *IEEE transactions on Fuzzy Systems*, 11(1):9–23, 2003.

[2] C. Areces y B. ten Cate. Hybrid logics. In P. Blackburn, J. van Benthem, y F. Wolter, editors, *Handbook of Modal Logic*. Elsevier, 2006.

[3] P. Balbiani. Reasoning about negligibility and proximity in the set of all hyperreals. *Journal of Applied Non-Classical Logics*, 16:14–36, 2016.

[4] B. Bennett, A. Cohn, F. Wolter, y M. Zakharyaschev. Multi-dimensional modal logic as a framework for spatio-temporal reasoning. *Applied Intelligence*, 17(3):239–251, 2002.

[5] A. Burrieza, E. Muñoz-Velasco, y M. Ojeda-Aciego. Closeness and distance in order of magnitude qualitative reasoning via PDL. *Lecture Notes in Artificial Intelligence*, 5988:71–80, 2010.

[6] A. Burrieza, E. Muñoz Velasco, y M. Ojeda-Aciego. A multimodal logic for closeness. *Journal of Applied Non-Classical Logics* 27:225–237, 2017.

[7] A. Burrieza, E. Muñoz Velasco, y M. Ojeda-Aciego. A flexible logic-based approach to closeness using order of magnitude qualitative reasoning. *Logic J. of the IGPL* 28(1): 121-133 (2020)

[8] A. Burrieza y M. Ojeda-Aciego. A multimodal logic approach to order of magnitude qualitative reasoning with comparability and negligibility relations. *Fundamenta Informaticae*, 68(1):21–46, 2005.

[9] D. Dubois, A. Hadj-Ali, y H. Prade. Granular computing with closeness and negligibility relations. In T. Y. Lin, Y. Y. Yao, y L. A. Zadeh, editors, *Data Mining, Rough Sets and Granular Computing*, pages 290–307. Physica-Verlag, 2002.

[10] J. Golińska-Pilarek. On decidability of a logic for order of magnitude qualitative reasoning with bidirectional negligibility. *Lecture Notes in Artificial Intelligence*, 7519:255–266, 2012.

[11] J. Golińska-Pilarek y E. Muñoz-Velasco. Relational approach for a logic for order of magnitude qualitative reasoning with negligibility, non-closeness and distance. *Logic Journal of IGPL*, 17(4):375–394, 2009.

[12] J. Golińska-Pilarek y E. Muñoz-Velasco. A hybrid qualitative approach for relative movements. *Logic Journal of IGPL*, 23(3):410–420, 2015.

[13] H. Liu, D. J. Brown, y G. M. Coghill. Fuzzy qualitative robot kinematics. *IEEE Transactions on Fuzzy Systems*, 16(3):808–822, 2008.

[14] T. Mossakowski y R. Moratz. Qualitative reasoning about relative direction of oriented points. *Artificial Intelligence*, 180:34–45, 2012.

[15] E. Muñoz-Velasco, A. Burrieza, y M. Ojeda-Aciego. A logic framework for reasoning with movement based on fuzzy qualitative representation. *Fuzzy Sets and Systems*, 242:114–131, 2014.

[16] L. Travé-Massuyès, F. Prats, M. Sánchez, y N. Agell. Relative and absolute order-of-magnitude models unified. *Annals of Mathematics and Artificial Intelligence*, 45:323–341, 2005.

Capítulo 3

Soundness and completeness of the axioms of a probabilistic modal logic

Nino Guallart
Universidad de Sevilla

> *Abstract.* This works aims to complement the work made in [5], in which we studied the semantics of a probabilistic modal operator. We considered a set of possible axioms for probability, both general axioms and specific axioms for objective and subjective probability, and we assumed that the system was sound and complete. In this work we develop the proofs of completeness and soundness for this modal logic: Firstly, we prove the soundness and completeness of the probabilistic axiomatic system for relational semantics. Then, we do the same thing for neighbourhood semantics.

3.1 Introduction

In [5] we studied and developed a system of probabilistic modal logic, in which we considered two possible extensional semantics for it, namely a Kripkean one and another one based on neighbourhood semantics, concluding that the latter is more expressive than the former. We included a set of axioms for the probabilistic system, considering a set of common axioms for any kind of probability and specific axioms for objective and subjective probability. Since the work was focused on semantics, we did this in order to study some formal properties of the corresponding frames, leaving the calculus aside. We tacitly assumed its soundness and completeness regarding these two semantics. For this reason, in this work we develop the corresponding proofs for the soundness and completeness of the axiomatic system, and thus we complement the aforementioned work. Firstly, we will make a brief summary of the syntax of our language and both semantics, and the proofs of soundness and completeness are shown after that following a variation of the proof for standard modal logic.

3.2 Syntax and semantics

The syntax of the language we are going to work with is defined as follows:

Definition 3.2.1. (Probabilistic propositional language). From a non empty set of agents **Ag**, being a any of them, and a non-empty finite or countable set of propositional atoms **At**, being p any of them, we define the following language $\mathcal{L}_P$, where α is the logical name of a positive real number:

$$\phi ::= p \mid \bot \mid (\phi \vee \phi) \mid \neg \phi \mid P_{\geqslant \alpha}\phi \mid B_{a,\geqslant \alpha}\phi \mid P_{\geqslant \alpha}(\phi|\phi) \mid B_{a,\geqslant \alpha}(\phi|\phi)$$

The rest of logical connectives are defined as usual. In principle, the other probabilistic cases are defined with respect to $\geqslant$. This is unproblematic for the objective probability operator, and therefore we define $P_{<\alpha}\phi \equiv \neg P_{\geqslant \alpha}\phi$, $P_{\leqslant \alpha}\phi \equiv P_{\geqslant 1-\alpha}\neg\phi$, $P_{>\alpha}\phi \equiv \neg P_{\geqslant 1-\alpha}\neg\phi$, and $P_{=\alpha}\phi \equiv P_{\geqslant \alpha}\phi \wedge P_{\geqslant 1-\alpha}\neg\phi$. Probabilistic belief is more complex. $\neg B_{a,\geqslant \alpha}\phi$ may or may not be equivalent to $B_{a,<\alpha}\phi$ depending on the semantics we are using. In relational semantics, $\neg B_{a,\geqslant \alpha}\phi$ and $B_{a,<\alpha}\phi$ are equivalent following the definition of satisfaction of these wff's, and analogously with $\neg B_{a,>\alpha}\phi$ and $B_{a,\leqslant \alpha}\phi$. In neighbourhood semantics they are not, so we will need to add $B_{a,>\alpha}\phi$ and $B_{a,>\alpha,}(\phi|\phi)$ as primitives to our language.

The semantics of the connectives is the standard one, so we will just focus on the semantics of the probabilistic modal operators, both for the Kripkean (relational) semantics and for neighbourhood semantics.

3.2.1 Relational semantics

Definition 3.2.2. (Probabilistic model). Given the propositional language $\mathcal{L}_P$ that we have specified, we define a probabilistic model $\langle W, \{R_i\}, \{\mu^*_{i,w}\}, v\rangle$ as an ordered tuple, where:

- W is a non-empty set of worlds or states.

- $\{R_i\}$ is a family of accessibility relations for each kind of probability, $R_i \subseteq W \times W$.

- $\{\mu^*_{i,w}\}$ is a family of probability distribution functions, one for each accessibility relationship i and for each world w, $\{R\}_i \times W \to (0, 1]$. Given a world w' such that wR_iw' for an accessibility relationship R_i, $\mu^*_{i,w}(w')$ assigns the probability of accessing w' from w. We will call it the *probability mass function* of the corresponding world. It has to meet the following conditions, in order to be a probability measure function:

- $\mu^*_{i,w}(w') \in (0,1]$
- The sum of $\mu^*_{i,w}(w')$ for all w' such that wR_iw' is 1.

- v: At $\to \wp(W)$ is the usual valuation function.

Definition 3.2.3. (Space of probability and space of satisfaction). The *space of probability* $S_i(w)$ of a given world w for an accessibility relationship i is the set of worlds that are accessible from w with the relationship i. The *space of satisfaction* $[\![\phi]\!]_{i,w}$ of ϕ is the subset of worlds in $S_i(w)$ that satisfy ϕ.

Definition 3.2.4. (Modal probability measure). The modal probability measure of a formula $\mu_{i,w}(\phi)$ for a given wff, ϕ, a world w and an accessibility relation i is given by the following formula: $\mu_{i,w}([\![\phi]\!]_{i,w}) = \sum_{w' \in [\![\phi]\!]_{i,w}} \mu^*_{i,w}(w')$.

Note that μ is applied to sets of worlds, whereas μ^* is applied to worlds.

Definition 3.2.5. (Satisfaction in $\mathcal{L}_P$). The semantics of the language we specified in 3.2.1 in a relational model is defined recursively as as usual. We just specify the probability cases:

- Subjective probability for an agent a:
  $M, w \models B_{i, \geqslant \alpha} \phi$ iff $\mu_{i,w}(\phi) \geqslant \alpha$

- Subjective conditional probability for an agent a:
  $M, w \models B(\psi|\phi)_{i, \geqslant \alpha} \psi$ iff $\mu_{i,w}(\phi \wedge \psi)/\mu_{i,w}(\phi) \geqslant \alpha$

Objective probability and conditional probability are defined in a similar way.

3.2.2 Neighbourhood semantics

The previous Kripkean semantics is just a variation of the multiple Kripkean probabilistic logics that have been developed from [3] on. We also propose a different semantics based on neighbourhood semantics, an approach similar to the one developed in [1], although with a different orientation and purpose. Firstly, we introduce some basic notions on neighbourhood semantics following [8], and then we introduce our probabilistic semantics.

Definition 3.2.6. (Neighbourhood model and frame). A *neighbourhood model* is the ordered tuple $\langle W, N[\cdot], v \rangle$ formed by a non-empty set W, a neighbourhood function over it $N : W \to \wp(\wp(W))$ and a valuation function $v :$ At $\to \wp(W)$ from the set At of atomic wff's to the power set of W. $\langle W, N[\cdot] \rangle$ is called a *neighbourhood frame*.

Informally, each $w \in W$ has a neighbourhood, which is a set of subsets of W. If a certain set X belongs to the neighbourhood of w, we write $X \in N(w)$.

Definition 3.2.7. (Truth set). The *truth set* $[\![\phi]\!]_M$ of any wff ϕ in a model M is the set of all worlds that satisfy that formula, $[\![\phi]\!]_M = \{w \in W \mid M, w \models \phi\}$. For an atomic formula p, $[\![p]\!]_M = v(p)$. Truth sets of complex formulae are defined recursively as follows:

- $[\![\top]\!]_M = W$ and $[\![\bot]\!]_M = \varnothing$
- $[\![\neg \psi]\!]_M = W \setminus [\![\phi]\!]_M$
- $[\![\phi \wedge \psi]\!]_M = [\![\phi]\!]_M \cap [\![\psi]\!]_M$ and $[\![\phi \vee \psi]\!]_M = [\![\phi]\!]_M \cup [\![\psi]\!]_M$
- $[\![\Box \phi]\!]_M = \{w \in W \mid [\![\phi]\!]_M \in N(w)\}$ and $[\![\Diamond \phi]\!]_M = W \setminus \{w \in W \mid [\![\neg \phi]\!]_M \notin N(w)\}$

Note the modal definitions, which define the truth set of $\Box \phi$ as the subset of W of worlds which have $[\![\phi]\!]_M$ in their neighbourhood. $[\![\Diamond \phi]\!]_M$ is simply defined in such a way that $[\![\Diamond \phi]\!]_M \equiv [\![\neg \Box \neg \phi]\!]_M$.

Definition 3.2.8. (Satisfaction in a neighbourhood model). It is defined recursively as usual. We just state the modal operators, the satisfaction of logical connectives is the same than in Kripke models:

- $M, w \models \Box \phi$ iff $[\![\phi]\!]_M \in N(w)$
- $M, w \models \Diamond \phi$ iff $[\![\neg \phi]\!]_M \notin N(w)$

Now we are in disposition of use the previous concepts in order to develop a probabilistic modal operator. We define the truth set in restricted domains as follows:

Definition 3.2.9. (Truth set in restricted domains). Given a world w with a domain $D_a(w)$, the truth set of ϕ in the domain $D_a(w)$ is defined as $[\![\phi]\!]_M \cap D_a(w)$.

Given this, our proposal starts with the concepts we have seen in neighbourhood semantics but with two distinctive features:

- The restriction of the modal operator to a domain $D_a(w) \subseteq W$ for each world, instead of the whole set W.

- Given that we have a total ordering among the probability values in the interval $[0, 1]$, we establish a system of ordered, nested neighbourhoods for the different probabilities instead of a single one neighbourhood.

Definition 3.2.10. (Space of probability and space of satisfaction). Given a neighbourhood model, the space of probability of a state w for an accessibility relationship a is a non-empty set $D_a(w) \subseteq W$. For objective probability, we require as an additional condition that $w \in D(w)$.

Soundness and completeness of the axioms of a probabilistic modal logic

Given a space of probability $D_a(w)$, the *space of satisfaction* of the wff ϕ, denoted by $[\![\phi]\!]_{a,w}$ is $D_a(w) \cap [\![\phi]\!]_M$. Now those definitions of restricted domains and truth in them we presented earlier make sense: the restricted domain of each world will be its space of satisfiability or probability and the subsets of the space of satisfaction that satisfy a wff, possible sets in the probabilistic or doxastic neighbourhood.

Definition 3.2.11. (Probabilistic neighbourhood functions). For a positive real number α, a non-empty set W, an accessibility relationship a which determines a $D_a(w) \subseteq W$, a *probabilistic neighbourhood function* $N_{a,\geq\alpha} : W \to \wp(\wp(W))$ is a function that assigns to each $w \in W$ a set $N_{a,\geq\alpha}(w)$ of subsets of $D_a(w)$, which is a subset space over W. A *neighbourhood function* $N_{a,>\alpha} : W \to \wp(\wp(W))$ assigns to each $w \in W$ a set $N_{a,>\alpha}(w)$ of subsets of $D_a(w)$.

Now we are in conditions of defining a probabilistic neighbourhood model:

Definition 3.2.12. (Probabilistic neighbourhood model and frame). We define a probabilistic neighbourhood model as a tuple

$$\langle W, D_a, \{N_{a,\geq\alpha}[\cdot]\}_{\alpha \in [0,1]}, \{N_{a,>\alpha}[\cdot]\}_{\alpha \in [0,1)}, v \rangle$$

in which:

- W is a non-empty set of worlds.

- $D_a(w)$ is a non-empty subset of W, the space of probability of w for the accessibility relationship a for the probability operator B_a.

- Probability neighbourhoods: $\{N_{a,\geq\alpha}(w)\}_{\alpha \in [0,1]}$ and $\{N_{a,>\alpha}(w)_{\alpha \in [0,1)}\}$ are families of neighbourhood functions of type $W \to \wp(\wp(W))$ that assign to each $w \in W$ a set of subsets of $D_a(w)$ following these conditions:

  - For all wff ϕ, $[\![\phi]\!]_{D_a(w)} \in N_{a,\geq 0}(w)$.
  - $[\![\top]\!]_{D_a(w)} = N_{a,\geq 1}(w)$, which we will usually denote by $N_{a,1}(w)$.
  - σ-**additivity**: If $[\![\phi]\!]_{D_a(w)} \in N_{a,\geq\alpha}(w)$, $[\![\psi]\!]_{D_a(w)} \in N_{a,\geq\beta}(w)$ and $[\![\phi]\!]_{D_a(w)} \cap [\![\psi]\!]_{D_a(w)} = \varnothing$, then $[\![\phi]\!]_{D_a(w)} \cup [\![\psi]\!]_{D_a(w)} = [\![\phi \vee \psi]\!]_{D_a(w)} \in N_{a,\geq\alpha+\beta}(w)$. If $[\![\phi]\!]_{D_a(w)} \in N_{a,>\alpha}(w)$, or $[\![\psi]\!]_{D_a(w)} \in N_{a,>\beta}(w)$, then $[\![\phi \vee \psi]\!]_{D_a(w)} \in N_{a,>\alpha+\beta}(w)$.
  - Nesting of neighbourhoods: $N_{a,>\alpha}(w) \subseteq N_{a,\geq\alpha}(w)$. If $\alpha \geq \beta$, $N_{a,\geq\alpha}(w) \subseteq N_{a,\geq\beta}(w)$. If $\alpha > \beta$, $N_{a,\geq\alpha}(w) \subseteq N_{a,>\beta}(w)$.

- v is the usual valuation function.

If we omit the valuation, we have the corresponding probabilistic neighbourhood frame, which is actually a set of nested frames. This leads us the following definition:

Definition 3.2.13. (Probabilistic modal operators). We define them as follows:

- $M, w \models B_{a, \geqslant \alpha} \phi$ iff $[\![\phi]\!]_{D_i(w)} \in N_{a, \geqslant \alpha}(w)$ for closed neighbourhoods.
- $M, w \models B_{a, > \alpha} \phi$ iff $[\![\phi]\!]_{D_a(w)} \in N_{a, > \alpha}(w)$ for open neighbourhoods.

Definition 3.2.14. (Conditional probabilistic modal operator). $M, w \models B_{i, \geqslant \alpha}(\psi | \phi)$ iff, when $[\![\phi]\!]_{D_i(w)} \in N_{i, \geqslant \beta}(w)$, then $[\![\phi \wedge \psi]\!]_{D_i(w)} \in N_{i, \geqslant \alpha \cdot \beta}(w)$, where $\beta > 0$. The definition for $B_{i, > \alpha}(\psi | \phi)$ is analogous.

3.3 Probabilistic axioms

Having seen the possible semantics, the axiomatic system that we are going to define as the basis for a probabilistic system is summarised in the following table:

Axioms of the base probabilistic system (Base-Pr)

Name	Formulation
Order of probabilities	If $\alpha \geqslant \beta$, $P_{\geqslant \alpha} \phi \to P_{\geqslant \beta} \phi$
	$P_{> \alpha} \phi \to P_{\geqslant \alpha} \phi$
	If $\alpha > \beta$, $P_{\geqslant \alpha} \phi \to P_{> \beta} \phi$
Non-negativity	$P_{\geqslant 0} \phi$
Probability of the tautology	$P_1 \top$
σ-additivity	If $P_0(\phi \wedge \psi)$, $P_{\geqslant \alpha} \phi \wedge P_{\geqslant \beta} \phi \to P_{\geqslant \alpha + \beta}(\phi \vee \psi)$
K-Pr	$P_{\geqslant \alpha}(\psi | \phi) \to (P_{\geqslant \beta} \phi \to P_{\geqslant \alpha \cdot \beta} \psi)$

TABLE 1

The first axiom allows us to relate different degrees of probability, that is, they translate the usual ordering of real numbers in the interval [0,1] into an ordering between probabilistic modal operators with different degrees. Then we include the three well-known axioms of probability defined in [7], but adapted for modal logic. Lastly, K-Pr is a variation of the axiom K for probabilistic logic, which allows to connect conditional probability and simple probability. Thus, we have a minimal set of axioms for any probabilistic system.

We will consider two kinds of probability, simplifying the topic:

- Subjective probability: Probability is the degree of belief of a certain agent about an event, which in this case is identified with a proposition. As expected, different agents may assign different probabilities to the same event.

- Objective probability, in which probability is considered an objective feature of events, and therefore unique.

We may add specific axioms for objective and subjective probability:

Specific axioms for probability

Name	Formulation
T-Pr: Probabilistic reflexivity	$P_1\phi \to \phi$
Probabilistic introspection	$B_{a,\geqslant\alpha}\phi \to B_{a,1}B_{a,\geqslant\alpha}\phi$
Probabilistic stability	$B_{a,1}B_{a,\geqslant\alpha}\phi \to B_{a,\geqslant\alpha}\phi$

TABLE 1

Thus, we consider two possible probabilistic modal systems. In addition to the basic axiomatic set, we distinguish the two aforementioned types of probability:

- An objective one, which incorporates the first axiom, which is the probabilistic counterpart of axiom T, expressing a similar idea: if the probability of ϕ is 1, then ϕ is true.

- A subjective one, which incorporates the probabilistic variations of the axioms of positive introspection and stability. Axioms of negative introspection and stability are not considered in this work, but they might be in further works.

3.4 Soundness and completeness

Definition 3.4.1. (Strong soundness). A logic is strongly sound if for any wff ϕ and a set of wff's Σ, if $\Sigma \vdash \phi$, then $\Sigma \models \phi$.

Definition 3.4.2. (Strong completeness). A logic is strongly complete if for any wff ϕ and a set of wff's Σ, if $\Sigma \models \phi$, then $\Sigma \vdash \phi$.

They establish a kind of correspondence between the semantics of a logic and its deductive system, each one in a different direction: provability entails logical consequence, and logical consequence entails provability, respectively.

3.4.1 Relational semantics

We will just prove the soundness and completeness of the axioms of the modal system, taking the rest of usual proofs for granted, since they are standard (in particular, the proof for *modus ponens*).

Soundness

Lemma 3.4.3. *The axioms of order are strongly sound.*

Proof. For the proof of $P_{\geq \alpha}\phi \to P_{\geq \beta}\phi$ if $\alpha \geq \beta$, let us suppose that $\alpha \geq \beta$ and $M, w \ \Sigma \models P_{\geq \alpha}\phi$. This means that $\mu_w(\phi) \geq \alpha \geq \beta$, so $M, w \ \Sigma \models P_{\geq \beta}\phi$. The proof for for $P_{\geq \alpha}\phi \to P_{>\beta}\phi$ if $\alpha > \beta$ is analogous. ■

$P_{>\alpha}\phi \to P_{\geq \alpha}\phi$ is not an axiom but a theorem in a relational model and it can be derived from Kolmogorov's axioms, whose soundness is proved now:

Lemma 3.4.4. *The axioms of probability are strongly sound.*

Proof. The first one is $P_{\geq 0}\phi$. It is sound by definition, since we have stated that for any ϕ and w, $\mu_w(\phi) \geq 0$, that is, $M, w \ \Sigma \models P_{\geq 0}\phi$.

The second one states $P_1\top$, it is equivalent to the rule of necessitation in probabilistic terms. $M, w' \ \Sigma \models \top$ for every w' such that wRw' and the sum of the probability masses of all $w' \in S(w)$ is 1, so $[\top]_w = S(w)$ and therefore $\mu_w(\top) = 1$ and $M, w \ \Sigma \models P_1\top$.

The third one is slightly more complex. If $\mu_w(\phi \wedge \psi) = 0$, this means that there is no w' such that $M, w' \ \Sigma \models \phi \wedge \psi$, so $[\phi \wedge \psi]_w = \varnothing$ and the sets of worlds that satisfy ϕ and ϕ are disjoint. Thus, $\mu_w(\phi \vee \psi) = \sum_{w' \in [\phi \vee \psi]_w} \mu_w^*(w')$ can be stated as follows:

$$\mu_w(\phi \vee \psi) = \sum_{w' \in [\phi \vee \psi]_w} \mu_w^*(w') = \sum_{w' \in [\phi]_w} \mu_w^*(w') + \sum_{w' \in [\psi]_w} \mu_w^*(w') = \mu_w(\phi) + \mu_w(\psi)$$

■

Lemma 3.4.5. *Axiom K-Pr* $\vdash P_{\geq \alpha}(\psi|\phi) \to (P_{\geq \beta}\phi \to P_{\geq \alpha \cdot \beta}\psi)$ *is strongly sound.*

Proof. We have to show that $M, w \ \Sigma \cup \{P_{\geq \beta}\phi, \models P_{\geq \alpha}(\psi|\phi)\} \models P_{\geq \alpha \cdot \beta}\psi$. We assume that $\beta > 0$ and we consider two cases:

- If $\alpha = 0$, then this means that $\mu_w(\phi \wedge \psi)/\mu_w(\phi) = 0$ and therefore $\mu_w(\phi \wedge \psi) = 0$, so there is no world w' satisfying $\phi \wedge \psi$, so $M, w\Sigma \cup \{P_{\geq \beta}\phi, P_0(\psi|\phi)\} \models P_0(\phi \wedge \psi)$, that is, $M, w \cup \{P_{\geq \beta}\phi, P_0(\psi|\phi)\} \models P_{\geq 0}(\phi \wedge \psi)$, as $0 = 0 \cdot \beta$, so in this case the axiom is sound.

- If $\alpha > 0$, $\mu_w(\phi \wedge \psi)/\mu_w(\phi) \geq \alpha$ and therefore $\mu_w(\phi \wedge \psi) \geq \alpha \cdot \mu_w(\phi) = \alpha \cdot \beta$, which is greater than 0 too. This means that there is a non-empty set of worlds that satisfy $\phi \wedge \psi$. Any arbitrary w' in that set holds that $M, w' \models \phi \wedge \psi$. Since the probabilistic function over this set is greater than or equal to $\alpha \cdot \beta$, this means $M, w \ \Sigma \cup \{P_{\geq \beta}\phi, P_0(\psi|\phi)\} \models P_{\geq \alpha \cdot \beta}\psi$, as we wanted to prove.

■

Thus we have shown that all axioms of the base probabilistic system are sound. The next lemmas are proofs of specific axioms that may be added for different kinds of probability. For these proofs, we need some semantical properties of the corresponding frames. In [5], we show that Axiom T-Pr is probabilistic reflexive, in the same way axiom T is reflexive. Axiom of probabilistic introspection is probabilistic Euclidean, which means that it is an Euclidean frame and it meets the following probabilistic condition:

> Let be $w_1, \ldots, w_n$ all the accessible worlds from w in an Euclidean frame, and $\mu_w(w_1), \ldots, \mu_w(w_n)$ their corresponding probability masses. Being Euclidean, an arbitrary w_i is accessible from all $w_1, \ldots, w_n$, including itself. Then, the probabilistic condition is that for any w_j, $\mu_{w_j}(w_i) = \mu_w(w_i)$.

Informally, all worlds in the space of probability of w "copy" the probability distribution of w, both the set of accessible worlds and the corresponding probability mass function for each accessible world. This imposes a restriction to the Euclidean model, there cannot be additional worlds from the worlds in the space of probability: the space of probability of each world in the space of probability of w is the space of probability of w itself. What is relevant now is that in [5] we prove the following lemma:

Lemma 3.4.6. *All probabilistic introspection frames are probabilistic Euclidean, dense and transitive. Also, all probabilistic stable frames are probabilistic Euclidean, dense and transitive. If and only if a frame is probabilistic introspective, it is probabilistic stable.*

This last lemma will save us some work, since the probabilistic stability defines the same kind of frame that a probabilistic introspection axiom. Taking this into account, we are in disposition of proving the following propositions:

Proposition 3.4.7. *Axiom T-Pr is strongly sound.*

Proof. We want to prove that $P_1 \phi \to \phi$ is strongly sound, that is, $M, w \ \Sigma \cup \{P_1 \phi\} \models \phi$ in a system with that axiom. For T-Pr, the accessibility relation is probabilistic reflexive and therefore $M, w \ \Sigma \cup \{P_1 \phi, P_1 \phi \to \phi\} \models \phi$, so axiom T-Pr is sound in this kind of frame as we wanted to prove. ∎

Proposition 3.4.8. *Axiom of probabilistic positive introspection is sound.*

Proof. We want to show $M, w \ \Sigma \cup \{B_{a, \geqslant \alpha} \phi\} \models B_{a,1} B_{a, \geqslant \alpha} \phi$ in a probabilistic Euclidean frame. We stated that this axiom determines a frame that is Euclidean and secondarily transitive and dense, and that the probability condition to be met is that for each w' that is accessible from w, its space of probability is the same, and $\mu_w^*(w_i) = \mu_{w'}^*(w_i)$ for any w_i which is accessible from w. Since $[\![\phi]\!]_{w'}$ is the subset of the space of probability of w' that satisfies ϕ, this means that for any arbitrary w' accessible from w it copies the spaces of satisfaction from w, so $M, w' \models B_{a, \geqslant \alpha} \phi$. Since it is true for all w', then $M, w' \ \Sigma \cup \{B_{a, \geqslant \alpha} \phi\} \models B_{a,1} B_{a, \geqslant \alpha} \phi$ as we wanted to prove. ∎

Proposition 3.4.9. *The axiom of stability of probabilistic reasoning* $B_{a,1}B_{a,\geqslant\alpha}\phi \to B_{a,\geqslant\alpha}\phi$ *is sound.*

Proof. We want to show that $M, w' \; \Sigma \cup \{B_{a,1}B_{a,\geqslant\alpha}\phi\} \models B_{a,\geqslant\alpha}\phi$ in our axiomatic systems. Although axiom $B_a B_a \phi \to B_a \phi$ does not define any particular property of the frame for usual doxastic logic, in the case of probabilistic subjective modal logic, it does, and the frame is probabilistic dense, Euclidean and transitive. In addition, the space of probability of any w' accessible from w' is the same than the space of probability of w, and their corresponding probability masses are the same, that is, $\mu_w^*(w_i) = \mu_{w_j}^*(w_i)$ for any w_i, w_j that are accessible from w. Now the reasoning is quite similar to the case of the axiom of probabilistic introspection, so $M, w \; \Sigma \cup \{B_{a,1}B_{a,\geqslant\alpha}\phi\} \models B_{a,\geqslant\alpha}\phi$ in a frame in which the axiom of probabilistic stability is valid. ■

Theorem 3.4.10. *The base probabilistic system and their derived systems (objective and subjective) are sound.*

Proof. Since we have seen that MP, the axiom of ordering of probabilities, the axioms of Kolmogorov, and the modal axiom K-Pr are sound, the base probabilistic system is sound. In addition, we have proven that possible additional axioms are sound, so the corresponding systems for objective (base plus axiom T-Pr) and subjective probability (base plus probabilistic introspection and stability) are sound. ■

Completeness

The key idea of the proof is to build a maximally consistent set that will be the basis of a model for our language that serves as a model. See [2], [4], [6] for the basis of this proof. The innovation that we are going to introduce is that we have to deal with a probability mass distribution over the accessibility relationships, which is a variation of the case of the diamond operator. In order to properly develop the proof of the system's completeness we need some previous notions that we introduce now:

Definition 3.4.11. (Consistency and maximal consistency). A set of wff's Σ is consistent in a certain logical system if for no finite conjunction of wff's in Σ, $\sigma \equiv \sigma_1 \wedge \ldots \wedge \sigma_n$, $\neg\sigma$ is provable in the logical system. That is, if $\neg\sigma$ is not derivable, $\{\sigma_1, \ldots, \sigma_n\}$ is consistent.

A *proper extension* of a set Σ is a set Σ' such that $\Sigma \subset \Sigma'$, that is, $\Sigma \subseteq \Sigma'$ and $\Sigma \neq \Sigma'$. The extension is made by adding new wff's to Σ which are not included in it. A set of wff's Σ is said to be *maximally consistent* if it is consistent and the only superset of it which is consistent is itself: If Σ is maximally consistent and $\Sigma \subseteq \Sigma'$, then $\Sigma = \Sigma'$, that is, Σ' cannot be a proper extension.

Any consistent set Σ has a maximal extension Σ'. It can be shown in several ways, for example with the following classical lemma:

Lemma 3.4.12. (*Lindenbaum lemma*). *Every consistent set of wff's Σ has a maximally superset of wff's Σ^*.*

It can be proven that Δ is maximally consistent, see [4]. A consequence of Lindenbaum's lemma is that ϕ is deducible from a set of wff'sΣ if and only if ϕ belongs to the maximally consistent extension of Σ: $\Sigma \vdash \phi$ if and only if $\phi \in \Delta$ such that $\Sigma \subseteq \Delta$, and in particular, $\vdash \phi$ for all maximally consistent Δ, since ϕ is an axiom [2]. Now the next step is to create a canonical model for our language $\mathcal{L}_P$.

Definition 3.4.13. (*Henkin probabilistic canonical model for $\mathcal{L}_P$*). We create a canonical model $\langle \mathcal{G}, \{R_a\}, \{\mu_a^*\}, \models \rangle$ for $\mathcal{L}_P$ as follows: $\mathcal{G}$ is the set of all maximally consistent sets of formulae of $\mathcal{L}_P$. For $B_{a,\geqslant \alpha}\phi$ or $P_{\geqslant \alpha}\phi$ depending on the case, if $B_{a,\geqslant \alpha}\phi \in \Gamma$ and $\Gamma R_a \Delta_i$, $\phi \in \Delta_i$, there is also a probability mass function $\mu_{a,\Gamma}^*[]$ for each accessibility relationship R_a ranging to the interval $(0,1]$. This model is called the *probabilistic canonical model for $\mathcal{L}_P$*.

Since the probabilistic modal operator is a variation of the diamond modal operator, we need the following lemma, which is slightly adapted for the existence lemma for the diamond operator:

Lemma 3.4.14. (*Existence lemma for the probability operator*). *For any probabilistic modal logic and any world $w \in W$, if $B_{i,>0}\phi \in w$, then there is a world w' such that $wR_a w'$ for some accessibility relationship a.*

Now we prove the truth lemma, focusing our proof in the probabilistic modal operator, in a

Lemma 3.4.15. (*Truth lemma*). *Given a canonical model $\langle \mathcal{G}, \{R_i'\}, \{R_i\}, \models \rangle$ for $\mathcal{L}_P$. For each wff ϕ and for every $\Delta \in \mathcal{G}$, we have that $\Delta \models \phi$ if and only if $\phi \in \Delta$.*

Proof. The proof is standard, see for example [4], and is made by induction over the logical connectives of the wff's and the modal operators. For an atomic formula p, $\Delta \models p$ if and only if $p \in \Delta$ by the definition of canonical model. Assuming that the subformulae of ϕ satisfy the truth lemma, we examine each connective as usual. For example, $(\phi \wedge \psi) \in \Delta$ if and only if$\phi \in \Delta$ and $\psi \in \Delta$, and similarly for the other connectives. We focus now on the proofs for probabilistic modal operators:

- PROBABILISTIC MODAL OPERATOR: Let us suppose that $B_{a,\geqslant \alpha}\phi \in \Gamma$. $S_\Gamma(\phi)$ is the set of all Δ_i that are in the relationship $\Gamma R \Delta_i$ and satisfy ϕ, so $\mu_{a,w}(S_\Gamma(\phi)) = \sum_{\Delta_i \in S(\Gamma)} \mu_\Gamma^*(\Delta_i) \geqslant \alpha$. Conversely, let us suppose $\Gamma \models B_{a,\geqslant \alpha}\phi$. This means that there is a set of Δ_i such that $\Gamma R_a \Delta_i$ and $\Delta_i \models \phi$, and $\mu_{a,w}(S_\Gamma(\phi)) = \sum_{\Delta_i \in S(\Gamma)} \mu_\Gamma^*(\Delta_i) \geqslant \alpha$. By the definition of the probabilistic modal operator, this means that $B_{a,\geqslant \alpha}\phi \in \Gamma$.

- CONDITIONAL PROBABILITY MODAL OPERATOR. We can see the conditional probability operator case as a variation over the previous case, taking into account the definition of conditional probability.. Let us suppose that $B_{a,\geqslant\alpha}(\psi|\phi) \in \Gamma$ and that $B_{a,\geqslant\beta}(\phi) \in \Gamma$ for $\beta > 0$. The quotient $\mu_{a,w}(S_\Gamma(\phi \wedge \psi))/\mu_{a,w}(S_\Gamma(\phi)) \geqslant \alpha$, for $\mu_{a,w}(S_\Gamma(\phi)) > 0$. The converse of the biconditional can be derived from the situation of the probabilistic modal operator.

∎

Now we are in disposition of proving the following theorem, which was the object of this subsection.

Theorem 3.4.16. *(Completeness of base probabilistic axiomatic system and its derivates).*
The system of probabilistic axioms in$\mathcal{L}_P$ is strongly complete.

Proof. The proof is a variation of the standard one. By contraposition, we show that, for a set of wff's Σ, $\Sigma \models \phi$ implies $\Sigma \vdash \phi$ is the same as showing that $\Sigma \not\vdash \phi$ implies $\Sigma \not\models \phi$: if given a Σ a satisfiable wff is not provable, then a non-provable wff is not satisfiable. ϕ is not provable, so $\{\neg\phi\}$ is consistent in our base system. We can build a maximally set Γ such that $\Sigma \subseteq \Gamma$ such that $\{\neg\phi\} \subseteq \Gamma$, and we can build a canonical model as the one we made before for our system. Since $\neg\phi \in \Gamma$, $\phi \notin \Gamma$ and, therefore, by the truth lemma $\Gamma \not\models \phi$, which means that ϕ is not valid in our base system.

The probabilistic base system contains the ordering axioms and Kolmogorov's axioms.

For the ordering axioms, let us consider $P_{\geqslant\alpha}\phi \to P_{\geqslant\beta}\phi$ if $\alpha \geqslant \beta$. $M, w \Sigma \not\models P_{\geqslant\alpha}\phi \to P_{\geqslant\beta}\phi$ and $\alpha \geqslant \beta$. $\{P_{\geqslant\alpha}\phi \wedge P_{<\beta}\phi\} \in \Gamma$ as usual, but now Γ contains $P_{\geqslant\alpha}\phi$ and $P_{<\beta}\phi$, and $\alpha \geqslant \beta$. This means that Γ is unsound.

For the axioms of Kolmogorov, we see that the $P_{\geqslant 0}\phi$ belongs trivially to all Γ, and $P_1\top$ too. The third axiom is a bit more complex: $M, w \Sigma \cup \{P_0(\phi \wedge \psi), P_{\geqslant\alpha}\phi, P_{\geqslant\beta}\psi\} \not\vdash P_{\geqslant\alpha+\beta}(\phi \vee \psi)\}$, and $\{P_0(\phi \wedge \psi), P_{\geqslant\alpha}\phi, P_{\geqslant\beta}\psi\} \not\vdash P_{\geqslant\alpha+\beta}(\phi \vee \psi)\} \in \Gamma$, $\Gamma \not\models P_{\geqslant\alpha+\beta}(\phi \vee \psi)$. This is not possible, and therefore Γ is unsound: $M, w \models P_0(\phi \wedge \psi) \wedge P_{\geqslant\alpha}\phi \wedge P_{\geqslant\beta}\psi$ means that $\mu_w(\phi \wedge \psi) = 0$, $\mu_w(\phi) \geqslant \alpha$, and $\mu_w(\psi) \geqslant \beta$, and since the accessible worlds satisfying ϕ and ψ are disjoint, $\mu_w(\phi \vee \psi) \geqslant \alpha + \beta$, so $M, w \models P_{\geqslant\alpha+\beta}(\phi \vee \psi)$.

For axiom K-Pr, if $\{\neg(P_{\geqslant\alpha}(\psi|\phi) \to (P_{\geqslant\beta}\phi \to P_{\geqslant\alpha\cdot\beta}(\phi\wedge\psi)))\} \in \Gamma$, that is, $\{P_{\geqslant\alpha}(\psi|\phi) \wedge \neg P_{<\beta}\phi \to \neg P_{<\alpha\cdot\beta}(\phi \wedge \psi))\} \in \Gamma$ and $\Gamma \not\models P_{\geqslant\alpha}(\psi|\phi) \to (P_{\geqslant\beta}\phi \to P_{\geqslant\alpha\cdot\beta}(\phi\wedge\psi))$. But this is possible just if the conditions about probability and conditional probability are not met.

For the extra axioms, we consider the following:

a) T-Pr: Let us consider that $M, w \Sigma \cup \{P_1\phi\} \not\vdash \phi$ for any ϕ. Let us make $P_1\phi \wedge \neg\phi \in \Gamma$, so $\Gamma \not\models P_1\phi \to \phi$. This is only possible in a non-reflexive frame, so the axiom is complete in a reflexive frame.

Soundness and completeness of the axioms of a probabilistic modal logic 47

b) Probabilistic introspection: let us consider that $M, w \Sigma \cup \{B_{a,1}\phi\} \not\vdash B_{a,\geqslant\alpha}\phi \to B_{a,1}B_{a,\geqslant\alpha}\phi$, so $\{B_{a,\geqslant\alpha}\phi \wedge \neg B_{a,1}B_{a,\geqslant\alpha}\phi\} \in \Gamma$ and $\Gamma \not\models B_{a,\geqslant\alpha}\phi \to B_{a,1}B_{a,\geqslant\alpha}\phi$. This is only possible if the frame is not probabilistically Euclidean, so the axiom is complete if the frame is probabilistically Euclidean.

c) Probabilistic stability: The proof is analogous to the previous one. ∎

We have shown that the corresponding systems that result from these axioms are sound and complete, more precisely, strongly complete and strongly sound.

3.4.2 Neighbourhood semantics

The proofs of the soundness and completeness are mostly a variation of the proofs we have seen in relational semantics in section 3.4.1. The only differences are in the proofs for the modal operators, so for soundness we refer to page 42 and for completeness to page 44, here we will deal only with probabilistic modal operators.

Soundness

We will prove the soundness of the following axioms for the probability modal operator.

Lemma 3.4.17. *Axiom of ordering of probabilities is sound.*

Proof. By the definition we have given of the nesting of neighbourhoods, if $\alpha \geqslant \beta$, $N_{a,\geqslant\alpha}(w) \subseteq N_{a,\geqslant\beta}(w)$; $N_{a,>\alpha}(w) \subseteq N_{a,\geqslant\beta}(w)$ and, if $\alpha > \beta$, then $N_{a,\geqslant\alpha}(w) \subseteq N_{a,>\beta}(w)$. If $[\![\phi]\!]_{D_a(w)} \in N_{a,\geqslant\alpha}(w)$ and $\alpha \geqslant \beta$, then $[\![\phi]\!]_{D_a(w)} \in N_{a,\geqslant\beta}(w)$. The proofs for the other axioms is similar. ∎

Lemma 3.4.18. *Kolmogorov's axioms are strongly sound.*

Proof. They are stated in the conditions of the probabilistic frame, so any set of wff's Σ is such that it satisfies all axioms. ∎

Proposition 3.4.19. *Axiom K-Pr is strongly sound.*

Proof. It is derived from the definitions of probability and conditional probability. We want to show that $M, w \Sigma \cup \{P_{\geqslant\beta}\phi, P_{\geqslant\alpha}(\psi|\phi)\} \models P_{\geqslant\alpha\cdot\beta}\psi$. We assume that $\beta > 0$. By the definition of conditional probability, $P_{\geqslant\alpha\cdot\beta}(\phi\wedge\psi)$ is satisfied and $P_{\geqslant\alpha\cdot\beta}\psi$ too, and therefore $M, w \Sigma \cup \{P_{\geqslant\beta}\phi, P_{\geqslant\alpha}(\psi|\phi)\} \models P_{\geqslant\alpha\cdot\beta}\psi$. ∎

The proofs for the specific axioms are based again on the properties of the neighbourhood frames that have been studied in [5]. (See also [8] for an introduction of validity on neighbourhood frames.). T-Pr is similar to T, which in this case means that $w \in \bigcap N_1(w)$, where $\bigcap N_1(w)$ is the intersection of all sets in $N_1(w)$, the so-called *core* of $N_1(w)$. For subjective probability we have a remarkable difference from relational semantics: Probabilistic introspection and stability are independent. The frame conditions for probabilistic introspection and stability frame are surprisingly easy: For introspection, if $[\![\phi]\!]_{D_a(w)} \in N_{a,\geqslant\alpha}(w)$, then $[\![B_{a,\geqslant\alpha}\phi]\!]_M \in N_{i,1}(w)$, and for stability, if $[\![B_{a,\geqslant\alpha}\phi]\!]_M \in N_{i,1}(w)$, then $[\![\phi]\!]_{D_a(w)} \in N_{a,\geqslant\alpha}(w)$.

Proposition 3.4.20. *Axiom T-Pr is strongly sound.*

Proof. We want to prove that $M, w \; \Sigma \cup \{P_1\phi\} \models \phi$ in a reflexive frame. As we said before, in a probabilistic reflexive frame $w \in \bigcap N_1(w)$, which means that but $w \in X$ fore all $X \in N(w)$, so $M, w \; \Sigma \cup \{P_1\phi\} \models \phi$ as we wanted to prove. ∎

Proposition 3.4.21. *Axiom of positive probabilistic introspection and axiom of positive stability are strongly sound.*

Proof. We want to show $M, w \; \Sigma \cup \{B_{a,\geqslant\alpha}\phi\} \models B_{a,1}B_{a,\geqslant\alpha}\phi$ in a transitive frame. $[\![\phi]\!]_{D_i(w)} \in N_{a,\geqslant\alpha}(w)$. Being a probabilistic transitive frame, this means that if $[\![\phi]\!]_{D_a(w)} \in N_{a,\geqslant\alpha}(w)$, then $[\![B_{a,\geqslant\alpha}\phi]\!]_{D_i(w)} \in N_{a,1}(w)$, which means that $M, w \; \Sigma \cup \{B_{a,\geqslant\alpha}\phi,\} \models B_{a,1}B_{a,\geqslant\alpha}\phi$. The proof for positive stability is similar, just by applying the reasoning to the axiom $B_{a,1}B_{a,\geqslant\alpha}\phi \to B_{a,\geqslant\alpha}\phi$ in a probabilistic dense frame. ∎

Theorem 3.4.22. *The systems for probability are strongly sound.*

Proof. The axioms for probability are sound, both the base axioms of system K-Pr and the possible axioms that we may add, such as the reflexivity axiom for objective probability and the axioms of positive introspection and stability, so the corresponding systems are sound. ∎

Completeness

Again, we only deal with the modal operators. The proof is analogous to the one made for relational semantics. We will create a probabilistic Henkin canonical model for our language $\mathcal{L}_P$ in neighbourhood semantics. Now we are going to work with sets of sets of wff's, so in order to continue with the notation we have previously used, in this part of the work we will use $[\![\phi]\!]_M$ to denote the set Δ_i such that $\phi \in \Delta_i$ in the canonical model. $[\![\phi]\!]_{D_a(\Gamma)}$ will be the restriction of the previous definitions to the set that is in the corresponding accessibility relationship from Γ.

Definition 3.4.23. (Neighbourhood Henkin canonical model for $\mathcal{L}_P$).
The neighbourhood canonical model, which in this situation is

$$\langle \mathcal{G}, D_a, \{N_{a,\geqslant\alpha}\}_{\alpha\in[0,1]}, \{N_{a,>\alpha}\}_{\alpha\in[0,1)}, \models \rangle$$

for $\mathcal{L}_P$, is defined in a similar way as we did in relational semantics. For probability, we will use neighbourhoods of sets, so $[\![\phi]\!]_{D_a(\Gamma)}$ is in $N_{a,\geqslant\alpha}(\Gamma)$ if and only if $B_{a,\geqslant\alpha}\phi \in \Gamma$ and similarly for $> \alpha$ but with neighbourhoods of the type $N_{>\alpha}(\Gamma)$.

The model we have just defined is called the *neighbourhood canonical model for* $\mathcal{L}_P$.

Lemma 3.4.24. (Truth lemma). *Given a neighbourhood canonical model* $M = \langle \mathcal{G}, D_a, \{N_{a,\geqslant\alpha}\}, \{N_{a,>\alpha}\}, \models\rangle$ *for* $\mathcal{L}_P$, *for each wff* ϕ *and for every* $\Delta \in \mathcal{G}$, *we have that* $\Delta \models \phi$ *if and only if* $\phi \in \Delta$.

Proof. The proof is a variation of the standard one. We just study the proofs for probability and conditional probability operators:

- PROBABILISTIC MODAL OPERATOR: It is similar to relational semantics but applied to the corresponding probabilistic neighbourhood: Let us suppose that $B_{a,\geqslant\alpha}\phi \in \Gamma$. This means that $[\![\phi]\!]_{D_a(\Gamma)} \in N_{a,\geqslant\alpha}(\Gamma)$. Conversely, let us suppose $\Gamma \models B_{a,\geqslant\alpha}\phi$. This means that there is a set Δ_i such that $\Delta_i \in N_{a,\geqslant\alpha}(\Gamma)$ and $\Delta_i \models \phi$. This means that $B_{a,\geqslant\alpha}\phi \in \Gamma$.

- CONDITIONAL PROBABILITY MODAL OPERATOR. Having in mind the previous proof, let us suppose that $B_{a,\geqslant\alpha}(\psi|\phi) \in \Gamma$ and $B_{a,\geqslant\beta}(\phi) \in \Gamma$ for $\beta > 0$. Following the definition of conditional probability, this means that $[\![\phi \wedge \psi]\!]_{D_a(w)} \in N_{a,\geqslant\alpha\cdot\beta}(\Gamma)$, and thus $\Gamma \models B_{a,\geqslant\alpha}(\psi|\phi)$. Conversely, let us suppose $\Gamma \models B_{a,\geqslant\beta}\phi$ ($\beta > 0$) and $\Gamma \models B_{a,\geqslant\alpha}(\psi|\phi)$. This means that there is a set Δ_i such that $\Delta_i \in N_{a,\geqslant\alpha\cdot\beta}(\Gamma)$ and $\Delta_i \models \phi \wedge \psi$, and therefore $B_{a,\geqslant\alpha}(\psi|\phi) \in \Gamma$. ∎

Theorem 3.4.25. (Neighbourhood completeness of base probabilistic axiomatic system and its derivates). *The system of probabilistic axioms in* $\mathcal{L}_P$ *is strongly complete.*

Proof. The proof is analogous to the case of relational semantics in subsection 3.4.1. For the ordering axioms, the axioms of Kolmogorov and axiom K-Pr, the proof is basically the same. We will just remark a few minor differences for the specific axioms for objective and subjective probability:

a) T-Pr: Again we deal with a reflexive frame, which in neighbourhood terms means that $w \in \cap N_1(w)$.

b) Probabilistic introspection and introspection: They are independent, and their frame conditions are basically the translation of the axioms. For probabilistic introspection, if $M, w \; \Sigma \cup \{B_{a,1}\phi\} \not\vdash B_{a,\geqslant\alpha}\phi \to B_{a,1}B_{a,\geqslant\alpha}\phi$, then $\{B_{a,\geqslant\alpha}\phi \wedge \neg B_{a,1}B_{a,\geqslant\alpha}\phi\} \in \Gamma$ and $\Gamma \not\models B_{a,\geqslant\alpha}\phi \to B_{a,1}B_{a,\geqslant\alpha}\phi$. This is only possible if the frame is not probabilistically Euclidean. Probabilistic stability is analogous. ∎

We have shown that the corresponding systems that result from these axioms are sound and complete, more precisely, strongly complete and strongly sound.

Theorem 3.4.26. *The probabilistic axiomatic systems are strongly sound and complete in neighbourhood semantics.*

Proof. The proof is analogous to 3.4.16. ∎

3.5 Concluding remarks

We have seen that the probabilistic modal logic that we have been studying here is strongly sound and complete regarding both relational and neighbourhood semantics. As we briefly mentioned, there are some differences between these semantics, one of them being that relational semantics does not have the capacity of expressing lack of belief. The key of this difference relies on the fact that neighbourhood semantics allows imprecise probabilities, whereas relational semantics does not. This is not a problem regarding the topic of this chapter, just a difference regarding their expressiveness.

In any case, the axiomatic system is sound and complete in both semantics. In order to avoid lengthy explanations, we have abridged the proof for neighbourhood semantics, choosing to remark the differences. Thus, we have seen that the proofs for both semantics follow the same pattern, being it a variation of the standard proof for modal logic in which we incorporate a probability measure. The main differences between the proofs for relational and neighbourhood semantics are related to how this measure is treated. In relational semantics, we add this measure to sets of worlds. In neighbourhood semantics, we are dealing directly with sets that belong to nested neighbourhoods which are ordered by a metrics in the interval [0,1], so the relationship to the probabilistic metrics is more straightforward.

Bibliography

[1] H. Arló-Costa. Non-adjunctive inference and classical modalities. *Journal of Philosophical Logic*, 34(5-6):581–605, 2005.

[2] B. F. Chellas. *Modal logic: an introduction*. Cambridge university press, Cambridge, 1980.

[3] R. Fagin, J. Y. Halpern, y N. Megiddo. A logic for reasoning about probabilities. *Computer Science*, pages 277–291, 1988.

[4] M. Fitting. *Proof methods for modal and intuitionistic logics*, volumen 169. Springer Science & Business Media, 1983.

[5] N. Guallart. *Games and Spaces: Semantics of a Probabilistic Modal Logic*. Universidade de Santiago de Compostela, Santiago de Compostela, 2019. (Tesis Doctoral).

[6] G. E. Hughes y M. J. Cresswell. *A new introduction to modal logic*. Psychology Press, 1996.

[7] A. N. Kolmogorov. *Grundbegriffe der Wahrscheinlichkeitrechnung, Ergebnisse Der Mathematik*. Springer, Berlin, 1933.

[8] E. Pacuit. *Neighborhood Semantics for Modal Logic*. Springer, 2017.

Capítulo 4

Los casos cerrados en Agatha Christie. Reflexiones en torno a consistencia y completitud

Carmen Hernández Martín
Universidad de Sevilla

Dedicado a mi queridísimo amigo, compañero y discípulo Angel Nepomuceno, a quien deseo una nueva etapa de su vida llena de esa creatividad que brota de sentirse libre para poder hacer, a lo mejor lo mismo que estábamos haciendo, pero ahora con una nueva alegría, una nueva reflexión y un nuevo convencimiento.

Resumen. Una novela detectivesca termina cuando se ha encontrado una explicación que dé respuesta a los hechos, proporcionando un culpable. Naturalmente no se trata de todos los hechos posibles, si no de los que aparecen como relevantes al problema planteado. Por ello la única forma de llegar a conclusiones definitivas es adoptar implícitamente lo que en Inteligencia Artificial se conoce como Asunción de Mundo Cerrado (CWA): consideramos los hechos posibles no contemplados como negados. Sin embargo encontramos 4 novelas críticas, anómalas, que parecen empezar por el final, por la explicación y el consecuente culpable, para todo ello ser puesto en duda y rechazado, rompiéndose la CWA. Tenemos la oportunidad de planteamos aquí la adaptación al razonamiento ordinario de conceptos como completitud y consistencia y la tensión que se produce entre ellos.

4.1. Introducción

Toda teoría empírica, bien científica, bien detectivesca, pretende ser una explicación de los hechos. Es primero una ordenación, una organización de estos hechos, para después convertirse en una explicación que apunta a ser la mejor explicación. Y se entiende por la mejor explicación aquella que da razón de todos los hechos.

Los polos en epistemología, en el conocimiento en general, refieren como ideal a los polos en lógica: consistencia y completitud. La consistencia es algo a lo que se aspira siempre, aunque se admitan en el proceso de conocer contradicciones provisionales que han de ser resueltas. La completitud en sentido estricto nunca se produce ya que la ciencia está en crecimiento continuo y por tanto nuevos datos pueden refutar parte de lo ya logrado y obligar a la reformulación de la teoría.

En lógica hablamos de consistencia de una proposición aislada o de un conjunto de proposiciones. En este conjunto se produce la consistencia máxima cuando todo aquello que no pertenece al conjunto es contradictorio con él. Es decir, el concepto de consistencia máxima confluye en lógica pura con el concepto de completitud más fuerte, el de completitud sintáctica.

Los conceptos de lógica pura no pueden ser aplicados directamente a una investigación empírica (ni siquiera a una investigación matemática). Pero sí pueden ser usados, como hace a menudo Popper, como "ideales regulativos". Está claro que a la hora de aplicar la lógica al conocimiento empírico vamos a tener que distinguir muchos grados de consistencia, unas más débiles y otras más fuertes. La consistencia más débil, consistencia mínima si queremos, se dará entre proposiciones inconexas de las cuales no se puede deducir ninguna conclusión no trivial. La consistencia de un conjunto de proposiciones será más fuerte cuanto mayor sea el número de deducciones no triviales que se puedan realizar a partir de ellas, cuanto menos proposiciones independientes sean posibles. Así se produce la consistencia máxima cuando las únicas proposiciones independientes posibles son las contradictorias (es decir las que consideraremos independientes en sentido impropio).

En una novela, muy al contrario que en ciencia o que en el conocimiento ordinario, existe un estado final. Es cierto que los científicos se comportan a menudo como si hubiesen alcanzado la teoría final y sólo hubiese que pulirla. Es lo que ocurre en los periodos paradigmáticos o de ciencia normal descritos por Kuhn, con su fuerte componente dogmático. Pero los paradigmas, como también ha descrito Kuhn suelen hacer crisis justamente al llevarse el dogma hasta sus últimas consecuencias. Y las teorías han de ser revisadas y reajustadas, evidenciando la calidad evolutiva del conocimiento.

En la novela hay una etapa evolutiva, en que las teorías son claramente provisionales e incompletas, aceptándose temporalmente defectos como la inconsistencia. Pero existe un estado final en que todas las preguntas han sido contestadas y todos los problemas resueltos. Hemos encontrado la mejor explicación, la que aclara todos los hechos que teníamos. Hemos hallado una cierta completitud explicativa o factual dentro de una consistencia muy fuerte, casi máxima, o si queremos, que tiende a máxima. Esto es lo que ocurre en Agatha Christie y en toda buena novela detectivesca. Y podríamos decir, usando el término jurídico, que en todas ellas el caso se ha cerrado.

Veamos algunos ejemplos claros.

En **Death on the Nile**, (chap.29) Poirot afirma: "In no other way .... could the thing have happened. That's proof enough for a logical mind".

En **Murder at the Vicarage** (chap.26) es Miss Marple la que declara: ".. one must provide an explanation for everything. Each thing has got to be explained away satisfactorily. If you have a theory that fits every fact - well, then it must be the right one".

Y de nuevo es Poirot el que en **Murder in Mesopotamia** (chap. 27) haciendo alarde una vez más de su acentuado racionalismo nos dice: " And I may say that though I have now arrived at what I believe to be the true solution of the case, I have no material proof of it. I know it is so, because it must be so, because in no other way can every single fact fit into its ordered and recognized place".

Sin embargo existen 4 obras que parecen ser la crítica de todo lo anteriormente expuesto, ya que empiezan justamente por el caso cerrado y encuentran motivos para volver a abrirlo.

Los 4 casos contemplados por A. Christie son **Sad cypress** (1940), **5 Little pigs** (1942), **Mrs. McGinty is dead** (1952) y **Ordeal by innocence** (1958), Dos de ellos, el segundo y el cuarto, son cerrados en el sentido más estricto, ya que se ha producido y ejecutado la sentencia e incluso el culpable ha muerto en la cárcel. En el primer caso el presunto culpable está a punto de ser juzgado y todo hace pensar que la sentencia va a ser desfavorable. En el tercero ha habido juicio y sentencia pero ésta aún no se ha ejecutado.

¿Pretende un caso cerrado ser completo en algún sentido lógico de la palabra? ¿Que significa hablar de completitud en un ámbito de investigación empírica, sea científico, sea detectivesco?

Como ya hemos dicho existe la explicación óptima que cubre todos los datos, una especie de "completitud" con respecto a los datos relevantes que parecen estar todos. Y en ello reside la garantía de la conclusión.

Pero, ¿que ocurre con posibles datos nuevos? La novela se ha cerrado y no va a barajar pues datos nuevos. Pero la completitud fuerte, la completitud sintáctica, requiere que todo lo que no se derive de una teoría sea contradictorio con ella.

Recordemos que no nos hallamos en el ámbito del razonamiento perfecto monótono de la lógica pura, sino en el de la lógica aplicada. Y podemos echar mano del recurso de la Asunción de Mundo Cerrado. "The most straightforward and simple way to complete a theory is by a convention called the closed-world assumption (CWA). The CWA completes the theory defined by a set of beliefs, Δ by including the negation of a ground atom in the completed theory whenever that ground atom does not logically follow from Δ. The effect of the CWA is as though we augmented the base belief set with all the negative ground literals the positive versions of which cannot be deduced from Δ^1.

Añadimos a la teoría el conjunto de asunciones negativas de las proposiciones que en sentido afirmativo no se deducen de ella. (O al revés). Con ello convertimos la completitud factual problemática en una impecable completitud sintáctica.

En la novela esto se hace de forma implícita. El novelista es el creador y puede cerrar cuando quiera. De alguna forma se niega todo lo que no se ha incluido. Aquí ya no puede haber sorpresas.

Ante una sorpresa real habría que disminuir el conjunto de asunciones negativas,(o positivas).

Pero estas 4 obras que analizamos ponen en entredicho ese estado final que caracteriza a la mayor parte de las novelas. Más bien subrayan que cuanto más fuerte es la consistencia de una teoría, más frágil puede ser ante un dato nuevo. Estos casos plantean pues el problema lógico de la tensión entre consistencia y completitud.

De hecho ya existía en algunas novelas, como **The mysterious affair at Styles**, o **13 at dinner**, una desconfianza ante la consistencia explicativa conseguida muy rápidamente.

La nueva investigación en tres de los casos es desencadenada por una "intuición" en contra, que apunta a que el modelo terminado es una mera racionalización. Esta intuición funciona como una especie de refutación, a la manera del feeling de los matemáticos: 'esto parece estar perfecto pero no es verdad'. Ello apunta a que tenemos una lógica bien construida sintácticamente, pero inadecuada a los hechos, a la estructura factual como totalidad. Si esa lógica responde a los hechos conocidos, algo nos está indicando que existe algún hecho relevante que no hemos conocido aún, que algo falta en la construcción factual.

En **Mrs. Mac Ginty is dead** es el propio policía que ha llevado la investigación el que "siente" que la conclusión está mal.

En **Sad cypress** es el médico el que se rebela contra ella. Podría tratarse de "wishful thinking", ya que se ha enamorado de la acusada. Pero Poirot acepta el caso. ¿Por qué?

En **5 little pigs** es la hija de la acusada, la que años más tarde pone en duda el veredicto por razones psicológicas. Su madre dejó una carta para ella en la que se declaraba inocente. Y su madre no era dada a manipular la verdad por motivos sentimentales.

En los tres casos Poirot, elegido para investigar de nuevo, se deja convencer; es decir, considera plausible la posibilidad de error del primer modelo. Es necesario aclarar esta especie de intuición del detective.

En **Ordeal by innocence** aparece un testigo que confirma la coartada del acusado. No se trata aquí de ningún tipo de intuición. La investigación se abre automáticamente.

---

[1] (Logical foundations of Artificial Intelligence, M.R. Genesereth & N.J. Nilsson. Morgan Kaufmann Publis-hers, Inc.)

4.2. Mrs. Mac Ginty is dead

1er modelo: suministrado a Poirot por el inspector Spence. "fue golpeada por detrás en la cabeza con un instrumento pesado y afilado. Sus ahorros, unas 30 libras en moneda, fueron robados tras un registro de la habitación. Vivía sola en una casita con un huesped... Bentley." "La casa no había sido forzada..." "Bentley estaba mal de dinero, había perdido su trabajo y debía dos meses de renta. El dinero fue encontrado escondido bajo una loza suelta detrás de la casa. La manga de la chaqueta de Bentley tenía sangre y cabello - del mismo grupo sanguíneo y del mismo cabello." "Según su primera declaración no se había acercado al cuerpo - por tanto no podía estar allí por accidente" (cap.1).

Motivos para reabrir la investigación:

a) El experto no está contento a pesar de ser él quien ha llevado el caso a su término: desde su experiencia el asesino no responde psicológicamente.

b) No existe estructura alternativa defensiva alguna: todo está demasiado claro. El presunto asesino ha incumplido uno de los postulados de lo que podíamos llamar una teoría general del crimen: todo asesino intenta encubrirse.

Hipótesis de trabajo: el acusado es inocente.

El modelo expuesto ha de ser considerado más bien como la estructura alternativa defensiva del verdadero asesino.

Un pequeño punto a favor del acusado: el arma no se ha encontrado, al contrario que el dinero. Podría pensarse que si el dinero lo incriminaba a él, el arma apuntaba a alguien diferente.

Con estas presuposiciones volvemos a los conceptos involucrados en la pregunta 'Quien mató a Mrs. McGinty?': Circunstancias de la muerte, la persona asesinada, posibles motivos.

Los motivos más frecuentes: dinero, miedo, odio (envidia, venganza, celos). El dinero fue el motivo en el primer modelo. No parece ser muy plausible en las posibles alternativas. No hay constancia tampoco de enemigos. Se procede a interrogar a los familiares, su sobrina y el marido de su sobrina, y a las familias con las que trabajaba.

Los datos sobre la persona asesinada no sugieren gran cosa. Llevaba una vida muy sencilla de trabajo, era asistenta en varias casas del pueblo, iba rara vez al cine y le gustaba leer los periódicos dominicales sensacionalistas. Una de las personas interrogadas dijo que Mrs. Mc Ginty "snooped a bit". Le gustaba curiosear las cartas y todo eso. "Generalmente es en la personalidad de la víctima donde reside la clave de la situación". "Pero si Mrs. Mc Ginty es simplemente una sencilla asistenta - es el asesino el que debe ser extraordinario" (cap.3). Nada más lejos del acusado, tímido, antipático y poco sociable.

Un hecho curioso al fin. Tras muchas conversaciones la dueña de la oficina de correos subraya que dos días antes de su muerte, el lunes, Mrs. Mc Ginty compró un bote de tinta, lo que significaba que iba a escribir una carta, cosa no muy usual en ella. Estaba muy excitada. La carta no era para la sobrina, ni existían otros parientes ni amigos. Tampoco era una carta oficial porque en esos casos siempre consultaba al marido de su sobrina. ¿A quien se dirigía entonces?

Revisando los objetos personales de la víctima, Poirot tropieza con unas páginas recortadas del Sunday Comet del domingo anterior a su muerte. En la Biblioteca comprueba que estas páginas hablan de crímenes famosos del pasado incluyendo fotos de personas implicadas en ellos. ¿Habrá reconocido Mrs. Mc Ginty alguna de estas fotos? Se comprueba que ello es así porque la carta fue enviada al periódico.

A partir de aquí se rompe el mundo cerrado del primer modelo. Se abre todo un nuevo universo de hechos relevantes. El motivo deja de ser exclusivamente del acusado. Ahora pasa a ser también de la persona relacionada con la foto, que al parecer vive en el pueblo, y que posiblemente pertenece a una de las familias para las que trabajaba la víctima.

En una reunión en que están presente todos los nuevos sospechosos, Poirot enseña las fotos y Mrs Upward parece reconocer una de ellas. Mrs Upward es estrangulada, lo que confirma la inocencia de Bentley y la hipótesis del motivo nuevo.

4.3. Ordeal by innocence

Jacko Argyle es acusado y condenado por la muerte de su madre adoptiva. Muere en la carcel.

El caso se reabre porque aparece su coartada: el Dr. Calgary que lo había llevado en su coche a la hora del crimen. No había aparecido en su momento a causa de un accidente de tráfico con subsiguiente amnesia.

Se parte ahora de toda la investigación anterior con la premisa añadida de la inocencia de Jacko.

¿Se hace necesario pues contestar a la pregunta '¿quien mató a Rachel Argyle?' partiendo de un conjunto del que se ha suprimido un sospechoso.

Encontramos los mismos sospechosos y las mismas oportunidades aunque ahora haya que buscar diferentes motivos.

Y encontramos ya hecho el análisis de la víctima, el análisis de la muerte e incluso el análisis del presunto asesino. Al contrario que en **Mrs. McGinty is dead**, aquí el policía piensa que el acusado respondía plenamente al caracter de asesino. Tampoco su familia, según declaraciones, habían dudado nunca de que fuese él aunque algunos pensaran que era una especie de enfermo.

Modelo del que se parte:

Jacko había cometido delitos anteriormente y su madre lo había librado de las consecuencias. Pero al llegar una vez más pidiendo dinero para salir de un atolladero que podía llevarlo a la cárcel, su madre decide cambiar de táctica y negárselo. Tienen una fuerte disputa y Jacko la amenaza si no tiene el dinero a punto a su vuelta. Y abandona la casa. Dentro están el marido Leo, la secretaria Gwenda, la amiga y enfermera Kirsty, y los hijos Hester y Mary con su marido inválido. No estaban los hijos Michael y Tina.

Mrs Argyle es encontrada por Kirsty en su despacho muerta, golpeada con un atizador, donde estaban las huellas de Jacko. Este es detenido y se le encuentra encima un dinero que se identifica como perteneciente a Mrs Argyle. Al ser detenido alega como a la hora del crimen viajaba en el coche de alguien que lo había recogido en la carretera.

Rachel Argyle era una mujer rica, muy enérgica, que había adoptado una serie de niños cuyas condiciones familiares eran malas. Alguno de ellos, como Michael, no se había recuperado del abandono de su madre y hacía recaer su rencor sobre Mrs. Argyle. Hester se resentía del dominio de su madre adoptiva que parecía tener siempre razón. Mary, fría e inexpresiva aceptaba con gusto la posición ventajosa. Solo Tina parecía estar plenamente agradecida a su madre de adopción.

El matrimonio de los Argyle se había ido enfriando por la obsesión de Rachel sobre los niños que no podía tener y los adoptivos, lo que le hizo apartar la atención de su marido. Este se apoyaba cada vez más en su secretaria Gwenda que parecía incondicional. Con la muerte de Rachel todos esperan la boda de ambos.

Dato nuevo: A la hora del crimen un niño de la vecindad vio el coche burbuja de Tina y pensó que eran los extraterrestres. Ahora dos años más tarde se ha dado cuenta de que era un coche.

Modelo de la policía tras la revisión:

Se hace necesario ampliar el universo de sospechosos. Ni siquiera está clara la coartada de Michael. Todos han tenido oportunidad.

Gwenda y Mr Argyle tienen claramente un motivo.

Los hijos podrían tener motivos psicológicos, aparte del deseo de independizarse de una madre un tanto agobiante.

Kirsty podría albergar rencores encubiertos.

2º asesinato: el de Philip el marido de Mary que estaba haciendo demasiadas averiguaciones.

Intento de asesinato de Tina. Aparece el cuchillo en el bolsillo de Michael.

La policía detiene a Michael

Modelo del Dr. Calgari:

El segundo asesinato es claramente subsidiario del primero. Philip muere porque se está acercando a la verdad.

Hester es inocente. Sólo así se explica su preocupación angustiada por los inocentes, mostrada desde el comienzo de la novela.

Tina es atacada porque parece saber algo.

Pero, ¿ es Michael con su odio infantil por Rachel, proyección del odio que siente realmente por su madre, la respuesta al problema?

El análisis de la víctima primera no es muy efectivo.

Analicemos entonces al presunto asesino del primer modelo. Todo el mundo parece tener mala impresión de Jacko. Era un joven simpático, poco honrado, con rachas muy violentas de temperamento y con un cierto atractivo para mujeres mayores. Según el médico de la familia que lo consideraba un verdadero delincuente, era cobarde y más que cometer un crimen parecía capaz de incitar a otro a cometerlo.

Aparece después de la detención una esposa joven a la que mantenía en secreto por miedo a la desaprobación de su madre. Es ella la que descubre la relación de Jacko con la mujer de su jefe al que había estafado: no sólo la engaña sino que le saca dinero para devolver al marido. De hecho Calgary descubre varios casos de engaño a mujeres mayores.

¿Y si Jacko no fuese del todo inocente? ¿Y si hubiese un cómplice que realizara la materialidad del crimen? ¿Sería una mujer mayor engañada? ¿Sería Kirsten?

4.4. Sad cypress

Modelo cerrado en que el presunto culpable está a punto de ser juzgado: Mary Gerrard joven protegida desde su infancia por la rica viuda Mrs Wellman, es envenenada en una reunión con la enfermera Hopkins y Elinor Carlile, sobrina de Mrs Wellman. La enfermera ha hecho el te y Elinor ha preparado los sandwiches. Solo Mary y la enfermera han tomado te. Se acusa a Elinor de haber puesto morfina en el sandwich de Mary. Motivo: el compromiso con su novio Roddy, sobrino político de Mrs. Wellman, se ha roto porque Roddy se ha enamorado de Mary.

¿Por qué acepta Poirot investigar?

Un motivo es de tipo psicológico. Peter Lord transmite a Poirot su visión de Elinor, su admiración basada en su inteligencia y su integridad. Esta visión rechaza todo crimen por interés, aunque no por piedad o por celos.

El otro motivo, el decisorio para Poirot es "the very completeness of the case against her" (chap.16). El caso contra Elinor es demasiado completo. Y, ¿por qué la persona acusada no se defiende? Falta una mínima estrategia defensiva. Hasta el veneno está mal elegido: los síntomas de la morfina no se parecen a los de la intoxicación por alimentos.

El inspector, al contrario que en **Mrs Mc Ginty**, cree en la culpabilidad de Elinor.

Si rechazamos como hipótesis de trabajo que Elinor sea culpable hemos de buscar alternativas. Elinor parece ser la única persona con motivo y oportunidad en simultáneo.

Oportunidades directas: la propia Mary, Elinor y la enfermera Hopkins. Oportunidades problemáticas: persona desconocida que envenenó los sandwiches mientras Elinor iba a invitar a Mary y la enfermera. Pero, ¿cómo saber quien iba a elegir cada sandwich?

Motivos: Elinor, la propia Mary, persona desconocida. ¿Hay alguien que odie a Elinor tanto que quiera matarla o hacerla culpable de un crimen?

En el modelo cerrado del que se partió se habían analizado a fondo las circunstancias de la muerte, pero se había descuidado el análisis de la víctima, especialmente de los posibles motivos para la falta de afecto por parte de su padre y el apasionado cariño de Mrs. Welman. ¿Existía alguna causa explicativa de ambos hechos?

El segundo asesinato que se descubre es el de Mrs Welman, previo al de Mary, envenenada también con morfina. Las sospechas habían sido suscitadas por la pérdida de la morfina por parte de la Enfermera Hopkins. La morfina estaba en una cartera que la enfermera dejó en el vestíbulo. Ello parece así mismo apuntar a Elinor que tuvo la oportunidad y sobre todo el motivo. Al no hacer testamento Mrs Welman, que había manifestado su intención de hacerlo al día siguiente, todo el dinero iba a Elinor. Peter Lord no acepta la motivación pero teme que sí lo hiciese por lástima.

Poirot piensa que realmente los temores de Peter Lord provienen de creer que Elinor ha deseado en algún momento la muerte de Mary Gerrard. Pero que una persona desee la muerte de otra no significa que sea capaz de matarla.

Investigación de Poirot:

Enfermera Hopkins: según ella Mary le dijo que no era hija de Gerrard sino de un caballero. Aunque dice que su madre era la doncella de Mrs. Welman insinúa otra cosa, y que sabe quien es su padre.

Roderick Welman: inverosimil la culpabilidad de Elinor. Pero admite la posibilidad de que ayudara a su tia a morir por lástima. Aparece el tema de la carta anónima dirigida a Elinor y a él, previniéndoles sobre los manejos de Mary. Hay ya otra persona con motivo: la que escribió la carta.

Mrs Welman no se hubiese quitado la vida sin hacer previamente testamento. Todo el mundo en la casa tuvo acceso a la morfina, aunque puede pensarse que la mayoría no sabía de su existencia.

Hay algo en torno a Mary Gerard que falta en el puzzle. Algo que sabe la Enfermera Hopkins y que parece no piensa decir, a pesar de múltiples insinuaciones. Pero puede que sí lo haya dicho a la Enfermera O'Brien.

Enfermera O'Brien: admite que hay algo sobre Mary Gerrard que saben ella y la Enfermera Hopkins. Pero, según dice, no quiere arrojar barro sobre alguien tan digno y respetable como Mrs.Welman. Deja, no obstante entrever una historia romántica que será después confirmada por el ama de llaves del antiguo médico. ¿Es Mary fruto de esa historia ? Si ello es así es la heredera de todo.

Entrevista con Elinor que fortalece la idea de Poirot sobre su inocencia. Si es inocente la sospechosa primera desde el punto de vista de la oportunidad es la Enfermera Hopkins. Si el veneno no estaba en los sandwiches tenía que estar en el te. Elinor no bebió te pero sí la Enfermera Hopkins. Pero existen los antídotos, cosa al alcance del conocimiento de una enfermera. ¿Tenía algún motivo?

Mentira descubierta a la Enfermera Hopkins que no parece tener explicación. Había declarado pincharse en la muñeca en un rosal, que Poirot descubre no tener espinas. ¿Por qué?

Presionada por Poirot la Enfermera Hopkins le enseña la carta de Mrs Gerrard dirigida a Mary, que dice haber encontrado en la casa, donde se cuenta toda la historia: Mary es hija de Mrs. Wellman.

Pero la hermana de Mrs. Gerrard también se llama Mary. ¿Estaba la carta dirigida a ella?

Consecuencias de la muerte de Mary: La enfermera Hopkins sugirió a Mary que hiciese testamento en favor de su único pariente, su tía Mary Riley de Nueva Zelanda, que por cierto era también enfermera. Asociación de ideas entre la Enfermera Hopkins y la Enfermera Riley. ¿Hay alguna relación entre ellas? ¿Y si fuesen la misma persona?

Poirot logra probar la identidad. Así como la existencia de una ampolla de antídoto del veneno, guiado por la posibilidad de que el pinchazo en la muñeca fuese de una jeringuilla. Como Elinor no tomó te que era donde estaba el veneno, se sigue que la enfermera tras ingerirlo se inyectó el antídoto.

Era razonable pensar que si Mrs Welman hubiese llegado a hacer testamento hubiese repartido su fortuna entre Elinor, Roddy y Mary. Para la heredera de Mary era preferible que no llegase a hacerlo y que se descubriera que Mary era su hija, con lo cual sería la única en heredar. De ahí la muerte de Mrs. Welman.

4.5. 5 little pigs

Nos encontramos con un conjunto cerrado de posibles asesinos: las 5 personas involucradas en la primera investigación. Solo estas personas tuvieron oportunidad. En el primer modelo sólo a una de ellas se le encontró motivo.

El marco general es suministrado por los informes de la policía y completado por las conversaciones con el fiscal y los abogados y los 5 involucrados en el caso.

Amyas Crale famoso pintor muy dado a las aventuras amorosas siempre vuelve a su mujer Caroline a la que parece querer auténticamente. Está pintando a Elsa Greer joven con la que tiene una aventura. Elsa, que está invitada en casa de los Crale, comunica a Caroline que su marido va a dejarla para casarse con ella. Son testigos los hermanos Blake, vecinos, Angela, hermana adolescente de Caroline, y la institutriz Miss Williams. Amyas no lo niega, aunque su única preocupación parece ser que lo dejen terminar el cuadro. Al día siguiente Amyas es envenenado por coniina, al parecer por la cerveza que le ha ofrecido su mujer. Caroline confiesa haber cogido la coniina del laboratorio de Meredith Blake con intención de suicidarse.

Los relatos de los 5 involucrados a Poirot coinciden en lo esencial pero aportan cada uno de ellos algún detalle significativo.

Miss Williams declara a Poirot haber visto a Caroline limpiando las huellas del botellín de cerveza. Detalle sorprendente porque el veneno no estaba en el botellín.

La conversación de la biblioteca entre Amyas y su mujer sólo es oída en su totalidad por Elsa. Philip Blake sólo oyó la parte en que Caroline decía "You and your women.. Some day I'll kill you". Sólo Elsa asegura haber oido a Crale reiterándose en su intención de divorciarse y a Caroline en sus amenazas. La frase oída por Philip sugiere más bien que Elsa ha sido ya puesta al mismo nivel que todas las aventuras anteriores: "tu y tus mujeres" Qué poco después Amyas y Caroline estén discutiendo algo tan familiar como la partida de Angela para el colegio quita aun mas dramatismo a la conversación anterior restando verosimilitud a la afirmación de Elsa sobre el propósito firme de matrimonio de Amyas con ella. ¿No habrá oido Elsa algo muy distinto?

4.6. Algunas reflexiones

Tanto **Mrs.McGinty** como **Sad cypress** exigen una ampliación enorme de los datos relevantes, dando entrada a los asesinatos del Sunday Comet y a la historia de Mary Gerrard. Una auténtica explosión del mundo cerrado. Mientras que **5 little pigs** y **Ordeal by Innocence** apenas necesitan de una pequeña ampliación y reinterpretación de los datos, permaneciendo el universo casi idéntico.

En **5 little pigs** se hace particularmente importante distinguir entre evidencias y testimonios, y dentro de estos últimos entre aquellos de los expertos y los de los testigos involucrados. Ello afecta a los valores de verdad de las proposiciones en que se expresan.

Así como en **Ordeal by Innocence** existe una perfecta estructura defensiva construida por el presunto asesino las otras tres obras se caracterizan por una ausencia total de esta estructura. El abogado se ve obligado a mantener, en dos de ellas, una hipótesis de suicidio muy poco verosímil. ¿Por qué no se defienden los culpables? ¿Por qué no se han molestado en inventar previamente una alternativa plausible? Es quizás éste el motivo fundamental para que Poirot se embarque en la investigación, especialmente en **Sad cypress**.

Habría que distinguir quizás entre el problema detectivesco concreto con la pequeña construcción teórica que lleva a su resolución y la construcción más amplia de una teoría general del crimen o paradigma, dentro de la cual se sitúa el problema. Cierto que la teoría general por sí sola no basta para resolver el problema. El problema normal, siguiendo siempre a Kuhn, es un 'enigma' que reta sólo a la capacidad constructora del investigador. Pero, ¿que ocurre si nos tropezamos con el tipo de problema que Kuhn llama 'anomalía' que pone en brete a la propia teoría general? Y ello ocurre en cierta forma con tres de estas novelas. No sólo en lo que afecta al instinto de defensa del asesino, uno de los postulados de dicha teoría, sino a características psicológicas expresadas mediante generalizaciones empíricas legaliformes.

Al volver sobre estas obras no puedo evitar, aunque a alguien le parezca exagerada la comparación, recordar mi primer encuentro hace años con el "Parmenides" de Platón y mi asombro ante la ingeniosa crítica del autor a su propia teoría de las ideas.

4.7. Algunas aclaraciones

Dada la cantidad de ediciones existentes de la obra de A. Christie he preferido citar capítulos en vez de páginas.

Los contenidos argumentales han sido reducidos al máximo por necesidades de espacio y para no provocar aburrimiento. Para seguir bien los razonamientos se recomienda la lectura de las obras, preferiblemente en el idioma original. Existe edición reciente de HarperCollins Publishers.

Por si alguien estuviese interesado en seguir divagando en torno a la lógica y a la novela detectivesca incluyo una pequeña bibliografía. Toda ella puede descargarse de mi página de Research Gate:

- "Razonamiento que conduce a la génesis de una hipótesis: el papel de la pregunta." Jornadas en memoria del profesor Alejandro Fernández Margarit. Septiembre 2012, Facultad de Matemáticas. Sevilla.

- "Algunos problemas del modelo explicativo en una investigación detectivesca". International Symposium of Epistemology, Logic and Language. Enero 2012, Facultad de Ciencias. Lisboa.

- "El papel de la pregunta en la construcción de un modelo explicativo". IV Jornadas Ibéricas. Enero 2010, Facultad de Filosofía. Sevilla.

Capítulo 5

Tools for Teaching Logic transcurridos 22 años

María Manzano
Universidad de Salamanca

A finales del siglo XX, en 1998, un grupo de lógicos de Europa y Latinoamérica desarrollamos durante dos años el proyecto *Tools for Teaching Logic,* un proyecto *ALFA* (América Latina Formación Académica) financiado por la Unión Europea.

Lo que sigue será un relato muy personal, incluso anecdótico, del mencionado proyecto y de la evolución del mismo a través de los distintos congresos denominados *Tools for Teaching Logic* que se organizaron con este propósito.

La razón por la que he querido contarlo es porque sería interesante elaborar un nuevo proyecto teniendo en cuenta las necesidades actuales, las nuevas herramientas con las que contamos y la evolución que la enseñanza de la lógica ha experimentado en estos 22 años.

5.1. Origen *personalizado y autobiográfico* del TTL

A finales del siglo XX, en 1998, un grupo de lógicos de Europa y Latinoamérica desarrollamos durante dos años el proyecto *Tools for Teaching Logic,* un proyecto *ALFA* (América Latina Formación Académica) financiado por la Unión Europea.

Lo que sigue será un relato muy personal, incluso anecdótico, del mencionado proyecto y de la evolución del mismo a través de los distintos congresos denominados *Tools for Teaching Logic* que se organizaron con este propósito.

El origen próximo del proyecto lo sitúo en el *Centre for the Study of Logic and Information (CSLI)* de Stanford en el año 1996 y el remoto en Berkeley, en *The Group in Logic and the Methodology of Science*, en el año 1977.

En 1996 María Manzano disfrutó de un sabático en el *CSLI*, tutelado por Johan van Benthem, a quien conocía y admiraba desde hacía tiempo. Justo ese mismo año Johan van Benthem recibiría el premio Spinoza de la *National Dutch Organization of Research*. Este premio es considerado el Nobel holandés y está económicamente muy bien dotado, lo que le permitiría llevar adelante el proyecto *Logic in Action*, del que hablaré más adelante. Johan también fundó y dirigió el *ILLC* (Institute for Logic, Language and Computation) de Amsterdam, es miembro de la *FoLLI* (European Association for Logic, Language and Information), que edita la revista *JoLLI* y organiza anualmente las escuelas de verano *ESSLLI* (European Summer School in Lógica, Language and Information), ahora también en Norteamérica, *NASSLLI,* y en Asia, *EASLLC*. A mis alumnos siempre les recomiendo los cursos de verano de *ESSLLI*, a los que yo he asitido en varias ocasiones, tanto como profesora como como alumna, en 1992, en Essex, dí un curso de *Model Theory* y en 1996, en Praga, Antonia Huertas y yo dimos uno de *Extensions of First Order Logic*.

En ese momento, año 1996, yo daba por finalizada mi pertenecia a la Universidad de Barcelona, en donde había estudiado Filosofía, realizado mi tesis doctoral en 1977 bajo la dirección de Jesús Mosterín y era profesora titular desde al año 1984. Había ganado mediante concurso público otra plaza de la misma categoría, profesora titular, en la Universidad de Salamanca y allí me incorporé en el curso 1996-1997.

Mi formación en la facultad de Filosofía de la UB fue bastante peculiar pues en ese momento, años setenta, el plan de estudios era completamente abierto. En el denominado Plan Maluquer el alumno tenía la opción de elegir qué asignaturas cursar, así que hice básicamente materias de Lógica, Lingüística y Matemáticas. También, desde mis primeros años de carrera, fui consciente de la relación entre la lógica y la informática y así lo expresé en un artículo de divulgación que escribí para la revista Arbor en 1991, *La Bella y la Bestia (perdón, Lógica e Informática)* [7]. Es posiblemente por esa razón por la que las iniciativas que comenté arriba del *ILLC* las encontarba completamente naturales, incluso obvias. Mi estancia en el *CSLI* sirvió para reforzar dicho vínculo entre Lógica, Lenguaje e Informática. Allí asistí a los magníficos cursos que impartía van Benthem y a los seminarios que se realizaban allí. También terminé de escribir el artículo sobre Alonzo Church [9] en el que entonces trabajaba. Se trata de un artículo histórico sobre la vida y la obra de Alonzo Church en el que mantengo que el gran descubrimiento suyo fue el cálculo lambda y que a dicho acierto inicial debemos muchas de sus contribuciones y algunas de sus discípulos, entre ellas la demostración de completud de Leon Henkin para la Teoría de Tipos. Esta es la razón por la que me gusta decir que el cálculo lambda fue la piedra filosofal de Alonzo Church.

El director del *CSLI* en ese momento era John Perry y como investigadores estaban, entre otros, los lógicos Grigory Mints, Solomon Feferman y John

Etchemendy, quien junto a Jon Barwise había desarrollado el revelador libro y programa *Tarski's world* [1]. El editor del *CSLI* era Dikran Karagueuzian, con quien mi hijo Ulises y yo mantuvimos una relación de mucha cordialidad.

Allí conocí a Atocha Aliseda, que estaba entonces preparando su tesis doctoral con van Benthem sobre *Lógica abductiva* y a quien, en cierta medida, hago corresponsable del proyecto *Tools for Teaching Logic*.

Durante mi estancia fui invitada a dar una charla en el curso de van Benthem, en donde conté mi propuesta de traducción de lógicas al marco de la lógica multivariada. En dos ocasiones, en el *CSLI* y en Berkeley, hablé de mi libro *Extensions of First Order Logic* [10] que apareció publicado ese mismo año por la Cambridge University Press. La charla que di en Berkeley estaba especialmente centrada en explicar que mi propuesta de traducción de lógicas usando la lógica multivariada como marco estaba inspirada en dos artículos de Henkin, *Completeness in the theory of types* [4] y *Banishing the rule of substitution for functional variables* [5]. La conferencia estaba dedicada a mi mentor, Leon Henkin, presente en la charla y quien, según manifestó allí mismo, estaba contento de que sus ideas hubieran ido mucho más lejos de lo que él nunca hubiera imaginado[1].

Como dije, el origen remoto del *Tools for Teaching Logic* lo sitúo en Berkeley, en el año 1977. Durante un curso académico disfruté de una beca Fulbright bajo la tutela de Leon Henkin. Yo acababa de defender mi tesis en la Universidad de Barcelona, que versaba sobre los modelos generales que Henkin había introducido en su propia tesis doctoral en 1947 para demostrar la completud de la lógica de orden superior. Obviamente, dicha prueba no pone en entredicho la demostración de incompletud de Gödel de la que se sigue que cualquier lógica capaz de expresar categóricamente la aritmética de Peano ha de ser incompleta. La razón es que la nueva semántica de Henkin no sólo incluye modelos estándar, sino también otros modelos, denominados generales, y ello hace que al ampliar la clase de estructuras en donde una fórmula ha de ser verdadera para alcanzar la categoría de fórmula válida, el conjunto de las fórmulas válidas se reduzca hasta coincidir con el de los teoremas lógicos del cálculo de la lógica de orden superior. Por consiguiente, esta lógica, con esta nueva semántica, resulta ser completa.

Durante mi estancia en Berkeley asistí a los cursos de Henkin, un profesor maravilloso, y a los de Adisson y Craig. Un detalle curioso, como expuse en *Henkin on Completeness* [16] (pp. 66-68) es que la demostración de completud que Henkin explicaba en clase no era la que todos conocemos, la *'de Henkin'*. En realidad hizo dos distintas: una de sus demostraciones estaba basadas en el teorema de Herbrand y la otra en el Craig-Lyndon.

---

[1] El contenido de dicha conferencia constituye la base del artículo *April the 19th*, que aparece en el libro *The Life and Work of Leon Henkin* [15].

La fecha corresponde al cumpleaños de Henkin, al día en que yo tenía que haber pronunciado mi conferencia y al fatídico atropello que sufrimos mi hijo Ulises y yo en Stanford cuando atravesábamos un paso de cebra situado en un idílico bosque plagado de apestosas mofetas y ardillas ladronas.

¿Cómo se relaciona esta estancia con el *TTL*?, os preguntareis. Bien, en aquel entonces yo ya supe de la enorme implicación en la docencia que Henkin llevaba a cabo y en los múltiples proyectos en los que participaba, que años más tarde el propio Henkin nos contó en un artículo autobiográfico [6]. Acerca de todo esto, hablaré al final de este artículo.

5.2. Resumen del proyecto ALFA

En la página web creada al efecto (http://aracne.usal.es) presentamos el proyecto y algunos de sus resultados.

El primer objetivo del proyecto era el de *compartir* nuestra *experiencia* como enseñantes entre los miembros de *ARACNE*, la red de universidades creada al efecto. Propusimos: (a) Preparar un *metabook* (con versión hipertexto), (b) Diseñar un diccionario *on-line* de términos lógicos, (c) Investigar el *software* existente para la enseñanza de la lógica, (d) Preparar traducciones tanto de textos elementales como de textos interdisciplinares, así como de software, (e) Ayudar a los potenciales autores a escribir *Lecture Notes*, (f) La *divulgación* de nuestro proyecto tanto dentro de nuestra comunidad académica como fuera (bachillerato) para así potenciar una buena imagen de la *Lógica* y (g) Potenciar la *participación de la mujer* en la educación superior.

METABOOK Un *metabook* sería una guía para preparar un curso universitario de nivel básico con una versión hypertexto compuesta de *Ejercicios* y *Exámenes*. Podría ser usado tanto por el profesor, como por el propio alumno. Su contenido incluiría: (1) Programa del curso, (2) Una explicación general de los objetivos de cada capítulo, (3) Definición precisa de los conceptos utilizados, (4) Glosario de términos con enlaces al diccionario *on-line*, (5) Buenas referencias bibliográficas para cada apartado, (6) Ejercicios (algunos resueltos), (7) Exámenes ya preparados y (8) Enlaces con el *software* de lógica.

Lamentablemente en 1998 ese proyecto colaborativo no pude llevarse a cabo pues faltaban la herramientas informáticas precisas. Años más tarde creamos la biblioteca digital *Summa Logicae* (http://logicae.usal.es).

Diccionario ON-LINE El propósito era el de diseñar un diccionario *on-line* de términos lógicos con traducciones a los idiomas incluidos en el proyecto. El diccionario de términos lógicos sería un diccionario vivo, que cambiaría para reflejar los cambios producidos en los temas de la lógica. Contenido: (1) Una lista de términos desde la Lógica básica hasta temas de lógica de nivel medio, incluyendo no sólo lógica clásica, sino también otros sistemas lógicos y (2) Traducción de estos términos a los distintos idiomas del proyecto.

Soporte: *el Diccionario* se implementaría en la Web para que pudiera ser consultado libremente. Contendría los términos, no sus definiciones. Parte de este diccionario está en la biblioteca digital *Summa Logicae* pero bastante obsoleto.

Software de Lógica En 1998 pensábamos que el estado de la cuestión en ese momento aconsejaba no empezar desde cero, sino emplear el software existente como punto de arranque. Nos planteamos traducir y desarrollar algunos de los programas conocidos. Acciones propuestas: (1) Traduciríamos el paquete de software y los manuales, (2) Añadiríamos nuevos casos de estudio relacionados con las características académicas o culturales de sus usuarios potenciales, (3) Mejoraríamos, en lo posible, el propio programa y (4) conectarlo efectivamente con el *metabook*.

En este aspecto la situación ha cambiado notablemente, como se podrá ver en el resumen de los distintos congresos de *Tools for Teaching Logic* que realizamos.

Traducciones En *Tools for Teaching* elaboramos: (1) Una relación de la bibliografía básica de lógica existente en los idiomas de la red distintos del inglés, (2) Una relación de textos básicos y/o interdisciplinares que creíamos deberían ser traducidos.

Algunos de nuestros miembros holandeses estaban desarrollando un proyecto local con objetivos similares (*Dissemination of Applied Logic*) y lo ofrecían para ser traducido, desde *ARACNE* intentamos realizar gestiones para su traducción y publicación.

En (http://aracne.usal) aparece un listado de los libros que en ese momento considerábamos importante traducir. Algunos ya fueron traducidos, afortunadamente.

Lecture Notes Pensábamos que había un vacío considerable de textos de lógica de nivel intermedio, para cursos de licenciatura. *ARACNE* se comprometía a animar a sus miembros a escribir esta clase de textos, o a publicarlos, si ya los tuvieran.

Desde aquel entonces los integrantes del proyecto *ALFA* hemos escrito algunos libros de texto, pese al mucho esfuerzo requerido y al escaso reconocimiento por parte de la autoridades evaluadoras.

Divulgación Entre las iniciativas que pensábamos tomar se incluían las siguientes: (1) Anuncios en revistas del área, (2) Organizar presentaciones de los resultados que vayamos obteniendo, charlas, discusiones y debates en las reuniones, escuelas de verano y eventos habituales del área.

En este sentido, los congresos organizados, de los que hablaré en las siguientes sesiones, y los programas de máster y doctorado del área de Lógica y Filosofía de la Ciencia que hemos creado han cumplido con una parte importante de dicha misión divulgadora.

Participación de la mujer Al tratarse de un proyecto inclusivo, sin limitación de participantes, en todas las fases del mismo procuramos contactar y añadir a cuantas investigadoras del área de Lógica que estaban dispuestas a sumarse a las distintas iniciativas que fuimos desarrollando.

Un renovado proyecto de Tools for Teaching Logic Algunos de los resultados del proyecto se pueden consultar en la propia página de *ARACNE* (http://aracne.usal.es) y otros en la biblioteca digital *Summa Logicae*

http://logicae.usal.es

que años más tarde creamos. Como se puede comprobar, el trabajo fue importante pero hay muchísimo en lo que seguir trabajando.

Sin embargo, la razón por la que he querido contarlo es porque sería interesante elaborar un nuevo proyecto teniendo en cuenta las necesidades actuales, las nuevas herramientas con las que contamos y la evolución que la enseñanza de la lógica ha experimentado en estos 22 años.

5.3. ARACNE

En 1998 los miembros del proyecto *ALFA* de enseñanza de la lógica éramos conscientes de que la enseñanza de una materia interdisciplinar requería la colaboración de lógicos provinientes de Filosofía, Matemáticas, Informática y Lingüística. Creamos una red, denominada *ARACNE* para llevar adelante el proyecto. Holanda, Italia, Gran Bretaña y España eran los países europeos involucrados en el proyecto. Argentina, Brasil, México, Perú y Uruguay los latinoamericanos.

Holanda Retrocediendo a 1998 me resulta agradable recordar que en Holanda el coordinador era Dick de Jongh, de la Universidad de Amsterdam, y que Johan van Benthem, Jan van Eyck, Erik-jan van Derlinden, Paul Dekker y Lex Hendriks del *ILLC* también participaron. Marc Pauly, Víctor Sánchez y Hans van Ditmarsch (entonces en la Universidad de Groningen) eran también miembros del grupo neerlandés. Hans ha participado activamente en varias de las ediciones del *Tools for Teaching Logic*.

Italia En Italia el coordinador era Alberto Policriti de la Università degli Studi di Udine. Otros Componentes del grupo fueron Giovanna D'Agostino, Angelo Montanari, Adriano Peron y Franco Parlamento (Dept. de Matemática e Informática, Udine).

Reino Unido En el Reino Unido el coordinador era Ian Hodkinson, del Departamento de Informática del Imperial College. Krysia Broda, del mismo departamento que Hodkinson, también colaboró activamente. Dov Gabbay (Department of Computer Science at King's College London) y Wilfrid Hodges

(Escuela de Ciencias Matemáticas, Queen Mary and Westfield College, London) también pertenecían al proyecto. A ambos los conocía y admiraba desde hacía mucho tiempo. Con Hodges mi relación viene de antiguo, de cuando yo escribía mi libro de Teoría de Modelos [8] en los ochenta y le había pedido ayuda, aún sin conocerlo personalmente. Él me acogió en su universidad durante varias semanas, se leyó lo que yo llevaba redactado del libro (en español) y me sugirió lecturas, que añadiera más ejercicios y algunas modificaciones que mejoraron el libro. Siempre le estaré agradecida y nuestra amistad perdura desde entonces.

España El mayor número de participantes en el proyecto éramos españoles. La coordinación del proyecto total recaía en la Universidad de Salamanca, siendo María Manzano (Facultad de Filosofía. USAL) la encargada. Otros miembros del proyecto eran Antonia Huertas (Matemáticas), que en 1994 había defendido su tesis doctoral bajo mi dirección y con quien desde entonces no he cesado de colaborar en multitud de proyectos de investigación. Nuestra colaboración ha sido maravillosa y el placer que nos ha proporcionado el hacerlo, inmenso. Felip Manya, Ramón Béjar Torres, Teresa Alsinet y César Fernández (Informática). Francisco Salto (Filosofía). Lucila González (Filosofía). Ángel Nepomuceno y Francisco Salguero (Filosofía y Lingüística). Huberto Marraud y Enrique Alonso (Filosofía). Regino Criado (Telecomunicaciones). Juan Barba y Teresa Solias (Filosofía y Lingüística).

A Ángel Nepomuceno lo conocí cuando él escribía su tesis sobre *Lógica de Segundo Orden* en los ochenta y me pidió ayuda. Yo le recomendé algunas lecturas, ya que mi tesis había versado sobre el mismo tema y además, en ese momento, ya había regresado de mi estancia en Berkeley con Leon Henkin.

Enrique Alonso y yo hemos colaborado activamente desde entonces.

Muchos de estos investigadores hemos participado en proyectos de investigación coordinados y en el año 2006, junto a otros miembros del Área de Lógica y Filosofía de la Ciencia, pusimos en marcha el *Posgrado Interuniversitario en Lógica y Filosofía de la Ciencia*, que continúa impartiéndose con notable éxito desde entonces. En dicho programa participan no sólo lógicos sino también filósofos de la ciencia, de la tecnología y del lenguaje. Este programa, actualmente dividido en *Máster en Lógica y Filosofía de la Ciencia*

http://epimenides.usal.es

y *Doctorado en Lógica y Filosofía de la Ciencia*

http://doctoradologifici.usal.es

es un ejemplo de colaboración desinteresada y de éxito académico pues muchos de nosotros estábamos muy convencidos del proyecto y hemos tenido que luchar continuamente frente a normativas universitarias en continuo cambio, que no propiciaban la colaboración interuniversitaria, pese a alabarla, y no entendían de la docencia semipresencial que desde un principio nosotros instauramos.

Como yo manifesté a nuestro entonces vicerrector, la lógica paraconsistente y difusa nos había ayudado a sortear la estrecha normativa existente en ese momento en nuestras universidades y comunidades autónomas. Este programa cuenta con la mayor parte de los investigadores del área y está dividido en cuatro ramas: *Argumentación, Lógica, Mente y Lenguaje* y *Filosofía de la Ciencia*.

Argentina La coordinadora del proyecto *ALFA* en Argentina era Gladys Palau de la Universidad de Buenos Aires, quien desgraciadamente murió hace unos años. Entre los miembros del grupo estaban Carlos Eduardo Areces, Verónica Becher, Eduardo Ferme y Ricardo Rodríguez, de Computación, así como Víctor Winograd, Sandra Lasser, Diana Pérez, Javier Legris y Carlos Oller, de Filosofía. Con Areces, que entonces era aún un estudiante, hemos desarrollado otros proyectos de investigación y escrito artículos conjuntos.

Brasil El coordinador de Brasil era Ruy de Queiroz (Universidade Federal de Pernambuco). Otros Componentes del grupo eran Mario Benevides, Luis Carlos Pereira, Paulo Veloso y Tarcisio Pequeno. A Ruy de Queiroz lo había conocido años antes en Londres, donde él hizo su tesis doctoral, y en ese momento estaba ya de regreso en Brasil, en la Universidad de Pernambuco. La relación con Ruy de Queiroz se establece a través de Ian Hodkinson y Wilfrid Hodges. En el 1998 él ya estaba traduciendo mi libro de Teoría de Modelos al inglés, *Model Theory*, que publicó la Oxford University Press en 1999 siguiendo él consejo de Dov Gabbay.

México En México el coordinador fue Santiago Negrete Yankelevich (Univ. Nacional Autónoma de México) y participaba también José Alfredo Amor (Facultad de Ciencias UNAM). Atocha colaboró desde el primer momento aunque a título individual, creo recordar que por impedimentos administrativos.

Perú La coordinadora de Perú fue Gloria Lau, de la Universidad de Lima. Walter Riofrio y Ricardo Braun (Filosofía, Lógica y Epistemología) también participaron. La colaboración con Diógenes Rosales se mantuvo durante algún tiempo, asistiendo a los distintos congresos de *Tools for Teaching Logic* de los que hablaré posteriormente.

Uruguay En Uruguay la coordinadora fue Ana Patricia Rona, de la Universidad de la República de Uruguay. Otros miembros del proyecto fueron Adriana Bóveda (Teoría del Lenguaje y Lingüística general) así como Enrique Caorsi, José Seoane y Soledad Caño Guiral (Lógica y Filosofía de la Lógica).

5.4. Tools for Teaching Logic 2000

El primer congreso de *Tools for Teaching Logic* lo organizamos en Salamanca los coordinadores de los distintos países del proyecto y sucedió en Junio de 2000. Las actas del congreso pueden consultarse en la página de *ARACNE* (http://aracne.usal.es) y en *Summa Logicae* (http://logicae.usal.es), la biblioteca digital que creamos años después y en la que fuimos depositando materiales diversos. A este congreso vinieron docentes e investigadores de los 11 países del proyecto *ALFA*, especialmente de Holanda y España, además de muchos otros provinientes de Alemania, Bélgica, Estonia, Hungría, Portugal, Estados Unidos y Venezuela.

En este primer congreso dedicamos una sesión a presentar nuestro proyecto *ALFA*, que titulamos *Logic as 'the' interdisciplinary Science par Excellence* y comentamos los avances relativos al *Metabook* y al *Diccionario*. Las sesiones plenarias estuvieron a cargo de Dick de Jongh, quien introdujo el tema *The Teaching of Logic in Science and Humanities*, John Etchemendy, que tituló su charla *Teaching Reasoning Using Heterogeneous Logic* y la clausara de Ian Hodkinson, con el sugerente título de *What will the Future bring?*

En la sesión dedicada a la enseñanza de la *Lógica en Humanidades* Ángel Nepomuceno tituló su aportación *Teaching Logic in Philosophy: Logical Language and Semantic Trees*. La afición de Ángel por este tipo de cálculo viene de antiguo, afición compartida con su director de tesis Emilio Díaz Estévez y también conmigo y con Antonia Huertas. Nosotras lo usamos en nuestro manual de *Lógica para principiantes* [13] ya que es muy fácil de aprender y, cuando se trata de la lógica proposicional, su implementación informática es sencilla.

Otras dos sesiones que creo interesante destacar son: *Logic and Knowledge* y *Words and Worlds*. En la primera Gladys Palau habló del proceso de aprendizaje y del papel que juega la lógica en él y Atocha Aliseda del papel del razonamiento heurístico, proponiendo un curso de Filosofía de la Ciencia basado en él. En la segunda, Concepción Martínez habló de la relevancia de la semántica en la enseñanza de la Lógica y David Miller de la relación entre los juegos de palabras y las demostraciones en lógica formal.

El resto de las sesiones estuvieron dedicadas a asuntos de naturaleza exclusivamente pedagógica, incluyendo cómo enseñar lógica a niños y bachilleres, y a presentaciones de software. Estos asuntos se trataron en las sesiones: *Teaching Logical/Mathematical Thinking and Proofs in High and Elementary School, Logic and Dissemination in Holland, Software for Teaching Logic and Reasoning* y *Logic Tutoring Software, Computerization of Proofs: Diagrams, Trees & Turing Machines*. Entre los programas informáticos presentados destacaría *WINKE* de Ulrich Endriss, *DINAMUL* de una estudiante de la USAL y *ADN*, un asistente para realizar demostraciones en el cálculo de deducción natural.

Especialmente relevante para constatar el enorme avance que desde el 2000 se ha producido fue la sesión titulada *My Virtual Logic Homework for the New Millenium*. En ella Josje Lodder, de la Open University de Holanda, nos explicó que su universidad planeaba convertirse en una universidad basada en *'Inter-*

net'. A los estudiantes de universidades abiertas actuales esta información les resultará cuanto menos curiosa porque desconocen que en esos tiempos dichas universidades a distancia usaban el correo postal para enviarte los manuales. Yo creo firmemente que este cambio fue extraordinariamente positivo pero habría que preguntar a los profesores españoles de la *UNED* de aquel momento, ¿consideran ahora que el esfuerzo mereció la pena? De esta sesión también destacaría la conferencia de Santiago Negrete, *My Virtual Homework for the New Millennium*, en la que manifiesta:

> Although it is true up to a certain extent that technology tends to create needs in society instead of having the needs drive the development of technology, it is also true that technology opens possibilities that lead to solutions of problems no one dreamt of before. So we all need to be prepared for constant change, adapt and exploit the possibilities of new technologies.
>
> The case of education is not different from the rest of the areas where Internet and other technologies have had or will have a strong impact. We already have the technology to build rudimentary educational environments through the Internet but we still lack a precise knowledge of how to design the courses, exams, exercises, etc. that are to be set on the net. It is a real challenge for all of us, people working in education, to think how to use the technology available to teach our students successfully.

5.5. Tools for Teaching Logic 2006

Seis años después del primer *TTL* organizamos el segundo, también en Salamanca. En el comité organizador estábamos Enrique Alonso, Dick de Jongh, Felip Manya, Raymundo Morado y yo misma. El comité local incluía a Belén Perez Lancho, Gustavo Santos y Ana Gil. La página web del congreso es

http://logicae.usal.es/SICTTL

y las actas pueden consultarse en la Summa Logicae

http://logicae.usal.es

en la rama de Estudios de la Lógica, concretamente, en la de Pedagogía.

La conferencia inaugural, *Representation and Inference for Natural Language*, estuvo a cargo de Patrick Blackburn, con quien desde entonces he colaborado en varios proyectos de investigación y hemos publicado varios artículos conjuntos. Entre las sesiones plenarias destacan las de Wilfried Sieg, *AProS Project: Strategic Thinking & Computational Logic,* y Wilfrid Hodges, *Logic for Mathematical Writing*. Los artículos correspondientes se publicaron posteriormente en la revista *Logic Journal of the IGPL* [3]. Raymundo Morado nos habló de pedagogía de la lógica en su charla *The research on the teaching of logic: Topics, disciplines, and groups*. Dick de Jongh en su conferencia *The MSc in Logic Programme at the ILLC* nos habló del programa de máster del *ILLC*, programa que había inspirado nuestro propio máster en Lógica y Filosofía de la Ciencia. Johan van Benthem planteó la cuestión *What Should Every Student Know About Logic? Rethinking the Core Curriculum.*

En este congreso Ángel Nepomuceno y Fernando Soler presentaron dos ponencias conjuntas, una insistiendo en el papel de puente entre ciencias y letras que la lógica juega, *Logic: a bridge between Sciences and Humanities*, y la otra una aplicación informática, *Easy logic: an interactive web interface to theorem provers*. Fernando Soler colaboró extraordinariamente en la organización del siguiente *TTL*.

Una visión general de este congreso, especialmente si se le compara con el anterior, es que la enseñanza en contextos virtuales es tratada en varias de las contribuciones y las aplicaciones informáticas son la base de muchas de las presentaciones. Dos alumnas de Salamanca, Elena Jorge y Ana de la Viuda, presentaron sus aplicaciones informáticas, *MAFIA*, (cálculo de tableaux en contextos mafiosos) y *Modelos de Kripke*. Yo siempre sostuve que los alumnos de informática son como niños hiperactivos y que sólo aprenden cuando tienen que elaborar la herramienta correspondiente. Especialmente interesante fue la presentación de *LoTREC: An enviroment for experiencing Kripke Semantics*, de Luis Fariñas del Cerro, Olivier Gasquet, Andreas Herzig and Mohamad Sahade.

A algunos de los participantes se les solicitó que escribieran un artículo más extenso que, tras someterse a la pertinente evaluación, apareció publicado en el *Logic Journal of the IGPL* [3] bajo el título, *Special Issue: Tools for Teaching Logic*. Los editores de este número fuimos Hans van Ditmarsch y yo. En el *Editorial* manifestamos el objetivo del proyecto *ALFA* y del número que resumimos así:

> We believe the subject matter of Tools for Teaching Logic to be as diverse as the tree terms in the title suggest. It is important to discuss how to teach, with what to teach, but also what should be taught.

Dicho volumen contiene, además de nuestra pequeña introducción, contiene los siete artículos siguientes:

- *Pandora: A Reasoning Toolbox using Natural Deduction Style*, by K. Broda, J. Ma, G. Sinnadurai and A. Summers.

- *ORGANON: The Web Tutor for Basic Logic Courses*. L. Dostálová and J. Lang.

- *Logic for Mathematical Writing*. E. Harris and W. Hodges.

- *Teaching and Learning Logic in a Virtual Learning Environment*. A. Huertas.

- *Morph Moulder. Graphical Software for Teaching and Visualizing Logic for HPSG and Description Logic.* E. Ovchinnikova and F. Richter.
- *Software Tools in Logic Education: Some Examples.* B. Perez-Lancho, E. Jorge, A. de la Viuda and R. Sanchez.
- *AProS Project: Strategic Thinking & Computational Logic.* Wilfried Sieg.

5.6. Tools for Teaching Logic 2011

El tercer *Tools for Teaching Logic* tuvo lugar en Salamanca en el año 2011, el comité organizador lo formamos Patrick Blackburn, Hans van Ditmarsch, Fernando Soler y yo. En el comité local estábamos Andrei Moldovan y yo. Este fue el congreso más numerosos de los cuatro que celebramos ya que hubo más de sesenta contribuciones. La página web del congreso puede consultarse en

http://logicae.usa.es/TICTTL .

Muchas de las conferencias están en esa página, pero no todas ya que en Springer editamos un libro de actas *Tools for Teaching Logic* [2] y no pudimos dejar en abierto las seleccionadas para ese volumen. Si se compara este congreso con los anteriores, creció el número y la calidad del software para la enseñanza de la lógica, el e-learning apareció en muchas de las presentaciones y hubo más conferencias cuyo tema estaba relacionado con la Lógica informal y la Argumentación. Por otra parte, no sólo los filósofos debatieron asuntos pedagógicos, también hubo más matemáticos e informáticos que se plantearon *qué* lógica deberían enseñar y *cómo* hacerlo.

Como conferenciantes invitados vinieron Antonia Huertas, con la ponencia titulada *Ten years of Computer based Tutors for Teaching Logic 2000-2010: Lessons Learned*, una visión en perspectiva de los últimos 10 años en lo que a la enseñanza de la lógica con soporte informático se refiere, y Enrique Alonso, quien habló de *E-learning and Semantic Technologies: Tools and Concepts*. Una visión más pedagógica, centrada en *qué* enseñar, fue la de Rod Girle con su *The Question of the Question in Critical Thinking?*, David Gries, quien habló de *Calculational Logic: Teaching Students to Think About Proofs*, Jim Henle con su *The Many Rewards of Putting Absolutely Everything into Introductory Logic* y Keith Stenning con su *The Tyranny of the Code-model of Language: Some Proposals About what we are Teaching in Intro Logic Class [whether we like it or not]*. Por su parte, Jan Jaspars nos presentó la inicitiva holandesa en su conferencia titulada *Logic in Action: An Open Logic Courseware Project* y Raymundo Morado de la mexicana en su *The Olympic View: Musings on logic evaluation*. Stephen Wolfram se conectó mediante videoconferencia y nos ofreció su interesante visión sobre *The Future of Logic*.

En este congreso la presencia de investigadores de Brasil se incrementó pues no sólo asistió Itala M. Loffredo D'Ottaviano sino también Walter Carnielli,

Juliana Bueno-Soler Marcelo E. Coniglio y Flavio S. Correa da Silva. Los temas elegidos fueron de enseñanza de la lógica en sentido amplio: (1) *The King of Reasonshire: a computer game to practice critical thinking*, (2) *Proofs by handling polynomials: a tool for teaching logic and metalogic* y (3) *Epistemology and the History of Science*. Patrick Terrematte, Fabrício Costa y Joao Marcos nos enseñaron: *LOGICAMENTE: a Virtual Learning Environment for Logic based on Learning Objects*. También presentaron su nuevo programa de máster, *The Inter-Unities Graduate Program in Logic and Information at Unicamp: a New Proposal*. En la misma sesión Concha Martínez Vidal presentó el nuestro: *Master and Doctorate in Logic and Philosophy of Science: the Logic Itinerary*.

La enseñanza de Argumentación y de Lógica Informal ocupó a algunos de los ponentes: Jesús Alcolea, Katarzyna Budzynska, Peter Bradley, Corina Yoris y Luis Urtubey. La enseñanza de la Lógica en Filosofía fue el tema de las conferencias de: Begoña Carrascal, César Manuel López Pérez, Gabriela Hernández Deciderio y Diógenes Rosales.

Varias de las conferencias se centraron en esclarecer *qué* enseñar en los cursos introductorios: Keith Stenning, *The tyranny of the code-model of language: some proposals about what we are teaching in intro logic class [whether we like it or not]*, Mariusz Urbanski, *In search for the perfect syllabus: teaching introductory course in logic*. Para Francisco Sauri el alumno es de educación secundaria, *Illustrating Deduction. A didactic sequence for secondary school*.

Por su parte, Atocha Aliseda presentó un tema de relevancia en el área de Lógica y Filosofía de la Ciencia, *Logic and Epistemology: a Graduate Seminar*. Chris Reed, Simon Wells, Mark Snaith, Katarzyna Budzynska y John Lawrence propusieron: *Using an argument ontology to develop pedagogical tool suites*.

Xochitl Martínez Nava centró el tema de su conferencia en el perceptor, *Mhy I faileb logic? Dislexic and teaching-learning logic*. El asunto que Gladys Palau y Ana Couló abordaron fue asímismo el de las dificultades de aprendizaje, *Systematic Errors as an Input for Teaching Logic*. Por su parte, Carlos Oller destacó la importancia del concepto de invalidez: *Teaching sound principles about invalidity*.

Angel Nepomuceno planteó una nueva forma de enseñar Lógica y Argumentación basada en ideas de John Corcoran, *Information-theoretic perspective for teaching logic*. Se trata de tomar como primitivo el concepto de información, lo que permite distinguir claramente los tipos de argumentos que Peirce adelantara: deducción, inducción y abducción.

La enseñanza de la Lógica en Matemáticas fue tratada por nuestros vecinos portugueses Joao Ferreira y otros, en su *Logic training through algorithmic problem solving* y por Jacinta Poças y otros, en *Abstract Algebraic Logic and Computer Science*. Manuel A. Martins y otros, plantearon su propuesta *Reasoning about complex requirements in a uniform setting*. Dirk Hofmann y Manuel Martins abordaron un tema más amplio en su *Many Faces of Logic*. La relación académica con Manuel Martins perdura y hemos participado en varios proyectos de investigación y escrito artículos conjuntos.

Susanna Epp trató un tema relacionado con los anteriores en su presentación, *Variables in Mathematics Education*, y James Caldwell lo planteaba de forma sorprendente, *Teaching Natural Deduction as a Subversive Activity*.

Hubo un número importante de contribuciones en las que se presentaron programas informáticos para la enseñanza de la Lógica. En particular, Ludmila Dostalova y Jaroslav Lang presentaron uno especialmente interesante, *ORGANON: Learning Management System for Basic Logic Courses*. La presencia de investigadores franceses fue muy relevante, Olivier Gasquet, François Schwarzentruber y Martin Strecker mostraron los programas: (1) *SATOULOUSE: the computational power of propositional logic shown to beginners*, (2) *PANDA: a Proof Assistant in Natural Deduction for All* y (3) *A Gentzen style proof assistant for undergraduate students*. La lógica modal epistémica fué el tema de otra de sus contribuciones, *Concrete epistemic modal logic: Flatland*. Otras herramientas visuales fueron presentadas por Laurence Goldstein, *Adding a Dimension to Logic Diagramming* y por Aránzazu San Ginés Ruiz, *Visual tools for teaching propositional logic*.

Josje Lodder y Bastiaan Heeren nos mostraron una herramienta diseñada para demostrar equivalencia entre fórmulas proposicionales, *A Teaching Tool for Proving Equivalences between Logical Formulae*. Luis Sierra y Benjamín Machín presentaron *Yoda: a simple tool for natural deduction*. Varios miembros de la Complutense presentaron su *A Logic Teaching Tool based on Tableaux for Verification and Debugging of Algorithms*. Varios profesores de la UOC presentaron una herramienta desarrollada para e-learning, *The SELL Project: a Learning Tool for E-learning Logic*. Ese también fue ese el tema tratado por Frank Zenker y otros, *Designing an Elementary Symbolic Logic Course within the Blackboard E-Learning Environment*.

La enseñanza de la Lógica en carreras de Ingeniería e Informática ocupó a otro número de participantes: Moris Polanco *The AProS Project: Teaching Logic to Business and Engineering Students*; Lubos Popelinsky, Eva Mrakova y Marek Stehlik, *Teaching Computational Logic: Technology-enhanced Learning and Animations*. Las máquinas de Turing fueron el tema de Rein Prank y Mart Anton en *Using a Learner -and Teacher- Friendly Environment for Turing Machine Programming and Testing*.

Fenrong Liu nos informó del espectacular avance de la enseñanza de la lógica en China, *Logic Teaching in China: Past and Present*.

5.7. Tools for Teaching Logic 2015

La novedad de este cuarto congreso es que no se hizo en Salamanca, sino en Rennes en el año 2015. La comisión organizadora estaba constituída por M. Antonia Huertas Sánchez, Joao Marcos, María Manzano, Sophie Pinchinat y François Schwarzentruber. La página web está aquí,

http://ttl2015.irisa.fr/

desde donde uno puede descargarse las actas del congreso

http://ttl2015.irisa.fr/TTL2015_proceedings.pdf

Un total de 35 conferencias fueron presentadas en el evento, los invitados fueron: Gilles Dowek, Mordechai Ben-Ari, Claude Kirchner, Johan van Benthem, Patrick Blackburn y Nicole Schweikardt.

Los programas informáticos que se mostraron estaban, como es habitual, centrados en la enseñanza del cálculo, siendo el de deducción natural el más usado pero no el único: Jørgen Villadsen y otros, *NaDeA: A Natural Deduction Assistant with a Formalization in Isabelle*, Arno Ehle y otros, *The Sequent Calculus Trainer - Helping Students to Correctly Construct Proofs*, Jeremy Seligman y Declan Thompson, *Teaching natural deduction in the right order with Natural Deduction Planner*, Khaled Skander Ben Slimane, Olivier Gasquet y otros, *Twist your logic with TouIST*, Marek Materzok, *Easyprove: a tool for teaching precise reasoning*, Josje Lodder, Bastiaan Heeren and Johan Jeuring, *A pilot study of the use of LogEx, lessons learned*, Angelo Kyrilov y David Noelle. *Using Automated Theorem Provers to Teach Knowledge Representation in First-Order Logic*, Patrick Terrematte presentó dos: *ARG: Virtual Tool to Teaching Argumentation Theory* y *TryLogic tutorial: an approach to Learning Logic by proving and refuting*.

Con posterioridad, en el año 2017, se publicó *Special Issue: Tools for Teaching Logic*, un número de la revista *Journal of Applied Logics - IfCoLog* [19]. Los números de esta revista están en abierto, concretamente aquí está el arriba mencionado

https://www.collegepublications.co.uk/ifcolog/?00010 .

Dicho volumen contiene, además del prefacio de Sophie Pinchinat y François Schwarzentruber, los artículos siguientes:

- *Teaching Logic to Information Systems Student: A Student-centric Approach*, Anna Zamansky

- *Rules and Derivations in an Elementary Logic Course*, Gilles Dowek

- *An Old Discipline with a New Twist: The Course "Logic in Action"*, Johan van Benthem

- *NaDeA: A Natural Deduction Assistant with a Formalization in Isabelle*, Jørgen Villadsen, Alexander Birch Jensen and Anders Schlichtkrull

- *Leon Henkin: A Logician's View on Mathematics Education*, María Manzano, Nitsa Movshovitz-Hadar and Diane Resek

- *Teaching Modal Logic from the Linear Algebraic Viewpoint*, Ryo Hatano, Katsuhiko Sano and Satoshi Tojo

- *The New Trivium*, Patrick Blackburn
- *Logic for Fun: An Online Tool for Logical Modelling*, John Slaney
- *Teaching Natural Deduction in the Right Order with Natural Deduction Planner*, Declan Thompson and Jeremy Seligman.

A continuación comento brevemente los artículos de Blackburn y van Benthem.

En su artículo *New Trivium* Patrick Blackburn nos dice:

> The medieval trivium consisted of logic, grammar and rhetoric. It was the 'linguistic' part of medieval education and paved the way for the more mathematical quadrivium of arithmetic, geometry, music and astronomy. But what is the New Trivium?
>
> ...
>
> For a start, there is grammar. Natural language semantics is usually well represented, often under the name formal semantics to emphasize the heavy use made of logic. Sometimes the logical ideas involved are long-established; Church-Henkin style type theories, for example, are a staple tool.
>
> ...
>
> And then there's syntax. Richard Montague famously insisted that syntax was interesting only as a prelude to semantics — but the necessary syntactic and phonological 'preludes' (if indeed they are mere preludes) are all taught at ESSLLIs too. All in all, the grammar component of trivium is clearly present, and indeed represented in a variety of forms: theoretical, computational, symbolic and statistical.
>
> ....
>
> What about rhetoric? Here, perhaps, the link is looser, but it is present nonetheless.
>
> ...
>
> One of the most interesting components of what I call the New Trivium is contemporary work on pragmatics, which gives a much broader perspective on language use. The conceptual link with rhetoric is, I think, clear — but contemporary pragmatics (and related areas such as the study of discourse and dialogue) represent a fundamental step forward in our understanding of language.
>
> ...
>
> Gluing these topics together is logic. Or rather, logics.
>
> [Blackburn 2017, [19] pp. 153-354]

Como mencioné en la introducción, el origen del *TTL* lo sitúo en el *CSLI* de Stanford y en particular en la persona de Johan van Benthem, el investigador más activo e influyente del área, que ha producido una ingente cantidad de artículos y libros de enorme interés en los que el proceso dinámico de adquisición y uso de conocimiento es captado por una nueva lógica. También ha participado activamente en los proyectos interdisciplinares de divulgación y enseñanza de la Lógica: el *ILLC* de Amsterdam, la revista *JoLLI* y la organización de las escuelas de verano *ESSLLI* ahora también en versión norteamericana, *NASSLLI* y asiática, *EASLLC*. En el *TTL* de 2006 Johan nos hizo partícipes de su visión acerca de *qué* se debe enseñar, *What Should Every Student Know About Logic? Rethinking the Core Curriculum*, en el 2015 nos compartió la experiencia del curso Logic in Action, *An Old Discipline with a New Twist: The Course "Logic in Action"*.

> The course "Logic in Action" (http://www.logicinaction.org/) tries to convey the idea that logic is about reasoning but also much more: including information and action, both by individuals and in multi-agent settings, studied by semantic and syntactic tools, and still confirming to the standards of precision of an exact and mathematized discipline. Viewed in this way, modern logic sits at a crossroads of academic disciplines where interesting new developments occur every day. In this light introduction, I explain the main ideas behind the design of the course, which combines predicate logic with various modal logics, and I lightly discuss its current manifestations and dialects in Amsterdam, Beijing and the Bay Area, as well as its future as an EdX pilot course.
> [van Benthem 2017, [19], p. 33]

El evento contó con un simposio dedicado a la figura de Leon Henkin, *Special Session on Leon Henkin,* en la que pudimos ver la película *Mathematical Induction* que Leon Hekin grabó en el año 1960 y luego intervinimos, por este orden: María Manzano con *The Roles Leon Henkin Played in Mathematics Education*, Diane Resek con *Transitioning to Proof*, Nitsa Movshovitz-Hadar, *Tools for teaching logic as reflected in my contribution to the book: The Life and Work of Leon Henkin* y Antonia Huertas, que nos habló de la figura de Henkin y del libro *The Life and Work of Leon Henkin: Essays on His Contributions*.

5.8. Leon Henkin y sus proyectos didácticos

Henkin era consciente de que vivimos inmersos en la historia y no podemos ignorarla. En el artículo "The Roles of Action and of Thought in Mathematics Education–One Mathematician's Passage" [6] nos hace reflexionar sobre los cambios sociales y su impacto en la educación:

> The Great Depression and World War II formed the background of my years of study; the Cold War and the Civil Rights Movement were the backdrop against which I began my career as a research mathematicians, and later began to involve myself with mathematics education.

A continuación mencionamos una variedad de programas en los que colaboró, una información más detallada se encuentra en el artículo que Nitsa

Movshovitz-Hadar, Diane Resek y María Manzano publicamos en [19] pp. 83-109.

1957-59, NSF SUMMER INSTITUTES. En 1950 se creó en Estados Unidos la *National Science Foundation*, una institución federal dependiente del Congreso. Henkin relaciona esta iniciativa con hechos históricos: *'The launching of Sputnik demonstrated superiority in space travel, and our country responded in a variety of ways to improve capacity for scientific and technical developments'*

En 1957 Henkin trabajó en varios programas de mejora de la enseñanza, tanto a nivel universitario básico como de bachillerato, destinados a los profesores de matemáticas. El tema que Henkin desarrolló fue el de *la fundamentación axiomática de los sistemas numéricos* y su objetivo era que los estudiantes entendieran *'la idea de la demostración'*.

1959-63, MAA MATH FILMS. En los años sesenta, para reforzar la enseñanza de las matemáticas, la asociación *MMA (Mathematical Association of America)* decide producir películas, era la alternativa tecnológicamente más avanzada en ese momento: *'Sensing a potential infusion of technology into mathematics instruction, MAA set up a committee to make a few experimental films.'* En 1959-60 Henkin recibe el encargo de realizar una película sobre la inducción matemática dirigida a estudiantes de primer año de facultad o último de instituto. La película formaba parte de la serie *Mathematics Today* y se emitión tanto en la televisión pública como en los institutos. En el artículo arriba mencionado Henkin explica cómo se produjo la preparación del film, tanto desde un punto de vista técnico (contó con el apoyo de un especialista) como pedagógico y metodológico. Henkin pensó que se entiende mal el principio de inducción cuando se introduce como una ley matemática y mejor cuando se la asocia con ciertos conjuntos de números. Henkin suele captar la atención con anécdotas, en este caso nos cuenta cómo a los siete años salió vencedor del reto *¿quién tiene el padre más rico?*.

Programas especiales Henkin escribe: *'In the midst of this turmoil I joined in forming two committees at Berkeley which enlarged the opportunity of minority ethnic groups for studying mathematics and related subjects. [...] We noted that while there was a substantial black population in Berkeley and the surrounding Bay Area, our own university student body was almost "lily white" and the plan to undertake action through the Senate was initiated'*[2]

Special Opportunity Scholarship Program Henkin y Jerzy Neyman desarrollan este programa para aumentar el número de estudiantes universitarios provenientes de minorías desfavorecidas: se les ofrecían programas de refuerzo en verano en sus propias instituciones y luego becas universitarias. Henkin estuvo involucrado en este proyecto hasta 2006.

---

[2]En [6], p.9.

SEED —*Special Elementary Education for the Disadvantaged* En el año 1964 Henkin asiste a una conferencia de un profesor de bachillerato de Berkeley, Bill Johntz, quien usaba un método socrático de aprendizaje, planteando preguntas que permitieran a los grupos de trabajo hallar las respuestas pertinentes. El método funcionaba bien y lo que hicieron fue reclutar a estudiantes universitarios e ingenieros como profesores de dichos cursos. El programa *SEED* sigue vivo, como puede verse en su página web *http://projectseed.org/*.

SESAME —*Special Excellence in Science and Mathematics Education.* El *Lawrence Hall of Science* (Berkeley) se creó en honor de Ernest Orlando Lawrence, ganador del premio Nobel 1939.

En 1968 el nuevo director del centro, el profesor de física Alan Portis, decide transformarlo y convertirlo en un museo comprometido con la enseñanza de la ciencia y las matemáticas, reúne a una serie de profesores de universidad interesados en la docencia y crean un programa de doctorado interdisciplinar, denominado *SESAME*. Admitían estudiantes con un máster en ciencia o matemáticas y proporcionaban cursos de pedagogía de la ciencia, teorías del aprendizaje, ciencia cognitiva y diseño experimental.

Nitsa Movshovitz fué admitida en el programa *SESAME* y escribió su tesis bajo la dirección de Leon Henkin. Diane Resek, a quien Henkin dirigió su tesis sobre álgebra, también se involucró en programas de docencia de la lógica y la matemática de la *National Science Foundation*

Bibliografía

[1] Barwise, J. & Etchemendy, J. [1993]. *Tarski's world*. Stanford, Calif: CSLI Publ.

[2] Blackburn, P. et als (eds). [2011]. Tools for Teaching Logic: Third International Congress, TICTTL 2011. *Lecture Notes on Artificial Intelligence. Springer.*

[3] Ditmarsch, H & Manzano, M. (eds.) [2007]. Special Issue: Tools for Teaching Logic. *Logic Journal of the IGPL* 15(4) .

[4] Henkin, L.: [1950]. "Completeness in theTheory of Types". *The Journal of Symbolic Logic* 15(2), 81–91

[5] Henkin, L. [1953]. "Banishing the Rule of Substitution for Functional Variables". *The Journal of Symbolic Logic*. 18(3): 201-208.

[6] Henkin, L. [1995]. "The Roles of Action and of Thought in Mathematics Education–One Mathematician's Passage". CBMS Issues in Mathematics Education, 5, pp. 3-16. American Mathematical Society in cooperation with Mathematical Association of America.

[7] Manzano, M. [1991]. "La Bella y la Bestia (Prdón, Lógica e Informática)". *Arbor.* num. 543. pp. 17-42

[8] Manzano, M. [1989]. *Teoría de Modelos.* Alianza Universidad.

[9] Manzano, M. [1997]. "Alonzo Church: His Life, His Work and Some of his Miracles". *History and Philosophy of Logic.* 18(4).

[10] Manzano, M. [1996]. *Extensions of First Order Logic.* Cambridge University Press

[11] Manzano, M. [1999]. *Model Theory.* Oxford University Press.

[12] Manzano, M. [2000]. *Proceedings of the First International Congress on Tools for Teaching Logic.* Universidad de Salamanca. Cursos Extraordinarios. Depósito Legal: S.443-2000

[13] Manzano, M. y Huertas, A. [2005]. *Lógica para principiantes.* Alianza Editorial.

[14] Manzano, M., Pérez Lancho, B. y Gil, A. [2006]. *Proceedings of the Second International Congress on Tools for Teaching Logic.* Universidad de Salamanca. Cursos Extraordinarios. ISBN: 84-690-0348-8

[15] Manzano, M. et als (eds.) [2014]. *The Life and Work of Leon Henkin: Essays on His Contributions.* Studies in Universal Logic. Springer International Publishing. Switzerland

[16] Manzano, M. [2014]. "Henkin on Completeness". In: [15].

[17] Manzano, M. [2014]. "April the 19th". In: [15].

[18] Manzano, M. Movshovitz-Hadar, N. and Resek, D.[2017]. "Leon Henkin: A Logician's view on Mathematics Educaction". In: [19].

[19] Pinchinat, S. & Schwarzentruber, F. (eds). [2017]. *Special Issue: Tools for Teaching Logic. Journal of Applied Logics - IfCoLog.* 4(1).

Capítulo 6

¿Es la lógica formal una teoría de los argumentos?

HUBERTO MARRAUD
Universidad Autónoma de Madrid

Introducción

Aunque la teoría de la argumentación, entendida como el estudio de las prácticas argumentativas, ocupa un lugar secundario dentro de sus intereses y contribuciones científicas, Ángel Nepomuceno ha defendido que la lógica es una teoría de la argumentación: «la lógica se ocupa del estudio de la argumentación, proporcionando sistemas de razonamiento que permiten determinar si una inferencia dada es o no correcta» (Nepomuceno 2001, p.28). La lógica es pues, para Nepomuceno, una teoría normativa de la argumentación.

Mi propósito en este artículo es analizar qué tipo de teoría de la argumentación propone Nepomuceno en 'Teoría de la argumentación: Información y lógica'. La teoría propuesta por Nepomuceno está inspirada en los trabajos de John Corcoran (1994, 1995), y por ello es similar a la propuesta por José Miguel Sagüillo (2000) y se enmarca en lo que Luis Vega denomina el planteamiento de la escuela de Buffalo (Vega 2013, p. 100) Como este planteamiento está basado en la lógica formal, su examen puede contribuir a responder a la pregunta que da título a este artículo.

Para Nepomuceno la lógica es una teoría de las argumentaciones. Por 'argumentación' entiende Nepomuceno una sucesión ordenada de enunciados en la que se pueden distinguir tres partes (*Loc.cit.*):

- un conjunto de enunciados que funcionan como premisas,

- un conjunto de enunciados que siguen a las premisas, y

- el último enunciado de la sucesión, que funciona como conclusión.

Nepomuceno distingue el argumento de la argumentación, identificando aquél con el par premisas-conclusión, si bien advierte que cualquier argumentación puede analizarse como un encadenamiento de argumentos. La distinción procede de Corcoran, quien se refiere al segundo conjunto de enunciados como una "cadena de razonamiento", al que lo considera el "núcleo" de una argumentación (Corcoran 1994, p.38).

Podemos precisar, por consiguiente, la afirmación de Nepomuceno, diciendo que, para él, la lógica se ocupa del estudio de los argumentos y sus encadenamientos. La lógica sería entonces una teoría de los argumentos, en el sentido de Ralph Johnson. Johnson define la teoría de los argumentos como aquella parte de la teoría de la argumentación que estudia los productos de la práctica de argumentar (Johnson 2000, p.30). La idea de que los argumentos son productos está ligada al popular modo de distinguir lógica, dialéctica y retórica introducido por Joseph Wenzel (2006), en el que la lógica estudiaría los productos de la argumentación, la dialéctica los procedimientos argumentativos y la retórica los procesos argumentativos. Wenzel identifica los argumentos con «construcciones lógicas, pequeñas unidades que los hablantes y los escribientes construyen en sus discursos y que los críticos pueden someter a evaluación» (Wenzel 2006, p.10; traducción propia).

La definición de argumento de Nepomuceno no acaba de encajar del todo bien con la idea de que los argumentos son artefactos lingüísticos producidos al argumentar. Para él los argumentos y las argumentaciones son sucesiones de enunciados, y un enunciado es «un pensamiento objetivo que puede ser transmitido, entre otras formas, por medios lingüísticos, y del que se puede afirmar que es verdadero falso» (*Loc.cit.*). Parece, pues, que para él argumentar es hacer público un argumento, y en ese sentido el argumento, tal y como lo entiende Nepomuceno, precede a la acción de argumentar y por tanto no es un producto de esa acción.

Johnson divide la teoría de los argumentos en analítica y crítica. La analítica trata de las cuestiones relativas a la naturaleza, estructura y tipología de los argumentos, mientras que la crítica trata de los estándares, criterios y tipos de evaluación y/o crítica. (2000,38-40). En los enfoques lógico-formales, la analítica está subordinada a la crítica, puesto que la finalidad del análisis lógico de los argumentos es prepararlos para su evaluación, abstrayendo de todos aquellos elementos que no se consideran pertinentes para establecer su valor lógico. Quizá por ello muchas veces no se presta suficiente atención a los presupuestos analíticos de las teorías de los argumentos que se basan en o apelan a la lógica formal.

Entre las preguntas que debe responder la analítica están las siguientes:

- ¿Qué es un argumento?

- ¿Qué relación hay entre los argumentos y las inferencias?

- ¿Qué tipos de argumentos hay?

Por su parte, la cuestión central de la crítica es probablemente la siguiente cuestión:

- ¿Qué cualidades debe tener un buen argumento?

Estas cuatro preguntas me servirán de guía para examinar la teoría de las argumentaciones de Nepomuceno.

6.1. ¿Qué es un argumento?

Nepomuceno se inclina por una definición estructural de argumento, y adopta el modelo tradicional premisas-conclusión. Un modelo de argumento es una especificación de las partes de un argumento simple (es decir, de un argumento que no tiene partes que a su vez sean argumentos) y su disposición. Si se asume el siguiente principio, un modelo de argumento comporta un criterio de identidad de los argumentos:

> [Id] A es el mismo argumento que B si y solo si A y B tienen las mismas partes dispuestas del mismo modo.

Este criterio expresa una intuición básica acerca de las partes de un argumento: las partes de un argumento son aquellos elementos que diferencian a un argumento de los demás. En el modelo premisas-conclusión, un argumento es una estructura formada por enunciados, en la que unos están colocados como premisas y otro como conclusión. Por consiguiente, en ese modelo el criterio de identidad de un argumento puede formularse así:

> [Id] A es el mismo argumento que B si y solo si A y B tienen las mismas premisas y la misma conclusión.

Este criterio deja claro que el orden en el que se presenten las premisas no es relevante para la identidad del argumento. Aunque un mismo argumento delimita múltiples argumentaciones distintas, como dice Corcoran (1994, p.39), una argumentación no es una estructura formada por enunciados con tres posiciones: premisas, conclusión y cadena de razonamiento, puesto que el orden relativo de los enunciados dentro de la cadena es relevante para la identidad de la argumentación. Así pues, y precisando la definición anterior de 'argumentación', podemos decir que una argumentación es una sucesión ordenada de enunciados en la que pueden distinguirse tres partes:

- un conjunto de enunciados que funcionan como premisas,
- una sucesión de enunciados que siguen a las premisas, y
- el último enunciado de la sucesión, que funciona como conclusión

6.2. ¿Qué relación hay entre los argumentos y las inferencias?

Nepomuceno emplea de manera intercambiable 'argumentación', 'inferencia' y 'razonamiento': «una argumentación (también podemos decir inferencia, razonamiento) es una sucesión (finita) de enunciados, ordenados de acuerdo con ciertos criterios» (2001, p. 28). No obstante, distinguirlos es útil para prevenir confusiones y ayuda a comprender mejor qué entiende Nepomuceno por argumentación.

Asumiré como punto de partida que argumentar, en su acepción más general, es presentar algo a alguien como una razón para otra cosa (Marraud 2018, p.318).[1] Por tanto, argumentar es una relación cuaternaria, que involucra dos agentes y por ello tiene una dimensión comunicacional. Argumentar, inferir y razonar tienen en común la idea de una transición de un elemento a otro que sigue un patrón reconocible. Se puede llamar 'premisas' o 'datos' al punto de partida de cualquiera de esas transiciones y 'conclusión' al punto de llegada. Así en todos esos casos se puede decir que se saca una conclusión a partir de unas premisas o datos.

'Inferencia' se usa frecuentemente para referirse al proceso de extraer una conclusión a partir de un conjunto de datos. Se trata, pues, de un proceso psicológico de revisión o conservación de creencias, actitudes, planes o intenciones. La descripción de las inferencias pone en juego una relación ternaria, cuyos términos son un agente, unos datos y una conclusión. A diferencia de lo que sucede con argumentar, no se infiere para alguien, y por tanto inferir carece de la dimensión comunicacional de argumentar.

Finalmente, razonar es extraer conscientemente una conclusión a partir de un conjunto de datos, por lo que podríamos decir que el razonamiento es una inferencia reflexiva. Con la conciencia del paso de las premisas a la conclusión aparecen las razones. Dan Sperber y Hugo Mercier describen así el razonamiento:

> El razonamiento, tal y como suele entenderse, se refiere a una forma muy especial de inferencia en el nivel conceptual, en la que no solo se produce conscientemente una nueva representación mental (o conclusión), sino que las representaciones (o premisas) que se tenían previamente y que la garantizan también son conscientemente consideradas. Se entiende que las premisas dan razones para aceptar la conclusión. (Sperber y Mercier, 2011, p. 57; traducción propia).

Las inferencias y los razonamientos de los que habla Nepomuceno no son algo que alguien haga, y por ende no son procesos psicológicos. Aunque el término 'pensamiento', en la definición citada del enunciado podría inducir a error,

---

[1] Este punto de partida favorece una definición funcional, no estructural, de los argumentos como presentaciones de razones.

el adjetivo 'objetivo' disipa cualquier ambigüedad. Las inferencias de Nepomuceno tampoco son transiciones de las premisas a la conclusión, sino relaciones intemporales entre pensamientos objetivos, explicables partiendo de su "forma gramatical". Si la conclusión se sigue de las premisas, la inferencia es válida, y en caso contrario, inválida (repárese en el uso impersonal del verbo seguir). Para evitar malentendidos, podemos llamar "inferencias lógicas" a las inferencias de las que habla Nepomuceno. La distinción entre argumentos y argumentaciones también viene a subrayar el carácter estático de las inferencias lógicas. La cadena de razonamiento representa el camino que lleva de las premisas a la conclusión, pero ese camino no forma parte de la identidad del argumento, puesto que normalmente habrá distintas cadenas de razonamiento que partan de las mismas premisas para llegar a la misma conclusión.

Las inferencias lógicas resultan de las inferencias psicológicas cuando nos quedamos con el punto de partida y el punto de llegada, haciendo abstracción de todo lo demás. Un argumento, para Nepomuceno, es una expresión de un razonamiento -es decir, de una inferencia consciente-, y por ello puede decirse que cuando argumentamos formulamos inferencias lógicas (Nepomuceno 2001, p.29). Hay dos maneras de entender la relación de la argumentación con el razonamiento. Para algunos autores, como Nepomuceno, una argumentación es una expresión pública de un razonamiento, mientras que para otros esos dos procesos están conectados entre sí porque quien argumenta invita al destinatario a razonar. Estas dos maneras de entender la relación de la argumentación con el razonamiento son, hasta cierto punto, opuestas, porque la primera concibe la argumentación como la exteriorización de un razonamiento, y la segunda el razonamiento como la interiorización de una argumentación.

La función de las argumentaciones, en el sentido de Nepomuceno, no es describir los procesos de razonamiento -es decir, los pasos sucesivos que llevan a un agente a extraer conscientemente una conclusión a partir de unos datos- sino mostrar que entre las premisas y la conclusión media una determinada relación, que ésta *se sigue* o puede inferirse lógicamente de aquéllas.

6.3. ¿Qué tipos de argumentos hay?

En la tradición lógica los argumentos pueden clasificarse de dos maneras distintas: atendiendo a su complejidad o atendiendo a la relación entre las premisas y la conclusión; dicho de otro modo, atendiendo a las relaciones interargumentativas o atendiendo a las relaciones intraargumentativas.

La distinción entre argumentos y argumentaciones alude a la primera clasificación. En §.1 se ha definido un argumento simple como aquél que no tiene partes que a su vez sean argumentos. Por su parte, las argumentaciones son argumentos complejos formados por encadenamiento de argumentos simples. El encadenamiento es una operación que permite combinar o integrar dos argumentaciones en una argumentación única, cuando la conclusión de una de ellas figura entre las premisas de la otra.

Acabamos de ver que para Nepomuceno un argumento es una expresión de una inferencia lógica y que las inferencias lógicas no son procesos, sino instancias de relaciones. Resulta pues natural clasificar los argumentos atendiendo a las características de las inferencias lógicas que expresan; es decir, a los distintos tipos de relación que pueden darse entre las premisas y la conclusión. De algún modo está implícito en la definición de la lógica con la que empieza este artículo, que implica que un argumento válido (es decir, un buen argumento en sentido lógico) es el que presenta una inferencia lógicamente correcta.

La vinculación de argumentos e inferencias lleva a la popular clasificación de los argumentos en deductivos, inductivos, probabilísticos, etc., que Nepomuceno menciona en una nota a pie de página, al tiempo que advierte que en esta ocasión solo tomará en consideración los argumentos deductivos. Aunque los distintos tipos de relaciones inferenciales deben explicarse partiendo de la "forma gramatical" de los enunciados, el amplio concepto de gramática de Nepomuceno le permite acomodar las inferencias basadas en el significado de elementos léxicos: «las reglas de información léxica, siendo parte de las reglas de la gramática, pueden ser abordadas como reglas de la lógica» (*Op.cit.*, p.31).

Hay que destacar que en el planteamiento de Nepomuceno la validez de las inferencias no es formal por definición. De hecho, en 'Teoría de la argumentación: Información y lógica' se privilegia una explicación semántica de la validez como punto de partida, conforme a la cual un argumento es válido si y solo si entre las premisas y la conclusión se da una cierta relación analizable de acuerdo con el contenido informativo de los elementos que intervienen. Como consecuencia, el carácter formal de la noción de inferencia válida es un descubrimiento y no una estipulación: «No obstante, una vez establecida la validez, en muchas teorías de la argumentación correcta, se aprecia que el argumento en cuestión es válido en virtud de su forma». (*Op.cit.*, p. 29). La asunción de que el contenido de información de un enunciado es accesible a través de su forma gramatical suministra la conexión necesaria entre el contenido informativo y la forma del enunciado (*Op.cit.*, p. 30).

En definitiva, los argumentos se clasifican basándose en los distintos tipos de validez de las inferencias lógicas. Un argumento es válido si y solo si la verdad de la conclusión se sigue de la verdad de las premisas (*Op.cit.*, pp.29-30), y la verdad de la conclusión puede seguirse de diferentes maneras o en distintos sentidos de la verdad de las premisas. Aunque Nepomuceno no aborda el asunto en 'Teoría de la argumentación: Información y lógica', podríamos preguntarnos si esa clasificación inferencial de los argumentos puede extenderse a las argumentaciones. En puridad, Nepomuceno habla de *razonamientos* deductivos, inductivos, probabilísticos, etc. y antes ha señalado que donde se dice *argumentación*, se puede decir *razonamiento*. Así, y aunque en el artículo que nos ocupa advierte que solo va a ocuparse de los razonamientos deductivos, su posición exige que la clasificación de las inferencias pueda aplicarse también a las argumentaciones.

Parece claro que el encadenamiento de dos argumentos deductivos da lugar a una argumentación deductiva, pero ¿qué sucede cuando se encadenan un argumento deductivo y un argumento inductivo? El principio del eslabón más débil, común en muchos sistemas de argumentación abstractos (véase, por ejemplo, Pollock 1995, p.101), permitiría responder a esa pregunta. Para la ocasión el principio del eslabón más débil puede formularse así: la fuerza de una argumentación es igual a la fuerza del más débil de los argumentos encadenados. Dando por sentado que un argumento inductivo es siempre más débil que un argumento deductivo, el encadenamiento de un argumento deductivo y un argumento inductivo daría lugar a una argumentación inductiva. Naturalmente, la transferencia de esa clasificación de los argumentos a las argumentaciones depende del supuesto de que las distintas formas de inferencia lógica pueden ordenarse linealmente según su fuerza, algo que está lejos de ser evidente.

6.4. ¿Qué cualidades debe tener un buen argumento?

La teoría de los argumentos de Nepomuceno es atomista. En los modelos atomistas la calidad lógica de un argumento es una propiedad intrínseca que depende únicamente de la relación entre sus premisas y su conclusión. Por el contrario, en los modelos holistas la calidad lógica de un argumento depende de factores que no son partes del argumento, como las excepciones o condiciones de recusación del modelo de Toulmin, y por tanto es una propiedad extrínseca del argumento. En el modelo de Toulmin, la validez de un argumento presupone la ausencia de determinadas condiciones no especificadas de antemano, y que por ello forman parte del contexto (Toulmin, Rieke y Janik 1983, p.100).

Nepomuceno formula con claridad meridiana el carácter atomista de las teorías de la argumentación de inspiración lógico-formal cuando expone una concepción teórico-informativa de la validez, que procede de Corcoran, y que explica la validez en términos de la inclusión de contenidos informativos. Según esa concepción, y limitándonos a las inferencias deductivas, un enunciado se sigue o es consecuencia de un conjunto de enunciados si y solo si el contenido informativo de ese enunciado está incluido en el contenido informativo de ese conjunto de enunciados. Pues bien,

> Para una concepción teórico-informativa, la validez de una argumentación se trata como *una propiedad intrínseca de la misma*, de manera que para conocer que una conclusión es consecuencia lógica de unas premisas, únicamente se necesita saber que la información de éstas contiene la información de la primera (Nepomuceno 2001, p.33; el subrayado es mío).

En general, las teorías atomistas de los argumentos asumen el siguiente principio:

> Principio atomista. Toda la información pertinente para determinar la validez de un argumento se refiere a sus partes (premisas y

conclusión).

El principio atomista introduce un aspecto nuevo en la definición de *parte de un argumento*. Si la definición inicial vincula las partes de un argumento con la identidad del argumento, el principio atomista lo hace con su evaluación. La idea es ahora que entre las partes de un argumento figuran todas las consideraciones relevantes para la evaluación de sus propiedades lógicas. Un corolario de [Id] y del principio atomista es:

> [Id'] A es el mismo argumento que B si y solo si la información pertinente para determinar las propiedades lógicas (como la validez) de A y la información pertinente para determinar las propiedades lógicas (como la validez) de B es exactamente la misma.

Este principio no es obvio desde un planteamiento holista. Ralph Bader (2017) distingue las consideraciones que constituyen una razón para algo de las condiciones, que son circunstancias de las que depende que una consideración sea una razón para algo. Admitiendo esa distinción -que se asemeja a la distinción de Toulmin entre datos y excepciones- se pueden concebir dos argumentos distintos cuya validez depende de la misma información fáctica, puesto que la premisa de uno de ellos es la condición del otro y viceversa (véase Bader 2017, p.45, para un argumento parecido referido a la individuación de las razones).

- P por tanto C a condición de que E, y

- E por tanto C a condición de que P

No es fácil definir las propiedades lógicas sin comprometerse con una determinada concepción de la teoría de los argumentos y sin tomar posición en el debate entre el atomismo y el holismo. Buscando una cierta neutralidad, podríamos definir las propiedades lógicas en oposición a las propiedades retóricas y dialécticas. Las propiedades retóricas y dialécticas de un argumento se refieren a sus efectos, pretendidos o reales, en el auditorio y en el propio intercambio comunicativo, respectivamente. Por tanto, las propiedades retóricas y dialécticas son relativas al uso del argumento en una determinada situación -ante un determinado auditorio y sujeto a determinadas reglas procedimentales-, por lo que son obviamente contextuales. Siendo así, las propiedades lógicas de un argumento son aquellas que pueden definirse sin mencionar ni al auditorio ni a las reglas convencionales que rigen los intercambios argumentativos. Si se acepta esta definición, la discrepancia entre el atomismo y el holismo gira en torno a la existencia de factores contextuales no relativos ni al auditorio ni a las reglas del diálogo que condicionen la validez de los argumentos.

En un modelo como el de Nepomuceno las propiedades lógicas, entre las que ocupa un lugar destacado la validez, son propiedades intrínsecas de los argumentos, algo que no sucede en los modelos holistas. Un ejemplo sacado de Toulmin, Rieke y Janik (2018, p.152) nos ayudará a entender las diferencias.

¿Es la lógica formal una teoría de los argumentos?

> [A] Este paciente tiene una infección respiratoria simple de las vías altas, por tanto se le debe tratar con penicilina, a no ser que sea alérgico o haya alguna otra contraindicación.

Desde una perspectiva holista, el argumento ofrecido en [A] es simplemente:

> [A1] Este paciente tiene una infección respiratoria simple de las vías altas, por tanto se le debe tratar con penicilina.

Las posibles contraindicaciones a ese tratamiento son factores contextuales de los que depende, no la solidez, del argumento, sino su fuerza. Recurriendo a una conocida distinción de la teoría de las razones normativas, las contraindicaciones no son relevantes para juzgar si el hecho de que el paciente presente una infección respiratoria de las vías altas es una razón *pro tanto* para administrarle un tratamiento con penicilina, sino para juzgar si es una razón concluyente para hacerlo. Como aproximadamente solo un 10 % de la población es alérgica a la penicilina, el argumento es relativamente fuerte.

> Que un argumento sea *sólido* o no depende *únicamente* de si las conexiones que se requieren entre las partes de ese argumento están presentes o no. [&] No obstante, una vez que se ha comprobado la presencia de las conexiones requeridas, puede plantearse otro conjunto de preguntas. Estas preguntas adicionales tienen que ver con la *fuerza* de las conexiones de las que depende el argumento. Si se admite que hemos construido un argumento tan *sólido* como se puede, ¿qué *peso* tendrá? (Toulmin, Rieke y Janik 2018, p.129).

Desde la perspectiva atomista propia de los modelos premisas-conclusión, el argumento ofrecido en [A] es más bien así:

> [A2] Este paciente tiene una infección respiratoria simple de las vías altas, no se sabe que sea alérgico a la penicilina o que haya alguna contraindicación, por tanto se le debe tratar con penicilina.

Lo que antes eran factores contextuales que determinaban la fuerza del argumento son ahora partes del argumento. Pero con un poco de ingenio es posible concebir otros muchos factores contextuales: se dispone de un suministro suficiente de penicilina, la penicilina tiene un precio asequible, no hay un antibiótico más barato de eficacia parecida, etc. Las dificultades para especificar completamente las premisas de un argumento suponen una dificultad para los modelos premisas-conclusión- Esa dificultad está asociada con lo que en teoría de la argumentación se conoce como "problema de las premisas ocultas": ¿cuándo está justificado añadir premisas no explícitas en la reconstrucción de un argumento? (Johnson 2000, p.38). Aunque no me voy a detener en este problema, Nepomuceno ha sugerido, con Soler Toscano, una solución abductiva al problema de las premisas ocultas: al tratar con «un razonamiento incompleto, del que conocemos sólo algunas premisas y la conclusión, y la inferencia abductiva proporciona el postulado necesario para completar el conjunto de las premisas» (Nepomuceno y Soler Toscano 2004, p.385).

Lo anterior plantea la cuestión de si puede definirse alguna noción contextual de inferencia lógica. Eso, desde luego, parece más fácil si se parte de un enfoque teorético-informativo como el de Corcoran, que si se parte del más ortodoxo enfoque veritativo-condicional. En el caso de un enfoque teoréticoinformativo de la consecuencia lógica, para definir una noción contextual de inferencia lógica habría que aceptar que el contenido informativo de un enunciado depende de factores contextuales, algo en principio más plausible que la tesis de que las condiciones de verdad de un enunciado dependen de factores contextuales.

Algunas lógicas por defecto son holistas y se apartan del modelo premisasconclusión. La lógica por defecto de Raymond Reiter (1980) es una buena ilustración. La lógica de Reiter se basa en el uso de reglas de inferencia por defecto, que para nuestro propósito podemos representar así: *Dado P, si de la información disponible no puede inferirse Q, entonces C*. En la terminología de Reiter, P es el prerrequisito de la regla, la no inferibilidad de Q la justificación de la regla y C es la conclusión. Como indican Fariñas del Cerro y Frías Delgado, dado P, C es una regla de inferencia estándar y la justificación de la regla «en realidad 'codifica' un complejo conjunto de instrucciones que son las que determinan la aplicabilidad o no de la regla». (Fariñas del Cerro y Frías Delgado 1995, p.13). El modelo de argumento de la lógica por defecto de Reiter es holista porque las condiciones de aplicabilidad de una regla no pueden ser parte de la regla.

6.5. Razones e inferencias lógicas

Para definir la validez de los argumentos puede partirse del concepto de inferencia lógica o del concepto de buena razón. En este sentido, podríamos hablar de teorías inferencialistas y de teoría razonabilistas. En las primeras, un argumento es válido si y solo si la conclusión se sigue de las premisas, mientras que en las segundas, un argumento es válido si y solo si aceptar las premisas es una buena razón para aceptar la conclusión.

La teoría expuesta por Nepomuceno es inferencialista, en la tradición de los análisis lógico-formales, lo mismo que la lógica por defecto de Reiter, mientras que el modelo de Toulmin es razonabilista. El recurso a la inferencia lógica en los modelos premisas-conclusión disocia argumentos y razones, en contra de la intuición de que un buen argumento es el que da una buena razón. Esa intuición está presente, por ejemplo, en la afirmación de Joseph Wenzel (2006, p. 16) de que la pregunta clave de la evaluación lógica es «¿Debemos aceptar esta afirmación por las razones dadas para sustentarla?».

Si un argumento está formado por algo que se presenta como una razón para otra cosa, lo que David Ross llama una razón *prima facie*, y una tesis, y un buen argumento es el que, en algún sentido, obliga a aceptar su conclusión, la bondad no es una propiedad intrínseca de los argumentos. Puedo tener una razón para creer algo o para hacer algo, sin que eso convierta en imperativo creerlo o hacerlo. Una razón digna de ser tenida en cuenta, una razón *pro* tanto, puede no ser concluyente. En efecto, que una razón sea concluyente depende de la comparación de esa razón con otras razones concurrentes. En este sentido, las razones son ponderables, y si es así en una teoría de los argumentos basada en las razones, la bondad lógica no es una propiedad intrínseca de los argumentos, y por ello la teoría no puede ser atomista.

La lógica por defecto de Reiter es inferencialista y holista, por lo que en principio no se ve afectada por el argumento del carácter ponderable de las razones. John Horty escribe al respecto. «las reglas por defecto deben concebirse como expresiones de la relación ser una razón» (Horty 2016, p. 195; traducción propia). En la lógica por defecto las inferencias son ponderables, puesto que pueden producirse conflictos de reglas por defecto, como ilustra el ejemplo conocido como "rombo de Nixon". Richard Nixon era republicano y cuáquero, y los cuáqueros normalmente son pacifistas, al contrario que los republicanos. Por tanto, a partir de los datos de que Nixon era cuáquero y republicano podría inferirse, razonando por defecto, que Nixon era y no era pacifista, incurriendo en una contradicción. Una solución a este problema son las jerarquías de reglas por defecto, que postulan que unas reglas de inferencia por defecto pesan más que otras, por lo que en un escenario como el descrito solo estaría justificada la conclusión autorizada por la regla de más peso. Generalmente quienes discuten el rombo de Nixon asumen que la regla más fuerte es la expresada por *Los republicanos no son pacifistas*, quizá porque saben de otra fuente que Nixon no era pacifista.

Las jerarquías de reglas pueden ser fijas o variables. En el primer caso se asume que la regla *Los republicanos no son pacifistas* siempre tiene más peso que la reglas *Los cuáqueros son pacifistas*, de manera que la única conclusión justificada acerca de cualquier individuo que sea a la vez republicano y cuáquero, es que no es pacifista. Cuando la jerarquía es variable se admite que

> una de las cosas más importantes sobre las que razonamos, y razonamos con reglas por defecto, son las prioridades entre las propias reglas por defecto que nos guían cuando razonamos por defecto - damos razones para tomarnos algunas de nuestras razones más en serio que otras (Horty 2016, p.199).

Para representarlo se introducen reglas por defecto de orden superior. Las jerarquías fijas no reflejan correctamente el modo en el que ponderamos razones, que es contextual, en el sentido de que son factores contextuales los que determinan el mayor peso de una razón con respecto a otra en una determinada situación. Podría aducirse, sin embargo, que las jerarquías variables sí permiten dar cuenta del carácter contextual de la ponderación, y a partir de ahí que es posible conciliar inferencialismo y razonabilismo. Pero, como diría Rudyard Kipling, eso es otra historia.

6.6. Conclusión

La lógica, según Nepomuceno, es una teoría de la argumentación, y las argumentaciones son encadenamientos de argumentos. Por consiguiente, la lógica es una teoría de los argumentos. Esa teoría de los argumentos se caracteriza por una serie de rasgos, compartidos por la mayoría de las teorías de los argumentos de base lógico-formal.

1. En la teoría de las argumentaciones expuesta por Nepomuceno, y en general en los planteamientos basados en la lógica formal, los argumentos son anteriores a la acción de argumentar, y por tanto, no son, hablando con propiedad, productos de esa acción. Más bien habría que decir que argumentar es usar argumentos.

2. Las inferencias no se entienden como procesos de extracción de una consecuencia a partir de un conjunto de premisas datos, sino como relaciones intemporales entres pensamientos objetivos. En este sentido, podríamos decir que el enfoque de Nepomuceno es estático y no dinámico.

3. La clasificación principal de los argumentos se basa en la relación entre sus premisas y su conclusión, pudiendo distinguirse distintos tipos de inferencias lógicas, distintos modos en los que un enunciado se sigue de un conjunto de enunciados. Como un argumento es válido si y solo si entre sus premisas y su conclusión media algún tipo de inferencia lógica, las inferencias lógicas son relaciones que validan un argumento.

4. Las inferencias lógicas se definen inicialmente en términos semánticos (por ejemplo, de inclusión de contenidos informativos o de transmisión de la verdad) y por ello no son formales por definición. Eso no impide, dice Nepomuceno, que al examinar muchas relaciones inferenciales se aprecia que pueden analizarse en términos de la forma de los enunciados involucrados.

5. La teoría de los argumentos de Nepomuceno es atomista, en el sentido de que toda la información pertinente para determinar las propiedades lógicas de un argumento se refiere a sus premisas y a su conclusión, de manera que las propiedades lógicas son propiedades intrínsecas de los argumentos.

6. Al tomar la noción de inferencia como base para definir la validez y las demás propiedades lógicas, convirtiéndolas en propiedades intrínsecas de los argumentos, la aproximación de Nepomuceno disocia argumentos y razones puesto que estas son ponderables.

Esta revisión del modo en el que Ángel Nepomuceno presenta la lógica como una teoría de los argumentos debería ser útil para comprender mejor las relaciones entre la lógica y la teoría de la argumentación. A su vez, esa comprensión podría facilitar el abordaje de la cuestión de si una teoría de las inferencias lógicas puede, y cómo, ser una teoría de las razones o de las razones comunicadas, que es lo que, en definitiva, viene a ser una teoría de la argumentación.

Agradecimientos

Esta investigación ha sido financiada por FEDER/ Ministerio de Ciencia, Innovación y Universidades, Agencia Estatal de Investigación, dentro del Proyecto Prácticas argumentativas y pragmática de las razones (Parg_Praz), número de referencia PGC2018-095941-B-I00.

Referencias

Bader, Ralf (2016). Conditions, Modifiers and Holism, en Errol Lord and Barry Maguire, eds., *Weighing Reasons*, pp. 27-55. Oxford: Oxford University Press.

Corcoran, John (1994). Argumentación y lógica. Traducción de R. Blanco Fernández, revisada por J.M. Sagüillo. Agora 13/1, pp. 27-55.

Corcoran, John (1995): Ïnformation-Theoretic Logic". En In memory of Alfred Tarski 1901-1983 and Alonzo Church 1903-1995 on the fortieth anniversary of their classic works Logic, Semantic, Metamathematics and Introduction to Mathematical Logic. University of Buffalo, pp. 1-25.

Fariñas del Cerro, Luis y Frías Delgado, Antonio (1995). Razonamiento no monótono: un breve panorama. *Theoria - Segunda Época* - Vol. X, nº 2 23, pp. 7-26.

Horty, John (2016). Reasoning with Precedents as Constrained Natural Reasoning. En E. Lord y B. Maguire, eds., *Weighing Reasons*, pp.193-212. Nueva York: Oxford University Press.

Johnson, Ralph H. (2000). *Manifest Rationality. A Pragmatic theory of Argument*. Mahwah, NJ: Lawrence Erlbaum.

Marraud, Huberto (2018). Arguments from Ostension. *Argumentation* 32, pp. 309-327. DOI 10.1007/s10503-017-9435-9

Nepomuceno Fernández, Ángel (2001). Teoría de la argumentación: Información y lógica. En F.J. Salguero Lamillar, J.F. Quesada Moreno, Á. Nepomuceno Fernández, eds., *Información: Tratamiento y representación*, pp. 27-39. Sevilla: Universidad de Sevilla.

Nepomuceno Fernández, Ángel, y Soler Toscano, Fernando (2001). Abducción y razonamiento por defecto. En *Actas del IV Congreso de la Sociedad de Lógica, Metodología y Filosofía de la Ciencia*, pp. 385-387. Valladolid: Sociedad de Lógica, Metodología y Filosofía de la Ciencia en España.

Pollock, John L. (1995). *Cognitive Carpentry: A Blueprint for How to Build a Person*. Cambridge, MA: The MIT Press.

Reiter, Raymond (1980). A logic for default reasoning. *Artificial Intelligence* 13, 81-132

Sagüillo, José Miguel (2000). *El arte de persuadir*. La Coruña: Ludus.

Sperber, D. y Mercier, H. (2011). Why do humans reason? Arguments for an argumentative theory. Behavioral and Brain Sciences 34, 57–111.

Toulmin, Stephen E., Rieke, Richard. y Janik, Allan (1984). *An Introduction to Reasoning*. 2ª edición. New York: McMillan. Traducción al español, de José Gascón, *Una introducción al razonamiento*. Lima: Palestra, 2018.

Vega Reñón, Luis (2013). *La fauna de las falacias*. Madrid: Trotta.

Wenzel, Joseph (2006): "Three Perspectives on Argument. Rhetoric, Dialectic, Logic". En Trapp, R. y Schuetz, J.H., *Perspectives on Argumentation: Essays in Honor of Wayne Brockriede*, 9-26. Nueva York: Idebate Press.

Capítulo 7

It Ought to be Forbidden! Islamic Heteronomous Imperatives and the Dialectical Forge

SHAHID RAHMAN
Lille University (France)
WALTER EDWARD YOUNG
France McGill University (Canada)
FARID ZIDANI
Alger II - University (Algeria)

> *Abstract.* In a recent paper the authors of the present study developed a reconstruction of Islamic deontic modalities as put forth in the *Taqrīb li-Ḥadd al-Manṭiq* of Ibn Ḥazm of Córdoba (994-1064). Our understanding of Ibn Ḥazm's insights provided the foundation for a new approach to the logic of norms which we labelled *heteronomous imperatives*. In that paper we briefly suggested that one possible reading of the general Islamic jurisprudential principle *All actions are permissible unless proscribed by Law* is to link it to the deployment of a dialectical method of argumentation called *qiyās* (which method frequently regulated the integration of a deontic category's updated range of applications into the legal system). According to this reading, this principle underscores the dynamic role of *qiyās* in the evolution of the Islamic legal system in a way Young (2017) has referred to as the *dialectical forge*. In this context, iterations such as *It ought to be forbidden* are not to be read

as sheer iterations of the deontic operator, but as a call to update the legal system with regard to the deontic status of new practices. The current study delves further into this suggestion. In brief, and employing Ruth Barcan Marcus's famous example of an iteration in contemporary deontic logic, the occurrence of *ought* in the claim *Parking on highways ought to be forbidden* addresses the authority in charge of enacting the interdiction, while the occurrence of *forbidden* addresses the one who must follow the interdiction (namely, the liable subject [Ar. *mukallaf*]).

7.1 Introduction

In a recent paper Rahman, Zidani, and Young (2020) developed a reconstruction of Islamic deontic modalities as expounded in the *Taqrīb li-Ḥadd al-Manṭiq* of the eminent and controversial Andalusian Scholar Ibn Ḥazm, Abū Muḥammad ʿAlī b. Aḥmad b. Saʿīd of Córdoba (994-1064). Our reading of Ibn Ḥazm's remarkable deontic-modal parallelism allowed a new approach to the logic of norms; and, indulging in terminological anachronism, we referred to the norms upon which Ibn Ḥazm elaborates as *heteronomous imperatives*. These take the following form.

> Under the presupposition that some agent g is able to carry out some action of the type A, and is also able to not carry out this action[1], the action is:
> *obligatory* iff omitting it is sanctioned (or, more generally, qualified as law-breaking) but carrying it out is rewarded (or, more generally, qualified as law-abiding)[2].

The distribution of sanction and reward also determines the other deontic categories. That is, under the same presupposition as above, the action is:

> *forbidden* iff omitting it is rewarded but carrying it out is sanctioned,
> *recommended* iff omitting it is neither rewarded nor sanctioned, but carrying it out is rewarded,
> *reprehended* iff omitting it is rewarded, but carrying it out is neither rewarded nor sanctioned,
> *evenly permissible* iff neither omitting it nor carrying it out is rewarded or sanctioned.

In the aforementioned paper we briefly suggested that one possible reading of an important, general legal principle of *original permissibility*, held by an apparent majority of Muslim jurisprudents—namely, that *All (non-harmful)*

---
[1] Under the presupposition, that is, that agent g is legally liable.
[2] By way of clarification, "sanction" in this study is meant only in its sense of "penalty," and "sanctioned" as "penalized."

actions are permissible unless proscribed by Law—links it to the deployment of a dialectical method of argumentation called *qiyās* (which method frequently regulated the integration of a deontic category's updated range of applications into the legal system). This is despite the fact that the legal indicant (*dalīl*) of "presumption of continuity of a legal status quo ante" (*istisḥāb al-ḥāl*)— constituting the means for forwarding this original permissibility—was deemed a last resort; it was to be employed only in the absence of stronger indicants— including *qiyās*—and in fact was most frequently resorted to by legal traditions which rejected *qiyās* (like the Ithnā ʿAsharī Shīʿīs and Ẓāhirīs, including Ibn Ḥazm)[3]. According to our reading, however, this principle of *original permissibility* (or *ibāḥa principle*) nevertheless underscores the active role of qiyās in the evolution of ("mainstream" Sunnī) Islamic legal systems, in the broader dynamic Young (2017) has referred to as the *dialectical forge*.

Moreover, in this context, iterations such as *It ought to be forbidden* are not to be read as sheer iterations of the deontic operator, but as a call to update the legal system with regard to the deontic status of new practices. The current study delves further into this suggestion. In brief, and employing Ruth Barcan Marcus's famous example of an iteration in contemporary deontic logic, the occurrence of *ought* in the claim *Parking on highways ought to be forbidden* addresses the authority in charge of enacting the interdiction, while the occurrence of *forbidden* addresses the one who must follow the interdiction (namely, the liable subject [Ar. *mukallaf*]). At present, we limit ourselves to some preliminary remarks on this topic. Further work will explore the logical consequences of our proposed take on iteration.

Finally—and since the underlying logical formal analysis employs (in the interface of Per Martin-Löf's Constructive Type Theory and Dialogical Logic)[4] a kind of dynamic, epistemic approach to one of the most prominent Andalusian thinker's logical work—this study may be considered a continuation of long conversations (on this and other issues) which the primary author has enjoyed with the *Sevillano* logician Prof. Angel Nepomuceno Fernández, in whose honour the present volume has been compiled.

7.2 Ibn Ḥazm's Heteronomous Imperatives

Here we will briefly review the logical analysis of Ibn Ḥazm's deontic categories proposed by Rahman, Zidani, and Young (2020).

Deontic qualifications of actions presuppose that the performer is legally accountable and has been given the liberty to choose (*takhyīr*) between two alternatives. The CTT-framework for hypotheticals provides the formal means

---

[3] *Istisḥāb al-ḥāl*, or "presumption of continuity of a legal status quo ante," may be understood as a legal indicant (*dalīl*) that *All actions continue to have the deontic category they had in the past, unless proof to the contrary is established*. For more on this mode of legal inference and its uses, as well as the principle of original permissibility, see Kamali 2003, pp. 384-396; Hallaq 1997, pp. 113-115.

[4] See Martin-Löf (1984) and Rahman, McConaughey, Klev, Clerbout (2018).

to express (i) that the deontic qualifications assume such a choice, and (ii) that "sanction" S(x) and "reward" R(x) are predicates that apply to performances of the action under consideration. The CTT framework allows, at the object-language level, the expression of:

1. performances a of action-types A—i.e. a: A—whereby a is called a proof-object (roughly, a truth-maker) of the action proposition A. For example, the proposition (that) *al-Fārābī read Aristotle's Analytica Posteriora* is made **true** by individual instances of al-Fārābī performing actions of that type. This moves performances of actions into the domain of quantification.

2. predicates attached to these performances. That is, the predicate "reward" $R(x)$ is of the type "proposition," provided (under the hypothesis) x is a performance of the action type A. Thus $R(x)$: *prop* $(x$: A). The same applies to the predicate "sanction" $S(x)$. This provides a basis for the hypothetical judgment $R(x)$ *true* $(x$: A), which may be read as *Performance x is rewarded, provided it is a performance of the action-type A*[5].

3. the fact that *reward* and *sanction* presuppose that the action might or might not be carried out. In other words, rewarding and sanctioning,

---

[5] In CTT, the distinction between categorical judgments and hypothetical judgments is rendered in a quite straightforward manner: a categorical judgment is true if there is an independent proof-object for the proposition involved. C **true** expresses a categorical if some proof-object c can be found that makes it true:
c: C.
A hypothetical judgment is true, if it is true under the proviso of some hypothesis (or hypotheses)
$B(x)$ **true** $(x$: C)
whereby
C: *set* and $B(x)$: *prop* $(x$: C)
the bracketed expression to the right being the hypothesis conditioning the truth of the main proposition, the proof-object of which is a dependent object, that is a function
$b(x)$: $B(x)$ **true** $(x$: C).
Clearly, an assertion involving a hypothetical judgement does not express that the condition C has been verified; but it asserts that if the condition is verified, then $B(x)$ is true—if a method can be found that transforms this verification into a verification of the main proposition. Thus, if we have $b(x)$: $R(x)$ $(x$: A) as a premise, and we have as a second premise the fact that indeed there is a performance a of the action-proposition A (i.e., if we have as a premise a: A), then we can infer that performance a will be rewarded (i.e., $b(a)$: $R(a)$). In plain words, from the premises
(i) Any performance x of an action will be rewarded, provided it is the performance of an action of the type A,
(ii) a is such a performance (a: A),
we can infer:
(iii) Performance a is rewarded ($b(a)$: $R(a)$).
$\quad a$: A $\quad\quad b(x)$: $R(x)$ $(x$: A)

$\quad\quad\quad b(a)$: $R(a)$

take for granted the open assumption x: A ∨ ¬A, which expresses the liability of the agent whose actions are scrutinized.

The formal analysis of an *obligatory action* therefore arrives at the following:

Obligatory action:
(i) *If the individual **g** made the choice to perform an action of type A (i.e., if there is a proof-object that makes the **left side** of the disjunction true) then this performance is rewarded.*
(ii) *If the individual **g** made the choice of omitting an action of type A (i.e., if there is a proof-object that makes the **right side** of the disjunction true) then this omission is sanctioned.*

Finally, if we pull all this together, and employ the abbreviation H for the hypothesis or presupposition x: A ∨ ¬A, we obtain:

$b(x)$: [(∀y: A) **left**∨$(y)=_H x$ ⊃ R(y)] ∧ [(∀z: ¬A) **right**∨$(z)=_H$x ⊃S(z)] $(x$: A ∨¬ A)

wherein the expressions "**left**∨(y)" and "**right**∨(z)" stand for the injections rendering the disjunction A∨¬A **true**[6]; and "**left**∨$(y)=_H x$" stands for the choice of performing an action of the type (of the action-proposition) A; and "**right**∨$(z)=_H x$" stands for the choice of not performing this type of action-proposition[7]. The identity expression can be glossed as follows:

Any performance of A (or act of omitting A) is identical to the proof-object that renders true the disjunction–by rendering true either the left or the right of A ∨ ¬A.

Thus:

(∀y: A) **left**∨$(y)=_H x$ ⊃ R(y) **true** $(x$: A ∨¬ A)

which reads:

*Assuming that, given the choice of performing or not performing an action of type A, performing it has been chosen (i.e., if the left side of the disjunction has been chosen to be performed), then, for any performance **y** within the set **A** that is identical to this choice (within the set {A∨¬A}), reward (for performing this action) follows.*

And a similar reading admits:

---

[6]We have slightly changed the notation for injections, which when they occur as proof-objects of a disjunction usually take the notation $i(x)$ and $j(x)$ (see Ranta 1994, pp. 47). The injection **left**∨(a), takes an element of A, namely a (in our case, the performance a of action A) and renders a as proof-object for the left side of the disjunction.
[7]Cf. Ranta (1994, pp. 52-53).

$(\forall z: \neg A)$ **right**$\vee(z) =_H x \supset S(z)$ true $(x: A \vee \neg A)^8$.

This leads to the following table:

- **obligatory** (*wājib, farḍ, lāzim*): Doing A_1 is rewarded. Omitting A_1 is sanctioned. $b_1(x)$: [$(\forall y: A_1)$ **left**$\vee(y)=_{H_1} x \supset R_1(y)$] $\wedge$ [$(\forall z: \neg A_1)$ **right**$\vee(z)=_{H_1} x \supset S_1(z)$] $(x : A_1 \vee \neg A_1)$.

- **forbidden** (*ḥarām, maḥẓūr*): Doing A_2 is sanctioned. Omitting A_2 is rewarded. $b_2(x)$: [$(\forall y : A_2)$ **left**$\vee(y)=_{H_2} x \supset S_2(y)$] $\wedge$ [$(\forall z : \neg A_2)$ **right**$\vee(z)=_{H_2} x \supset R_2(z)$] $(x : A_2 \vee \neg A_2)$.

- **recommended permissible** (*mubāḥ mustaḥabb*): Doing A_3 is rewarded. Omitting A_3 is neither sanctioned nor rewarded.
$b_3(x)$: [$(\forall y: A_3)$ **left**$\vee(y)=_{H_3} x \supset R_3(y)$] $\wedge$ [$(\forall z: \neg A_3)$ **right**$\vee(z)=_{H_3} x \supset \neg S_3(z) \wedge \neg R_3(z))$] $(x: A_3 \vee \neg A_3)$.

- **reprehended permissible** (*mubāḥ makrūh*): Omitting A_4 is rewarded. Doing A_4 is neither sanctioned nor rewarded.
$b_4(x)$: [$(\forall y: A_4)$ **left**$\vee(y)=_{H_4} x \supset \neg S_4(y) \wedge \neg R_4(y))$] $\wedge$ [$(\forall z: \neg A_4)$ **right**$\vee(z)=_{H_4} x \supset R_4(z)$] $(x: A_4 \vee \neg A_4)$.

- **evenly permissible** (*mubāḥ mustawin*): Doing A_5 is neither sanctioned nor rewarded. Omitting A_5 is neither sanctioned nor rewarded.
$b_5(x)$: [$(\forall y: A_5)$ **left**$\vee(y)=_{H_5} x \supset \neg S_5(y) \wedge \neg R_5(y))$] $\wedge$ [$(\forall z: \neg A_5)$ **right**$\vee(z)=_{H_5} x \supset (\neg S_5(z) \wedge \neg R_5(z))$] $(x: A_5 \vee \neg A_5)$.

In some contexts, it might be desirable to define deontic qualifications as expressions building propositions. In fact, it is quite straightforward, since a hypothetical is one inference away from a universal:

$(\forall x: A_1 \vee \neg A_1)$ { [$(\forall y: A_1)$ **left**$\vee(y)=_{H_1} x \supset R_1(y)$] $\wedge$ [$(\forall z: \neg A_1)$ **right**$\vee(z)=_{H_1} x \supset S_1(z)$] } true

Thus, the whole expression can form new propositions in the usual way; for example, as the consequent of some implication, and so on. The like applies to *Forbidden* and *Permissible*.

Together, the five deontic categories (*obligatory, forbidden, recommended, reprehensible,* and *evenly permissible*) constitute the "obliging [or discretionary] norm" (*ḥukm taklīfī*); that is, they are the general norms established by the Lawgiver (God) in demanding from, or providing an option to, the legally responsible individual (*mukallaf*)[9]. As such, the *ḥukm taklīfī* is a constitutive

---

[8]The notation for propositional identity, namely "$x=_D y$", meaning "x is identical to y *within the set* D," is more similar to what is employed in first-order logic. In fact, within the CTT-framework, the usual notation is $Id(D, x, y)$.

[9]The primary author would like to thank Muhammad Iqbal (Université de Lille, France/ Antasari State Islamic University, Banjarmasin, Indonesia) for pointing this out. See also Kamali 2003, pp. 413 ff.

part of any thesis in discovering and debating the validity of legal rulings for the *mukallaf*[10]. In "mainstream" Sunnism, one of the most salient methods employed in these pursuits is called *qiyās*. We will next review the main features of this form of juridical argumentation.

7.3 The Basics of *Qiyās*

The many debates and elaborations on *qiyās*, which might be translated "correlational inference" (more often, if less accurately, "analogy")[11], together constitute one of the finest outcomes of the argumentative approach to legal reasoning within Islamic Law. A particularly lucid example is the systematization of the respected Shāfiʿī theoretician Abū Isḥāq al-Shīrāzī (1003-1083 CE), upon which the following is based[12].

The aim of *qiyās* is to provide a rational ground for the application of a juridical ruling to a given case which has not been directly and unequivocally pronounced upon in the primary juridical sources (i.e., the Qurʾān, Sunna [Prophet's example], and Ijmāʿ [consensus]). It combines heuristic (and/or hermeneutic) moves with logical inferences; and the archetype of *qiyās* adheres to the following pattern:

> In order to establish whether or not a given juridical ruling (ḥukm) applies to a novel or contended case, called the branch-case (*farʿ*), we look for a relevant, authoritatively determined root-case (*aṣl*) bearing that ruling in the primary sources of law (Qurʾān, Sunna, and Ijmāʿ). We next attempt to determine the property or set of properties in the root-case which constitutes the cause, or occasioning factor, or ratio legis (*ʿilla*) giving rise to its ruling. If that property or set of properties is known, or can be rationally inferred with sufficient probability, and it is shared by the branch-case, we may infer that it is equally productive of that ruling in the branch-case. The novel or contended branch-case thus falls under that juridical ruling, and the range of its application is extended.

When the legal cause (*ʿilla*) is made explicit by the sources, or is capable of being rationally inferred by adequately identifying the relevant property or set of properties, we may proceed via a "correlational inference of the cause" (*qiyās al-ʿilla*). The classic example is that since date liquor is intoxicating, just like

---

[10] As opposed to debates on, e.g., contractual validity or invalidity, the norms of which (valid, invalid, null and void, etc.) fall under the rubric of the "declaratory norm" (ḥukm waḍʿī).

[11] See Young 2017, p. 10; the author's choice of "correlational inference" renders a narrower sense more consonant with the Shafiʿi approach.

[12] A landmark on the subject of *qiyās* is Hasan (1986). Young (2017) provides a summary of al-Shīrāzī's systematization of *qiyās*; and on this basis Rahman, Iqbal, and Soufi (2019) develop a logical analysis. See the relevant chapters of the editions of al-Shīrāzī listed in the bibliography (1986, 1987, 1988, 1995).

(grape) wine, it is also prohibited like wine. As identified by canonical analysis, the four elements in this argument are: the branch-case under consideration (date liquor); the root-case verified by the primary sources (wine); the causal property they have in common (intoxication); and the (therefore also common) legal qualification (prohibition), inferred in the case of date liquor, verified by the sources in the case of wine. The crucial step underlying this form of argumentation is thus the identification of the legal cause (ʿilla) that gives rise to prohibition in the authoritative root-case. Put differently, applying the general schema *intoxicating drinks should be forbidden* to the branch-case of date liquor *causes* or *occasions* its interdiction.

When the legal cause (ʿilla) is neither made explicit by the sources, nor capable of being rationally inferred, however, we might next resort to "correlational inference of indication" (*qiyās al-dalāla*), which, in lieu of the ʿilla, is based on pinpointing specific, relevant parallelisms between sets of rulings (and thus inferring that whatever the ʿilla may be, it is shared by such cases). Should even this prove infeasible, we might finally resort to (the highly contentious) "correlational inference of resemblance" (*qiyās al-shabah*), which is based merely on the presence of shared, but either non-causal or indeterminable, properties.

Thus, *qiyās al-dalāla* and *qiyās al-shabah*—which, far more than *qiyās al-ʿilla*, merit the label "arguments by analogy" (or, better yet, "arguments *a pari*")—are put into action when the ʿilla grounding the application of a given ruling is not known. The plausibility of a conclusion attained by parallelism between rulings (*qiyās al-dalāla*) is considered to be of a higher epistemic degree than a conclusion obtained by resemblance in respect to some set of (relevant) properties (*qiyās al-shabah*). And conclusions by either have a lower epistemic standing than conclusions inferred via a known, pinpointed, and share legal cause (*qiyās al-ʿilla*).

A cardinal feature of al-Shīrāzī's take on *qiyās al-ʿilla* is his particular notion of efficiency (*taʾthīr*), which tests whether the property $\mathcal{P}$ purported to be efficient in occasioning the juridical ruling at stake is indeed so. For al-Shīrāzī, *taʾthīr* consists of two complementary procedures:

> co-presence (*ṭard*): whenever the property is present, the ruling is also present
> and
> co-absence (*ʿaks*): whenever the property is absent, the ruling is also absent.

While co-presence examines whether ruling $\mathcal{H}$ follows from verifying the presence of property $\mathcal{P}$, co-absence examines whether exemption from ruling $\mathcal{H}$ follows from verifying the absence of $\mathcal{P}$[13].

---

[13] See Rahman, Iqbal, and Soufi (2019, preface). NB: this test of a property's causal efficiency is elsewhere and more commonly called "co-presence and co-absence" (*al-ṭard waʾl-ʿaks*) or "concomitance" (*dawarān*), and listed among the "modes of causal justification" (*masālik al-taʿlīl*). See Young (2019) and Hasan 1986, pp. 315-330. As for "efficiency" (*taʾthīr*), such as al-Ghazālī deemed it to be a direct designation of the cause (ʿilla) by

7.4 *The Original State of Things*, the Hypothesis of Permissibility, and the Presumption of Continuity of a Legal *Status Quo Ante*

Ibn Ḥazm elsewhere explicitly defends a fundamental principle of original permissibility; namely:

> The original state of things is permission except for what the Law proscribed *(al-aṣl fi'l-ashyā' al-ibāḥa illā mā ḥaẓarahu al-Sharʿ)*[14].

The "permission" expressed by the term *ibāḥa* is of course the same general notion embodied by the term *mubāḥ* (permitted) in the deontic qualifications which constitute the category of "obliging [or discretionary] norm" *(ḥukm taklīfī)*. *Ibāḥa* and *mubāḥ* derive from the same Form IV verb *(abāḥa, yubīḥu)*, which means "to permit;" *ibāḥa* is the verbal noun *(maṣdar)* of that verb, meaning "permission," while *mubāḥ* is the passive participle of that verb, meaning "[something] permitted." And in the literature of legal theory *(uṣūl al-fiqh)*, *ibāḥā* is directly linked—with special regard to the abovementioned principle (and variant formulations)—to things being *mubāḥ*. Taken together with Ibn Ḥazm's exposition on general norms, the *ibāḥa principle* corresponds to a deontic category including, as subcategories, the three forms of permissibility: namely, *recommended permissible, reprehended permissible,* and *evenly permissible.*

Importantly, the *ibāḥa principle* both complements and informs a more general indicant *(dalīl)* for determining law: the "presumption of continuity of a legal *status quo ante*" *(istiṣḥāb al-ḥāl)*. The general idea behind this indicant is that the legal status of actions continue to be as they were in the past, unless there is authoritative legal evidence (consonant with God's Law) to the contrary[15]. And in forwarding the legal status of actions upon which God's Law has *not* pronounced, it would seem that the majority of jurists adhered to the very *ibāḥa principle* supported by Ibn Ḥazm; that is, the default legal status of past (non-harmful) actions on which the Law has not pronounced, and which would be carried forward by *istiṣḥāb al-ḥāl*, is permission. A sizable minority, however, took "the original state of things" *(aṣl al-ashyā')* to be prohibition, while a smaller minority determined it was better to suspend judgement until such actions could—by virtue of more authoritative means—be linked to a ruling in conformity with God's Law.

Among others, a concise, classical overview of positions with regard to "the original state of things" and *istiṣḥāb al-ḥāl* has been formulated by Imām al-Ḥaramayn al-Juwaynī (d. 1085 CE), an influential Shāfiʿī scholar—a contemporary of Ibn Ḥazm (though separated by great distance), colleague and sometime

---

either univocal source-text *(naṣṣ)* or consensus *(ijmāʿ)*, while others held different notions (see Hasan 1986, pp. 272-3, 284).

[14] Ibn Ḥazm (1928-1933, vol. 1, p. 177); (1988, vol. 1, p. 176); (2010, p. 81); (1926-1930, vol. 3 pp. 76-77), vol. 6, p. 161.

[15] See Kamali 2003, chap. 15.

competitor of Abū Isḥāq al-Shīrāzī, and teacher of al-Ghazālī—with several respected works. One of these was a very short summary of *uṣūl al-fiqh* called *al-Waraqāt*. Below is a translation of the section on "prohibition and permission" (*al-ḥaẓr wa'l-ibāḥa*), followed by the brief commentary of a significantly later Shāfiʿī scholar: Shams al-Dīn Muḥammad b. ʿUthmān al-Mārdīnī (d. 1467 CE).

Imām al-Ḥaramayn al-Juwaynī on "Prohibition and Permission" (*al-ḥaẓr wa'l-ibāḥa*), or "the Original State of Things" (*al-aṣl fi'l-ashyā'*), with commentary by Shams al-Dīn al-Mārdīnī.

He [al-Juwaynī] said: As for prohibition and permission (*al-ḥaẓr wa'l-ibāḥa*), among the people are those who say that the original state of things is that they are prohibited (*aṣl al-ashyā' ʿalā al-ḥaẓr*), except for what God's Law permitted (*illā mā abāḥat-hu al-shariʿa*). For if what indicates permission is not found in God's Law, one adheres to the original state, which is prohibition. And among the people are those who say the contrary of that—which is that the original state of things is permission (*al-aṣl fi'l-ashyā' al-ibāḥa*), except for what the Law prohibited (*illā mā ḥaẓarahu al-sharʿ*). [And among them are those who profess suspension of judgment (*al-tawaqquf*).] The meaning of "presumption of continuity of a legal *status quo ante*" (*istiṣḥāb al-ḥāl*) is that the original state is presumed to continue in the absence of a revelatory legal indicant (*al-dalīl al-sharʿī*).

I [al-Mārdīnī] say: When he finished explaining *qiyās*, he set to explaining "prohibition and permission" (*al-ḥaẓr wa'l-ibāḥa*), which is the fourteenth chapter. They were two chapters, originally, like "the abrogator and the abrogated" (*al-nāsikh wa'l-mansūkh*) [an earlier part of the *Waraqāt*]; he combined them there, and here, only because the discussion is connected to them both, together, and vacillates between them. [This is] because the scholars have disagreed about the original state of things (*aṣl al-ashyā'*) before God's Law pronounced on its being permitted or its being prohibited: Are they linked to permission (*al-ibāḥa*), or prohibition (*al-ḥarām*), or suspension of judgment (*al-tawaqquf*)? Abū Ḥanīfa, and Abū al-ʿAbbās [Ibn Surayj] and Abū Isḥāq [al-Shīrāzī] of the Shāfiʿīs, and the Muʿtazila of Basra held the doctrine of permission (*al-ibāḥa*) because He, may He be exalted, created things for our sake, and for our designs, and what was *for us* is something permitted (*mubāḥ*), because no corrupting factor derives from it. Nor is there any harm to its Owner—who is God, may He be exalted—by analogy with (*qiyāsan ʿalā*) the observable realm (*al-shāhid*), such being the usufruct of seeking shade under another's wall, and borrowing from his fire, since there is no harm to their owner. So is it here [in the case of God].

But Ibn Abī Hurayra of the Shāfiʿīs, and some of the Shīʿa, and the Muʿtazila of Baghdad held the doctrine of prohibition (*al-ḥurma*) because freely disposing of another's property without his permission is wrong. [This is] because *all* things are the property of the Creator, may He be exalted. So no one is allowed to take / consume something until God's Law has pronounced on it—just as it is in the observable realm, regarding the rights of the human being.

And Abū al-Ḥasan al-Ashʿarī, and Abū Bakr al-Ṣayrafī held the doctrine of suspension of judgment (*al-tawaqquf*), with neither prohibiting (*taḥrīm*) nor permitting (*ibāḥa*) before the pronouncement of God's Law.

And his [al-Juwaynī's] saying: "presumption of continuity of a legal *status quo ante*" (*istiṣḥāb al-ḥāl*), etc., references an indicant (*dalīl*) which is resorted to in the absence of a revelatory legal indicant (*al-dalīl al-sharʿī*). It is the presumption of continuity of the confirmed original state, just as if it were said: "Is there an obligatory prayer in addition to the five [obligatory prayers]?" We would say: "No," due to the absence of a revelatory legal indicant for an additional [prayer]. Thus, adherence to the original state is obliged. But God knows best[16].

Despite their evident disassociation, the *ibāḥa principle*, as forwarded by the indicant of *istiṣḥāb al-ḥāl*, can be seen as negotiating with that set of correlational modes of argumentation called *qiyās* which we reviewed above. That is, despite the fact that *istiṣḥāb al-ḥāl* was deemed a last resort, only to be employed in the absence of stronger indicants (including *qiyās*)—and was in fact more often employed by those who rejected *qiyās* (including Ibn Ḥazm)—the *ibāḥa* principle which (according to the majority) was forwarded by *istiṣḥāb al-ḥāl* potentially opened, in conjunction with other factors, a vast arena for juristic contention and disagreement (*ikhtilāf*). It may, in other words, have served as both a default rule (coming into operation when no authoritatively grounded juristic solution could be achieved), and a catalyst for the juridical scrutiny of *new and unresolved* cases. This, in conjunction with (and governed by) systematized if constantly evolving rules for juristic dialectic (*jadal / munāẓara*), may have contributed to a set of systems capable of continual updating and refinement, in a dynamic cycle Young (2017) calls the *dialectical forge*.

Thus, according to our reading, the *ibāḥa principle* may have operated in two ways:

1. In its first, more immediate and explicit usage, it came into play when legal arguments failed to provide an outcome because there was no stronger, more epistemically authoritative evidence—whether from divinely sanc-

---

[16]al-Mārdīnī (1999), pp. 236-239. The above translation is by W. E. Young.

tioned text (*naṣṣ*), juristic consensus (*ijmāʿ*), or *qiyās*—for the legal status of some action.

2. In its second role, it would have catalysed the juristic scrutiny of new and contended cases. This is not to say that its catalyser role is explicitly discussed in the sources; to our knowledge, it is not. As mentioned, the dominant legal method was to use *istiṣḥāb al-ḥāl* to forward the *original state of things* only when more authoritative juridical arguments (including *qiyās*, for those who upheld its validity) failed to provide a decision on the legal status of a new or contended case. In our view, however, a consideration of *original state* is always implicit in any process aimed at determining the legal status of an existent practice not yet satisfactorily subsumed by accepted corpora of substantive law. In short: dialectical legal arguments concerning the legal status of such a practice are triggered by an impulse to confirm or revise the legal status which would otherwise be ascribed to that practice via the indicant of *istiṣḥāb al-ḥāl*—that is, to confirm, deny, or qualify its otherwise presumed permissibility (assuming a non-harmful subject).

A claim that some kind of action is permitted based on *istiṣḥāb al-ḥāl* could only be made in lieu of *qiyās*; *qiyās* would not be invoked after it—unless, that is, the *istiṣḥāb* claim were to be abandoned due to the promise of subsequently discovered, superior evidence, and the action re-subjected to juristic scrutiny. After examination, the action's assumed permissibility will be either confirmed or rejected, and this confirmation or rejection will be integrated into the explicit body of Law. Moreover, note that although the subcategories of *mubāḥ* all belong to the *ḥukm taklīfī*, neither reading of the *ibāḥa principle* truly requires the presupposition of liability, since liability is only relevant once sanction and reward are to be applied—that is, sanction and reward are categories specified only once the action's base permissibility has been incorporated (*post-istiṣḥāb*) into the legal system. In the following analysis, we will expand upon the apparent majority opinion; namely, that the *istiṣḥāb indicant* forwards into law an original state of permission for (non-harmful) things.

The logical form of the *ibāḥa principle* is that of the hypothetical judgment. Substituting a more general "lawful" (*ḥalāl*) for "permitted," we have:

$$b(x,y): ḥalāl(x,y) \ (x: \mathcal{A}, \ y: \textit{Not-Proscribed-by-Law})$$

which may be read as follows:

> any of those performances x that instantiate the action propositions of the type $\mathcal{A}_{,,}$ are to be considered as lawful (ḥalāl), provided they are Not-proscribed by Law.

Thus, the conclusion that any such performance is lawful is based on the hypothesis that it falls under the category of actions not proscribed by Law:

$a: \mathcal{A} \qquad b(x,y): \d{h}alāl(x,y) \ (x: \mathcal{A}, \ y: \ Not\text{-}Proscribed\text{-}by\text{-}Law)$
$c: Not\text{-}Proscribed\text{-}by\text{-}Law$

$b(a, c): \d{h}alāl(a,c)$

This hypothetical character carries over to subordinate arguments based on the idea that carrying out an action is lawful because it presupposes another action that is taken to be lawful:

$d(x,y,z,u): \ \d{h}alāl(x,y,z,u) \ (x: \ \mathcal{A}_1, \ y: \ Not\text{-}Proscribed\text{-}by\text{-}Law, \ z: \ \d{h}alāl(x,y), \ u: \ \mathcal{A}_2 \ )$

Note that it not difficult to obtain versions of our logical analysis for the alternate positions which consider the original state of things to be *forbidden* or *suspensive* (i.e., that judgment is to be suspended). The important point here is that they have a purely hypothetical structure, and that a challenge can either confirm or revise the presumed legal status.

An illustrative historical example of the interaction of our second reading of the *ibāḥa principle* with *qiyās* is the approach of Sheikh Muhammad Arsyad al-Banjari (1721-1810) to integrating, in his native Borneo, rulings on the rituals and practices of the Banjarese tradition into Islamic Law. Some of these practices, such as the Banjarese offering-rituals for avoiding disease or calamities (*Manyanggar* and *Mambuang Pasilih*), and the consumption of *Lahang*, a traditional drink made from sugar-palm juice, continued in use even after the Islamization of the Banjarese. Arsyad al-Banjari developed (1) a thorough and sophisticated *qiyās al-shabah* to justify the claim that *the offering rituals* **ought to be forbidden**, and (2) a relatively straightforward *qiyās al-ʿilla* to justify the claim that the *consumption of Lahang* **ought to be allowed** (see Iqbal and Rahman [2020]). In light of our second reading of the *ibāḥa principle*, the conclusion of al-Banjari's *qiyās al-ʿilla* allows the transference from the *assumed* lawfulness of consuming *Lahang* to the categorical assertion of its being evenly permissible, while the conclusion of his *qiyās al-shabah* falsifies the hypothetically assumed lawfulness of practicing *Manyanggar* and *Mambuang Pasilih*.

Due to the stabilizing of authoritative, primary texts (Qur'ānic and Sunnaic) in the first few centuries of Islam, the second reading—stressing the *ibāḥa principle*'s hypothetical or assumed character of permissibility—can thereafter only be conceived as operational in negotiation with refined sets of rational inferential arguments (like *qiyās*, for those who upheld it), developed in dialectical contexts. Our suggestion is that the legal status of the original state of things, when applied to new cases, can be thought of as undergoing the following process:

1. the assumed permissibility (or prohibition, or suspension of judgment) of the original state of things, as applied to some new, specific case, is called into question and scrutinized,

2. if the juridical scrutiny confirms the assumed, original legal status of the case, or if it concludes a new legal status, then that legal status is incorporated explicitly into the body of Law,

3. if the juridical scrutiny fails to reach a conclusion, the case reverts to its assumed legal status via presumption of continuity of its original state.

The second reading therefore requires a closer look at the logical analysis of such iterations as *It ought to be forbidden*, which result from conceiving the *ibāḥa principle* as a catalyser for sustained juristic debate (including *qiyās* arguments).

7.5 Brief Remarks on Iteration in the Context of the Dialectical Forge

Since Ruth Barcan Marcus's (1966) critical remarks on the iteration of deontic operators, an important amount of the literature on the model theoretical approach to deontic modalities has focused on discussing the meaning of nested modalities[17].

If deontic modalities are to be understood as modal operators in the style promulgated by Saul Kripke and Jaakko Hintikka, then, as pointed out by Goble (1966, p. 197) *Confronted with a statement like* "**OOPPOPP**p" *we can hardly say it, much less provide it with an intelligible interpretation*. However, setting aside any discussion on the intelligibility of the notorious nesting $O(Op{\supset}p)$, some embedding definitely makes sense. By way of illustration, we might again mention Barcan Marcus's example, *Parking on highways ought to be forbidden*.

Barcan Marcus's (1966) suggestion was to distinguish between an evaluative and a prescriptive meaning of nested operators; in her own *Parking on highways* example, *ought* has an evaluative reading, whereas *forbidden* has a prescriptive one. Wansing (1998)—who implements Castañeda's (1970) suggestion to focus on *ought to do* rather than *ought to be* within Belnap and Bartha's (1995) *dstit-logic* approach to deontic logic—proposes an analysis of nested deontic operators that comes quite close to that which emerges from our above analyses of Islamic legal theoretical categories and principles.

According to Wansing (1998, pp.186-187), deontic modalities should be associated with an agent that assures the prescription is enacted. This authority α may be conceived of as a person, a group, a set of rules or standards, or a legal code. Moreover, obligations, prohibitions, and permissions not only require an authority to enact the prescription, but also an *addressee* β to receive it. This approach renders the following analysis of the parking example:

---

[17]See Goble (1966), Anderson (1967), Føllesdal and Hilpinen (1971, p, 12-15), Bartha (1993), Belnap and Bartha (1995), von Wright (1995), and Wansing (1998). For a recent overview and references see McNamara (2010), particularly footnotes 18-21, and McNamara and Hilpinen (2013).

α forbids β to park on highways.

Wansing (1998) develops a semantics for this analysis. However, though it shares some features with our abovementioned reconstruction of Islamic deontic categories, it lacks the main contributing feature of Islamic heteronomous imperatives; namely, that performances are brought into the object language and this makes it possible to assert that they are law-abiding or law-breaking actions. More precisely, our suggestion is the following.

Assume that, on the basis of our second reading of the *ibāḥa principle*, and taking al-Banjari as an example...

1. someone assumes that practicing *manyanggar* and *mambuang pasilih* is lawful; that is:

    $ḥalāl(x,y)$ **true** (x: *manyanggar-mambuang pasilih*, y: *Not-Proscribed-by-Law*).

2. An antagonist will contest the hypothesis by stating:

    Practicing *manyanggar* and *mambuang pasilih* ought to be forbidden.

This prompts the development of a *qiyās* argument whose thesis is that the legal code should include a prescription to the effect that performances of *manyanggar* and *mambuang pasilih* are sanctioned:

$(\forall x: A_1 \vee \neg A_1)$ { [$(\forall y: A_1)$ **left**$\vee(y) =_{H_1} x \supset S_1(y)$] $\wedge$ [$(\forall z: \neg A_1)$ **right**$\vee(z) =_{H_1} x \supset R_1(z)$] } **true**,
whereby "A_1" stands for the action-proposition *manyanggar-mambuang pasilih*.

Moreover, since the authority enacting this prescription is the one administering sanction and reward, we will bring in the more complex predicates

$S(\alpha, y)$,
whereby α: *Authority/Legal Code*, and y: A_1.

Thus, performances of A_1 are sanctioned by the authority and omissions are rewarded by the same authority. More accurately, performances (omissions) of A_1 are sanctioned (rewarded) by **acts** of the authority; i.e., instances α_i of the set $\alpha_1...\alpha_n$: *Authority/Legal Code*. This yields:

$(\forall x: A_1 \vee \neg A_1)$ { [$(\forall y: A_1)$ **left**$\vee(y) =_{H_1} x \supset S_1(\alpha,y)$] $\wedge$ [$(\forall z: \neg A_1)$ **right**$\vee(z) =_{H_1} x \supset R_1(\alpha,z)$] } **true**.

7.6 Conclusions

In the context of Islamic heteronomous imperatives, iterations of modalities make sense if they are understood as adding—explicitly to the predicates *Sanction* and *Reward*—the actions of the legal authority enacting the prescription.

Notice that, within our approach, nestings such as α's sanctioning of β's sanctioning of γ's performances, add further dependency structure to the formation of the predicates *Sanction* and *Reward*. To be certain, this only sets the frame for further exploration.

What is more, Islamic legal theory contains the elements for identifying contexts wherein such iterations might occur; namely, juridical disputation. And, more precisely, such juridical disputations as might result from our second reading of the *ibāḥa principle*, coupling iterations with the dynamic evolution of legal corpora.

As mentioned in the introduction, we hope this small contribution—which casts a historical reconstruction of the work of one of the most prominent thinkers of Córdoba together with the dynamic approach to logic cherished by Prof. Angel Nepomuceno-Fernández—pleases our Andalusian friend and colleague, despite the old and venerable rivalry between Córdoba and Sevilla.

Acknowledgements

The authors would like to thank Cristina Barés Gómez, Francisco J. Salguero and Fernando Soler (who, as editors, invited us to contribute to this fascinating volume); the Laboratory STL: UMR-CNRS 8163 and Leone Gazziero (STL), Laurent Cesalli (Genève), and Tony Street (Cambridge), leaders of the ERC-Generator project "Logic in Reverse: Fallacies in the Latin and the Islamic traditions," for fostering the research leading to the present study. We would also extend our gratitude to Paul McNamara (Durham) and Muhammad Iqbal (STL: UMR-CNRS 8163) for constructive remarks and enriching discussions on the subject.

References

R. Anderson (1967). "The Formal Analysis of Normative Systems." In N. Rescher (ed.), The Logic of Decision and Action. Pittsburgh: Pittsburgh University Press, pp. 147-213.
R. Barcan Marcus (1966). "Iterated Deontic Modalities." Mind, vol. 75, pp. 580-582.
P. Bartha (1993). "Conditional Obligation, Deontic Paradoxes, and the Logic of Agency." Annals of Mathematics and Artificial Intelligence, vol. 9, pp. 1-23.
N. D. Belnap and P. Bartha (1995). "Marcus and the Problem of Nested Deontic Modalities." In W. Sinnott-Armstrong, D. Raffman, and N. Asher (eds.), Morality and Belief: A Festschrift in Honour of Ruth Barcan Marcus, Cambridge: Cambridge University Press, pp. 265-343.
H. N. Castañeda (1970). "On the semantics of the ought-to-do." Synthese, 21, pp. 449-468. Reprinted in D. Davidson and G. Harman (eds), Semantics of Natural Language. Dordrecht: D. Reidel, 1972, pp. 675-694.

D. Føllesdal and R. Hilpinen (1971, repr. 1981). "Deontic Logic: An Introduction." In R. Hilpinen (ed.) Deontic Logic: Introductory and Systematic Readings." Dordrecht: Reidel, pp. 1-36.
L. F Goble (1966). "The Iteration of Deontic Modalities." Logique et Analyse, vol. 9, pp. 197-298.
W. Hallaq (1997). A History of Islamic Legal Theories: An Introduction to Sunnī Uṣūl al-Fiqh. Cambridge; New York: Cambridge University Press.
A. Hasan (1986). Analogical Reasoning in Islamic Jurisprudence: a Study of the Juridical Principle of Qiyās. Islamabad: Islamic Research Institute.
R. Hilpinen, ed. (1981). New Studies in Deontic Logic: Norms, Actions and the Foundations of Ethics. Dordrecht: Reidel.
R. Hilpinen and Paul McNamara (2013). "Deontic Logic: A Historical Survey and Introduction." In D. Gabbay, J. Horty, X. Parent, R. van der Meyden, L. van der Torre (eds.), Handbook of Deontic Logic and Normative Systems, pp. 3-136. London: College Publications.
Ibn Ḥazm (1926-1930). Al-Iḥkām fī Uṣūl al-Aḥkām. 8 vols. in 2. Ed. Aḥmad Muḥammad Shākir. Cairo: Maṭbaʿat al-Saʿāda.
Ibn Ḥazm (1928-1933). Al-Muḥallā. 11 vols. Ed. Aḥmad Muḥammad Shākir. Cairo: Idārat al-Ṭibāʿa al-Munīriyya, 1347-1352.
Ibn Ḥazm (1959). Kitāb al-Taqrīb li-Ḥadd al-Manṭiq wa-l-Mudkhal ilayhi bi-l-alfāẓ al-ʿAmmiyya wa-l-Amthila al-Fiqhiyya. Ed. Iḥsān ʿAbbās. Beirut: Dār Maktabat al-Ḥayāt.
Ibn Ḥazm (1983). Rasāʾil Ibn Ḥazm al-Andalusī. 4 vols. Ed. Iḥsān ʿAbbās. Beirut: al-Muʾassasa al-ʿArabiyya li-l-Dirāsāt wa-l-Nashr.
Ibn Ḥazm (1988). Al-Muḥallā bi'l-Āthār. 12 vols. Ed. ʿAbd al-Ghaffār Sulaymān al-Bindārī. Beirut: Dār al-Kutub al-ʿIlmiyya.
Ibn Ḥazm (2003). Al-Taqrīb li-Ḥadd al-Manṭiq wa-l-Mudkhal ilayhi bi-l-Alfāẓ al-ʿAmmiyya wa-l-Amthila al-Fiqhiyya. Ed. Aḥmad b. Farīd b. Aḥmad al-Mazīdī. Beirut: Manshūrāt Muḥammad ʿAlī Bayḍūn, Dār al-Kutub al-ʿIlmiyya.
Ibn Ḥazm (2010). Al-Nubadh fī Uṣūl al-Fiqh al-Ẓāhirī. Ed. Muḥammad Zāhid b. al-Ḥasan al-Kawtharī. Cairo: Maktabat al-Khānjī.
M. Iqbal & S. Rahman (2020). "Arsyad al-Banjari's Dialectical Model for Integrating Indonesian Traditional Uses into Islamic Law. Arguments on Manyanggar, Membuang Pasilih and Lahang." Argumentation (July 2020). Online first: https://doi.org/10.1007/s10503-020-09526-y.
M. H. Kamali (2003). Principles of Islamic Jurisprudence. 3rd Edition. Cambridge, UK: The Islamic Texts Society.
Shams al-Dīn Muḥammad b. ʿUthmān al-Mārdīnī (1999). Al-Anjum al-Zāhirāt ʿalā Ḥall Alfāẓ al-Waraqāt fī Uṣūl al-Fiqh. Ed. ʿAbd al-Karīm b. ʿAlī Muḥammad b. al-Namla. Riyadh: Maktabat al-Rushd.
P. Martin-Löf (1984). Intuitionistic Type Theory. Notes by Giovanni Sambin of a series of lectures given in Padua, June 1980. Naples: Bibliopolis.
P. McNamara (2010). "Deontic Logic." https://plato.stanford.edu/entries/logic-deontic/

N. Prior (1958). "Escapism: The Logical Basis of Ethics." In A. I. Melden, ed., Essays in Moral Philosophy, pp. 135-146. Seattle: University of Washington Press.
S. Rahman and M. Iqbal (2018). "Unfolding Parallel Reasoning in Islamic Jurisprudence I. Epistemic and Dialectical Meaning within Abū Isḥāq al-Shīrāzī's System of Co-Relational Inferences of the Occasioning Factor." Cambridge Journal of Arabic Sciences and Philosophy 28 (2018), pp. 67-132.
S. Rahman, J. G. Granström and A. Farjami (2019). "Legal Reasoning and Some Logic After All. The Lessons of the Elders." In D. Gabbay, L. Magnani, W. Park and A-V. Pietarinen (eds.), Natural Arguments. A Tribute to John Woods, pp. 743-780.
S. Rahman, M. Iqbal & Y. Soufi (2019). Inferences by Parallel Reasoning in Islamic Jurisprudence.Al-Shīrāzī's Insights into the Dialectical Constitution of Meaning and Knowledge. Cham: Springer.
S. Rahman, Z. McConaughey, A. Klev, N. Clerbout (2018). Immanent Reasoning. A plaidoyer for the Play-Level. Dordrecht: Springer.
S. Rahman, F. Zidani & W. E. Young (2020). "Ibn Ḥazm on Heteronomous Imperatives. A Landmark in the History of the Logical Analysis of Legal Norms." In P. McNamara, A. Jones, M. Brown (eds.), Agency, Normative Systems, Artifacts, and Beliefs: Essays in Honour of Risto Hilpinen. Dordrecht: Synthese Library-Springer. Forthcoming.
A. Ranta (1994). Type-Theoretical Grammar. Oxford: Clarendon Press.
Abū Isḥāq al-Shīrāzī (1986). Al-Mulakhkhaṣ fī al-Jadal fī Uṣūl al-Fiqh li al-Shaykh Abī Isḥāq Ibrāhīm b ʿAlī b. Yūsuf al-Shīrāzī (393-476 H). Ed. Muḥammad Yūsuf Akhund Jān Niyāzī. MA Thesis, Umm al-Qura University.
Abū Isḥāq al-Shīrāzī (1987). Al-Maʿūna fī'l-Jadal. Ed. ʿAlī b. ʿAbd al-ʿAzīz al-ʿUmayrīnī. Al-Ṣafāh, Kuwait: Manshūrāt Markaz al-Makhṭūṭāt wa-al-Turāth.
Abū Isḥāq al-Shīrāzī (1988). Sharḥ al-Lumaʿ. Ed. ʿAbd al-Majīd Turkī. Beirut: Dār al-Gharb al-Islāmī.
Abū Isḥāq al-Shīrāzī (1995). Al-Lumaʿ fī Uṣūl al-Fiqh. Ed. Muḥyī al-Dīn Dīb Mustū and Yūsuf ʿAlī Badīwī. Damascus: Dār al-Kalam al-Ṭayyib / Dār Ibn Kathīr.
H. Wansing (1998). "Nested Deontic Modalities: Another View of Parkings on Highways." Erkenntnis, vol. 49, N° 2, pp. 185-199.
G. H. von Wright (1998). "Ought to Be-Ought to Do." In G. Meggle (ed.), Actions, Norms, Values: Discussions with Georg Hienrik von Wright. Berlin: De Gruyter.
W. E. Young (2019). "Concomitance to Causation: Arguing Dawarān in the Proto-Ādāb al-Baḥth." In Peter Adamson, ed., Philosophy and Jurisprudence in the Islamic World, pp. 205-281. Berlin, Boston: De Gruyter.
W. E. Young (2017). The Dialectical Forge: Juridical Disputation and the Evolution of Islamic Law. Dordrecht: Springer.

Capítulo 8

Conciencia, lógica y computación

FERNANDO SOLER TOSCANO
Universidad de Sevilla

8.1. La experiencia consciente

La conciencia es la propiedad que nos permite ser sujetos de experiencias. Es frecuente relacionar la conciencia con la conexión con el entorno, especialmente cuando se trata de determinar el grado de conciencia de un sujeto. Así, el sueño profundo, la anestesia o el coma tienen en común que nos desconectan del entorno y dejamos de experimentar, no somos conscientes. Sin embargo, en el sueño REM, pese a estar en gran medida desconectados del entorno, podemos soñar y experimentar vívidas experiencias. Somos, por tanto, conscientes mientras soñamos. "Siento, luego existo", podría haber dicho Descartes en sueños y no le faltaría razón. Para Tononi [15], la experiencia consciente es la única realidad de cuya existencia no podemos dudar, pues incluso para dudar necesitamos ser conscientes.

Solo recientemente ha comenzado a ser la conciencia objeto de estudio científico, dado el problema que supone conciliar nuestra visión científica del mundo con las características fenomenológicas de la experiencia consciente. El trabajo suele centrarse en buscar los *correlatos neurológicos de la conciencia*, es decir, las características suficientes y necesarias de la estructura o dinámica cerebral (no solo humana) para que un sujeto se encuentre en un estado consciente. La situación actual es que no hay consenso sobre estos correlatos neurológicos de la conciencia. Uno de los mejores conocedores del estado actual de los conocimientos sobre el cerebro, Christof Koch, director científico del Instituto Allen para la Ciencia del Cerebro, decía en 2019:

> The dirty secret of computational neuroscience is that we still do not have a complete dynamic model of the nervous system of the worm *C.elegans*, though it only has 302 nerve cells and its wiring diagram, its connectome, is known. So here we are, trying to understand the human brain, when we do not yet understand the worm brain ([8], p. 138).

Una de las teorías de la conciencia que hoy día cuenta con más apoyo (por científicos y filósofos como Christof Koch o David Chalmers, entre otros) es la Teoría de la Información Integrada (IIT, por sus siglas en inglés) desarrollada por Giulio Tononi (discípulo de Gerald Edelman) y colaboradores [11]. Esta teoría parte de un enfoque fenomenológico para el estudio de la conciencia: en vez de buscar correlatos neurológicos de la conciencia, describe mediante cinco axiomas las características que tiene la experiencia consciente:

Existencia *intrínseca* de la experiencia. Mi propia experiencia es la única cosa cuya existencia me resulta evidente, tengo un punto de vista propio.

Composición. La experiencia está *estructurada*, en ella se articulan diversos fenómenos. La experiencia de ver un cierto objeto contiene aspectos sobre su forma, tamaño, color, etc.

Información. Cada experiencia es *específica* y distinta de otras experiencias. La experiencia de ver un objeto es más informativa cuanto mayor es el repertorio de posibles experiencias visuales.

Integración. La experiencia es *unitaria*, engloba un conjunto de fenómenos pero es irreducible a subconjuntos del mismo. Ver un cierto objeto no es equivalente a ver su lado izquierdo por una parte y el derecho por otra.

Exclusión. La experiencia está *definida* tanto en su contenido como en su escala espacio-temporal. Cuando veo un objeto no estoy atendiendo a otros eventos que están ocurriendo en mi organismo, como puede ser mi propia respiración.

A continuación, examina los requisitos que debe cumplir un sistema físico (como el cerebro) para que pueda satisfacer tales axiomas. Fundamentalmente, necesita poder integrar información. Un sistema que albergue una gran cantidad de información pero no pueda integrarla no es consciente para la IIT. Esto ocurre por ejemplo en el disco duro de una computadora, donde hay una gran cantidad de datos no integrados, a diferencia de la experiencia consciente donde sus componentes se articulan en un mismo fenómeno. Un aspecto que consideramos de gran interés de la IIT es que la conciencia de un sistema se evalúa en función de *qué es el sistema* y no *cómo se comporta*. Por tanto, un sistema que sea funcionalmente idéntico al comportamiento de un ser consciente pero no pueda integrar información no será consciente. Es importante resaltar que ni la noción de información de la IIT es la misma que la de Shannon ni implica una postura funcionalista [15]. Lo que sí ocurre es que al considerar que la conciencia se da cuando un sistema integra un cierto tipo de información (cumpliendo los cinco postulados de la IIT, que se corresponden con los cinco axiomas presentados más arriba), si sistemas diferentes de un cerebro pudieran integrar información de ese modo, serían conscientes al menos en cierto grado. Tononi y Koch subrayan la apertura que esto supone al panpsiquismo [15] sin que ello sea necesariamente un problema para la IIT.

Esta teoría abre la puerta a la posibilidad de un tratamiento formal de la conciencia. La versión más reciente de la IIT se basa en los modelos probabilísticos usados por el lógico J. Halpern para modelar el razonamiento causal (*actual causality*) [6]. Son sistemas discretos binarios modelados mediante puertas lógicas. Durante los últimos años hemos trabajado en la adaptación de los postulados de la IIT a sistemas dinámicos continuos. Dado que numerosos modelos de la dinámica cerebral se basan en sistemas dinámicos, es necesario poder definir en ellos las nociones propias de la IIT, reforzando así el fundamento matemático de la teoría.

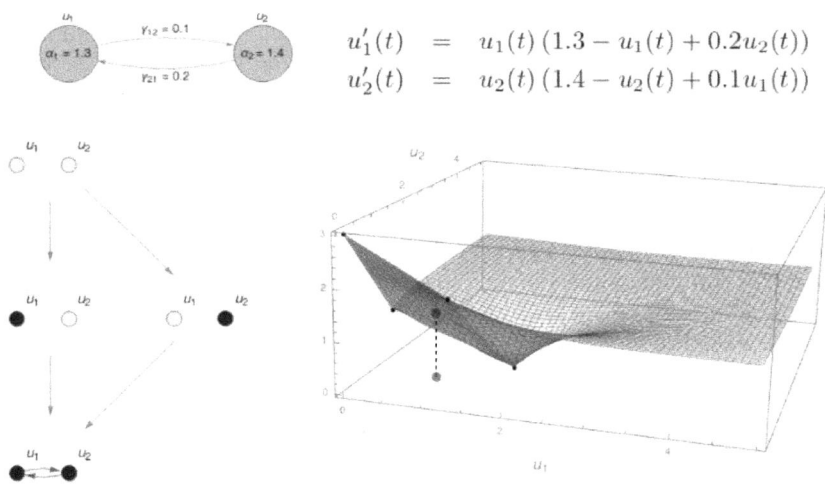

Figura 8.1: Estructura informacional y campo informacional. Un mecanismo (arriba a la izquierda) cuyo comportamiento es modelado mediante un sistema de ecuaciones diferenciales (arriba a la derecha) produce una *estructura informacional* (abajo a la izquierda) que contiene la información necesaria para comprender la dinámica del sistema. Esta *estructura informacional* enriquece el espacio de fases (conjunto de posibles estados del sistema) con el *campo informacional* (abajo a la derecha) que determina el pasado y futuro de cada uno de los posibles estados.

Señalamos que, asociados a cada mecanismo físico, hay una *estructura informacional* (IS) y un *campo informacional* (IF), que son los responsables de su evolución en el tiempo [3, 7].

La figura 8.1 muestra un ejemplo de un sencillo mecanismo de dos nodos u_1 y u_2 (arriba a la izquierda) cuyo comportamiento obedece a un sistema de ecuaciones diferenciales de tipo Lotka-Volterra cooperativo (arriba a la derecha). Trabajamos con estos sistemas porque su sencillez nos permite manejarlos matemáticamente y calcular completamente la estructura de los atractores. El teorema fundamental de los sistemas dinámicos [10] garantiza que con otros tipos de sistemas de ecuaciones diferenciales siempre ocurre algo semejante. A pesar de que el cerebro no siga un modelo Lotka-Volterra cooperativo, estos sistemas se encuentran entre los que en ocasiones se utilizan para el estudio de modelos globales de actividad cerebral. Existen una serie de puntos distinguidos en la dinámica del sistema (puntos estables), así como soluciones que conectan estos puntos, que constituyen la estructura de su atractor, su *estructura informacional* (figura 8.1, abajo a la izquierda). Esta estructura, cuya naturaleza es información, ejerce influencia sobre todo el espacio de fases en que se mueven los estados del sistema mediante el *campo informacional* (figura 8.1, abajo a la derecha), que contiene toda la información que dota a cada uno de sus puntos de los posibles pasados y futuros en la dinámica del sistema. Entendemos que el campo informacional es el objeto a analizar para obtener la más rica información sobre la evolución de un sistema.

A título de ejemplo, la figura 8.2 muestra el modo en que medimos la cantidad de información (tercer axioma de la IIT) de un sistema en un determinado estado. Es una medida que atiende a la *cantidad de campo informacional* a que el sistema puede acceder hacia el pasado y futuro desde el punto en que se encuentra, con independencia de que la evolución real que el sistema siga se corresponda o no con dicha trayectoria. En [7] mostramos también cómo modelar matemáticamente los axiomas de integración y exclusión en estos sistemas.

La medida más importante de la IIT es Φ, que se corresponde con el nivel de conciencia de un sistema en un determinado estado. Su cálculo es computacionalmente intratable (los autores de la IIT 3.0 reconocen en [11] que con las computadoras actuales se puede alcanzar a lo sumo a calcular Φ para sistemas de no más de 12 nodos) por lo que se hace necesario buscar aproximaciones al nivel de conciencia de un sujeto mediante medidas que puedan correlacionar con Φ. La más famosa de estas medidas es el PCI (*Perturbational Complexity Index*) [1] que usa la medida de Lempel-Ziv (relacionada con los algoritmos de compresión) para distinguir entre pacientes despiertos, dormidos, anestesiados y con diversas alteraciones de conciencia. Con los mismos datos, hemos tenido éxito clasificando mediante dimensión fractal [12]. En este trabajo presentamos los resultados de un pequeño experimento con una medida de información algorítmica que vamos a describir a continuación.

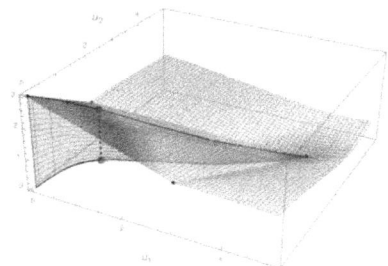

Información de causa:	3.903
Información de efecto:	3.713
Información de causa-efecto:	3.713

Figura 8.2: Medida de la información de un punto en el espacio de fases. El punto rojo representa un estado en la dinámica del sistema de la figura 1 y el punto azul es su proyección sobre el campo informacional correspondiente. La línea azul es la proyección sobre el campo informacional de la evolución hacia el futuro (línea roja) del estado en que se encuentra el sistema. Se trata de la porción del campo informacional que conforma el futuro del sistema a partir del punto actual, con independencia de que el sistema complete o no dicho recorrido. Definimos la *información de efecto* como la integral que mide la superficie que se encuentra entre las líneas roja y azul. En ese caso vale 3,713. Es una medida de la cantidad de campo informacional que se encuentra *hacia adelante* a partir del estado actual. De forma análoga se define la *información de causa* (superficie gris). La información causa-efecto es el mínimo entre ambos valores.

8.2. Medidas lógicas de información

El número $\pi = 3{,}141592654\ldots$ aparenta una gran complejidad en su expansión decimal, ya que no presenta repeticiones periódicas. Pero hay programas informáticos muy cortos capaces de producir cualquier parte de la expansión decimal de π como muestra la figura 8.3. Hay objetos aparentemente muy com-

```
long k=4e3,p,a[337],q,t=1e3;
main(j){for(;a[j=q=0]+=2,--k;)
for(p=1+2*k;j<337;q=a[j]*k+q%p*t,a[j++]=q/p)
k!=j>2?:printf("%.3d",a[j-2]%t+q/p/t);}
```

Figura 8.3: Un programa escrito en el lenguaje C de 141 caracteres que al ejecutarse imprime 1000 dígitos decimales de π. Se puede encontrar en: http://numbers.computation.free.fr/Constants/TinyPrograms/tinycodes.html

plejos que pueden ser descritos de un modo muy sintético, como vemos que pasa con π, dado que el programa que produce sus dígitos decimales se puede ver como un modo de describir (en el lenguaje C) el número π. Un número que construyamos con una cadena de dígitos verdaderamente aleatoria no tendría una descripción más corta que él mismo. El problema es que ningún test garantiza que una cadena sea verdaderamente aleatoria, pero hay ciertos filtros que pueden aplicarse.

Una de las medidas más robustas para detectar aleatoriedad es la complejidad de Kolmogorov (K) [9], que mide la cantidad de información necesaria para describir un cierto objeto s. Formalmente, se define como el tamaño del programa p más pequeño que tras ejecutarse se detiene y produce s. Formalmente,

$$K_M(s) = \text{mín}\{|p| : M(p) = s\} \tag{8.1}$$

donde $|p|$ es la longitud del programa p en bits, M es una cierta máquina universal de Turing y $M(p) = s$ expresa que el programa p produce s en M. De este modo $K(p)$ es la descripción más pequeña de p en el lenguaje de M.

Existe un Teorema de Invarianza que demuestra que la elección de M solo afecta en una constante aditiva que se hace menos relevante a medida que los objetos aumentan de tamaño, por lo que se puede utilizar $K(s)$ en vez de $K_M(s)$. La complejidad de Kolmogorov mide la cantidad de información necesaria para describir un cierto objeto, pero como hemos dicho está muy relacionada con la noción de aleatoriedad, que no coincide con el concepto clásico de probabilidad. Así, la cadena "01010101010101010101010101010101" nos parece menos aleatoria que "11101011100000010101001110110111", pero si fueran resultados de lanzamientos aleatorios de una moneda ambas tendrían la misma probabilidad, 2^{-32}. Con todo, nos costaría aceptar que la primera cadena pudiese ser resultado de un proceso aleatorio. Se trata de una cadena con menor complejidad de Kolmogorov, que puede ser descrita de forma breve como "dieciséis veces «01»" mientras que la segunda cadena difícilmente tiene una descrición más corta que ella misma.

La complejidad de Kolmogorov (K) es una medida sumamente interesante desde el punto de vista teórico pero es incomputable, no existe un algoritmo que, dado un objeto, produzca el tamaño del programa más corto que lo genera. Sin embargo, dada la utilidad de esta medida existen numerosas aproximaciones, tradicionalmente basadas en compresión sin pérdida de datos. Podemos ver el programa descompresor como una máquina de Turing que ejecuta programas que son los ficheros comprimidos. Los objetos muy simples tendrán ficheros comprimidos muy pequeños capaces de almacenar toda su información en pocos bytes, mientras que los objetos más complejos resultarán poco o nada comprimibles. Sin embargo, la compresión no sirve para evaluar la complejidad de objetos pequeños. Por ejemplo, entre las cadenas "1010" y "1011" no se puede determinar mediante compresión cuál es más compleja: al comprimir objetos tan pequeños (un fichero con solo cuatro caracteres) el resultado de la compresión suele ser mayor al propio objeto (el fichero comprimido ocupa más bytes), ya que los ficheros comprimidos incluyen ciertas estructuras de datos, cabeceras, etc.

Durante varios años hemos trabajado en una aproximación a K [14] a través de la simulación de un universo digital en el que se ejecutan programas al azar

Conciencia, lógica y computación 121

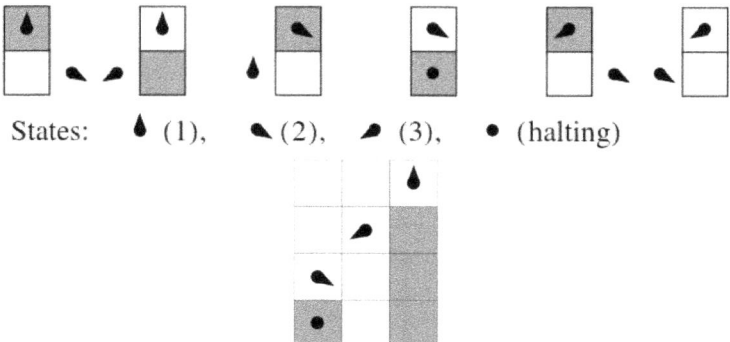

Figura 8.4: Una máquina de Turing con solo tres estados. A la izquierda se puede ver el conjunto de instrucciones que la definen y a la derecha su ejecución sobre una cinta en blanco. La máquina se detiene en tres pasos y produce "101"

y se registran sus salidas. Luego se cuenta el número de veces que ocurre la misma salida. Cuanto más frecuente es una salida menor es su complejidad de Kolmogorov. La relación puede ser aproximada mediante $K(s) = -\log_2 m(s)$ donde $m(s)$ es la frecuencia con la que s ocurre (*probabilidad algorítmica* en nuestro universo).

En la figura 8.4 aparece un ejemplo de la tabla de instrucciones de una máquina de Turing de tres estados y su ejecución sobre una cinta en blanco. Arriba aparecen las instrucciones que regulan el comportamiento de esta máquina de Turing, su *tabla de máquina*. Vemos que tiene tres estados, representados por agujas orientadas en distinta dirección, y un estado de parada representado por un punto. Los seis dibujos formados cada uno por dos cuadros representan las instrucciones. La de más a la izquierda nos dice que cuando la máquina se encuentra en el estado 1 leyendo un símbolo '1' (cuadro gris superior), escribe un '0', se mueve a la derecha y cambia al estado 2 (parte inferior). En la cuarta instrucción encontramos el único caso en que la máquina llega al estado de parada: cuando se encuentra en el estado 2 leyendo un '0' entonces se para y escribe un '1' en la celda sobre la que se encontraba. En la parte inferior de la figura se puede ver la ejecución de la máquina sobre una cinta en blanco. Paso a paso sigue las instrucciones que aparecen arriba. La máquina se detiene tras 3 pasos y produce la cadena "101".

Como se puede observar, una máquina de estas características que trabaje con k símbolos distintos (2 símbolos en el ejemplo: '0' y '1') y tenga n estados (3 en el ejemplo), necesita nk instrucciones. Cada una de tales instrucciones debe ser o bien de parada (k posibles instrucciones de parada según el símbolo que escriba) o bien asignar uno de los n estados, uno de los k símbolos para escribir en la máquina y uno de dos posibles movimientos, izquierda o derecha. Esto hace un total de $2nk + k$ posibilidades para cada una de las nk instrucciones de la máquina. Considerar, por tanto, todas las máquinas de Turing del universo (n, k) supone un conjunto de $(2nk + k)^{nk}$ máquinas diferentes. Hemos simulado todo el universo de máquinas de Turing con hasta 5 estados que leen y escriben solo dos símbolos '0' y '1' y se ejecutan sobre una cinta inicialmente en blanco (llena de '0' o de '1', indistintamente). El número de máquinas con estas características es casi 2000 veces la edad del universo en años. Para simularlas hemos utilizado recursos de supercomputación del Centro Informático Científico de Andalucía (CICA) y algunos trucos que permiten reducir el número de máquinas a algo menos de la mitad, aprovechando las simetrías que existen entre ellas. Con esta aproximación a K hemos conseguido diversas aplicaciones en física [16], ecología [2] o psicología [4]. También hemos trabajado con conjuntos de máquinas de Turing con más de 5 estados o alfabetos mayores a dos símbolos, pero en tales casos hemos generado grandes conjuntos de máquinas aleatorias en lugar de simular todas las posibles máquinas.

Disponemos de una aproximación a la probabilidad algorítmica de todas las cadenas binarias de longitud menor o igual a 12 (excepto dos cadenas), así como de cadenas en otros alfabetos de 4, 6 y 10 símbolos. Los resultados se encuentras publicados en el paquete de R *acss.data* que contiene las distribuciones de probabilidad de cadenas de distintos alfabetos y *acss* que implementa diversas medidas de complejidad basadas en tales distribuciones. También se pueden consultar en *The Online Algorithmic Complexity Calculator* (http://www.complexitycalculator.com/).

Para cadenas que no aparecen en las distribuciones de probabilidad que hemos obtenido, la aproximación a K desarrollada es el *Block Decomposition Method* (BDM). Dada una cadena finita s, se define

$$BDM(s,l) = \sum_{i}^{t} (K(x_i) + \log_2(n_i)) \qquad (8.2)$$

donde $\{x_1, \ldots, x_t\}$ es el conjunto de cadenas que se obtienen al cortar s en subcadenas de longitud l (por simplificar, sin solapamiento, aunque caben versiones de *BDM* con solapamiento). El valor de n_i es el número de veces que ocurre cada x_i en la descomposición de s indicada. El valor de $K(x_i)$ es la complejidad estimada de x_i tal como indicamos más arriba. De este modo, la estimación que hace *BDM* de la longitud del programa más corto que produce s es igual a la suma de las longitudes de los programas más cortos que generan cada uno de los fragmentos x_i de s más una pequeña cantidad que aumenta de forma logarítmica con el número de repeticiones de los fragmentos. Correspondería a la instrucción "repite n_i veces". *BDM* proporciona una cota superior de $K(s)$, al igual que los algoritmos de compresión. Como es de esperar, las cadenas que producen valores de *BDM* más altos son aquellas en las que no se repiten sus fragmentos, y estos son de máxima complejidad, típicamente secuencias aleatorias. Las secuencias con valor más bajo de *BDM* son aquellas con un mismo patrón que se repite a lo largo de toda la cadena.

8.3. Calculemos

La noción de información integrada ha demostrado ser una herramienta eficaz para el diagnóstico de estados alterados de conciencia donde los métodos tradicionales de la medicina (*Coma Recovery Scale-Revised*) no alcanzan. El Indice de Complejidad Perturbacional (PCI, *Perturbational Complexity Index*) fue introducido en 2013 [1] como una medida de diagnóstico para discriminar entre pacientes con distinto nivel de conciencia. Se basa en la complejidad de Lempel-Ziv, que es una aproximación a K basada en compresión sin pérdida de datos. En esta sección vamos a explorar las posibilidades de BDM para detectar crisis epilépticas a partir de la actividad cerebral registrada mediante electroencefalograma (EEG). Usamos los datos publicados por Ali Shoeb [13] en PhysioNet ([5], `https://physionet.org/`), un repositorio abierto de datos fisiológicos.

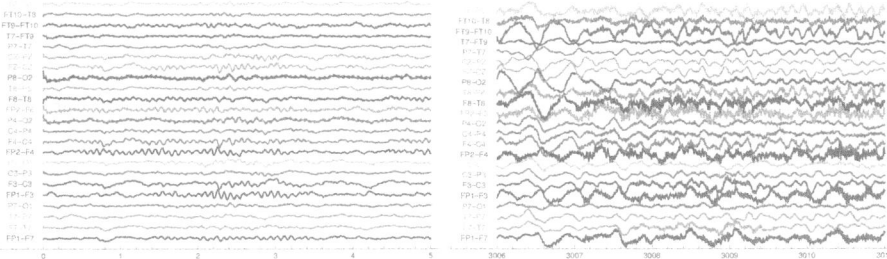

Figura 8.5: Cambios en la señal EEG durante una crisis epiléptica. A la izquierda se observa la señal EEG de los 23 canales durante el intervalo 0–5 s. de la tercera sesión del sujeto 1 (archivo `chb01_03.edf`), una niña de 11 años. En esta sesión sufrió una crisis durante el intervalo 2996–3036 s. A la derecha se puede ver la señal EEG durante cinco segundos de la crisis.

Los datos provienen del Hospital Infantil de Boston y contienen registros EEG de pacientes pediátricos con crisis epilépticas intratables mediante fármacos. Las crisis epilépticas se producen debido a una actividad anormal en el cerebro que dura desde unos segundos a varios minutos. Es habitual la pérdida o alteración de la conciencia durante las crisis. En la señal EEG se pueden detectar por la frecuencia de oscilaciones de alta frecuencia.

Cada uno de los 23 pacientes que forman parte del estudio dispone de diversas sesiones de EEG (entre 9 y 42) y en los casos en que sufrió una crisis durante la sesión aparecen anotados los instantes de comienzo y cese de la crisis según estimación clínica. La edad de los pacientes va desde los 1.5 años a los 22. Los EEG usados suelen constar de 23 electrodos posicionados según el estándar internacional. Las señales se han obtenido a una frecuencia de 256 muestras por segundo. En la página de PhysioNet hay muchos más detalles técnicos sobre los datos y es posible acceder a los propios ficheros. En la figura 8.5 se observan algunos segundos de la señal EEG de uno de los registros correspondientes a una niña de 11 años. A la izquierda se muestran cinco segundos de señal sin crisis y a la derecha durante una crisis. Usaremos en adelante esta sesión.

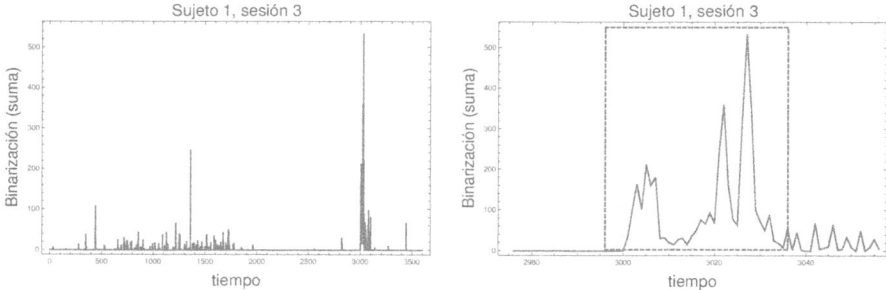

Figura 8.6: Binarización de la señal EEG (misma sesión que la figura 8.5). A la izquierda se puede observar la evolución del número total de unos que aparecen en cada segundo de la sesión. Cada segundo consta de 256×23 valores que se han sumado en la gráfica, considerando todas las muestras en cada uno de los canales. A la derecha se muestra solo el intervalo que va desde 20 segundos antes de comenzar la crisis hasta 20 segundos después de terminar. Las líneas discontinuas muestran los instantes de inicio y fin de la crisis según observación clínica.

El primer paso es binarizar la señal EEG. El modo en que lo hemos hecho es considerar para cada canal los primeros 30 minutos en que la paciente no sufrió ninguna crisis clínicamente observable. Considerando la frecuencia de muestreo, en estos 30 minutos hay $30 \times 60 \times 256 = 460\,800$ valores en cada canal. Seleccionamos en cada uno de ellos los cuantiles 10^{-4} y $1 - 10^{-4}$. El primer valor nos da un umbral inferior del que solo baja en uno de cada 10 000 registros de actividad normal. El segundo, el umbral superior, igual de infrecuente. La binarización se realiza con estos valores (como hemos dicho, distintos para cada canal) de modo que pasan a 1 los que se encuentran por debajo del mínimo o por encima del máximo. El resto de registros pasa a 0. Así, los valores marcados con 1 son los que resultan muy atípicos en actividad normal. Es de esperar que durante una crisis epiléptica aparezcan más unos, como muestra la figura 8.6. A efectos ilustrativos se han sumado todos los unos que aparecen en todos los canales a lo largo de un segundo. Vemos que durante la crisis (marcada con líneas discontinuas a la derecha) aumenta considerablemente la densidad de unos.

En cada canal aplicamos $BDM(s, 8)$ para la secuencia binarizada s correspondiente a un segundo. Por tanto, para cada canal, obtenemos un valor de BDM por segundo. La figura 8.7 muestra el promedio de $BDM(s, 8)$ en los 23 canales, usando tanto la media (imágenes superiores) como la mediana (inferiores). Vemos que el valor promedio de BDM se incrementa notablemente durante la crisis epiléptica, lo cual se observa tal vez más claramente en el caso

Conciencia, lógica y computación 125

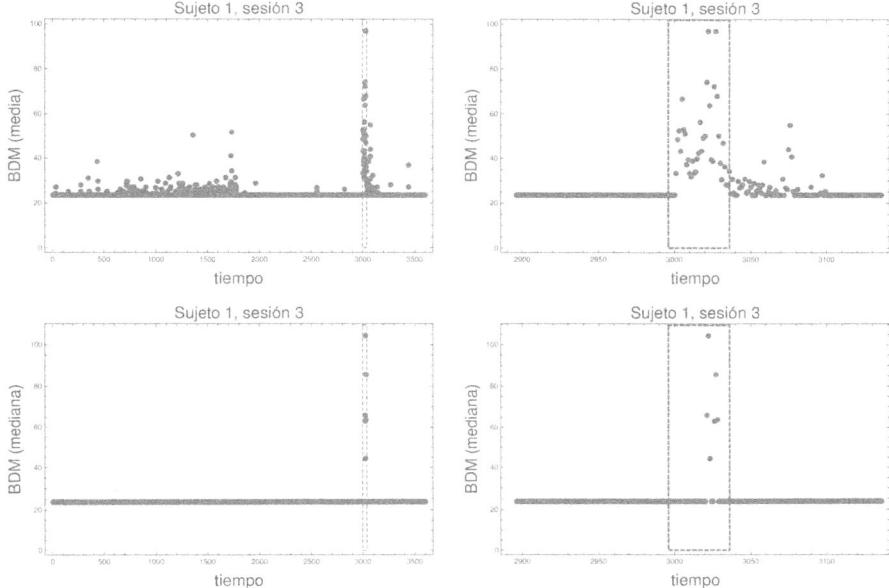

Figura 8.7: Evolución del valor promedio de $BDM(s,8)$ en los 23 canales (misma sesión que la figura 8.5). Arriba se muestra la media de $BDM(s,8)$ en los 23 canales de la señal EEG. Cada s se corresponde con los 256 puntos correspondientes a un segundo de la señal binarizada de cada canal. A la izquierda se observa la evolución a lo largo de toda la sesión y a la derecha se enfoca en momento de la crisis. Las imágenes inferiores muestran en cada instante la mediana de $BDM(s,8)$ para los 23 canales. El cálculo de BDM se hace igual que arriba. En cada gráfico las líneas discontinuas marcan el inicio y fin de la crisis.

de la mediana. En el intervalo correspondiente a la crisis se concentran numerosos puntos con valores superiores a 23.53, que en varios casos se encuentran entre 60 y 100.

La figura 8.8 muestra la misma medida para otras sesiones de la misma paciente. En la sesión 4 (figuras superiores) ocurre algo semejante a lo que pasaba en la sesión 3 (figura 8.7). Vuelven a aparecer numerosos puntos en el momento de la crisis con valores de BDM por encima de 23.53, de los cuales varios están por encima de 60. En las sesiones 5 y 7 que la paciente no sufrió ninguna crisis, tan solo ocasionalmente aparecen puntos por encima de 23.53 y son pocos los que suben de 60. Dado que los 1s aparecen con una probabilidad de 2/10 000 en actividad normal, los valores altos de BDM que aparecen en las sesiones 5 y 7 pueden deberse a una concentración de valores atípicos en varios canales o a una actividad anómala en alguna región del cerebro que no acabó desencadenando una crisis epiléptica.

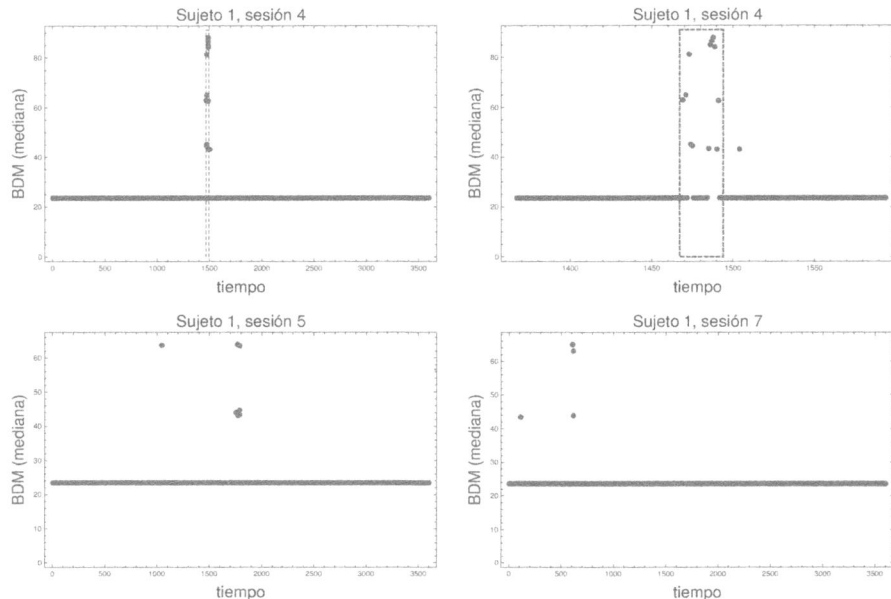

Figura 8.8: Evolución de la mediana de $BDM(s,8)$ para distintas sesiones. Arriba, sesión 4 del primer sujeto. A la izquierda se muestra la evolución de la mediana de BDM en todos los canales. A la derecha, se enfoca en el momento de la crisis. Las líneas discontinuas marcan el inicio y fin de la crisis. Debajo, se observa la evolución de la mediana de BDM en dos sesiones (5 y 7) en las que el sujeto no sufrió ninguna crisis clínicamente observable.

En este trabajo hemos intentado mostrar un sencillo ejemplo de la aplicación que puede llegar a tener una noción lógica. La máquina de Turing es la abstracción de una máquina de cálculo que opera mediante reglas simples, leyendo y escribiendo símbolos sobre una cinta. Su principal uso es en los fundamentos de las ciencias de la computación, para demostrar la computabilidad y complejidad de los problemas. Hemos mostrado una medida de complejidad obtenida a partir de la simulación de un gran número de máquinas de Turing ejecutándose sobre una cinta en blanco. Esta medida ha resultado ser de aplicación en numerosos ámbitos dado que aproxima la noción (incomputable) de complejidad algorítmica. Como ejemplo en este trabajo, vemos que puede ser usada para la detección de crisis epilépticas a partir de señales de electroencefalograma.

Agradecimiento

Este trabajo debe su título al proyecto que dirigió en Prof. Ángel Nepomuceno Fernández entre los años 2012 y 2014. Gracias a la labor de Ángel, aquellos años supusieron un gran impulso de internacionalización para nuestro grupo. Entre los resultados que por entonces obtuvimos se encuentra la caracterización del razonamiento abductivo en lógica epistémica dinámica atendiendo a agentes racionalmente limitados, usando recursos de las lógicas de la consciencia. Con herramientas algo diferentes pero de carácter lógico (máquinas de Turing) este trabajo aborda la consciencia, problema que desde entonces ocupa la mayor parte de mi investigación. A la paciencia y buen carácter de Ángel debo los mayores logros pero sobre todo los mejores momentos de mis 18 años de actividad investigadora. Lo mejor que puedo hacer para celebrar esta "mayoría de edad" académica es este reconocimiento a Ángel como maestro y compañero.

Bibliografía

[1] CASALI, A. G., GOSSERIES, O., ROSANOVA, M., BOLY, M., SARASSO, S., CASALI, K. R., CASAROTTO, S., BRUNO, M.-A., LAUREYS, S., TONONI, G., Y MASSIMINI, M. A theoretically based index of consciousness independent of sensory processing and behavior. *Science Translational Medicine 5*, 198 (2013), 198ra105–198ra105.

[2] DAKOS, V., Y SOLER-TOSCANO, F. Measuring complexity to infer changes in the dynamics of ecological systems under stress. *Ecological Complexity 32* (2017), 144 – 155. Uncertainty in Ecology.

[3] ESTEBAN, F. J., GALADÍ, J. A., LANGA, J. A., PORTILLO, J. R., Y SOLER-TOSCANO, F. Informational structures: A dynamical system approach for integrated information. *PLOS Computational Biology 14*, 9 (09 2018), 1–33.

[4] GAUVRIT, N., ZENIL, H., DELAHAYE, J.-P., Y SOLER-TOSCANO, F. Algorithmic complexity for short binary strings applied to psychology: a primer. *Behavior research methods 46*, 3 (2014), 732–744.

[5] GOLDBERGER, A. L., AMARAL, L. A. N., GLASS, L., HAUSDORFF, J. M., IVANOV, P. C., MARK, R. G., MIETUS, J. E., MOODY, G. B., PENG, C.-K., Y STANLEY, H. E. Physiobank, physiotoolkit, and physionet. *Circulation 101*, 23 (2000), e215–e220.

[6] HALPERN, J. Y. *Actual Causality*. MIT Press, 2016.

[7] KALITA, P., LANGA, J. A., Y SOLER-TOSCANO, F. Informational structures and informational fields as a prototype for the description of postulates of the integrated information theory. *Entropy 21*, 5 (2019).

[8] KOCH, C. *The Feeling of Life Itself: Why Consciousness Is Widespread but Can't Be Computed*. The MIT Press. MIT Press, 2019.

[9] KOLMOGOROV, A. N. Three approaches to the quantitative definition of information. *Problems of Information and Transmission 1*, 1 (1965), 1–7.

[10] NORTON, D. E. The fundamental theorem of dynamical systems. *Commentationes Mathematicae Universitatis Carolinae 36*, 3 (1995), 585–597.

[11] OIZUMI, M., ALBANTAKIS, L., Y TONONI, G. From the phenomenology to the mechanisms of consciousness: Integrated information theory 3.0. *PLOS Computational Biology 10*, 5 (05 2014), 1–25.

[12] RUIZ DE MIRAS, J., SOLER-TOSCANO, F., IGLESIAS-PARRO, S., IBÁÑEZ-MOLINA, A., CASALI, A. G., LAUREYS, S., MASSIMINI, M., ESTEBAN, F. J., NAVAS, J., Y LANGA, J. A. Fractal dimension analysis of states of consciousness and unconsciousness using transcranial magnetic stimulation. *Computer Methods and Programs in Biomedicine*, 175 (2019) 129–137.

[13] SHOEB, A. *Application of Machine Learning to Epileptic Seizure Onset Detection and Treatment*. Tesis Doctoral, Massachusetts Institute of Technology, 2009.

[14] SOLER-TOSCANO, F., ZENIL, H., DELAHAYE, J.-P., Y GAUVRIT, N. Calculating kolmogorov complexity from the output frequency distributions of small turing machines. *PLoS ONE 9*, 5 (2014), 1–18.

[15] TONONI, G., Y KOCH, C. Consciousness: here, there and everywhere? *Philosophical Transactions of the Royal Society of London B: Biological Sciences 370*, 1668 (2015).

[16] ZENIL, H., SOLER-TOSCANO, F., DINGLE, K., Y LOUIS, A. A. Correlation of automorphism group size and topological properties with program-size complexity evaluations of graphs and complex networks. *Physica A: Statistical Mechanics and its Applications 404* (2014), 341–358.

Parte II

Conocimiento

Capítulo 9

Buscando el requisito decisivo, o condición última, para el origen del número

Teresa Bejarano
Universidad de Sevilla

Resumen. Hoy sabemos que en varias especies de aves y primates se encuentran habilidades que, aunque no suficientes, son sin duda necesarias para dar origen al número. Pensemos en la subitización (que, remontando las críticas que querían sustituirla por el sentido de magnitud, aparece hoy como real aunque matizable por las diferentes magnitudes) y también en la capacidad para abstraer, que, mientras se remonta por encima de espacio, tiempo y modalidades sensoriales, permanece sin embargo centrada (no en exclusiva, pero sí prioritariamente) en el objeto. Pero si esas capacidades no son suficientes, ¿tenemos entonces que considerar que es en las palabras o signos para números donde se hallaría el requisito decisivo? Yo respondo que no, que las palabras son consecuencia, no requisito, y asimismo rechazo los supuestos símbolos del *mentalese* innato. Descartada esa posibilidad, propondré que el requisito último y más exigente para el origen del número habría sido el de conservar –salvándola de la implacable puesta al día que impera en el procesamiento perceptivo– una percepción ya caducada, y utilizarla para reformular la percepción vigente. Concreto tres puntos: La percepción caducada tiene que corresponder a una colección subitizable (de ítems similares), pues antes del origen del número ninguna colección no subitizable podía ser un punto de partida definido; la percepción vigente debe ser imposible de subitizar; por último, la reformulación –"La caducada colección junto, y un ítem más", por ejemplo– consistiría en corregir y completar la ya caducada colección junto subitizable. Este proceso en que se originó el número habría sido originariamente difícil: Nótese que, a diferencia de la 'función sucesora' de los genuinos números, la mencionada reformulación envuelve un partir del pasado para llegar al presente, y ha tenido, pues, que oponerse y vencer al sistema de puesta al día de las percepciones. Esta capacidad de reformular, o 'redescribir', un conocimiento por medio de la corrección o puesta al día de una creencia falsa o caducada se encontraría también en el origen (que, como he propuesto en trabajos anteriores, tuvo que ser dialógico) de la sintaxis.

9.1. Introducción

¿Cómo surgió la capacidad para el número? ¿Cuál habría sido el requisito decisivo (o 'condición última') para tal surgimiento? Empezaré descartando dos posibilidades. Por un lado, la creación de las palabras que significan números no habría sido la causa de la aparición histórica del número, sino, al contrario, su consecuencia. Este punto –que, como se verá, equivale a un rechazo radical del presunto 'lenguaje innato del pensamiento'–, me esforzaré en describirlo y comprenderlo con profundidad. Por el otro lado, aunque la capacidad humana para el número depende de habilidades poseídas por algunas especies animales, esas habilidades son claramente insuficientes para originarla.

Tras descartar esas dos posibilidades, el presente artículo propondrá que las capacidades decisivas para que se alcanzara el concepto de número fueron la de conservar (salvándola de la implacable puesta al día que impera en el procesamiento perceptivo) una percepción ya caducada, y la de reformular la vigente como 'La percepción anterior y ya caducada, más un ítem'. Pero, dado que no se puede hoy enfocar el asunto de la capacidad para el número si no se tienen en cuenta las aportaciones de los últimos 50 o 60 años, presentaré brevemente algunas de ellas (Sección 1) antes de pasar a desplegar la propuesta (Sección 2).

Como he dicho, la Sección 1 es un resumen de las diferentes tendencias que se han ido sucediendo –y progresivamente acumulando– en el estudio de la capacidad numérica. Así, tendrá que enfocar los siguientes puntos: experimentación con animales; primera y segunda revolución cognitiva; psicología del niño; arqueología cognitiva. En esa Sección no hay ninguna aportación mía, salvo la siempre tan discutible de citar a unos autores y no a otros.

La Sección Segunda ofrece, como ya he dicho, una explicación de cuál pudo ser la exigencia decisiva (o 'condición última') para el surgimiento originario del concepto de número. Ahí propondré que el núcleo de ese surgimiento es semejante al de la sintaxis: Más concretamente, en uno y otro, la clave estribaría en corregir, completar o poner al día una creencia falsa, incompleta o caducada, y de ese modo, reformular el conocimiento. Por supuesto, mientras que en el origen de la sintaxis la creencia que ha de ser corregida o completada es ajena al hablante –o, más en concreto, es la que el hablante supone que el destinatario tiene sobre el asunto–, en el origen del número, en cambio, la creencia que ha de ser corregida es una propia del sujeto, aunque ya pasada y caducada. Pero, a pesar de esa diferencia, habría, insisto, un núcleo común.

Al subrayar ese núcleo común, no estoy meramente apelando a la parsimonia por la parsimonia, como hasta hace poco se hacía. De hecho, ahora está claro que tenemos la obligación de discriminar con mucho cuidado si un determinado ejercicio de parsimonia resulta útil o, por el contrario, perjudicial.[1] Por eso, mi apelación es bien concreta: Yo defiendo que, dado que las peculiaridades humanas, a pesar de su enorme novedad, se desarrollaron en un tramo de la evolución relativamente muy breve, parece sensato valorar de modo positivo el que una propuesta relacione estrechamente número y sintaxis.

9.2. Las aportaciones que se han venido sucediendo en los últimos 50 años

9.2.1. Experimentación con animales

Aunque el siglo XX (recuérdese el asunto del caballo Hans) comenzó con una gran reticencia contra el asunto de la capacidad numérica en los animales, desde los años 60 se produjeron investigaciones muy notables. El concepto de *subitización* (o percepción rápida y exacta, pero sólo de colecciones pequeñas[2]) es sin duda la gran aportación de esa etapa. Partiendo de ese concepto, se buscó cuál podía ser su límite. Así se habló del 'mágico número 7', o después, rebajando las anteriores expectativas, del 4. Los resultados de entonces apuntaron que cuervos y loros conseguían subitizar mejor que las especies de mamíferos que fueron estudiadas. La ventaja de las aves (derivada probablemente de su mayor uso del canal auditivo en la comunicación) consistía ante todo en que conseguían subitizar una colección de ítems sucesivos. Así, Alex, el famoso loro de Irene Peppenberg, al que se le habían enseñado las palabras de números hasta el 6, producía el número correcto para cualquier colección de 1 a 6 ítems sucesivamente escogidos por el loro y después puestos todos por el experimentador en una bandeja entre muchos otros objetos distractores (Peppenberg, 1994). Asimismo se investigó esta capacidad en niños prelingüísticos (Izard et

---

[1] Véase Fitzpatrick, 2008, y, sobre todo, Lotem et al., 2017: "The typical reductionist appeal to parsimony is somewhat misleading in evolutionary contexts and time scales, where changes are actually to be expected"

[2] He preferido hablar de colecciones, y no conjuntos, subitizables, ya que el término 'conjunto' quizá sea ahora demasiado difícil de desvincular del enfoque lógico que está ligado a los verdaderos números.

al., 2009). Dos recomendables estudios de la capacidad de subitización fueron Mandler & Shebo 1982, o Feigenson & Carey 2005. El estudio de la subitización de ítems sucesivos logró erradicar la idea –que pudo inspirarse en la Gestalt– de que la subitización tenía que ver, no propiamente con la cantidad, sino con el reconocimiento de pautas visuales (como las que se emplean en los dados).

Hay también otra habilidad animal relacionada con el número –la llamada *estimación*– la cual, como la subitización, es rápida, pero actúa sobre colecciones mayores que las subitizables, y no es exacta. La falta de exactitud aparece sobre todo cuando ha de discriminar diferencias que son proporcionalmente reducidas en comparación con el total. La estimación así entendida aparece también en los niños prelingüísticos así como en las personas en cuyas sociedades no se tiene costumbre de contar.

¿Cuál es la relación entre subitización y estimación? Dehaene 1992 –que abajo revisaremos y que forma parte del famoso volumen de *Cognition* dedicado a la capacidad numérica– contempla la siguiente hipótesis: "Subitizing is not an independent procedure, but merely reflects the application of a general estimation process to small numerosities, or, in other words, the subitizing range would simply be the range over which estimation is sufficiently precise to yield a unique candidate numeral". Nótese que si el total a estimar es bajo, entonces no hay diferencias que sean 'proporcionalmente reducidas en comparación con el total'. Hoy día, esta idea de una estrechísima relación entre las dos habilidades ha regresado con fuerza y es defendida por Nieder 2020, aunque desde un punto de vista ligeramente distinto: Cada una de esas dos habilidades es la que presenta más ventaja adaptativa en su respectivo campo de aplicación, y, por ello, podemos pensar que cada una es respecto a la otra una variación o alternativa que es siempre escogida por el contexto.

Leibovich et al. 2017 proponen que "numerosity is indirectly estimated from non-numerical visual features", y rechazan la existencia de un sistema dedicado a la percepción de la numerosidad. La mayoría de los comentarios a ese artículo rechazaron un descarte total de la subitización. Pero indiscutiblemente hay que aceptar que algunas magnitudes continuas influyen sobre los resultados del proceso de subitización. Este asunto –sentido del número*versus* sentido de magnitud– lo estudiaremos con más detalle en una subsección posterior.

9.2.2. Primera y segunda revolución cognitiva

La primera revolución cognitiva intentó llevar al terreno del número el innatismo de Chomsky o Fodor, y también su idea del lenguaje primariamente interno –o lenguaje del pensamiento– y sólo secundariamente comunicativo. En esta línea, se defendió (Gallistel & Gelman, 1992, otro gran artículo del volumen de *Cognition*) que "subitizing is nothing more than counting at a fast rate using non-verbal 'numerons' (i.e., innate numbers)". Yo estoy muy lejos de cuanto representó la primera revolución cognitiva, pero siempre he admirado su ambición por encontrar 'los principios', el núcleo cognitivo de la 'competence'. De hecho, como se verá en la Sección 2, esa ambición sigue pareciéndome irrenunciable.

La llamada segunda revolución cognitiva, o sea, el enfoque que se empezó a aplicar cuando el innatismo perdió fuerza, trajo nuevas ideas. Andy Clark 1997 señala que el conocimiento es *"embodied, enactive, extended and embedded"*. Y Clark, 2006 aplica al número el nuevo énfasis sobre los símbolos materiales (o sea, la tesis de "truly hybrid, bio-artifactually distributed cognition", también conocida como 'mente extendida'[3]). En general, en la segunda revolución cognitiva se insiste en que los orígenes de la cognición, tanto en el niño como en la evolución, no pueden ser separados del cuerpo (o, más concretamente, del elemento sensorio-motor que tanto había subrayado Piaget) ni tampoco de la cultura circundante, o de los objetos materiales que el sujeto maneja.[4] En el estudio del número aparecen en seguida todos los rasgos ligados al nuevo enfoque. Así, los niños empiezan a contar tocando sucesivamente los ítems de la colección y estirando (o doblando) un dedo por cada ítem tocado. (Se puede lo mismo estirar que doblar un dedo por cada ítem tocado. Lo importante es sólo el contraste visual entre los dedos ya usados y los que todavía no lo han sido.[5]) Además, como los estudios culturales y etnográficos –por ejemplo Geoffrey Saxe 2012– venían desde mucho antes investigando, los niños han de aprender los sistemas y términos con los que su cultura y lenguaje designa los distintos números. La influencia de esos recursos culturales es innegable –cf. Menary, 2015, y, más en general la idea de coevolution de cultura y biología–, pero (como veremos más abajo) no por ello se debe dejar en la sombra la

---

[3]El concepto de 'mente extendida' se ha entendido a veces en un sentido demasiado fuerte y literal. (Por eso, sus primeros críticos –Adam & Aizawa, 2001– señalaron que "aunque objetos como un ábaco o un microscopio están indudablemente envueltos en nuestras acciones epistémicas, eso no implica que se deba atribuir agencia cognitiva a esos objetos".) Y, entendiéndola en ese sentido excesivamente fuerte, De Smedt & De Cruz, 2010 han de constreñir la 'mente extendida' a sólo aquellos símbolos matemáticos que, como la raíz cuadrada de un número negativo, expresan operaciones matemáticas que nosotros no podemos pensar con nuestros desnudos cerebros. Yo, en cambio, aunque creo que la mente extendida debe ir más allá de la mera 'memoria externa' de Donald, rechazo interpretarla en aquel sentido excesivamente fuerte, y, sobre todo, así puedo enmarcar dentro de ella recursos muchomás primitivos, como los símbolos para números que los humanos hemos llegado a tener.

[4]La relación con los objetos materiales es lo que se viene llamando la 'mente extendida', que, mientras al principio, con Merlin Donald, 1991 sólo contemplaba la memoria externa, ha tenido después enormes repercusiones. Malafouris, 2013 y 2019, la ha aplicado a la Arqueología haciendo de la necesidad virtud: La "limitación a objetos materiales", que es el santo y seña de los estudios arqueológicos, no tiene en absoluto que ser frustrante, pues la mente humana moldea y es moldeada por las cosas. Así, lo que se viene llamando 'arqueología cognitiva' no es totalmente utópico. El pensamiento (thinking) va parejo con el manejo de las cosas ('thinging').

[5]Seguramente esto tiene que ver con el hecho de que "los ciegos congénitos casi no usan los dedos para contar" (Crollen et al., 2011). La ausencia de ese uso se explica, como Overmann 2018 dice, "porque ésa es una conducta que se aprende al mirar a los que nos rodean, y que además está basada en la interacción visual con la estructura material de la mano y los objetos que están siendo enumerados". Para concretar un poco más la segunda causa mencionada por Overmann, yo diría que nuestro uso de los dedos para contar se basa en alternar la atención propioceptivo-motora a un solo dedo –el que se estira (o dobla) en ese momento– con la inmediatamente posterior atención visual al conjunto de los dedos ya estirados (o doblados) y quietos. Y es la percepción visual la que ofrece el conjunto final.

innovación que dio originariamente lugar a tales recursos culturales.

9.2.3. Mirando a la evolución

Pero, al lado de esas corrientes, sigue hoy estudiándose la subitización y precisamente se subrayan en ella algunos nuevos aspectos. Por un lado, se pone de relieve que los resultados de la subitización animal son abstraídos de las diferentes modalidades sensoriales, así como del espacio y el tiempo, lo cual supone cierta amplitud e intensidad de la capacidad de abstracción. Así se podría empezar por decir que esta capacidad, que tan valorada fue en la Historia de la Filosofía, se revela como una de bajo rango evolutivo. Pero, más allá del contraste entre la idea tradicional y los resultados experimentales – más importante que glosar ese contraste– es enmarcar todo el asunto en una mirada atenta a la evolución. Así se llega al segundo aspecto que hoy se subraya en la capacidad de subitizar, y que podemos ver en Cantlon, 2017. Aquella abstracción, a pesar de su amplitud, estaría sin embargo centrada siempre en el objeto. El centramiento en el objeto agarrable es parte de nuestra herencia primate, que constriñe los caminos por los cuales llegará a surgir la exclusividad humana.

Cantlon, 2017 reconoce que hay "many dimensions, including spatial extent (surface area, contour), density, brightness, and duration" que pueden cuantificarse y a la mayoría de las cuales todos los primates son sensibles. Sin embargo, se observa –afirma– "a bias in primates' perceptual systems to parse inputs into discrete objects". La subitización que permite detectar cuál árbol frutal de los que uno está percibiendo tiene más frutas es claramente una habilidad sumamente adaptativa para aquellas especies de primates cuya dieta se basa ante todo en frutas. Sin embargo, adelanto ya aquí que la cantidad de frutas habrá de ser matizada por el volumen acumulado de todas las frutas. (Un estudio sistemático de las muy variadas ventajas adaptativas que las diferentes especies animales obtienen de sus habilidades numéricas se encuentra en el arriba citado Nieder 2020.)

Pero sigamos resumiendo los experimentos referidos en el mencionado artículo de Cantlon. Los participantes (babuinos, niños de 4 años, adultos de Estados Unidos y adultos de una cultura del Amazonas donde contar no era en absoluto habitual) "viewed an array of dots and were given feedback to categorize small number with small cumulative area arrays as Category A and large number with large cumulative surface area arrays as Category B." Después de que ellos llegaran a dominar esa tarea de entrenamiento, "they were occasionally presented with stimuli in which number and cumulative surface area were uncorrelated (e.g., a large number with a small cumulative surface area) and were asked to categorize the stimuli." Ciertamente la especie (babuinos frente a humanos) y la edad (niños frente a humanos adultos) –pero no así, salvo en un grado ínfimo, la cultura– tenían cierto efecto sobre la fuerza con la que se manifestaba el sesgo a favor del número. Sin embargo todos los participantes –los cuatro tipos– escogían mucho más frecuentemente basándose en el valor numérico del estímulo que en su superficie acumulada. Podríamos así decir que ese tipo de abstracción –una abstracción enormemente inclusiva pero, a la vez, centrada prioritariamente en el objeto– es una muestra de cómo la evolución moldea el inicio de nuestras capacidades.

Ciertamente en Yousif & Klein, 2020 ha vuelto a ser sostenida la idea (que ya vimos en Leibovich et al. 2017) de que "area, not number, dominates estimates of visual quantities". Más concretamente, estos autores empezaron (Yousif & Klein 2019) mostrando que 'el área acumulada' que los sujetos detectan no coincide con la que es matemáticamente correcta (el producto de la base por la altura, en un cuadrado, por ejemplo), sino con la suma de la base y la altura. Esa heurística que ellos llaman del 'área aditiva', consigue, pese a su incorrección, una cierta eficiencia. Y es en esa heurística –no en el cálculo correcto del área acumulada, que era el único que se tenía en cuenta en las anteriores defensas del proceso de subitización o estimación– donde, según esos autores, habría que buscar el origen de los resultados que se venían atribuyendo a esos presuntos procesos.

Pero la subitización sigue en pie. Su más reciente defensa viene de la Neurofisiología. Van Rinsveld et al., 2020 (aprovechando que "the current frequency-tagging EEG paradigm isolates specific responses to number and to nonnumerical dimensions") muestran que "numerosity can be independently processed at an early stage in the visual cortex, even when completely isolated from other magnitude changes". Pero son también muy significativos los resultados experimentales que Tomlinson et al., 2020 ofrecen: "Children were more biased by numerosity when making total area judgments than by total area when making numerosity judgments."

Así que volvemos a la tesis de la *subitización matizada*. A día de hoy, pues, la apuesta más segura es optar por aquella tesis que desde el punto de vista de las ventajas adaptativas se podía predecir de antemano. Es importante estimar el número de frutas que hay en cada uno de los árboles cercanos, pero esa estimación o subitización ha de complementarse con cierta atención al área o volumen acumulado de todos los ítems de la colección.

9.2.4. Arqueología cognitiva

Desde el área de la Historia, ha habido una intensísima investigación de los objetos materiales (los sellos) que en la Mesopotamia de hace 3500 años representaban números. Overmann, 2018, trabajando sobre las investigaciones previas, presenta lo que parece una versión bien actualizada sobre ese asunto, y nos permite asistir a la progresiva abstracción de esos símbolos gráficos. En algún párrafo esta autora relaciona muy explícitamente esa abstracción con la que operó más tarde sobre el concepto de dinero.

Pero conviene preguntarse por los orígenes realmente prehistóricos. El estudio de los sistemas de contar que se estudiaron en grupos recolectores-cazadores (o sea, de sociedades sin acumulación de bienes, sin tributos y casi sin comercio) nos permite asomarnos a los tiempos en que no hacían falta números grandes.

Además, Schlaudt, 2020 hace una reflexión muy interesante sobre unos objetos que ya antes habían llamado la atención de los prehistoriadores, a saber, *los collares de conchas*. Por supuesto, esos collares en que se invertía tanto tiempo y trabajo debían tener un significado de status social. Pero la repetición de una conducta constante (el engarce) sobre sucesivos "tokens" debió brindar una cierta tipificación de los ítems, y con ello también una cierta plataforma para la emergencia de la capacidad numérica. Quizá la clave estuvo –propone acertadamente Schlaudt– no en que el collar adquiriera un significado matemático, sino *más bien en que durante el proceso de su producción se difuminaron sus otros significados*.[6]

La cestería también ha sido a veces puesta en relación con los orígenes de la comprensión del número. Anderson 2011: "Basketry incorporates capacities involved in numeracy".Llegados a este punto, hemos de atender a las pautas incisas de hace unos 60.000 años (Henshilwood & d' Errico, 2002). En efecto, de esas pautas incisas, de las que se sabe que la segunda serie de líneas no empezó hasta que no acabó la primera, circulan hoy tres interpretaciones: i) La interpretación que las relaciona con el número (o, incluso a veces más concretamente, relaciona la primera serie con un papel similar en cierto grado al de los cinco dedos de la mano, o sea, con una colección cerrada de ítems diferentes a los que se están contando, y a la segunda serie, con el papel de los dedos que se fueron doblando o estirando): Véase en d'Errico et al., 2018 las sucesivas 'exaptations' o 'cultural reuses' de las marcas incisas que originariamente eran producidas sólo durante las actividades de descuartizamiento de las presas. ii) la que ve en ellas sólo una 'destilación' de las representaciones neurales más básicas para la percepción visual, lo cual podría facilitar al máximo su perceptibilidad, y de ahí quizá su valor decorativo. "These inaugural geometric marks were selected because they mirror (resonate) the elemental topological features that the early visual cortex is primed to process": Hodgson, 2019. Y iii), la que considera que esas pautas se inspiraban en la técnica de la cestería. Anderson, 2012: "Cross-hatch designs on stone, ochre, and ostrich eggshell on a number of sites across southern Africa dating to the Middle Stone Age may indicate the transference of patterns and designs emanating from cordage, thread, nets, traps, and woven containers". Pero, volviendo a nuestro asunto, yo –como se verá en 2.2– propondré que la fabricación de collares pudo ser la mejor influencia

---

[6]Esa propuesta de Schlaudt puede ser glosada desde otras áreas que él no menciona. Se sabe que las asociaciones o las 'affordances' demasiado potentes que un objeto despierta bloquean la aparición de posibles estrategias cognitivas complejas que envuelvan ese objeto. El ejemplo más famoso es el del chimpancé que, aunque percibía una y otra vez que, de dos platos con golosinas, aquel plato que él señalara acababa siendo entregado a su compañero y no a él, era incapaz sin embargo de abstenerse de señalar al que tenía más golosinas. En cambio, cuando le ofrecían dos contenedores cerrados que tenían en la tapa números (los cuales el chimpancé había aprendido de antemano perfectamente), se volvía capaz de señalar siempre el número más bajo. (Boysen et al., 2016.) Pero ese tipo de bloqueo causado por las asociaciones demasiado fuertes de un objeto o una palabra –esa paralización que puede, por ejemplo, inhibir la producción sintáctica compleja, o, en palabras de Fleming 2018, provocar el "metapragmatic blocking"– se observa también en los adultos humanos.

para la concepción del número.

Más en general, yo comentaría una idea que Rivera (preprint, y también el entero proyecto al que ese 'preprint' pertenece) subraya insistentemente, y que también intenta con afán llevar a la práctica. Se trata de que la arqueología cognitiva necesita de una interdisciplinariedad mucho más difícil e integradora que aquélla otra –amplia y variada, por supuesto– que se emplea en la ciencia arqueológica en general. Por supuesto, esa mayor dificultad hace que preguntas como las que Rivera u otros muchos autores se plantean –por ejemplo, la de en qué momento de la Prehistoria se concibió la idea de número– apenas puedan recibir hoy respuesta. Pero tener bien grabadas y remachadas en la mente ese tipo de preguntas puede resultar muy útil, no sólo, como es obvio, por si la arqueología del futuro se topa con algo que pudiera resultar un nuevo indicio, sino también por si a algún que otro joven estudiante de arqueología esas preguntas lo llevan, no a un enciclopedismo que es hoy imposible, pero sí a asomarse con curiosidad, a mirar aunque sea sólo de refilón, hacia las otras disciplinas que integrarían el tipo difícil de interdisciplinariedad del que Rivera nos habla. Pero dejo ya la arqueología, y regreso a áreas que me son más cercanas.

9.2.5. La correspondencia uno a uno: Ni suficiente ni exclusivamente humana

Muy anterior y procedente del terreno de la Lógica o las Matemáticas es el asunto de la llamada *correspondencia uno a uno*: 'Si los ítems de dos colecciones pueden ser colocados en correspondencia uno a uno, entonces esas colecciones son cuantitativamente iguales'. Éste es el principio que opera cuando, por ejemplo, se usan los dedos para contar objetos. Pero hay que subrayar que ese ejercicio puede envolver las palabras con las que se designan los números, o, por el contrario, no envolverlas. ("Ese tipo de conteo no lingüístico sigue hoy siendo familiar en el rosario, donde las cuentas se hacen corresponder con oraciones sin necesidad de apelar a número alguno. Simplemente una de las colecciones es usada para representar a la otra": Overmann, 2019.)

Los casos en los que las palabras para números no están envueltas nos autorizan, según Koopman et al. 2019, a sospechar que "a veces, la comprensión de la correspondencia uno a uno no es simbólica ni inherentemente cuantitativa, si dejamos aparte el hecho de que requiere la representación de exactamente uno".[7] Precisamente este último artículo refiere unos experimentos con babuinos en donde éstos eligen consistentemente más a menudo el contenedor con más ítems de alimento cuando han visto el progresivo llenado en paralelo (un ítem a A, un ítem a B, un ítem a A,...) de dos contenedores. Ese resultado se mantiene tanto si el ítem de más fue al contenedor en cuestión en principio

---

[7]Pero eso no tiene en absoluto que sugerir que en la recitación de una lista ordenada de números haya necesariamente una comprensión del número: Dehaene, 1992 introduce en su teoría (del triple coding, de la que hablaremos abajo) ese hecho tan evidente para padres y maestros.

o al final. Asimismo, para mejor descartar la posibilidad de que los animales estuvieran eligiendo el último contenedor en el que se actuó, había dos condiciones diferentes, la de adición y la de sustracción. Ésta última –que empezaba después de un rellenado (progresivo y en correspondencia uno a uno) de los dos contenedores con el mismo número de ítems– consistía en ir quitando un ítem cada vez a cada contenedor, pero al final sólo a uno de ellos. Ese contenedor, a pesar de ser el último que tenía relación con algún ítem, era descartado por los babuinos significativamente más a menudo que el otro. En definitiva, podemos decir que, *aunque la comprensión de 'la correspondencia uno a uno' sea un requisito necesario para la comprensión del número, no es ni suficiente ni tampoco exclusivamente humana.*

En realidad, esa conclusión ya había sido casi entrevista anteriormente. Leamos a Izard et al. 2008. Estos autores, por un lado, empiezan reconociendo que las propiedades de 'exact equality between numbers' (que remite a la definición deenteros *cardinales* por Frege y Russell), y de 'the existence of a successor for each number' (de donde Peano derivó los enteros *ordinales*) son consecuencia lógica cada una de la otra.[8] Por otro lado, sin embargo, advierten que esas propiedades "may not be acquired simultaneously. It is possible that children grasp the notions of exact equality and succession independently, and from different sources, and then integrate these initial pieces of knowledge to derive full-blown exact number concepts". Así pues, habría que atender por separado a la comprensión por el niño de los dos principios –el de la 'correspondencia uno a uno', y el de la llamada 'función sucesora' –o sea, Suc(n) = n + 1 para cada número natural. (Es más, Cheung et al., 2017 admiten que probablemente el niño no generaliza la función sucesora –o sea, no descubre que los números son infinitos– hasta años después de aprender a contar.[9])

9.2.6. El papel predominante de los símbolos: No una solución, sino un agravamiento del problema

La idea de Koopman et al. 2019 –o sea, la de que la comprensión de la 'correspondencia uno a uno' está muy lejos de equivaler a la comprensión del concepto de número– había encontrado también respaldo por una vía diferente

---

[8] Los autores mencionan la bien establecida afirmación de que "both properties are equivalent to the existence of a minimal quantity, ONE, which also corresponds to the minimal distance between two numbers".

[9] Hu et al., 2020 (dos de cuyos autores intervenían también en el citado artículo de 2017) se proponen analizar los diferentes factores que influyen en la comprensión de que el principio "Cada número natural tiene un sucesor" implica la infinitud de los números. Esos factores incluyen desde las reglas lingüísticas que representan un sistema productivo que permite generar palabras para, por ejemplo, las decenas o las centenas, a la analogía (que ya fue investigada, bajo la supervisión de Rochel Gelman, por Evans 1983) con las magnitudes de espacio y tiempo. Aquí, como en muchísimos otros asuntos, podemos ver cuán distantes de la nitidez de las leyes lógicas están de entrada los cerebros humanos, tanto en el niño como muy probablemente también en la evolución, y acaso también podríamos –es una opción– admirarnos de cómo se salva esa distancia.

en Kolkman et al. 2013. Estos autores llevaron a cabo una investigación longitudinal que medía en los niños a) las capacidades numéricas no simbólicas; b) el conocimiento de los símbolos numéricos, y c) la puesta en relación de los símbolos de número y las cantidades no simbólicas. (Esos tres elementos corresponden al 'triple coding' de Dehaene, 1992.) Kolkman et al. 2013 mostraron "the predominant role of symbolic skills *versus* the subordinate role of non-symbolic skills in the development of mapping skills".

Kolkman et al. 2013 disienten, pues, de la tesis concreta de Dehaene, 1992, según la cual las tres codificaciones tienen una importancia similar. Sin embargo, –y esto es un punto que nos interesa aquí mucho– siguen aceptando el marco que la primera revolución cognitiva impuso, o al menos reforzó, para nuestro asunto. Es decir, se parte del hecho de que los seres humanos tienen símbolos para números y no se indaga cómo originariamente surgieron tales símbolos.

Pero ahora, cuando mayoritariamente se cuestiona el innatismo, la situación tendría que cambiar. Nótese que, con la caída del innatismo, la distancia entre las capacidades que usan símbolos y las que no los usan se nos aparece ahora mayor. Y, sobre todo, la pregunta por cómo se originó cualquier símbolo exacto para una colección no subitizable, esa pregunta que es el núcleo del presente artículo, nos urge cada vez más. Téngase en cuenta que, sin símbolos para números, la cardinalidad y la ordinalidad no significan nada. Sin esos símbolos, la primera no se podría distinguir del montón de objetos similares observables en una escena; y la segunda, ¿aportaría acaso algo que no esté ya en la repetición de pasos en un caminante? En resumen, si, por un lado, rechazamos el innatismo de cualquier genuino símbolo para número, y, si, por otro lado, queremos explicar cómo, antes de los sistemas culturales de numeración (o sea, "in non-numerical cultural niches", como insistentemente subraya Pelland, 2020), se pudo llegar a pensar en números más allá del alcance de la subitización , es obligado que digamos mucho más de lo que hasta ahora se ha dicho. Esa obligación yo la percibo muy clara. La Sección 2, por más que quedará –ya lo aviso– inmensamente lejos de satisfacerla, puede al menos servir para subrayar su urgencia.

9.3. La reformulación que da origen al genuino concepto de número

9.3.1. Rechazando el lenguaje del pensamiento

Pero antes que nada tenemos que precisar qué es lo que significa concretamente la hipótesis que yo estoy defendiendo –la de que en el cerebro prelingüístico no hay elementos innatos que sean afines a las palabras. Por supuesto, en cada percepción prelingüística se pueden percibir muchos elementos diferentes. No serviría de mucho la percepción si no me informara, por ejemplo, de la especie de animal que estoy viendo, de su tamaño, de la dirección en la que avanza y de su velocidad. Todos y cada uno de esos elementos podrán después ser representados por palabras ('Un león enorme avanza hacia mí a gran velocidad'). ¿Cuál es entonces la gran diferencia que yo propongo que hay entre la percepción y su expresión lingüística? En la percepción prelingüística todos esos rasgos y detalles están sin duda incluidos, pero ninguno de ellos es atendido por separado. En la composición sintáctica, en cambio, cada rasgo recibe una atención independiente, aunque sea sólo para que, cuando se haya completado la composición sintáctica, hablante y oyente vuelvan a englobar todos los rasgos en una unidad.

La no independencia atencional se puede encontrar también en niveles inferiores de la percepción. Sabemos hoy que en el cerebro hay neuronas especializadas en captar la dirección de una línea o la diferencia de luminosidad entre dos áreas limítrofes entre sí, u otros elementos igualmente alejados de la percepción de objetos y escenas. Esos elementos son cruciales para elaborar la percepción, pero muy raras veces nos referimos a ellos, y si ahora podemos expresarlos en palabras es sólo porque aquellos descubrimientos científicos nos han obligado a inventarnos nuevas designaciones. ¿Por qué traigo esto a colación? La independencia atencional de un rasgo no viene en absoluto dada por el hecho de que el rasgo en cuestión y el ejercicio de sus receptores cerebrales estén incluidos en la percepción. Tal independencia sólo es otorgada por el lenguaje pleno (o sea, sintáctico). Y eso sucede tanto en el plano para el que el lenguaje ha creado palabras, como igualmente en el plano (sub-personal, digamos) para el que los lenguajes no tenían designaciones preestablecidas. La ventaja adaptativa de la percepción deriva de su totalidad, y por eso, en principio, el que los elementos que la componen tuvieran independencia atencional habría sido más perjudicial que útil. Los símbolos atendibles independientemente no fueron creados para la percepción o conocimiento, sino sólo para comunicar el propio conocimiento a quienes por error o ignorancia no lo poseyeran. Hasta aquí, el rechazo de elementos innatos afines a las palabras.

Ese rechazo se manifiesta mayoritariamente de un modo mucho más suave de como yo lo he expresado. Así, mientras hoy día muchísimos autores –bastante más de la mitad sin duda entre los que estudian este asunto– rechazan el innatismo del tipo preconizado por Chomsky y Fodor, la separación, en cambio, entre significado de palabra y pauta de reconocimiento (entre el significado de 'plátano', por ejemplo, y el reconocimiento perceptivo de un plátano) queda lo más a menudo sin concretar, ya que no se invoca el contraste entre independencia y no independencia atencional. (Véase Bejarano, 2014.) Repito mi punto: En las percepciones, la independencia atencional de los diferentes rasgos reconocidos sería no sólo innecesaria, sino realmente perjudicial. En cambio, en la comunicación lingüística del contenido de esa percepción, la sucesión de los distintos significados (cada uno de ellos correspondiendo a un rasgo relevante) es absolutamente necesaria.

Pero pasemos ya a subrayar lo que es ahí importante para nuestro asunto. Como se ve, si nos tomamos en serio la idea de que no hay elementos innatos que sean afines a las palabras, entonces el asunto del origen de la capacidad para el número se hace mucho más difícil. Los resultados de la subitización sí son innatos, y podrían incluso haberse asociado pronto con una palabra, pero no equivalen en absoluto a un número.[10] En definitiva, por un lado, las capacidades no exclusivamente humanas que hemos revisado en la Sección 1 son incapaces de dar origen a la capacidad para el número. Y, por otro lado, los símbolos numéricos no estarían disponibles antes del origen del número.

9.3.2. El origen del número: Introduciendo en el esquema de la función sucesora la percepción caducada de una colección subitizable

La sugerencia que será el núcleo del presente artículo tiene que ver con lo que, en analogía con el rótulo 'función sucesora', podríamos llamar 'función predecesora'. (Tal analogía es, claro está, sólo un modo rápido y poco serio de hablar. Frente a la repetibilidad infinita de la 'función sucesora', la 'predecesora' que estoy ahora invocando es de muy corta aplicación. Las percepciones precedentes y caducadas que son ahí útiles son sólo las de colecciones que han podido ser subitizadas, y, si hay que concretar más, habría que señalar como especialmente útil la de la máxima colección subitizable.) La comprensión de la 'función predecesora' –o sea, el comprender que la colección vigente puede ser reformulada en términos de una colección ya caducada y obsoleta– sería el requisito definitivo para que surja, primero, el concepto de número, y después, como consecuencia, también los símbolos para los verdaderos números.

Voy también a proponer que (frente a lo que de entrada se podría pensar) la dificultad originaria de tal requisito fue grande.[11] Esa dificultad estriba en que, a diferencia de la 'función sucesora', la 'predecesora' exige conservar y utilizar una representación ya caducada e incorrecta, a la cual la puesta al día automática de la percepción debería haber hecho ya desaparecer. Pero ¿por qué hacer entonces esa inversión temporal respecto a la función sucesora, esa vuelta al pasado, si resultaba tan difícil? Hubo que hacerla, como ya se vio arriba, porque sólo si partíamos de las colecciones subitizables, que ya estaban definidas antes del origen del número, nos era posible llegar a definir de modo exacto las colecciones no subitizables.

Enfoquemos el pensamiento y la formulación lingüística más simples en los que ya latiría la capacidad numérica nuclear. Me refiero a la reformulación

---

[10]En palabras de Nieder 2020, "number-neurons are tuned to numerosity by exhibiting maximum impulse rates to preferred numerical values with progressively decreasing rates to values more remote from the preferred one."

[11]El calificativo 'originaria' que le he aplicado a esa dificultad tiene que ver con el niño, sí, pero mucho más –huelga decirlo– con los orígenes prehistóricos de la capacidad humana para el número: En esos orígenes, la comprensión del número no podía ser facilitada por el aprendizaje social. Pelland, 2020 says: "I don't imply that the processes responsible for an innovation are the same ones involved in the re-construction of the original content in a learner's head. What must be kept in mind here is that both the innovative process and the re-constructive one are black-boxed if we construe practices as essentially cultural." I completely agree with that view. (Ver arriba, en 1.2, mi comentario tras citar a Menary, 2015, y ver también, abajo la nota 19.)

de la percepción vigente como 'Esto (significando lo que había antes) y uno (significando un ítem añadido')[12]. Volvamos al escenario de la fabricación del collar de conchas.[13] Ciertamente cada nuevo engarce añade un ítem al conjunto anterior. Sin embargo, ¿cómo es procesada la percepción del resultado tras ese añadido? Yo diría que la percepción 'se pone al día' constantemente, de modo que las representaciones previas que ya no corresponden a la realidad desaparecen. Las representaciones caducadas, no sólo son inútiles, sino que podrían ser perjudiciales. Si se acepta que ésa es la ley en el procesamiento perceptivo, entonces no hay nada espontáneo ni puramente perceptivo en la formulación 'Esto (o sea, lo anterior), y esto (o sea, un nuevo ítem)'. En el mero procesamiento perceptivo, ¿por qué se tendría que mantener la ya caducada colección anterior para formular la actual? ¿Por qué llevar ahí a cabo la tarea de corregir y completar un procedimiento designativo inadecuado –el ya obsoleto primer 'esto'– para señalar la percepción presente?

En resumen, la capacidad para producir aquella formulación no puede derivar sólo de percepciones y acciones. En el mero 'Esto y uno', hay ya una reformulación (o redescripción[14]) que fue originariamente creativa. La percepción presente se reformula recurriendo a la anterior ya caducada, o, más concretamente, se reformula mediante la composición 'procedimiento designativo incorrecto y su corrección'. Ahí, incluso si el resultado final no traspasara ni siquiera el límite de la subitización, e incluso si no hubiera propiamente una palabra de número para el resultado total, ya estaría sin embargo –propongo– funcionando la capacidad humana para el número.[15] Ese caso invertiría justo

---

[12]O, más probablemente, 'Esto. Al lado, uno'. Tengamos en cuenta que en ese tiempo originario, un significado tan absolutamente sintáctico –una mera relación sin contenido evocable– como es el 'y' o el 'más' de mis formulaciones anteriores no podría quizá existir. El 'más' imperativo es, desde luego, muy frecuente en los niños que están todavía en la etapa holofrástica, o, dicho de otro modo, presintáctica. Pero hay un enorme trecho entre ese 'más' imperativo y el que es sinónimo de la conjunción 'y'. En definitiva, antes del 'y', habría fórmulas menos vaciadas de significado evocable, como podría ser un 'al lado'.

[13]A mi entender, la fabricación de collares es más relevante que la cestería con vistas al origen del número. La cestería podría conectar más bien con la 'correspondencia uno a uno': Cada uno de los 'hilos' previamente extendidos determinaría una manipulación de aquel 'hilo' –perpendicular o sub-perpendicular a los extendidos– con el que en ese momento se actúa. Los dos conjuntos entre los cuales habrá al final una 'correspondencia uno a uno' serían, pues, el de los hilos previamente extendidos y el de las sucesivas manipulaciones del hilo que se está manejando en ese momento. Pero ahí –en la cestería, digo– el resultado de todas las manipulaciones del hilo con el que se está trabajando queda todavía muy lejano de lo que es un cesto, mientras que, por el contrario, en el collar, un número de engarces que sea todavía inferior al previsto, es ya algo parecido a un collar y, por eso, podrá ya provocar muy verosímilmente en el fabricante el ejercicio de subitizar ese resultado, por más que tal resultado vaya a quedar obsoleto en seguida.

[14]Tómese esta alternativa terminológica como un reconocimiento de Karmiloff-Smith, 1996 (o, más originariamente, Karmiloff-Smith & Inhelder, 1974), y también de Clark & Thornton, 1997.

[15]Pero entiéndase, por favor, que he usado una condicional irreal, o sea, que no estoy diciendo que ese ejemplo –esa formulación para el 4, por ejemplo, como 'subitización de tres ítems, más uno'– estuviera en el origen histórico de la concepción del número. Eso es probablemente inverosímil, porque las innovaciones altamente demandantes necesitan responder a una necesidad, y porque para designar de manera precisa un conjunto subitizable podría

lo que era el conjunto de habilidades del loro Alex (Peppenberg 1994) al que arriba nos referimos, que probablemente consistían en una mera subitización de ítems simultáneos o sucesivos (muy diferente de la verdadera comprensión del número) y en la producción vocal del número adecuado para el conjunto.

A un determinado nivel, la reformulación o redescripción representa una cargante complejidad. Pero a otro nivel, está claro que con el 'Esto y uno' estamos abriéndonos las puertas al infinito. La subitización animal es muy limitada. Sin embargo, si el más pequeño conjunto no subitizable lo reformulamos como 'el anterior más uno', las limitaciones podrán llegar a desaparecer. Y con ello, no sólo mejorarán las propias representaciones, sino que surgirá en seguida la posibilidad de comunicarlas a los otros. En seguida se irían acuñando –o más probablemente ya estaban acuñadas de antemano– palabras o configuraciones manuales para los conjuntos subitizables, las cuales, más allá de designar esos conjuntos, intervendrían en la formulación ya genuinamente numérica de algunos conjuntos no subitizables. Después, mucho más adelante, aparecieron los diferentes sistemas para designar, incluso por escrito, los números no subitizables. Y sólo tras eso es cuando la capacidad humana para el número estuvo preparada para, cuando se dieran las circunstancias socio-históricas precisas, empezar a dar frutos aún mejores, como la ciencia cuantitativa.[16]

9.3.3. Número y sintaxis: Un núcleo común

Pero no es cuestión de insistir en la utilidad, de la que nadie duda. Lo que debemos hacer es preguntarnos cómo la reformulación que el 'Eso y uno' supone llegó a ser originariamente posible. Así que, recordando lo que decíamos al comienzo de esta subsección acerca de la originaria dificultad que habría presentado la 'función predecesora', comparemos el número con la sintaxis.[17]

El lenguaje no necesitaba sintaxis alguna para producir peticiones o llamadas, así que la sintaxis tuvo que empezar con la predicación. La predicación habría empezado cuando el futuro hablante capta en otra persona (en el futuro oyente) una creencia falsa, o incompleta o no puesta al día, y, añadiéndole el adecuado rhema, transforma esa creencia hasta asemejarla a la que él –ya con vistas a informar o enseñar, ya con vistas a engañar– quiere transmitir. (Bejarano, 2011, chapters 10-16).

Nótese que un individuo aislado podría haber conseguido con sólo mencionar el objeto en cuestión incluir en esa mención todo lo que él conoce de ese objeto, incluidos su paradero actual y sus rasgos menos esenciales. En cambio, si el propósito es la comunicación interpersonal, ha de aparecer una combinación sintáctica (al menos, la de thema más rhema, que es la más primaria, o, dicho

---

quizá haber ya de antemano un procedimiento verbal o manual.

[16]'No me digas si un objeto, o una rapidez, o un calor es grande o pequeño. Intenta calificarlos con menos vaguedad': Cf. Bejarano 2011 (21.4.3 y 21.4.4) sobre el lento tránsito lingüístico-cognitivo desde los adjetivos vagos a la cuantificación.

[17]La sintaxis incluye la semántica configurada para la sintaxis, o, dicho de otro modo, los significados que son nombres o verbos o, en general, 'partes de la oración', los cuales no existirían antes de la sintaxis. (Ver Bejarano, 2014.)

de otro modo, la menos gramaticalizada).[18] Aquí encontramos de nuevo la fastidiosa complejidad que finalmente produce inmensas utilidades.

Pero lo que ante todo nos interesa acerca del origen de la sintaxis es por qué ahí la creencia falsa o no puesta al día se mantuvo. Pudo mantenerse, respondo, porque pertenecía a otra persona (al oyente, más en concreto). La verdad de que pertenece a otra persona se sobrepone a las carencias de información verdadera que empañan su contenido.

9.3.4. Interpersonalidad e intrapersonalidad

¿Podría esa interpersonalidad exportarse al terreno del origen del número? ¿Podría la colección incompleta y, por tanto, ya caducada, mantenerse porque pertenecía a otra persona? Lo que estoy preguntándome es si en el originario y crucial 'Esto; al lado, esto', el primer 'esto' podría ser lo que vosotros teníais ahí de antemano, y el segundo, lo que yo, el hablante, aporto ahora. Pero esa hipótesis no me convence. La única propuesta en la que realmente confío se reduce a igualar la capacidad numérica con la capacidad de reformular una colección vigente como 'la anterior (o sea, la percepción ya caducada) más uno'.

Sin embargo, incluso si el origen del concepto de número tuvo lugar al margen de lo interpersonal, de todos modos seguiría habiendo para el número un nexo originario con la interpersonalidad, dado que la capacidad de reformular la realidad mediante la corrección de una creencia incorrecta o caducada habría aparecido muy probablemente antes en el lenguaje que en el número. En ese sentido estoy muy de acuerdo con von Hippel & Suddendorf, 2018 ("La cognición peculiarmente humana es más general en el dominio social que en el dominio técnico"). O –en las palabras que he venido usando arriba– la capacidad de reformulación que se originó en la predicación comunicativa pasó después al plano intrapersonal.

Y ese tránsito al plano intrapersonal no produciría sólo el número. El proceso de reformulación novedosa que he sugerido está en el origen de la sintaxis y del número se volvería a hallar también en el proceso de resolución creativa de problemas, matemáticos o de cualquier otro tipo. Supongamos un niño que sólo ha aprendido las cuatro operaciones se enfrenta al siguiente enunciado de problemas: 'Hay dos estantes, uno con el doble de libros que el otro, y entre los dos suman 60 libros. ¿Cuántos libros hay en cada uno?' Aunque el enunciado ("doble", "suman") le puede hacer pensar en un principio en dividir o restar, el niño verá en seguida que no hay nada a lo que le pueda aplicar

---

[18]Como se puede ver, mi obsesión con la sintaxis no tiene nada que ver con Chomsky o con Fodor. Para mí el origen de la sintaxis (como igualmente el origen de la comprensión del concepto de número) no es interno ni innato. Por supuesto, al final la sintaxis y el número, que han surgido para la comunicación, acaban afectando –¡y muchísimo, claro!– al pensamiento interno. Pero yo propongo que ello ha de verse como una retroacción, o, dicho de otro modo, una segunda e inversa dirección causal entre el pensamiento prelingüístico y esos recursos comunicativos peculiarmente humanos.

sobre la marcha esas operaciones. Sólo podrá dividir cuando *sustituya, reformule o redescriba* el estante grande por su reformulación como 'dos estantes pequeños'. Por supuesto, cuando el niño haya aprendido el método de la sustitución (recordemos la clásica definición de 'método'[19]) para resolver los sistemas de dos ecuaciones, la ecuación 'y=2x' será sólo el procedimiento automatizado de volcar los datos del enunciado del problema. Pero al surgimiento de ese método en la Historia no se habría llegado nunca si no lo hubiesen precedido los procesos individuales de sustitución o reformulación creativa en el área de los problemas matemáticos –y, más en general, en el origen de la sintaxis y el número.

Por supuesto, cuando hablo de intrapersonalización, no estoy queriendo incluir ahí sino justo el proceso mismo. Una vez acabado éste, será de nuevo el turno de la interpersonalidad. Está claro que no sólo los números, sino, más en general, los resultados de la creatividad técnica y científica necesitan ser comunicados o enseñados a aquéllos que los extenderán y prolongarán.[20]

9.3.5. A modo de recapitulación: Siguiendo en sentido inverso el camino antes recorrido para exponer la propuesta

a) El concepto de creencia falsa o caducada es la 'palabra clave' más utilizada en los estudios que hoy se llaman de 'teoría de la mente'. (Renuncio a dar indicaciones bibliográficas. Esos estudios han venido aumentando de forma cada vez más acelerada desde 1979. Lo que sí quiero decirle a cualquier lector cuyos intereses estén lejos de esos asuntos es que la llamada 'teoría de la mente' –principalmente en su modo avanzado: cf. Bejarano, en prensa– aparece hoy como un camino privilegiado hacia los más importantes rasgos exclusivamente humanos, o, si se quiere, hacia la Antropología Filosófica de siempre.) Cuando alguien atiende a unas creencias mientras que es consciente de que son incorrectas, no podemos dudar de que ese individuo está atendiendo a contenidos mentales en cuanto tales. La mente que es ahí captada puede ser, o bien la propia pasada de uno, o bien la mente de otro. ¿Cuál sería el caso más originario?

---

[19]La clásica definición de 'método' subraya que con él el hecho de alcanzar resultados se puede producir con independencia de cuáles sean los talentos del individuo. Y podemos recordar también una idea que a comienzos del XX, coincidiendo con el cénit de la del Progreso, aparecía una y otra vez, y que Whitehead 1911 formulaba así: "Civilization advances by extending the number of important operations which we can perform without thinking about them." O sea, mientras más operaciones puedan pasar a ser hechas sin que el ser humano las piense, más capacidad mental quedará libre para la resolución creativa de problemas y para la producción de innovaciones.

[20]Pero igual de clara –y subrayada ya hoy por fin por muchos autores– es la otra cara de la moneda, a saber, que la mera habilidad comunicativa no puede lograr una verdadera 'acumulación cultural' si no hay genuinas innovaciones técnicas o científicas: La mera *serendipity* muy difícilmente puede llegar a la más mínima acumulación. Es más, yo diría que, sin innovaciones creativas, tanto la enseñanza propiamente dicha como la verdadera capacidad de imitar serían absurdas.

b) Creo que conviene aquí aceptar la idea vygotskiana del origen interpersonal de los procesos psíquicos superiores. Pensemos que un modo (relativamente) poco demandante de acceder a aquel tipo de contenidos consiste en escuchar a un hablante que pide algo que a mí me consta se ha acabado, o que llama a alguien que, yo lo sé, está ausente. Ese acceso no demanda que se escuche un lenguaje sintáctico, sino que le basta con recibir mensajes entonatorios de una sola palabra (o, mejor dicho, pre-palabra) por vez. Pero, a pesar de esa (sólo relativa, claro) facilidad, los contenidos así captados provocarían el deseo de replicar a esos mensajes ajenos y de negar o corregir sus contenidos erróneos, y con ello provocarían el proceso complejo que la sintaxis supone. En resumen, es en la dinámica interpersonal donde se habría originado la capacidad de reformular las percepciones vigentes y sustituirlas por el compuesto 'creencia incorrecta sobre la realidad en cuestión + el oportuno completamiento o corrección'. Nótese que ahí, la falsedad o incorrección de la creencia puede ser compensada por la información verdadera –por la verdad vigente– de que esa creencia está siendo mantenida por una determinada persona.

c) ¿Cómo se intra-personalizó esa capacidad para reformular? O sea, ¿cómo se llegó a ejercerla partiendo de las creencias propias pero ya pasadas (y por eso ya juzgables por uno mismo como incorrectas)? Es probable que uno de los primeros pasos de esa intra-personalización se diera cuando el ser humano concibió el número. La comprensión del número, aunque esencialmente sostenida por tal tipo de proceso reformulador, pudo apoyarse además en varias destrezas (como la subitización o la correspondencia uno a uno) que compartimos con los primates no humanos, y también en la familiaridad con algunas técnicas de fabricación que implicaban aumentar progresivamente una colección de ítems pertenecientes todos a un mismo tipo. Así se habría vencido la incesante (y en principio adaptativamente muy ventajosa) 'puesta al día perceptiva' que lleva a todos los cerebros a desechar su propia creencia pasada en cuanto ésta se muestra incorrecta, y así habría aparecido la capacidad de reformular una percepción vigente como 'la anterior y ya caducada + 1'.

Reconocimiento

Aunque éste es un homenaje sobre todo al Ángel Nepomuceno profesor, quiero añadir unas líneas sobre su novela *El anillo de París*. Yo no sabía nada de la faceta literaria de Ángel hasta que por casualidad, hace unos pocos años, vi esa novela en el escaparate de una librería. (Por si alguien se extraña excesivamente de esa ignorancia mía, añado para explicarla las siguientes líneas: Yo, aparte de tener un natural extremadamente tímido, me hice a mí misma hace muchos años la promesa de no desperdiciar en absoluto el siempre escaso tiempo del que disponía para estudiar, y así mi vida en la Facultad llegó a presentar ciertos ribetes eremíticos.)

Quiero recomendar la novela a cualquier lector en general. Los saltos temporales de la narración están perfectamente diseñados, lo cual es quizá particularmente difícil en una narración en primera persona. Las situaciones y los ambientes, aun siendo presentados concisamente, nos impactan de manera muy vívida —olores, sensaciones, recuerdos, todo en una mezcla rica e incesante.

Pero querría también dirigirme de modo especial a los posibles lectores de mi generación (yo soy 3 años mayor que Ángel). La novela cuenta, sí, las peripecias individuales de Andrés, el joven protagonista, pero esas peripecias están estrechísimamente vinculadas con la situación socio-histórica de la España de nuestra juventud. Ese vínculo es crucial en la novela. Es significativo que el título tenga dos sentidos diferentes, uno dentro de la vida personal de Andrés y otro dentro de la efervescencia política del final de la Dictadura. Hay asimismo un detalle que contribuye a que el lector de mi generación y mi contexto se sienta cercano y casi incluible en el elenco de personajes: Uno de ellos conoce a un tal Ángel Nepomuceno Fernández y le habla de él al protagonista y quiere presentárselo. Esos dos detalles reflejan el deseo del autor de reflejar las circunstancias históricas en que transcurrió la juventud de nuestra generación. Pero lo importante no es tal deseo, sino el hecho de que consigue reflejarlas extraordinariamente bien.

Referencias

Adams, F. & Aizawa, K. (2001). The bounds of cognition. *Philosophical Psychology, 14*, 43?6.

Anderson, Helen. 2012. Crossing the Line: The Early Expression of Pattern in Middle Stone Age Africa. *Journal of World Prehistory*,

Bejarano, Teresa. 2011. *Becoming human. From pointing gestures to syntax*. Benjamins.

Bejarano, Teresa. 2014. From holophrase to syntax.*Humana.Mente Journal of Philosophical Studies, 27*, 21-37.

Bejarano, Teresa (en prensa). The most demanding moral capacity: Could its base evolutionarily arise?

Boysen, Sarah; Bernston, Gary; Hannan, M. and Cacioppo, John. 1996. Quantity-based inference and symbolic representation in chimpanzees. *Journal of Experimental Psychology: Animal Behavior Processes, 22*: 76?86.

Cantlon, Jessica. 2018. How Evolution Constrains Human Numerical Concepts. *Child Development Perspectives, 12(1)*: 65?71.

Cheung, Pierina; Rubenson, Miriam & Barner, David. 2017. To infinity and beyond: Children generalize the successor function to all possible numbers years after learning to count. *Cognitive Psychology, 92*, 22-36.

Chu, Junyi; Cheung, Pierina, Schneider, Rose; Sullivan, Jessica & Barner, David. 2020. Counting to Infinity: Does learning the syntax of the count list predict knowledge that numbers are infinite? *Cognitive Science 44*.

Clark, Andy. 1997. *Being There: Putting Brain, Body and World Together Again*. MIT Press.

Clark, Andy & Thornton, Chris. 1997. Trading spaces: Computation, representation and the limits of uninformed learning. *Behavioral and Brain Sciences, 20*, 57-66.

Crollen, Virginie; Mahe, Rachel; Collignon, Olivier & Seron, Xavier. 2011. The role of vision in the development of finger-number interactions: Finger-counting and finger-montring in blind children. *Journal of Experimental Child Psychology, 109(4)*, 525-539.

d'Errico, Francesco; Doyon, Luc; Colagé, Ivan; et al. 2018. From number sense to number symbols. An archaeological perspective. *Philosophical Transactions Royal Society, B.*

De Cruz, Helen & De Smedt, Johan. 2010. Mathematical symbols as epistemic actions. *Synthese 190(1)*, 1-17.

Dehaene, Stanislas. (1992). Varieties of numerical abilities. *Cognition, 44*, 1-42.

Donald, Merlin. 1991. *Origins of the Modern Mind: Three Stages in the Evolution of Culture and Cognition.* Harvard University Press.

Evans, Diane Wilkinson. 1983. Understanding zero and infinity in the early school years. Dissertations available from ProQuest. AAI8326285.

Feigenson, Lisa & Carey, Susan. 2005. On the limits of infants' quantification of small object arrays. *Cognition 97*, 295-313.

Fleming, Luke, 2018. Undecontextualizable: Performativity and the Conditions of Possibility of Linguistic Symbolism. *Signs and Society 6(3)*, 558-606.

Gallistel, Charles & Gelman, Rochel. 1992. Preverbal and verbal counting and computation. *Cognition 44*, 43-74.

Henshilwood, Christopher & d' Errico, Francesco, et al. 2002. Emergence of Modern Human behavior. Middle Stone Age Engravings from South Africa. *Science, 295*, 1278-1280.

Hodgson, Derek. 2019. The origin, significance, and development of the earliest geometric patterns in the archaeological record. *Journal of Archaeological Science: Reports 24*, 588-592

Izard, Véronique; Pica, Pierre; Spelke, Elisabeth & Dehaene, Stanislas. 2008. Exact Equality and Successor Function: Two Key Concepts on the Path towards understanding Exact Numbers. *Philosophical Psychology, 21(4)*.

Izard, Véronique; Sann, C., Spelke, Elisabeth & Streri, A. (2009). Newborn infants perceive abstract numbers. *Proceedings of the National Academy of Sciences of the United States of America, 106*.

Karmiloff-Smith, Annette. 1996. *Beyond Modularity: A Developmental Perspective on Cognitive Science.* Cambridge, MA: MIT Press.

Karmiloff-Smith, Annette & Inhelder, Bärbel. 1974. If you want to get ahead, get a theory. *Cognition, 3*, 195-212.

Kolkman, Meijke; Kroesbergen, Evelyn.; Leseman, Paul. 2013. Early numerical development and the role of non-symbolic and symbolic skills. *Learning and Instruction, 25*, 95-103.

Koopman, Sarah E.; Arre, Alyssa M.; Piantadosi, Steven T. & Cantlon, Jessica F. 2019. One-to-one correspondence without language. *Royal Society*

Open Science

Leibovich, T., Katzin, N., Harel, M. & Henik, A. 2017. From 'sense of number' to 'sense of magnitude': The role of continuous magnitudes in numerical cognition. *Behavioral and Brain Sciences.*

Lotem, Arnon; Halpern, Joseph; Edelman, Shimon & Kolodny, Oren. 2017. The evolution of cognitive mechanisms in response to cultural innovations. *Proceedings of the National Academy of Sciences, 114(30)*, 7915-7922.

Malafouris, Lambros. 2013. *How Things Shape the Mind. A Theory of Material Engagement.* The MIT Press.

Malafouris, Lambros. 2020. Thinking as "Thinging": Psychology With Things. *Current directions in Psychological Science, 29(1)*, 3-8.

Mandler, György & Shebo, Billie. 1982. Subitizing: an analysis of its component processes. *Journal of Experimental Psychology: General, 111*, 1-22.

Menary, R. (2015). Mathematical cognition: A case of enculturation. *Open MIND, 25(T)*, 1?20.

Nieder, Andreas. 2020. The Adaptive Value of Numerical Competence. *Trends in Ecology & Evolution 35(7)*

Overmann, Karenleigh. 2018. Constructing a Concept of Number. *Journal of Numerical Cognition 4(2)*, 464?493.

Overmann, Karenleigh. 2019. Concepts and how they get that way. *Phenomenology and Cognitive Sciences 18*, 153?168.

Pelland, Jean-Charles. 2020. What's new: innovation and enculturation of arithmetical practices. *Synthese, 197(3)*.

Pepperberg, Irene. 1994. Numerical competence in an African gray parrot (Psittacus erithacus). *Journal of Comparative Psychology, 108(1)*, 36.

Rivera, Angel. Preprint. Origin of numerical abstraction.

Schlaudt, Oliver. 2020. Type and Token in the Prehistoric Origins of Numbers. *Cambridge Archaeological Journal.*

Tomlinson, Rachel; DeWind, Nicholas; Brannon, Elizabeth. 2020. Number sense biases children's area judgments. *Cognition, 204.*

Van Rinsveld, Amandine; Guillaume, Mathieu; Kohler, Peter; Schiltz, Christine & Content, Alain. 2020. The neural signature of numerosity by separating numerical and continuous magnitude extraction in visual cortex with frequency-tagged EEG. *Proceedings of the National Academy of Sciences, 117.*

von Hippel, William & Suddendorf, Thomas. 2018. Did humans evolve to innovate with a social rather than technical orientation? *New Ideas in Psychology, 51.*

Yousif, Sami & Keil, Frank. 2019. The Additive-Area Heuristic: An Efficient but Illusory Means of Visual Area Approximation. *Psychological Science, 30(4)*, 495?503.

Yousif, Sami & Keil, Frank. 2020. Area, not number, dominates estimates of visual quantities. *Scientific Reports, 10(1)*.

Whitehead, A. N. 1911. *An introduction to mathematics.* London: Williams & Northgate.

Capítulo 10

From Russia with Love

Hans van Ditmarsch
LORIA, CNRS, Un. of Lorraine, France, & IMSc, Chennai, India

David Fernández Duque
Mathematics, University of Ghent, Belgium

> *Esta contribución celebra la vida académica de Ángel Nepomuceno Fernández. Que siempre continuará, pero ya no como profesor de la Universidad de Sevilla. Esperamos que le quede más tiempo para celebrar la vida en familia, sin olvidar la vida literaria como autor. Hans recuerda su puesto en Sevilla para siempre, que de ninguna manera habrÃŋa sido posible sin los esfuerzos de Ángel, y las múltiples ocasiones comiendo uvas celebrando el año nuevo con su familia. Que no sea la ultima, y haya muchas más. David recuerda las noches de pescaíto en la feria de Sevilla y las cenas con fados por Lisboa.*

10.1 Introduction

The *Russian Cards Problem* is a combinatorial puzzle dating back to Kirkman [13], whereby two card-holding players try to communicate information about their hands without another player learning any 'protected' information. All cards are distributed over the players, players can only see their own cards, and they know what cards are in the deck and how many cards each player has drawn. Typically, when there are three players, the two communicating players wish to inform each other their *entire* hand, without the third non-communicating player, the *eavesdropper*, learning who holds *any* card that is not hers. This problem and its generalizations has been extensively studied [23, 1, 3, 25, 4, 5, 6, 21, 20, 17]. More generally, we can consider a case for any finite number of communicating agents and an eavesdropper [10, 9]. Alternatively to decks of cards where implicitly all cards have the same value, we can consider a version where all cards have a different value and where the communicating players are only required to learn the best card between them [24].

The exchange of protected information in such cards cryptography is related to the more general exchange of *secret bits* [11, 12, 2]. Protocol verification in cards cryptography has been investigated in logical and model checking community [23, 27, 7, 26, 28]. There are also tentative relations to card-based protocols for binary computation [18, 15, 14, 16, 22].

In this survey we present results on the Russian Cards Problem and its various generalizations by way of examples.

10.2 The Russian Cards Problem

> *From a deck of seven known cards two players Ángel and Isabel each draw three cards and a third player, their granddaughter Matilde (a very smart girl given her young age), gets the remaining card. How can Ángel and Isabel openly inform each other about their cards, without Matilde learning from any of their cards who holds it?*

Let us assume that the deck of cards is $\{0, 1, 2, 3, 4, 5, 6\}$, of which Ángel holds cards $0, 1, 2$, Isabel cards $3, 4, 5$ and Matilde card 6. We can see such a deal of cards as an ordered partition $(\{0, 1, 2\}, \{3, 4, 5\}, \{6\})$ of the set $\{0, 1, 2, 3, 4, 5, 6\}$, for convenience denoted as $012.345.6$. Three (other) players holding 7 cards in this way are depicted in Figure 10.1.

By 'openly inform' we mean that any kind of information exchange is allowed between Ángel and Isabel, on condition that Matilde also entirely overhears it. This includes exchanging public keys, or informing each other about protocols, or asking questions and giving answers. Obvious messages are about card ownership, for example, Ángel may say "I have (at least) one of the cards $0, 1, 2$," or "You must have one of the cards 3 and 4, etc. Any such informative announcement is equivalent to a set of alternative hands of cards of Ángel. We will therefore present many solutions of the Russian Cards Problem in that form. A well-known solution (or rather, an solution instance of a protocol solving the problem) is the following, where we should point out that this pattern goes back all the way to the original publication by Kirkman [13], as depicted in Figure 10.2.

> *Ángel says:* "*I have one of* 012, 034, 056, 135, 146, 236, 245, *and after that*
> *Isabel says:* "*Matilde has card* 6."

Let us analyze why this solves the problem. We start with the first announcement.

Figure 10.1: Three players of Russian Cards, by the Tamil graphical artist Elancheziyan. There is no relation to the three players Ángel, Isabel and Matilde in our running examples. The painting on the wall above the Lenin bust is of Hans Freudenthal.

On a Problem in Combinations. 195

which is done by a rule that could easily be assigned, and is the more symmetrical of the two. But symmetry has little to do with these combinations: they are essentially unsymmetrical.

$Q_{15} = ABC$
    ADE BDF CDG
    AFG BEG CEF
    Aab Bac Cad Dae Eaf Fag Gah
    Acg Bbh Cbc Dbd Ebe Fbf Gbg
    Adf Bdg Ceg Dch Ecd Fce Gcf
    Aeh Bef Cfh Dfg Egh Fdh Gde.

Collecting the triads in which a and b occur, we have

    Aab Bac Cad Dae Eaf Fag Gah
            Bbh Cbc Dbd Ebc Fbf Gbg;

and, erasing a and b, we obtain

    Bc cC Cd dD De eE Ef fF Fg gG Gh hB,

a circle of 12 duads.

Q'_{13} is completed into Q_{25} as follows. First, Q'_{13} is written in capitals:

$A'B'C'$
$A'D'E'$ $B'D'F'$ $C'D'G'$
$A'F'G'$ $B'E'G'$ $C'E'F'$
$A'CG$ $B'DG$ $C'EG$ $D'CH$ $E'CD$ $F'CE$ $G'CF$
$A'DF$ $B'EF$ $C'FH$ $D'FG$ $E'GH$ $F'DH$ $G'DE$
$A'EH$ $B'C$ $C'C$ $D'D$ $E'E$ $F'F$ $G'G$
       $B'H$ $C'D$ $D'E$ $E'F$ $F'G$ $G'H$.

Next, D_{12} is written thus:

C	F	C'	F'	D	G	D'	G'	E	A	E'	H	B'
(ab)	ac	ad	ae	af	ag	ah	ai	ak	al	am	ab	bc
cl	bm	(bc)	bd	be	bf	bg	bh	bi	bk	bl	cd	de
dk	dl	el	cm	(cd)	ce	cf	cg	ch	ci	ck	ef	fg
ei	ek	fk	fl	gl	dm	(de)	df	dg	dh	di	gh	hi
fh	fi	gi	gk	hk	hl	il	em	(ef)	eg	eh	ik	kl
gm	(gh)	hm	(hi)	im	(ik)	km	(kl)	lm	fm	(fg)	(lm)	(ma)

Using the key $B'CC'D D'EE'FF'GG'H$
                  $a\ b\ c\ d\ e\ f\ g\ h\ i\ k\ l\ m$,

o 2

Figure 10.2: Relevant page from the original 1847 publication by Kirkman. Lines 5 to 7 show the triples ABC, ADE, AFG, BDF, BEG, CDG, CEF. By the function mapping $A, \ldots, G$ to respectively $0, \ldots, 6$ we obtain the familiar seven hand announcement 012, 034, 056, 135, 146, 236, 245.

Ángel says: "I have one of 012, 034, 056, 135, 146, 236, 245."

Isabel, who holds cards 3, 4, 5, learns Ángel's cards, because 3, 4, or 5 occur in each hand of cards of the announcement except 012. Matilde, who holds card 6, learns none of Ángel's cards and also none of Isabel's cards. The remaining possible hands for Ángel are those not containing 6: 012, 034, 135, and 245. Card 1 occurs in hand 135. So Matilde considers it possible that Ángel has 1. Card 1 does not occur in 034. So Matilde considers it possible that Isabel has 1. And so on for cards 2, 3, 4, 5.

We can repeat a similar computation for other possible hands of cards that Ángel and Isabel may hold. Given one of the seven possible hands of cards for Ángel, take any three out of the four remaining cards; then one of those three cards will occur in all but one of the seven hands. In other words, any hand of cards Isabel may have will rule out all but one of the seven hands of the announcement. So Isabel will always learn Ángel's cards.

Similarly, given one of the seven possible hands of cards for Ángel, take any other card. If Matilde holds that card, she will learn none of Ángel's cards and thus none of Isabel's cards. This means that instead of Matilde holding card 6 we have to check this for all other cards she may hold. Let us look at this a bit more closely.

- Suppose Matilde has card 0. The remaining possible hands for Ángel are then: 135, 146, 236, 245. Card 1 occurs in hand 135. So Matilde considers it possible that Ángel has 1. Card 1 does not occur in 236. So Matilde considers it possible that Isabel has 1.

- Suppose Matilde has card 1. The remaining possible hands for Ángel are then: 034, 056, 236, 245. Card 0 occurs in hand 034. So Matilde considers it possible that Ángel has 0. Card 0 does not occur in 236. So Matilde considers it possible that Isabel has card 0.

- Suppose Matilde has card 2. The remaining possible hands for Ángel are then ...

- Suppose Matilde has card 3 ...

Schematically, the result of the first announcement by Ángel is

```
012.345.6   012.346.5   012.356.4   012.456.3
034.125.6   034.126.5                           034.156.2   034.256.1
                        056.123.4   056.124.3   056.134.2   056.234.1
135.024.6               135.026.4               135.046.2               135.246.0
            146.023.5               146.025.3   146.035.2               146.235.0
            236.014.5   236.015.4                           236.045.1   236.145.0
245.013.6                           245.016.3               245.036.1   245.136.0
```

where card deals in the same row are indistinguishable for Ángel whereas card deals in the same column are indistinguishable for Matilde. Isabel can distinguish all card deals.

Let un now analyze the second announcement.

Isabel says: "Matilde has card 6."

Ángel obviously learns from this what Isabel's cards are: he has 012, and Matilde 6, so Isabel has the remaining cards 345. And, again, Ángel would learn this for any hand of cards not containing 6 he might hold. We note that Isabel's announcement is just as informative as an announcement listing alternatives for her (Isabel's) actual hand of cards:

Isabel says: "I have one of 345, 125, 024, and 013."

From the 28 deals above, four deals now remain (namely those in the column where Matilde has card 6). Schematically, the result of the second announcement is

012.345.6
034.125.6

135.024.6

245.013.6

Clearly, Matilde remains ignorant.

We can also see these two announcements as the execution of a knowledge-based protocol. Given Ángel's hand of cards, there is a (non-deterministic) way to produce his announcement, and given that announcement, Isabel always responds by announcing Matilde's card. The protocol is knowledge-based, because the agents initially only know their own hand of cards, and have public knowledge of the deck of cards and how many cards each agent has drawn from the pack. We can imagine agent Ángel producing his announcement as follows from his initial knowledge:

> Let my hand of cards be ijk and let the remaining cards be $lmno$. Choose one from ijk, say, without loss of generality, i, and choose two from $lmno$, say lm. Three of the hands in my announcement are ijk, ilm, and ino. From lm choose one, say l, and from no choose one, say n. The two remaining hands are jln and kmo. Announce these five hands in random order.

This first step of such a protocol extends to a trivial second step wherein Isabel announces Matilde's card. It can be viewed as an *unconditionally secure* protocol, as Matilde cannot learn any of the cards of Ángel and Isabel, no matter her computational resources. The security is therefore not conditional on the high complexity of some computation.

10.3 Another Solution for the Russian Cards Problem

There is another equally valid solution for the Russian Cards Problem, wherein Ángel announces fewer alternative hands. It goes as follows.

> Ángel says: "I have one of 012, 034, 056, 135, and 246," after which Isabel says: "Matilde has card 6."

Isabel has 345 and learns from Ángel's announcement that Ángel has 012: one or more of Isabel's cards occur in any of these five triples except 012. Whatever Ángel's actual hand of cards, Isabel would have learnt Ángel's card from the announcement, just as for the previous solution. Similarly, no matter Ángel's actual hand of cards is, Matilde would not have learnt any of Ángel's or Isabel's cards:

- Suppose Matilde had card 0. Then Ángel could have had 135 or 246. Matilde now does not learn any of Ángel's or Isabel's cards, because each of the numbers 1, 2, 3, 4, 5, and 6 occurs in at least one of these two hands (so Matilde cannot conclude that Isabel has it) and each of these numbers also is absent in at least one of these two hands (so Matilde cannot conclude that Ángel has it).

- Suppose Matilde had card 1. Then Ángel could have had 034, 056 or 246. Each of 0, 2, 3, 4, 5, and 6 occurs at least once in one of these three hands and also is absent at least once.

- Etcetera. In particular, given that she holds card 6, she cannot learn any of Ángel's or Isabel's cards from the remaining three hands 012, 034 and 135.

Schematically we can visualize the result of Ángel's announcement as follows, where we use the same visual conventions as before: the card deals in a row cannot be distinguished by Ángel and the card deals in a column cannot be distinguished by Matilde, whereas Isabel can distinguish all card deals.

012.345.6	012.346.5	012.356.4	012.456.3			
034.125.6	034.126.5			034.156.2	034.256.1	
		056.123.4	056.124.3	056.134.2	056.234.1	
135.024.6		135.026.4		135.046.2		135.246.0
	246.013.5		246.015.3		246.035.1	246.135.0

We now analyze Isabel's announcement "Matilde has card 6". Isabel can say this truthfully, because she knows the card deal. Ángel obviously learns from this what Isabel's cards are. Isabel's announcement is just as informative as an announcement listing alternatives for her (Isabel's) actual hand of cards:

> Isabel says: "I have one of 345, 125, and 024."

From the 20 deals above, the following three now remain (namely those in the column where Matilde has card 6).

012.345.6
034.125.6

135.024.6

Again, clearly Matilde remains ignorant.

The seven hand announcement in the first solution for the Russian Cards Problem has more symmetry than the five hand announcement in the other solution:

- Every number occurs exactly three times in the seven hand solution, whereas, for example, there are three occurrences of 0 in the five hand solution, but only two occurrences of 1.

- Each pair of numbers occurs exactly once in the seven hand announcement: the pair 01 occurs in 012, as does 02, whereas 03 occurs in 034, etc. Whereas not each pair of numbers occurs in the five hand announcement, for example, pairs 14 and 16 do not occur (and there are more).

- However, not all triples, of which there are $\binom{7}{3} = 35$, occur in the seven hand or in the five hand announcement. Announcing that your hand is one of all 35 triples would be utterly uninformative anyway!

The seven hand announcement is an example of a *block design*, a set of subsets of the same size, called blocks, of a given larger set, and satisfying additional properties [19]. In this case the 'blocks' have size 3; as all numbers occur equally often it is a 1-design; as all pairs also occur equally often it is also a 2-design. However, as some triples occur and others not, it is not a 3-design. Thomas Kirkman of the cited original publication [13] is considered one of the founding parents of design theory.

The five hand announcement can be said to introduce 'bias' towards some numbers against some other numbers: as 0 occurs more than 1 in the announcement, it is biased towards 0, in the sense that the eavesdropper Matilde would be more inclined to guess that Ángel holds 0 than that Ángel holds 1, failing information on the protocol generating the announcement. Such matters are addressed in [3].

10.4 Announcing the Sum Modulo a Prime

The solution for the Russian Cards Problem with the five hand announcement has another incarnation which goes as follows. We recall that the actual deal of cards is 012.345.6.

Ángel says: "*The sum of my cards is* 3 *modulo* 7," *after which*
Isabel says: "*Matilde has card* 6."

This is an instance of the protocol wherein Ángel announces the sum modulo 7 of his cards, after which Isabel announces Matilde's card. The triples with sum 3 modulo 7 are: 012, 046, 145, 136, 235. For example, $2+3+5=10$ and 10 modulo 7 is 3, the number between 0 and 6 such that adding multiples of 7 makes it 10.

These are not the same triples as those of the prior five hand announcement, that were 012, 034, 056, 135, 246. However, the two announcements are still very much alike, because the permutation (1024563) transforms the former into the latter. We note that a permutation can be seen as a bijection from a set to itself. The notation above is a shorthand for the function that maps 0123456 (in that order) to 1024563, i.e., a function f such that $f(0) = 1$, $f(1) = 0$, $f(2) = 2$, etc.

The further treatment of this solution is therefore just as for the solution with a five hand announcement.

Interestingly, instead of Isabel saying that Matilde has card 6, she could also, just as Ángel, have announced the sum of her cards modulo 7 (which in her case would have been $3+4+5 \mod 7 = 5$). And obviously she would not have had to wait for Ángel's first announcement, the two announcements could then be made in any order (they are independent with respect to information and security).

In [4] it is shown that the method of announcing the sum of all cards modulo a prime number delivers a safe announcement for Ángel (in the sense that Matilde does not learn for any card whether Ángel or Isabel holds it) for any deal of cards wherein Ángel and Isabel hold at least three cards but Matilde only one. (And after which Isabel simply announces Matilde's card.) The prime number should be the least natural number equal to or larger than the total number of cards. This digression already prepares the ground for looking at some generalizations of the Russian Cards Problem. The Russian Card problem can be seen as the so-called *distribution type* $(3,3,1)$ of the general case (a, b, c), where Ángel, Isabel, Matilde hold a, b, c cards, respectively. The 'modulo prime' result states that there are solutions for distribution types $(a, b, 1)$ where $a, b \geq 3$.

10.5 A Three-Step Protocol for Ten Cards

Let now Ángel and Isabel each hold four cards and Matilde two cards. This is the distribution type $(4, 4, 2)$. The solutions for $(3, 3, 1)$ that we have seen so far are instances of protocols that can be executed with two announcements, two 'steps' so to speak. Sometimes two steps are not enough. We now first show that no two-step protocol for $(4, 4, 2)$ exists, and we then show that there is a three-step protocol for $(4, 4, 2)$. These results are from [25].

In a two-step protocol, Ángel has to inform Isabel of all his cards in the first announcement, and Isabel's role consists in revealing Matilde's card or cards in the second announcement. After both announcements, Matilde has to remain ignorant. This means that such a first announcement has to be both *informative* (to Isabel) and *safe* (against Matilde).

In order to show that no two-step protocol for $(4,4,2)$ exists, we use the upper and lower bounds for the number of hands in an informative and safe first announcement given in [1], namely by showing that the minimum required number of hands is greater than the maximum possible number of hands. These bounds are as follows, where we recall that $\lceil x \rceil$ is the least natural number larger than or equal to x whereas $\lfloor x \rfloor$ is the greatest natural number smaller than or equal to x.

1. **[1, Prop. 1]** The number of hands in a announcement is at least
$$\left\lceil \frac{(a+b+c)(c+1)}{a} \right\rceil$$

2. **[1, Prop. 2]** The number of hands in a announcement is at least
$$\left\lceil \frac{(a+b)(a+b+c)}{b(b+c)} \right\rceil$$

3. **[1, Prop. 3]** The number of hands in a announcement is at most
$$\left\lfloor \frac{(a+b+c)!(c+1)!}{(b+c)!(c+a+1)!} \left\lfloor \frac{a+c+1}{c+1} \right\rfloor \right\rfloor$$

4. **[1, Prop. 4]** The number of hands in a announcement is at most
$$\left\lfloor \frac{(a+b+c)!(c+1)!}{a!(b+2c+1)!} \left\lfloor \frac{b+2c+1}{c+1} \right\rfloor \right\rfloor$$

For $(4,4,2)$, item 2. delivers a lower bound of 4 and item 3. a higher bound of 12. That is not problematic. However, item 1. delivers a lower bound of
$$\left\lceil \frac{(a+b+c)(c+1)}{a} \right\rceil = \left\lceil \frac{10 \cdot 3}{4} \right\rceil = \lceil 7.5 \rceil = 8,$$
and item 4. delivers a higher bound of
$$\left\lfloor \frac{(a+b+c)!(c+1)!}{a!(b+2c+1)!} \left\lfloor \frac{b+2c+1}{c+1} \right\rfloor \right\rfloor = \left\lfloor \frac{10!3!}{4!9!} \left\lfloor \frac{9}{3} \right\rfloor \right\rfloor = \lfloor \frac{10}{4} \cdot 3 \rfloor = \lfloor 7.5 \rfloor = 7.$$

As a safe and informative first announcement in a two-step protocol for $(4,4,2)$ should therefore contain at least eight and at most seven hands, it cannot exist.

We now give a three-step protocol for $(4,4,2)$. Suppose that the card deal is 0123.4567.89. An execution of the protocol is:

> Ángel says: "I have one of 0123, 0145, 0267, 0389, 0468, 0579, 1289, 1367, 1479, 1568, 2345, 2478, 2569, 3469, 3578" after which Isabel says: "Matilde has one of 03, 12, 89," after which Ángel says "Matilde has 89."

The three announcements are called the three *steps* of the protocol.

The first step employs a *block design* [19]. We recall the definition of a t-design with parameters (v, k, λ) (also called a t-(v, k, λ) design). Relative to a v-set X (i.e., a set with $|X| = v$ elements) this is a collection of k-subsets of X called *blocks* with the property that every t-subset of X is contained in exactly λ blocks. We already observed that for $(3, 3, 1)$, the seven hand announcement consisting of 012, 034, 056, 135, 146, 236, 245 is a 2–$(7, 3, 1)$ design because each number pair occurs once, and also a 1–$(7, 3, 3)$ design, because each number occurs three times. Ángel's announcement is the following 2–$(10, 4, 2)$ design (and also 1–$(10, 4, 6)$ design). It is listed in the database Design DB [8].

0123, 0145, 0267, 0389, 0468, 0579, 1289, 1367, 1479, 1568, 2345, 2478, 2569, 3469, 3578

Given that Ángel holds 0123 and that Isabel holds 4567, we can observe that one of 4, 5, 6, or 7 occurs in any fourtuple that is a possible hand of Ángel except 0123, 0389, and 1289. As before, this has to be verified for any hand of cards that Ángel and Isabel may hold, i.e., for any of the 15 listed fourtuples of the design for each of those any disjoint fourtuple for Isabel

Similarly, for any pair of cards, i.e., for any hand of Matilde, we have to verify that she does not learn for any card other than her own that Ángel or Isabel holds it.

Let us do one case, namely where she holds 0 and 1. From the fifteen hands in Ángel's announcement, there are six containing 0 and six containing 1 (as it is a 1–design with $\lambda = 6$)—of which two contain the pair 01 (as it is a 2-design with $\lambda = 2$): ten hands contain 0 or 1. Consider the five remaining hands 2345, 2478, 2569, 3469, 3578. Some numbers occur three times (2, 3, 4, and 5) and some twice only (6, 7, 8, and 9). But all numbers occur at least once and at least once not. Therefore, Matilde does not learn any card of Ángel (or of Isabel) when she holds 01. It is straightforward to show that this holds not just for 01 but for any pair ij. In particular it holds for Matilde holding 89, in the deal 0123.4567.89, after which Matilde still considers possible the hands 0123, 0145, 0267, 1367, 2345.

Initially $\binom{10}{4}\binom{6}{4} = 3150$ deals of cards are possible (i.e., relevant in order to determine what one of the three players knows). After Ángel's announcement of 15 hands this is reduced to $15 \cdot \binom{6}{4} = 225$ card deals, after Isabel's announcement and Ángel's other announcement this is reduced to the five card deals wherein Ángel holds one of the above listed five hands and Matilde cards 8 and 9.

10.6 Generalizing Russian Cards

Let us survey some other results for distribution types (a, b, c), where Ángel, Isabel, Matilde hold a, b, c cards, respectively; where we recall that the Russian

Card problem can be seen as the $(3, 3, 1)$ instance. When can Ángel and Isabel communicate their hands of cards to each other, and when not? And how many steps are needed in a protocol realizing this? And instead of three players of which two are communicating, we can also consider $m \in \mathbb{N}$ players $a, b, c, \ldots$ of which all but one are communicating.

Protocols that can be executed with two announcements are the already presented solutions for $(3, 3, 1)$ [23, 1, 3] and the 'modulo prime' protocol [4]. We also presented a three-step protocol for $(4, 4, 2)$ [25]. Different generalizations for a varying number of steps in the protocol are found in [21, 20].

The seven hand announcement for $(3, 3, 1)$ can be seen as a solution instance for a card deal of $p^2 + p + 1$ cards for a prime number p, namely for $p = 2$, as $2^2 + 2 + 1 = 7$ [2, Theo. 3]. These seven hands can also be seen as the seven lines of a projective plane of seven points. Protocols further generalizing such geometric treatment (although for Euclidean multi-dimensional geometric space, not for projective geometry) are found in [5, 6]. Such protocols consist of more than two steps. In [5] the protocols consist of four steps, the hand of cards of the player initiating the protocol forms a *line* in geometric space (so a 1-dimensional object), and solutions are presented for parameters (a, b, c) such that a is a power of a prime and $c = \mathcal{O}(a^2)$ (i.e., there is a constant k such that for any a, c is at most $k \cdot a^2$) or $b = \mathcal{O}(c^2)$. In [6] the protocols consist of three steps, the hands of cards are hyperplanes (so given n-dimensional space, a $(n-1)$-dimensional object), and solutions are presented for distribution types (a, b, c) with $b = \mathcal{O}(ac)$. These publications therefore provide various solution methods for (a, b, c) with $c > 1$. This is of interest, as such protocols were somewhat thin on the ground.

Protocols for more than three players are found in [10, 9], about which there is much to say that we will bypass in this survey, and also in [24], that we will present in the next section.

There does not always exist a protocol for two players to exchange their hands of cards, for a card deal of distribution type (a, b, c). For example, this is not possible for the case $(1, 1, 1)$ wherein each player holds one card [12]. Few such impossibility results are known. In fact, this is the only impossibility result we know!

So far, we considered the information requirement that players learn the entire hand of another player, and the security or safety requirement that the eavesdropping player does not learn the ownership of any card not held by herself. More generally we can consider protocols wherein the information requirement is that two communicating players share a *secret bit* [11, 12] (or more of such secret bits). We can see such a bit as the value of a proposition commonly known between the communicating players but not known by the eavesdropper.

How to learn a secret bit can be easily demonstrated by a variation on a solution for Russian Cards, but also in certain question-answer sessions that will be used in the next section. We therefore give examples of both.

Firstly, instead of the five or seven hand announcement for $(3, 3, 1)$, consider the following solution wherein Ángel only give the first three; as usual we assume card deal 012.345.6:

> Ángel says: "I have one of 012, 034, 056," and after that
> Isabel says: "Matilde has card 6."

The first announcement is still sufficient for Isabel to learn Ángel's hand of cards (and the entire card deal), but Matilde also learns that Ángel holds card 0 from the announcement. Still, she does not learn the entire hand. After the first announcement, the proposition 'Ángel holds 012' is a shared bit between Ángel and Isabel: they know between them that the proposition is true, whereas Matilde is uncertain about the value of the proposition: from the hands 012, 034, 056, she can eliminate 056, but she remains uncertain between 012 and 345.

Secondly, a different way to establish a secret bit given card deal 012.345.6 is as follows. Ángel chooses one of his own cards, for example 0, and a card that is not his own, for example 3, and asks Isabel: "Do you hold a card in the set $\{0,3\}$?" As Isabel holds 3, she answers: "Yes." We also assume that it is common knowledge between Ángel, Isabel and Matilde that Ángel selected the cards this way. Ángel and Isabel now share the secret bit that is the value of the proposition 'Ángel holds card 0' (or, alternatively, of the proposition 'Isabel holds card 3').

Based on the underlying protocol, Ángel could have made another choice of a random card not held by himself. If Ángel's question had been "Do you hold a card in the set $\{0,6\}$?" then Isabel's answer would have been "No." Now, Ángel and Isabel do not share a secret bit. Also, Matilde learns from this that Ángel holds card 0, as she knows that according to the protocol one of the cards 0 and 6 must be Ángel's, and as she holds 6. But we do not care about this information leakage. We only care about eventually establishing a secret bit between Ángel and Isabel. This can be achieved! Because Ángel can now choose another card of his own, and another card not held by him, and ask *that* question, for example "Do you hold a card in the set $\{1,3\}$?" As Isabel holds 3, she answers: "Yes." (In this example Ángel knows the answer to the question before hearing Isabel giving it.) Now they share a secret bit. At most two questions and their answers are sufficient to establish a secret bit for distribution type $(3,3,1)$.

10.7 Who Holds the Best Card?

10.7.1 Best Card Protocols

Consider a scenario where different cards have different values. We may number the cards so that 0 is the most valuable, then 1, and so on. Let us now suppose that Ángel and Isabel desire to know the value of the best card they hold between them, without Matilde learning who holds this card. Meanwhile, it is unimportant if Matilde learns who holds other cards, or for Ángel and Isabel to learn other cards for that matter.

Under such conditions we can make a difference between 'good' cards, that can possibly be the best card between Ángel and Isabel, and 'bad' cards, that cannot be this best card, and that therefore can be assigned other roles in protocols to determine the best card. What exactly are those good and bad cards, and what do the players already know? Consider deal 012.345.6.

- Ángel already knows that the best card between him and Isabel is 0. As he holds card 0, he also knows that he holds the best card.

- Matilde also knows that the best card between Ángel and Isabel is 0, because she holds 6, but she does not know that Ángel holds that best card.

- Isabel does not know that the best card between her and Ángel is 0, as she considers it possible that Matilde holds 0. A fortiori, she also does not know that Ángel holds the best card.

Alternatively, consider deal 126.345.0. Now, the best card between Ángel and Isabel is card 1.

- Matilde knows that the best card between Ángel and Isabel is card 1, because she holds the best card from the deck, 0. But she does not know whether Ángel or Isabel holds card 1.

- Ángel holds the best card between him and Isabel, but, unlike before, he does not know that he holds the best card. He considers it possible that Isabel holds 0.

- Isabel, as before, does not know that the best card between her and Ángel is 1 and she also does not know that Ángel holds it. For Isabel, the situation is indistinguishable from the other deal, wherein she holds the same hand.

Given that Matilde holds one card, the best card between Ángel and Isabel can be 0 or 1. Given some deck of distribution type (a, b, c), the best card can be any of the best $c + 1$ cards of the deck, so, given our numbering scheme, it can be any of the cards $0, \ldots, c$. From now on those are called the *good* cards and the remaining cards are called the *bad* cards. We can define this similarly for m communicating agents plus an eavesdropper.

In intuitive terms, the *best-card Russian Cards Problem* can now be defined as follows:

> *A group of $m \geq 2$ agents and an eavesdropper each draw cards from a publicly known deck. The cards in the deck are linearly ordered by value, and the agents wish to communicate in order to know the value of the best card between them, without the eavesdropper*

learning which of them holds this card. However, the agents in the group share no private information, and the eavesdropper, who has unlimited computational capacity, can intercept all communications between them. Can the group of agents achieve this?

Various protocols for this best-card problem are given in [24]. Instead of detailed protocols, we give examples of their executions.

10.7.2 Two-Step Best-Card Protocols

Maybe surprisingly, or not so surprisingly, there is a lot we can we can explain using the familiar distribution type $(3,3,1)$ of a deck $0, \ldots, 6$. To distinguish such *best-card solutions* from those presented in the previous sections we call the latter *all-card solutions*; namely, it is then required for *all* cards of the communicating players to be known to each other, instead of only the *best* card.

Let us assume again that the card deal is 012.345.6. Consider the following:

Ángel says: "I have one of 012, 034, 135, 246," after which
Isabel says: "The best card between us is 0."

After Ángel's announcement the following card deals remain

012.345.6	012.346.5	012.356.4	012.456.3				
034.125.6	034.126.5			034.156.2	034.256.1		
135.024.6		135.026.4		135.046.2		135.246.0	
	246.013.5		246.015.3		246.035.1		135.246.0

and after Isabel's announcement (which is equivalent to saying that Matilde does not have 0) the following card deals remain — very few are eliminated, namely only 135.246.0 and 246.135.0 wherein Matilde holds 0. It would also have been safe for Isabel to announce that Matilde holds 6, as in the previous version of the problem, which leads to a far greater restriction.

012.345.6	012.346.5	012.356.4	012.456.3		
034.125.6	034.126.5			034.156.2	034.256.1
135.024.6		135.026.4		135.046.2	
	246.013.5		246.015.3		246.035.1

Ángel's announcement of $012, 034, 135, 246$ can generated in different ways. As the good cards are 0 and 1, there are four possibilities: Ángel may have neither, one, the other, or both. The four triples embody these four possibilities. The bad cards can be assigned in different ways to these triples [24], as long as they satisfy certain constraints. The assignment must obviously be such that Ángel's actual hand is one of those triples.

It is tempting to say that the four hand best-card solution for $(3,3,1)$ is more useful than the five hand and seven hand all-card solutions for $(3,3,1)$, because the four hand solution can be used to show that there is a two-step, four-hand, best-card solution for distribution type $(a, b, 1)$ for any $a, b \geq 3$. (It is not known whether $(3, 2, 1)$ is best-card solvable.) The only difference with $(3, 3, 1)$ is that there are then more bad cards, and we don't care if these bad cards are revealed to the eavesdropper Matilde. Again, we show this by two typical examples.

Instead of distribution type $(3, 3, 1)$, consider $(4, 3, 1)$ wherein Ángel has four cards instead of three. Suppose Ángel holds 2467. Then, instead of Ángel saying that he has one of $012, 034, 135, 246$, he says that he has one of

$$0127, 0457, 1467, 2357.$$

In other words, he simply reveals his bad card 7 to eavesdropper Matilde and to Isabel. Note that it is still the case that Matilde does not learn whether Ángel or Isabel has card 0 or, in case Matilde has 0, has card 1. If Matilde holds 0 she remains uncertain between 1467 and 2357, and if she holds 1 she remains uncertain between 0457 and 2357. Etcetera for bad cards she might hold. She cannot hold 7, because Ángel revealed that he has 7. Also, it is still the case that Isabel learns Ángel's cards, for the same reasons as before.

Let us now vary the hand of Isabel. Instead of distribution type $(3, 3, 1)$ consider $(3, 5, 1)$ wherein Ángel still has three cards but Isabel has five cards instead of three. This is even easier, because Ángel can now make the same announcement of 012, 045, 146, 235. Cards 7 and 8 do not occur in the announcement, so if Matilde does not have 7 or 8, she learns that Isabel has 7 and 8; if she has 7, she learns that Isabel has 8, etcetera. But these are bad cards, so it does not matter. We further recall that all bad cards are interchangeable: for example, if Ángel has cards 7 or 8, some different assignment of bad cards to the four triples should be made, in which case two other bad cards than 7 or/and 8 will not occur in the announcement. A different way of saying this is that for any card deal, some permutation of bad cards can transform the above four triples into some other four triples that include Ángel's hand.

Now, we consider a deal of distribution type $(5, 5, 2)$. Since this deck has twelve elements, we will use hexadecimal notation and number the cards $0, \ldots, 9, A, B$. By way of a Haskell program that could verify certain information and safety conditions, it was shown that a best-card solution for $(5, 5, 2)$ that consists of ten hands (quintuples) for Ángel's announcement, represented hexadecimally, is

Ángel says: "I have one of $0147B, 0259A, 13489,$

$156AB, 23456, 789AB, 05689, 0368A, 1237A, 12679,$ *" after which*

Isabel says: "The best card between us is x." (Where x is 0, 1 or 2, depending on the card deal.)

It is tedious, but possible, to check by hand that this is indeed a best-card solution. Note that Isabel may not learn all of Ángel's cards. For example, if Isabel holds 0458B she remains uncertain between Ángel holding 1237A and 12679, so that she does not learn whether Ángel holds the card 3 (or 6, or A). As these are bad cards, she does not care.

No solution with fewer than ten hands for $(5,5,2)$ is known. It is also not known if ten is the minimal required number of hands.

Similar to the generalization from $(3,3,1)$ to $(a,b,1)$ for $a,b \geq 3$, we can lift this construction to all $(a,b,2)$ with $a,b \geq 5$. This gets us additional best-card solutions for distribution types for which it is known that no all-card solution can exists with so few hands. For example, the announcements above are also a ten-hand, two-step, best-card solution for $(5,10,2)$. By the lower bounds of [1, Prop. 1] and [1, Prop. 2] (items 1. and 2. in the section on the three step protocol for $(4,4,2)$) an all-card solution, if it exists, should consist of more than 10 hands.

No two-announcement solutions for $(a,b,2)$ with Ángel or Isabel smaller than 5 are known. In particular, it is an open question whether a two-step best-card solution exists for $(4,4,2)$. If one were to exist, this would be of interest, where we recall that no two-step all-card solution exists for $(4,4,2)$. It is also not known if $(4,3,2)$ is best-card solvable.

10.7.3 Public Code Protocol and Private Code Protocol

Other protocols for best-card solution do not consist of two steps but of two stages, where each stage may consist of various steps. In the first stage the communicating agents collect secret bits between them, and in the second stage they use these shared secret bits to communicate what the best card is between them, and without the eavesdropper learning this. This approach is used in the *Public Code Protocol* and in the *Private Code Protocol*. We first present the Public Code Protocol, by example only.

Let the card deal be 012.3456.7. The good cards are 0 and 1. The bad cards are $2, \ldots, 7$.

Since the bad cards play a somewhat secondary role in the best-card problem, Ángel and Isabel can use them to their advantage, namely by performing a secret-bit-exchange protocol on them. The secret bits obtained can then be used as a so-called *one-time pad*. This is a way to encrypt a message between them, for example who holds the best card between them.

In the deal 012.3456.7, Isabel's cards are all bad. She will use these cards to generate a shared secret code with Ángel. She will proceed just as in the example of secret bit exchange in the previous section. Isabel chooses two bad cards x_0, x_1 such that she holds exactly one of them, and asks Ángel: "Do you hold one of (x_0, x_1)?" If Ángel answers *yes*, then this produces a secret bit between them, for example $\iota \in \{0,1\}$ is the value such that Ángel holds x_ι. Note that it is important that Isabel randomizes which of x_0, x_1 she actually holds, since if (say) she always holds the first card she mentions, then Matilde would know that Isabel holds x_0.

For example, Isabel could ask Ángel whether he holds one of (3, 2), to which Ángel answers "*Yes*." This allows them to share a secret bit ι, where for example $\iota = 0$ if Ángel holds 3 (the first card mentioned by Isabel), and $\iota = 1$ if Ángel holds 2. Therefore, in this case, $\iota = 1$. This secret bit can be used as a one-time pad for Ángel to let Isabel know the value of his best card: for example, he can say, *If $\iota = 0$ then my best card is is 1 or worse, and if $\iota = 1$ my card is 0*. By comparing Ángel's best card to her own, Isabel can deduce the best card held between Ángel and her, and who holds that card. In this case, as $\iota = 1$, Isabel can conclude that Ángel holds the best card between them and that it is 0. As Matilde does not know the value of ι, this is an encryption hidden from her.

However, there is some luck involved in Isabel's selection of these two cards. If, instead, Isabel had asked Ángel whether he holds a card of (4, 7), he would have answered "*No*." Now, Matilde knows that Isabel holds the card 4. Fortunately this is not an issue, as 4 is one of the bad cards. Moreover, unlike Ángel, Isabel holds many bad cards, so she can 'afford' to waste some of them. In the next step Isabel can ask Ángel if he holds a card of (5, 2), to which Ángel would answer "*Yes*," once again giving them a shared secret bit.

This concludes the demonstration of the *Public Code Protocol*.

In this particular example Isabel (but not Ángel) learns Matilde's *only* card, and thus the entire deal. However, it is not necessary for Isabel to learn Matilde's full hand during the exchange.

Although card deal 012.3456.7 of distribution type (3, 4, 1) is merely an example, these are also the smallest parameters (a, b, c) that guarantee successful execution of the Public Code Protocol. If the deal had been 012.345.6 of type (3, 3, 1), then if her first question had been whether he holds one of (6, 3), Isabel would have run into trouble. Ángel's answer to the first question would have been "No." Isabel still has two other bad cards 4 and 5, so her next question to Ángel could have been "Do you hold one of (2, 4)?," to which Ángel would have responded "Yes." The problem is that initially Matilde does not know that Isabel has more than one bad card. As she holds a bad card, she considers it possible that Isabel holds both good cards 0 and 1. And if that had been the case, then if Isabel were to ask another question to Ángel, that would have revealed that she does not have both 0 and 1.

To avoid information leakage caused by these kinds of phenomena, there are even further restrictions on the cards that Ángel and Isabel may use to collect secret bits. Obviously, they may not use good cards, but a player who only holds bad cards, still will not use one of her bad cards in this bit-sharing stage of the protocol. Otherwise, when a player runs out of bad cards when collecting bits, this would have meant that all that player's remaining cards were all good, which would be informative for the eavesdropper. The bit exchange part of the Public Code Protocol is therefore played on a *virtual card deal* on the deck of all bad cards. The virtual card deal is formed from the actual card deal as follows. All communicating players (virtually) discard their good cards if they have any, and randomly (virtually) discard a bad card if they do not have any good cards. The eavesdropper is (virtually) given all the remaining bad cards and the discarded bad cards. For example, given the above card deal 012.3456.7, the bit exchange part of the protocol is played on deal 2.456.37 consisting of all the bad cards (and where card 3 was randomly chosen to discard by Isabel). In this virtual card deal Matilde has more cards than in the actual card deal. But this does not matter, because she never answers to questions "Do you hold one of (x_0, x_1)?" We could have given her a million bad cards.

The Public Code Protocol, employing results as above for bit exchange protocols by Fischer and Wright [11], implements these ideas for m agents and one eavesdropper. Virtual card deals play an important part in this protocol (and also in the Private Code Protocol, presented below), as explained in detail in [24]. For the Public Code Protocol there is the following result. Given a distribution type (a, b, c), let ℓ be $\lceil \log_2(c+1) \rceil$ and suppose that $a, b \geq c + \ell + 1$ and at least one of the inequalities is strict. Then the Public Code Protocol gives a best-card solution. The lower bound satisfying this is $(3, 4, 1)$ just illustrated.

For more than two communicating agents, the numbers of cards needed to establish shared bits with the Public Code Protocol are very large: thousands of cards. This is because the bits have to be shared between more than two agents.

For example, let there be three communicating agents Ángel, Isabel, Juan Antonio, and an eavesdropper Matilde, where Matilde holds two cards. The requirements of the Public Code Protocol give a lower bound of the size of the deck of 3437 cards. A 4-bit-exchange protocol exists when we give each of the three communicating players somewhat under 1200 cards. Once these bits have been gathered, two bits can be used by Ángel to communicate whether his best card is 0 (the best card in the deck), 1, or 2 or worse, and the other two bits can be used by Isabel to similarly communicate whether her best card is 0, 1, or 2 or worse. After this, Juan Antonio can publicly announce the best card between Ángel, Isabel, and himself. From this all three of them can deduce who holds this best card. For example, if Ángel's secret message is that he holds 1 whereas Isabel's secret message is that she holds 2 or worse, then if Juan Antonio publicly announces that the best card between them is 0, all three have learnt that Juan Antonio holds 0. If Juan Antonio had announced that it is 1 instead, they learn that Ángel holds it. Juan Antonio's announcement is based on what he knows to be his own best card, and on what he learnt to be the best cards of Ángel and of Isabel. Therefore, he could not have announced given this knowledge that the value of the best card between them is 2 or more. But for other outcomes, this is of course possible.

An alternative to the Public Code Protocol is the *Private Code Protocol*, that is also presented in [24]. Instead of shared bits between more than two agents, it establishes chains of bits shared between two agents. So, suppose that Isabel and Juan Antonio each share enough secret bits with Ángel, but not with each other. They can use this information to tell Ángel the value of their best card. Ángel can then publicly announce the value of the best card held between the three of them, and use the remaining secret bits to privately inform each of Isabel and Juan Antonio. Using this idea, the following result can be obtained. Given distribution type (a, b, c, d) and $\ell = \lceil \log_2(d+2) \rceil$, then, if $a, b, c > 2(d + \ell + 1)$, this Private Code Protocol is (best-card) secure and informative for (a, b, c, d).

For an example, let Matilde hold a single card. The above prescribes that $a, b, c > 2(1 + 2 + 1) = 8$. So for the distribution type $(9, 9, 9, 1)$, the Private Code Protocol already provides a best-card solution. If Matilde holds two cards, we similarly obtain a solution for $(11, 11, 11, 2)$. This is a stark contrast with the previous example, for the Public Code Protocol, wherein a best-card solution was only guaranteed for $(1145, 1145, 1145, 2)$.

It seems possible to modify the Private Code Protocol for more than three communicating agents (so for more than four agents altogether, also counting the eavesdropper). However, we are not aware of any protocols that achieve such a private, but not public, bit exchange for more than three communicating agents. It is likely that private bit exchange with more than three communicating agents can be achieved using a smaller deck than is required for public bit exchange, just as in the above examples for three communicating agents.

All known all-card solutions (be it in two or more steps) require the deck to be at least quadratic on the eavesdropper (see e.g. [1, 5]). On the other hand, the Public Code Protocol only requires Ángel and Isabel to have linearly many cards as the eavesdropper Matilde. This suggests that there are many best-card solvable cases that are not all-card solvable. With more than two communicating agents the contrast between all-card and best-card solvability is starker; in fact, *no* all-card solutions are currently known when the eavesdropper holds cards and there are at least three communicating agents.

Bibliography

[1] M.H. Albert, R.E.L. Aldred, M.D. Atkinson, H. van Ditmarsch, and C.C. Handley. Safe communication for card players by combinatorial designs for two-step protocols. *Australasian Journal of Combinatorics*, 33:33–46, 2005.

[2] M.H. Albert, A. Cordón-Franco, H. van Ditmarsch, D. Fernández-Duque, J.J. Joosten, and F. Soler-Toscano. Secure communication of local states in interpreted systems. In *International Symposium on Distributed Computing and Artificial Intelligence*, Advances in Intelligent and Soft Computing, Vol. 91, pages 117–124. Springer, 2011.

[3] M.D. Atkinson, H. van Ditmarsch, and S. Roehling. Avoiding bias in cards cryptography. *Australasian Journal of Combinatorics*, 44:3–17, 2009.

[4] A. Cordón-Franco, H. van Ditmarsch, D. Fernández-Duque, J. J. Joosten, and F. Soler-Toscano. A secure additive protocol for card players. *Australasian Journal of Combinatorics*, 54:163–176, 2012.

[5] A. Cordón-Franco, H. van Ditmarsch, D. Fernández-Duque, and F. Soler-Toscano. A colouring protocol for the generalized Russian cards problem. *Theor. Comput. Sci.*, 495:81–95, 2013.

[6] A. Cordón-Franco, H. van Ditmarsch, D. Fernández-Duque, and F. Soler-Toscano. A geometric protocol for cryptography with cards. *Designs, Codes and Cryptography*, 74(1):113–125, 2015.

[7] C. Dixon. Using temporal logics of knowledge for specification and verification–a case study. *Journal of Applied Logic*, 4(1):50–78, 2006.

[8] P. Dobcsányi. Design db, 2011. http://batman.cs.dal.ca/~peter/designdb/.

[9] D. Fernández-Duque. Perfectly secure data aggregation via shifted projections. *Information Sciences*, 354:153–164, 2016.

[10] D. Fernández-Duque and V. Goranko. Secure aggregation of distributed information. *Discrete Applied Mathematics*, 198:118–135, 2016.

[11] M.J. Fischer, M.S. Paterson, and C. Rackoff. Secret bit transmission using a random deal of cards. In *Distributed Computing And Cryptography, Proceedings of a DIMACS Workshop*, pages 173–182, 1989.

[12] M.J. Fischer and R.N. Wright. Bounds on secret key exchange using a random deal of cards. *Journal of Cryptology*, 9(2):71–99, 1996.

[13] T. Kirkman. On a problem in combinations. *Camb. and Dublin Math. J.*, 2:191–204, 1847.

[14] A. Koch and S. Walzer. Foundations for actively secure card-based cryptography. Cryptology ePrint Archive, Report 2017/423, 2017. https://eprint.iacr.org/2017/423.

[15] K. Koizumi, T. Mizuki, and T. Nishizeki. Necessary and sufficient numbers of cards for the transformation protocol. In K.-Y. Chwa and J. Ian Munro, editors, *Computing and Combinatorics, 10th Annual International Conference (COCOON 2004)*, LNCS 3106, pages 92–101. Springer, 2004.

[16] V. Niemi and A. Renvall. Secure multiparty computations without computers. *Theoretical Computer Science*, 191(1):173 – 183, 1998.

[17] S. Rajsbaum. A distributed computing perspective of unconditionally secure information transmission in Russian cards problems. Available on https://arxiv.org/abs/2009.13644, 2020.

[18] A. Stiglic. Computations with a deck of cards. *Theoretical Computer Science*, 259(1–2):671–678, 2001.

[19] D.R. Stinson. *Combinatorial Designs – Constructions and Analysis*. Springer, 2004.

[20] C.M. Swanson and D.R. Stinson. Additional constructions to solve the generalized Russian cards problem using combinatorial designs. *Electronic Journal of Combinatorics*, 21(3):3–29, 2014.

[21] C.M. Swanson and D.R. Stinson. Combinatorial solutions providing improved security for the generalized Russian cards problem. *Designs, Codes and Cryptography*, 72(2):345–367, 2014.

[22] I. Ueda, D. Miyahara, A. Nishimura, Y. Hayashi, T. Mizuki, and H. Sone. Secure implementations of a random bisection cut. *Int. J. Inf. Sec.*, 19(4):445–452, 2020.

[23] H. van Ditmarsch. The Russian cards problem. *Studia Logica*, 75:31–62, 2003.

[24] H. van Ditmarsch, D. Fernández-Duque, V. Sundararajan, and S.P. Suresh. Who holds the best card? Secure communication of optimal secret bits. Under submission, 2020.

[25] H. van Ditmarsch and F. Soler-Toscano. Three steps. In *Proc. of CLIMA XII*, LNCS 6814, pages 41–57. Springer, 2011.

[26] H. van Ditmarsch, W. van der Hoek, R. van der Meyden, and J. Ruan. Model checking Russian cards. *Electronic Notes in Theoretical Computer Science*, 149:105–123, 2006.

[27] S. van Otterloo, W. van der Hoek, and M. Wooldridge. Model checking a knowledge exchange scenario. *Applied Artificial Intelligence*, 18(9-10):937–952, 2004.

[28] Y. Wang. *Epistemic Modelling and Protocol Dynamics*. PhD thesis, Amsterdam University, 2010.

Capítulo 11

Putnam's Reference Theory, Semantic Externalism and his Views on Realism

LUIS FERNÁNDEZ MORENO
Universidad Complutense de Madrid

11.1 Introduction

Initially in his articles published in the first half of the 1970s Putnam put forward a reference theory on natural kind terms which involves semantic externalism.[1] Semantic externalism concerns not only the notion of reference but also the notion of meaning; however, since according to Putnam's theory, the reference or extension of natural kind terms is a component of their meaning, externalism of meaning is based on externalism regarding reference, and thus in the following, by "semantic externalism" I will understand the latter. According to Putnam's reference theory, the reference of *natural kind terms* is determined by factors that are *external* to the individual speaker, mainly by (the underlying properties of) the entities of the kind in our *environment* —in this regard Putnam speaks of "the contribution of the environment" (1975b: 271; 1988: 30)—, although also by other speakers of our linguistic community, the *experts*, to whom the lay speakers are willing to defer the determination of the reference of the natural kind terms as those non-expert speakers use them

---

[1] Two of the most important formulations of Putnam's reference theory and of the semantic externalism linked to the former are contained in Putnam (1973) and (1975b); however, the content of the former is identical, except for footnote 2 of that paper, with a part of (1975b), and this article has to be considered as the classic wording of Putnam's reference theory and hence of his semantic externalism. Another good exposition of both views is contained in the second chapter of Putnam (1988).

—on this matter Putnam speaks of "the contribution of the society" (ibid: 245) and he asserts that "reference is *socially* fixed" (1988: 25). However, since Putnam has held different views on realism, the aim of this article is to outline his views on *realism*, especially in order to make explicit their relationships with his reference theory and his semantic externalism.

At least since the 1960s (see Putnam 2013b: 95) Putnam has always embraced the view he calls *scientific realism* (2015a: 91), which, following Richard Boyd's formulation, Putnam characterizes as the position according to which theories accepted in a mature science are typically approximately true, terms in a mature science typically *refer* and terms appearing in different theories can have the same referent (see 1975a: 73). Scientific realism is compatible with Putnam's reference theory and thus with semantic externalism. Moreover, it may be claimed that his reference theory provides a basis for the former, since the characterization of scientific realism involves the notion of *reference*.

Nonetheless, Putnam has maintained at different stages, besides scientific realism, various philosophical views on realism, which can be classified into three types: metaphysical realism, internal realism and natural realism.

11.2   Metaphysical realism and Putnam's critique

In (1960) Putnam assumed a position similar to the one he has labelled *metaphysical realism*, which is conceived as a picture of the relations of a correct theory with the world (or with parts of the world). Putnam has presented different characterizations of this sort of realist position, but the following claims can be considered as the *main* theses of metaphysical realism:

a) The world consists of a fixed totality of language-independent objects (and properties, including relations).

b) There is a unique reference relation between signs of the language and objects (or sequences of objects) of the language-independent world which constitutes the basis of the truth and falsity of our sentences.

c) There is a unique True Theory (i.e., a unique true and complete description) of the world.

In the characterization of metaphysical realism in this technical sense, language-independence involves also mind-independence, and truth is conceived as a *correspondence* relation (holding for all languages and all theories) with the world in itself. In this regard, Putnam has emphasized one consequence of metaphysical realism concerning the nature of *truth*. The truth of our sentences depends on their interpretation and on how the world is, but since metaphysical realism claims that the world is *independent* of our beliefs about it, truth - and the correspondence relation - is independent of justification, even of idealized justification. As a result, according to metaphysical realism truth is radically *non-epistemic*: an epistemically ideal theory could be false.

Putnam has put forward several critical lines of reasoning on the metaphysical realism understood in that way, the most famous being the model-theoretic argument and the brains in a vat argument.[2]

The *model-theoretic argument* against metaphysical realism[3] aims to show that an epistemically ideal theory cannot be false and that there is no unique reference relation between items in the language and items in the world which constitutes the basis for the truth and falsity of our theories.

The premises of the model-theoretic argument are of two kinds. The first ones are a prerequisite for the application of model-theoretical notions. In particular, it is supposed that we have formalized the language we are taking into consideration, let us say, in a first-order language; thus, our beliefs and theories about the world are stated in a *formalized language*. The interpretation of the non-logical constants of this language will be established in the standard way, i.e., by means of a *reference* function (reference relation). The other kind of premises concerns the position against which the argument is directed, i.e., the metaphysical realism, characterized by the three theses indicated above and the consequences from them, especially the claim that an epistemically ideal theory could be false.

What is meant by an "epistemically ideal theory" can be made clearer with the aid of two kinds of constraints that an acceptable theory must satisfy. First, the theory must agree with the experience, i.e., it has to be empirically adequate. The correlations between the truth-values of sentences and the experience are expressed by operational constraints; thus, an acceptable theory must satisfy appropriate *operational constraints*. Second, from an acceptable theory it is required that it has such desirable formal properties as consistency, simplicity, elegance, etc.; this sort of requisites are *theoretical constraints*. Thus, an acceptable theory must satisfy operational and theoretical constraints. An *epistemically ideal theory* is a theory that satisfies the operational and theoretical constraints that we would impose at the ideal limit of rational inquiry, i.e., a theory which at that ideal limit we would be most justified to accept.

Notwithstanding, we can reinterpret the operational and theoretical constraints as constraints on *theory interpretation* rather than on theory acceptance. We have assumed that our theories are expressed in a formalized language whose non-logical constants are interpreted in the standard way, i.e., by means of a reference function. Then the operational and theoretical constraints will restrict the admissible interpretations of the language in which we state our theories, in the sense that the sentences of the language which are true according to these interpretations are to meet such constraints. In particular, an epistemically ideal theory T_i (or the language in which T_i is formulated), is interpreted by means of a reference function which satisfies the operational

---

[2]However, there is a broader notion of metaphysical realism that Putnam later came to accept; on this matter see section 4, and especially note 10. Up to that section we will understand metaphysical realism in the technical aforementioned sense.

[3]Putnam has formulated the model-theoretic argument in different writings such as (1977), (1981) and (1989).

and theoretical constraints that we would impose on the ideal limit of rational inquiry.

At this point, the argument proceeds in the following way. Let us assume that the world has an infinite number of objects; let us designate its cardinality by β. Let us assume that T_i is an epistemically ideal theory that affirms that the world consists of β objects. Thus, at least concerning the cardinality of the world, T_i is true. On the other hand, T_i is a consistent theory, as it is epistemically ideal. But then T_i, according to the (extended) completeness theorem, is satisfiable, i.e., has models. Let M be a model of T_i with cardinality β and let us assume that M is the model of T_i under the reference relation R. The domain of the function R consists of the primitive non-logical constants of our language and its range is M (elements of M or sequences of them). As M is a model of T_i, T_i is true in M. If M is not the world, let us map M one-to-one into the world by means of the function f. Then the world is also a model of T_i; thus, T_i is true in the world, i.e., T_i is true. Therefore, T_i cannot be false.

Thus, since an epistemically ideal theory could not be false, truth cannot be radically non-epistemic, i.e., truth cannot be quite independent from *idealized justification*. In addition, from here it follows that the world cannot be quite distinct from what we believe it to be — or from what we would believe it to be at the ideal limit of rational inquiry.

However, the argument can continue as follows. Let us call R' the function resulting from the composition of the functions R and f mentioned above. R' makes T_i true, but there are many other reference relations which also make T_i true. These reference relations can be obtained by means of a permutation of the world, the range of R';[4] since the range of such reference relations is isomorphic to the world, they would also make T_i true.[5] Thus, there is *not* a *unique* reference relation between terms of our language and entities in the world (and sequences of them) which constitutes the basis of the truth and falsity of our sentences. There are many reference relations that determine the same set of true sentences — infinite relations, if the world contains infinite objects. Thus, fixing the set of true sentences of a language is not enough to fix the *reference* of its terms. From here it follows that the constraints which restrict the admissible interpretations of the items in a language[6] and hence the set of the true sentences of the corresponding theory leaves the reference

---

[4] One can also obtain reference relations distinct from R' that would make T_i true resorting to the Downward Löwenheim-Skolem Theorem, which establishes that if a first-order theory has a model with an infinite cardinality it also has models with smaller infinite cardinalities. Thus, if we assume that T_i is satisfiable by the world M and that the cardinality of M is non-denumerable, then there are subsets of M that are countable and are also models of T_i. The reference relations involved in these other models are obtained by restricting R' to such subsets of the world.

[5] As it is well known, a theorem of model theory establishes that if two models are isomorphic, then they are elementarily equivalent, i.e., they satisfy (that is, make true) the same first-order sentences.

[6] Putnam's argument does not depend on a particular list of theoretical constraints, but it requires that theoretical as well as operational constraints be epistemic.

*indeterminate.*⁷

The conclusion that there is not a unique reference relation which constitutes the basis of the truth and falsity of a theory also applies to the unique True Theory of the world assumed by the metaphysical realist; there are *many* different reference relations which would make this theory true. Metaphysical realism assumes that there is only one *intended* reference relation, but according to Putnam the metaphysical realist does not have an acceptable way to specify such relation and thus according to metaphysical realism the reference of our terms is indeterminate, an inadmissible conclusion. If we do not assume in Putnam's words a "magical theory of reference" (Putnam 1983: 16), that is, that our mental and linguistic representations intrinsically refer, a claim conflicting with Putnam's reference theory and his semantic externalism, then metaphysical realism has not explained the determinacy of *reference*, and cannot explain how language connects with the *world* or how we can have access to external things.

Besides the model-theoretic argument, Putnam has put forward another argument against metaphysical realism or rather against the metaphysical realist's claim that truth is radically non-epistemic: the *brains in a vat* argument. The premise of this argument is that if truth is radically non-epistemic it could happen that all our beliefs about the world were false, and in that case we could imagine, for instance, that all human beings are (and have always been and will be) brains in a vat. Thus, if we are all brains in a vat, then when we asserted the sentence "We are brains in a vat" this sentence should apparently be true. But according to Putnam this sentence cannot be true. In this regard, Putnam assumed his reference theory and hence his semantic externalism. According to Putnam's theory, the reference of our terms is fixed by *external* factors, mainly by entities of the environment, but if we are brains in a vat, we have never had any causal interaction with such external factors. Thus, when we uttered the sentence "We are brains in a vat", then "what we mean [...] is that *we are brains in the image* or something of that kind (if we mean anything at all)" (Putnam 1981: 15). Nevertheless, since part of this thought experiment is that we would be brains in a vat but not brains in the image, the sentence "We are brains in a vat" has to be *false*.⁸

11.3   Internal realism

Putnam's critique of metaphysical realism was linked to his support of a view called *internal realism*, whose core is *verificationist semantics*. According to in-

---

⁷Putnam alleges in (1981) that, even fixing the truth values of every sentence of a language of a theory in every possible world - and not only in the actual world - the reference of the terms remains indeterminate.

⁸Putnam's model-theoretic argument and the "brains in a vat" argument have given rise to a vast bibliography, but the aim of the present paper is not to examine the different interpretations, positions or critiques of other authors about them, but to place those arguments in the framework of Putnam's reference theory and his semantic externalism.

ternal realism, truth is conceived as "idealized rational acceptability" (Putnam 1989: 353) or "verifiability under epistemically ideal conditions" (Putnam 2012: 59 and 2015a: 83) - or rather verifiability under sufficiently good epistemic conditions (see Putnam 2000: 127). Verificationist semantics would guarantee that an epistemically ideal theory is true. The period in which Putnam maintained internal realism was from 1976 to 1990, the first date being the one corresponding to a lecture delivered by Putnam in December of 1976, and published as (1977), and the last date, the one when he publicly renounced to internal realism, is that of his first three replies to the papers delivered at a conference on his philosophy in November 1990; the papers presented at that conference and Putnam's replies were published as (1994a) (see Putnam 2012: 53, and 56, n. 11).

Nonetheless, since Putnam always accepted scientific realism and, on the other hand, he supported at various times metaphysical realism and internal realism, these two positions have to be considered as *compatible* with scientific realism. The way Putnam regarded internal and scientific realisms as compatible,[9] is shown in the following passage:

> "One could accept scientific realism as a *part* of science, as something *internal* to science, while adopting an antirealist [i.e., an internal realist] view of language as a whole, including scientific language." (Putnam 2012: 56).

In other words, one can accept scientific realism but *reinterpret* the whole language and hence all scientific hypotheses, including the theses of scientific realism, according to a verificationist semantics; thus scientific realism and internal realism turn out to be compatible.

In the period in which Putnam accepted internal realism he came to accept a *disquotational theory of reference* according to which we understand the notion of reference by learning assertability conditions of the sort "'Cat' refers to an object X if and only if X is a cat" (Putnam 1983: XV), where the use of 'cat' presupposes that we understand that word, and Putnam's account of understanding is at that time *verificationist*. Nevertheless, Putnam recognizes that "there is a fact of the matter as to what is rightly assertible for us" (Putnam 1983: XVIII), and since Putnam intends at that period to also hold *semantic externalism*, the way to make this compatible with that disquotational theory would consist in including *external factors* in this "fact of the matter".

At the time when Putnam sustained internal realism, whose core as already said is verificationist semantics, he put forward as a part of internal realism the thesis of conceptual relativity. According to this thesis, the logical - and ontological - basic concepts like those of object, essence, existence, identity, property, etc. and their corresponding linguistic expressions do not have an

---

[9]Concerning the compatibility of scientific realism and metaphysical realism see the section "Scientific realism as metaphysics" of Putnam (1982), although in that section Putnam criticizes metaphysical realism and hence the variety of scientific realism which assumes metaphysical realism.

absolutely precise use, but an extensible family of uses, as a result of which depending on the type of uses we make of those concepts or expressions or, if preferred, for which of the possible languages or conceptual schemes constituted by those uses we opt, the same situation, in a common sense understanding of the "same" situation, can be described in different ways, and the sentences expressing those different descriptions can be equally true. One of the examples more commonly used by Putnam to illustrate the phenomenon of conceptual relativity (see, e.g., Putnam 1987: 18 ff., 1994a: 243 f. and 2004: 38 ff.) can be put as follows. Let us take into consideration a world in miniature and adopt, e.g., the sort of language employed by Carnap in the decade of the fifties when he formulated his systems of inductive logic, in such a way that the sentence "That world contains three objects" is true, where the expression "object" is being used in the way Carnap employed the expression "individual". Nonetheless, the sentence "That world contains seven objects" - and therefore not only three objects - is true if the expression "object" is being used in the framework of a mereological system — and if leaving aside the null object accepted in some mereological approaches. Thus, a same situation, in a common sense understanding of the "same" situation, can be described as involving a different number of objects and different sorts of objects. However, although we have at our disposal different languages or conceptual schemes and hence different possible conventions for the employment of the basic logical — and ontological — notions, once we have indicated how we are using the notions in question, the answers we give to questions including those notions or their corresponding expressions - for instance, the question of how many objects exist - are not subject to convention. Put in another way, the answers to such questions are relative to the choice of a language or conceptual scheme, but this does not prevent such answers from being objectively true or false, i.e., their truth or falsity does not simply depend on what we think.

Conceptual relativity conflicts with metaphysical realism in the technical sense aforementioned. Conceptual relativity clashes with thesis a) mentioned above; since according to conceptual relativity the term "object" has a family of uses, it makes no sense to talk of the "totality of objects". However, conceptual relativism also conflicts with thesis b) of metaphysical realism, since the claim about the term "object" also applies to the term "refers"; it also has a family of uses. Nonetheless, Putnam has come to allege the compatibility of conceptual relativity and metaphysical realism, if the latter is understood more broadly than in Putnam's criticism of this view, i.e., as the position that rejects verificationism as well as Putnam's claim in his internal realist phase that conceptual schemes make up the only "world" we can speak of. A metaphysical realist who accepts conceptual relativity will claim that the world and its states are mind-independently real, but they can be described in different ways; thus "what we actually make up is not the world, but language games, concepts, uses, conceptual schemes" (Putnam 2012: 64).

Notwithstanding, Putnam argued later that semantic verificationism involves solipsism, as a result of which semantic externalism turned "into a *pseu-*

doexternalism and [...] the social dimension of language into a *pseudosocial* dimension, a 'sociality' within a solipsistic world" (Putnam 2012: 81). The conclusion would be that internal realism is not compatible with Putnam's semantic externalism and thus with the reference theory proposed in his (1975b).

11.4 From Internal Realism to Natural Realism

Putnam's rejection of internal realism was not accompanied by the denial of conceptual relativity, which Putnam continued to accept.[10] Internal realism, with its commitment to verificationistic semantics, was turned down by Putnam in 1990 (see Putnam 2015a: 85 and 92), not only because there are sentences that can be true (i.e., corresponding to a mind-independently real state) although they may not be verifiable, even under sufficiently good epistemic conditions, like the sentence "There are no intelligent extraterrestrials" (see Putnam 1994b: 503 and 2012: 100), but also because internal realism involved us in an important problem:

> "[The] problem about how we can have referential access to 'sufficiently good epistemic conditions' [...] On my 'internal realist' picture [...] the world was allowed to determine whether I am in a sufficiently good epistemic situation or only seem to myself to be in one - thus retaining an essential idea from commonsense realism - but the conception of our epistemic situation was the traditional 'Cartesian' one, on which our sensations are an interface 'between' us and the 'external objects'." (Putnam 2012: 59-60)

In 1990 Putnam turned down that "conception of our epistemic situation"[11] and hence verificationist semantics and internal realism, and he came to support a *natural realism* - or commonsense realism - according to which human beings when perceiving - seeing, hearing, feeling, etc. - are in a *direct* cognitive relation with the external world, and thus there is no interface between ourselves and the world which makes it impossible for us to refer to external things. According to natural realism, the question of how language hooks on the world, which is intimately connected to the question of how perception hooks on the world, obtains a simple answer; thus, the *reference* of our use of the word "elm" (in a determinate context) to elms is based on the fact that we — or other members of our linguistic community with whom we have relations of cooperation — were or are *perceptually related* to elms. As previously mentioned, this answer becomes

---

[10]Putnam asserted: "If we understand 'metaphysical realist' more broadly [i.e., not in the technical sense he characterized it], as applying to all philosophers who reject verificationism and all talk of our 'making' the world, then it is perfectly possible to be a metaphysical realist in that sense and to accept the existence of cases of [...] conceptual relativity. And that is the sort of realist I am." (Putnam 2012: 101-102; emphasis added; see also 2015a: 86 f.).

[11]This conception was presupposed in the view on operational constraints in Putnam's model-theoretic argument, presupposition that Putnam now dismisses (see Putnam 2000).

possible thanks to the rejection of the conception of the mind as something inside us — a view assumed by Putnam in his internal realist period. Putnam asserted later that "our intentional mental states are not in our heads, but are rather to be thought of as *world-involving abilities*, abilities identified by the sorts of transactions with our environment that they facilitate" (Putnam 2012: 58-59), and this view conforms to the semantic externalism put forward in (1975b) and to the view of reference Putnam agreed with which he describes in the following way:

> "Reference to empirical particulars and properties *presupposes* information-carrying causal interaction with those particulars and properties, or at least with particulars and properties in terms of which identifying descriptions of these particulars and properties can be constructed." (Putnam 2012: 115).

Lastly, it is noteworthy that Putnam's natural realism involves, besides the rejection of verificationist semantics and internal realism, and the adoption of a naive realist stand concerning perception, a *disquotational* account of *truth*, but which is consistent with the notion of truth as *correspondence* (regarding the latter see Putnam 2015a: 97 ff. and 2015c: 790). In a similar sense Putnam holds a *disquotational* theory of *reference* which is however compatible with the view that reference is "a genuine relation between linguistic items and extralinguistic objects" (Putnam 2015b: 560). Truth and reference arise both from perceptual representation (Putnam 2015d: 325), which enables that truth "is a form of *accurate representation*" (ibid) and reference "is a relation between words and things" (ibid). Thus, Putnam's reference theory and the semantic externalism associated with it are vindicated by natural realism.

Acknowledgements

This work has been carried out within the framework of two projects, one of them subsidized by the Santander Bank and the UCM (ref. PR87/19-22653), and another by the Spanish Ministry of Science and Innovation (ref. PID2019-105746GB-I00).

Bibliography

[1] Auxier, R.E. et al. (eds.) (2015): *The Philosophy of Hilary Putnam.* Chicago, Ill., Open Court.

[2] Baghramian, M. (ed.) (2013): *Reading Putnam.* London, Routledge.

[3] Putnam, H. (1960): "Do true assertions correspond to reality?". In H. Putnam, *Mind, Language and Reality.* (*Philosophical Papers*, Vol. 2), Cambridge, Cambridge University Press, 1975: 70-84

[4] Putnam, H. (1973): "Meaning and reference". *Journal of Philosophy* 70: 699-711.

[5] Putnam, H. (1975a): "What is mathematical truth?". In H. Putnam, *Mathematics, Matter and Method*. (*Philosophical Papers*, Vol. 1), Cambridge, Cambridge University Press, 1975: 60-78.

[6] Putnam, H. (1975b): "The meaning of 'meaning'". In H. Putnam, *Mind, Language and Reality*. (*Philosophical Papers*, Vol. 2), Cambridge, Cambridge University Press: 215-271.

[7] Putnam, H. (1977): "Realism and Reason".*Proceedings and Addresses of the American Philosophical Association* 50: 483-498.

[8] Putnam, H. (1981): *Reason, Truth and History*. Cambridge, Cambridge University Press.

[9] Putnam, H. (1982): "Three kinds of scientific realism". *The Philosophical Quarterly*, 32: 195-200.

[10] Putnam, H. (1983): *Realism and Reason*. (*Philosophical Papers*. Vol. 3). Cambridge, Cambridge University Press.

[11] Putnam, H. (1987): *The Many Faces of Realism*. La Salle, Il., Open Court.

[12] Putnam, H. (1988): *Representation and Reality*. Cambridge, MIT Press.

[13] Putnam, H. (1989): "Model theory and the 'factuality' of semantics". In A. George (ed.), *Reflexions on Chomsky*, Cambridge, Basil Blackwell: 213-232.

[14] Putnam, H. (1994a): "Comments and replies". In P. Clark and B. Hale (eds.), *Reading Putnam*, Oxford, Basil Blackwell: 242-295.

[15] Putnam, H. (1994b): "The Dewey Lectures 1994: Sense, nonsense and the senses: an inquiry into the power of the human mind". *Journal of Philosophy* 91: 441-517.

[16] Putnam, H. (2000): "Das modelltheoretische Argument und die Suche nach dem Realismus des Common sense". In M. Willaschek (ed.), *Realismus*, Stuttgart, Ferdinand Schöningh Verlag: 125-142.

[17] Putnam, H. (2004): *Ethics without Ontology*. Cambridge, Mass., Harvard University Press.

[18] Putnam, H. (2012): *Philosophy in an Age of Science. Physics, Mathematics and Skepticism*. (M. de Caro and D. Macarthur, eds.). Cambridge, Mass., Harvard University Press.

[19] Putnam, H. (2013b): "Comments on Richard Boyd's 'What of pragmatism with the world here?'". In M. Baghramian (2013): 95-100.

[20] Putnam, H. (2015a): "Intellectual autobiography of Hilary Putnam". In: R.E. Auxier et al. (2015): 1-110.

[21] Putnam, H. (2015b): "Reply to Frederick Stoutland". In R.E, Auxier et al. (2015): 547-564.

[22] Putnam, H. (2015c): "Reply to Larry A. Hickman". In R.E. Auxier et al. (2015): 788-800.

[23] Putnam, H. (2015d): "Naturalism, realism, and normativity". *Journal of the American Philosophical Association* 1: 312-328.

Capítulo 12

Fórmula Barcan y omnisciencia ontológica

EMILIO F. GÓMEZ-CAMINERO PAREJO

> *Resumen.* Comenzando por el análisis del axioma A5 de la lógica epistémica, analizaremos la relación de la fórmula Barcan y su conversa, por una parte, y las propiedades que llamamos *ignorancia ontológica* y su contraria, *omnisciencia ontológica*, por la otra. Tras analizar dos ejemplos, estudiaremos dos maneras de construir la lógica epistémica de primer orden, la semántica de dominios constantes y la de dominios variables, respectivamente, y concluiremos que la semántica de dominios variables constituye la caracterización adecuada de las situaciones que denominamos *situaciones de ignorancia ontológica*.

12.1. Introducción

La fórmula Barcan (FB) y su conversa (CFB) disfrutan de la bien merecida reputación de ser un eje central de la moderna lógica modal. La discusión sobre estas dos fórmulas ha jugado, de hecho un papel importante en el desarrollo de la lógica modal de primer orden.

Pero no es tan conocido el hecho de que la versión epistémica de estas dos fórmulas juega también un importante papel en la lógica epistémica de primer orden y, por tanto, en la epistemología formal. Esto se debe a que la conversa de la fórmula Barcan implica la propiedad que llamamos *mototonía* (damos por supuesto que estamos trabajando con semánticas kripkeanas de mundos posibles) mientras que la fórmula Barcan implica la *antimonotonía*. La conjunción de ambas fórmulas implica que estamos tratando con modelos *localmente constantes*[1], lo que significa que todos los mundos posibles de cada uno de esos modelos contienen los mismos individuos. En el contexto de la lógica epistémica, esto tiene una consecuencia que no podemos dejar de considerar extraña: para todo agente epistémico a y todo individuo del dominio c, se cumple que a sabe que c existe. Llamaremos a esta propiedad *omnisciencia existencial* u *ontológica*.

La fórmula Barcan y su conversa están además estrechamente relacionadas con la validez en la lógica epistémica de un axioma clásico de la lógica de primer orden: $\forall x \varphi \to \varphi(t/x)$; y también con el llamado *axioma de introspección negativa*: $\neg K_a \varphi \to K_a \neg K_a \varphi$. Desarrollaremos estas ideas con más detalle en el resto del artículo; pero antes debemos explicar, siquiera superficialmente, algunas cuestiones generales de lógica epistémica.

12.2. La introspección negativa y la fórmula Barcan

Uno de los problemas más debatidos en lógica epistémica es el problema de la llamada *omnisciencia lógica*[2]. Nosotros analizaremos una forma más fuerte de omnisciencia que hemos denominado *omnisciencia ontológica o existencial*. Nuestro punto de partida es el análisis del carácter contraintuitivo del llamado *axioma de introspección negativa*: $\neg K_{a_i} \varphi \to K_{a_i} \neg K_{a_i} \varphi$. Defenderemos que su aspecto poco natural es debido a cuestiones relacionadas con la lógica epistémica de primer orden. Esto nos llevará al estudio de la fórmula Barcan y su conversa, que son las causantes de la citada *omnisciencia ontológica*.

La cuestión es, ¿por qué es el axioma de introspección negativa claramente contraintuitivo? Intentaremos aclararlo mediante un par de ejemplos, uno que parece apoyar la introspección negativa y otro que, aparentemente, la refuta. Las diferencias entre estos ejemplos resultan, en mi opinión, clarificadoras.

Empecemos con el ejemplo favorable a la introspección negativa. Supongamos cuatro jugadores —digamos Ana, Berta, Carlos y Daniel— jugando un juego de naipes. Asumimos, como es usual, que los agentes son *razonadores perfectos*; pero también, y este es un presupuesto importante que muchas veces hacemos sin reparar en él, que se trata de una baraja estándar, por decirlo así, no trucada, en la que no sobran ni faltan cartas; y que todos los jugadores conocen la composición de la baraja. Para evitar problemas con el tiempo y la memoria —muy interesantes, por otra parte— nos centraremos en el momento mismo del principio del juego.

Imaginemos ahora que al principio del juego se reparten dos cartas a cada

---

[1]Técnicamente, un modelo constante no es lo mismo que un modelo localmente constante, pero son equivalentes en un cierto sentido: el conjunto de las fórmulas válidas en todos lo modelos constantes el mismo que el de las fórmulas válidas en todos los modelos localmente constantes.

[2]Un artículo interesante sobre el tema es [Hocutt, 1972]. Una interesante propuesta de solución puede encontrarse en [Velázquez Quesada, 2011].

jugador, una boca abajo y otra arriba, de forma que todos los jugadores pueden verla. Imaginemos también que en esta primera mano la carta de cada jugador es un reina. ¿Qué puede deducir cada jugador sobre las cartas de los demás?

Si Ana, por ejemplo, se pregunta sobre las cartas de Berta, concluirá que la carta oculta no es una reina, dado que las cuatro están ya sobre la mesa. Fuera de eso, Ana no puede concluir nada más y sabe que no puede concluir nada más. El axioma de introspección negativa, por consiguiente, se cumple.

Este era un ejemplo a favor del axioma de introspección negativa. Por desgracia, las cosas no son tan simples. Encontrar un contraejemplo es extremadamente fácil. Veamos uno.

Supongamos un agente epistémico, digamos Antonio (a partir de ahora a) que nunca ha oído hablar del filósofo alemán Immanuel Kant y que, por supuesto, tampoco conoce el título de ninguna de sus obras. Está claro que la proposición «a no sabe que Kant escribió la *Crítica de la Razón Pura*» es verdadera. ¿Lo es también la proposición «a sabe que no sabe que (si) Kant escribió la *Crítica de la Razón Pura*»? La intuición nos dice que no, porque para ello sería necesario que conociera al menos la existencia del autor y de su obra. ¿Qué nos dicen los modelos kripkeanos? Veamos.

Sea $s \in W$ del modelo M un mundo posible que describe el mundo real, en el cual es verdad que Kant escribió la *Crítica de la Razón Pura*. Puesto que el agente a ni siquiera conoce la existencia de Kant; y por supuesto, tampoco conoce sus obras, tendremos que aceptar que hay mundos posibles accesibles desde s (para el agente a) en los cuales Kant y su primera crítica ni siquiera existen. La cuestión ahora es: ¿es esto posible en una lógica epistémica de primer orden construida como una extensión de la lógica clásica de primer orden? Aunque el asunto tiene cierta complejidad técnica y requeriría la clarificación de ciertos asuntos, podemos anticipar que la respuesta es no. Para ello necesitaremos una lógica libre con una semántica de dominios variables en la que no sean válidas ni la fórmula Barcan ni su conversa.

Estamos llegando ya al punto central de nuestra discusión: la validez de A5 está relacionada con las propiedades de modelos que usualmente llamamos monotonía y antimonotonía. ¿Y que hay de la relación con la Fórmula Barcan y su conversa? Tenemos que explicar previamente algunos asuntos técnicos, pero la idea principal es fácil de entender: la fórmula Barcan garantiza la antimonotonía y su conversa la monotonía. Explicaremos esto en breve, pero antes tenemos que hablar, siquiera brevemente, sobre la lógica epistémica de primer orden.

12.3. Lógica epistémica de primer orden

El ejemplo que acabamos de analizar nos muestra que necesitamos cambiar al nivel de la lógica de predicados de primer orden para darnos cuenta de un hecho relevante: es posible que el individuo designado por el nombre «Kant» ni siquiera exista en todos los mundos posibles de nuestro modelo. Parece, por tanto, que estamos obligados a dar el salto a la lógica epistémica de primer orden[3] si queremos analizar adecuadamente estos problemas. La sintaxis que necesitamos es la extensión natural de la lógica de primer orden. La semántica, sin embargo, ofrece algunos problemas interesantes. Por desgracia, algunas de las cuestiones implicadas son demasiado técnicas para tratarlas en un espacio tan reducido.

Para empezar, hemos decidido considerar las constantes individuales como lo que Kripke llama «designadores rígidos»[4]. Esto, por una parte, nos ahorra la distinción entre modalidades *de re* y *de dicto*; y además nos permite sortear la cuestión de la identidad transmundana. Además de lo anterior, necesitamos añadir a los modelos kripkeanos un dominio de objetos; pero esto requiere que adoptemos ciertos compromisos sobre los objetos que existen en cada mundo posible, y según qué compromisos adoptemos tendremos una semántica diferente.

Una posibilidad es admitir un único dominio común a todos los mundos posibles de un modelo dado. De esta forma, las propiedades de los individuos en un mundo posible dado pueden diferir de las que tienen en otro mundo posible cualquiera, y lo mismo ocurre con las relaciones entre ellos, pero los individuos mismos no varían, son los mismos en todos los mundos posibles. Nos referimos a estas como *semánticas de dominio constante*.

Por oposición a lo anterior, hablamos de *semánticas de dominios variables* para referirnos a aquellas en que cada mundo posible tiene su propio dominio, que puede diferir de los de otros dominios del modelo. A estos dominios variables les podemos imponer la restricción adicional de que el dominio de cada alternativa epistémica contenga al menos los mismos individuos que aquel desde el que es accesible, en este caso hablamos de dominios monótonos o crecientes. En el caso contrario hablamos de dominios antimonótonos o decrecientes.

Ya veremos que, dependiendo de qué opción elijamos, las fórmulas válidas del sistema serán también diferentes. En concreto, y este es un punto central en la discusión, la fórmula Barcan es válida en todos los marcos[5] con dominios antimonótonos; y su conversa en todos los marcos con dominios monótonos. Por supuesto, ambas son válidas en todos los marcos con dominios constantes.

12.3.1. Semántica de dominio constante

Para este tipo de semántica solo tenemos que añadir a nuestro modelo el dominio $\mathcal{D}$, común a todos los mundos del conjunto W de M. Es fácil probar que cualquier modelo con dominio constante satisface tanto FB como CFB[6]. Como ya hemos anticipado, la razón, hablando en términos muy generales, es

---

[3]Sobre la lógica epistémica de primer orden, vid. [Fitting, M and Mendelsohn, R. L., 1988].

[4][Kripke, 1986]).

[5]Toscamente hablando, un marco es un modelo sin función de evaluación.

[6]Se puede consultar la prueba, por ejemplo, en [Fagin, R et al., 1995] o en [Gómez-Caminero Parejo, 2011].

que la fórmula Barcan expresa la propiedad conocida como antimonotonía y su conversa la propiedad de monotonía. Obviamente, todos los modelos constantes son simultáneamente monótonos y antimonótonos. Puesto que en un modelo con dominio constante los individuos son siempre los mismos, todos los agentes conocen la existencia de todos los individuos del dominio, que es exactamente lo que ocurre en nuestros juegos de naipes.

Esta condición de omnisciencia ontológica sin embargo, no es satisfecha por la mayoría de los contextos epistémicos. De hecho, ocurre más bien lo contrario: la mayoría de las circunstancias reales son *situaciones de ignorancia ontológica*. Si hablamos de conocimiento y nos limitamos a un dominio particular —los filósofos clásicos y sus obras, en el ejemplo anterior— es natural que ciertos agentes ignoren la existencia individuos del dominio. Estos casos, que podemos llamar *ignorancia existencial positiva* son adecuadamente descritos por sistemas con dominios estrictamente antimonótonos o decrecientes; esto es, aquellos en que, dados $s, t \in W$ del modelo M tales que $sR_a t$ para algún agente $a \in \mathcal{A}$, se cumple que $\mathcal{D}_(t) \subset \mathcal{D}_(s)$.

Un segundo tipo de ignorancia posible es lo que podemos llamar, *ignorancia existencial negativa*: aquella situación en la que los agentes pueden ignorar que algo no existe; o lo que es lo mismo, puede ser compatible con lo que saben que exista algo que realmente no existe. Estas situaciones son adecuadamente descritas por por sistemas con dominios estrictamente monótonos o crecientes; esto es, aquellos en que, dados $s, t \in W$ del modelo M tales que $sR_a t$ para algún agente $a \in \mathcal{A}$, se cumple que $\mathcal{D}_(s) \subset \mathcal{D}_(t)$.

La combinación de ambos tipos de ignorancia, por supuesto, exige un sistema en que los dominios puedan variar libremente. Esto es de lo que trataremos en la sección siguiente.

12.3.2. Semántica de dominios variables

Nuestra investigación partió del análisis del axioma A5, pero su eliminación no soluciona el problema. Primero, porque el problema no es solo la fórmula Barcan, sino también su conversa. Segundo, y más importante, porque ya hemos visto que la semántica de una lógica epistémica construida como una extensión de la lógica clásica de primer orden es necesariamente una semántica de dominios constantes, donde tanto FB como CFB son válidas.

Para solucionar completamente el problema tendremos que hacer algo distinto y más comprometido: cambiar de una lógica clásica primer orden con dominios constantes a una lógica cuya semántica permita dominios variables, y esta resulta ser un cierto tipo de lógica libre. Veamos someramente algunas cuestiones relacionadas con esta lógica de dominios variables antes de seguir con nuestros argumentos.

Para trabajar con esta lógica es conveniente introducir el predicado de existencia $\mathcal{E}$, que mencionamos anteriormente y que podemos definir:

$$\mathcal{E}(c) =_{def} \exists x\, (x = c)$$

Esta fórmula, por supuesto, es válida en una lógica clásica de primer orden, y también en nuestra lógica epistémica de dominios constantes; pero no en una lógica de dominios variables. De hecho, $\mathcal{E}(c)$ resutará verdadera solo en aquellos mundos posibles en los que el individuo designado por la constante c efectivamente existe.

La semántica de este tipo de lógica requiere un dominio específico $\mathfrak{D}_s$ para cada mundo posible s; así como el dominio del modelo, que debe satisfacer que $\mathfrak{D} = \{\mathfrak{D}_s \cup \mathfrak{D}_t, \cdots\}$ (para todo $s, t \in W$). Hay varias formas posibles de presentar esto, una de las cuales es extender la definición de la función de evaluación de manera que asigne un subconjunto de $\mathfrak{D}$ a cada mundo posible.

La verdad de una fórmula en un mundo posible $s \in W$ de la estructura M se define de forma similar a el caso de los dominios constantes. El cambio más relevante se refiere a los cuantificadores; que, esencialmente, se evalúan sobre el dominio de cada mundo posible. De manera que puede ocurrir que una fórmula de la forma $\forall x \varphi(x)$ sea verdadera en un mundo posible s del modelo M mientras que $\varphi(t)$ es falsa en el mismo modelo, a condición de que $v(t) \notin \mathfrak{D}_s$.

Desde el punto de vista axiomático, en efecto, el axioma $\forall x \varphi(x) \to \varphi(t/x)$ debe ser sustituido por $\forall x \varphi(x) \land \mathcal{E}(x) \to \varphi(t/x)$.

Podemos poner un claro ejemplo del uso de esta lógica lógica en el lenguaje ordinario: todos entendemos que la proposición «Todos los hombres son mortales» es verdadera. Cualquier experto en la mitología griega, por otra parte, aceptará que, salvo por un pequeño problema con el talón, Tetis consiguió hacer inmortal a su hijo Aquiles introduciéndolo en la laguna Estigia. Estas dos afirmaciones, sin embargo, no constituyen una verdadera contradicción desde el momento en que no consideramos a Aquiles un ser real, sino solo un personaje mitológico.

Estas semánticas tienen la peculiaridad de que, si bien las constantes individuales designan los mismos individuos en todos los mundos posibles, estos individuos no existen necesariamente en todos ellos. Esta es una característica de una familia de lógicas que, como ya hemos citado, se conocen como *lógicas libres*[7]. Es destacable que la función de evaluación v asigna a cada predicado n-ádico, en cada mundo posible s un conjunto de n-plas ordenadas de $\mathfrak{D}$, no de $\mathfrak{D}_s$; de manera que una fórmula de la forma $P(a)$ puede ser verdadera en un mundo posible s incluso cuando $a \notin \mathfrak{D}_s$; y por tanto, $M, s \vDash \neg \mathcal{E}(a)$. Cuando aceptamos esta posibilidad decimos que se trata de una *lógica libre positiva*. Hay otras opciones interesantes, tanto desde un punto de vista técnico como filosófico, pero no las tendremos en consideración en este lugar.

Si nuestra lógica epistémica de primer orden es la extensión natural de la lógica clásica de primer orden, estamos constreñidos a trabajar con dominios constantes. En $S5$, de hecho, no es necesario incluir como axiomas ni la fórmula Barcan ni su conversa, porque ambas se deducen de los axiomas de la teoría. Por el contrario, cuando trabajamos con la lógica libre que acabamos

---

[7]Sobre lógicas libres, vid. [Priest, 2008], Sobre lógica epistémica libre, aunque con una presentación diferente, vid. [Lenzen, 2001].

de presentar, ya no estamos ceñidos a ninguna restricción. Podemos permitir que nuestros modelos varíen libremente, permitiendo tanto la ignorancia existencial positiva como la negativa; esto es desembarazándonos de la molesta omnisciencia existencial. Podemos exigir que los modelos solo pueda variar por adición; esto es, que sean monótonos, permitiendo solo la ignorancia existencial negativa (podemos hablar entonces de omnisciencia existencial positiva: de todo lo que existe, el agente a sabe que existe, aunque hay seres de los que no sabe que no existen). Podemos actuar en sentido contrario y e imponer la condición de antimonotonía. En ese caso permitiríamos la que hemos llamado ignorancia existencial positiva, pero no la negativa. Podríamos hablar entonces de omnisciencia existencial negativa, que es el caso contrario al anterior. Por último, podemos imponer conjuntamente las condiciones de monotonía y antimonotonía, pero entonces los modelos serían localmente constantes y nuestra lógica sería equivalente a una lógica clásica.

Ya hemos mencionado varias veces la relación existente entre la fórmula Barcan y su conversa, por un lado, y las condiciones de monotonía y antimonotonía: La fórmula Barcan implica la segunda de estas condiciones y su conversa la primera. La relación de estas dos fórmulas con las situaciones de ignorancia y omnisciencia existencial es más fácil de apreciar ahora que disponemos del predicado de existencia. Si las combinamos ambas y sustituimos $\varphi(x)$ por $\mathcal{E}(x)$, obtenemos:

$$K_a \forall x \mathcal{E}(x) \leftrightarrow \forall x K_a \mathcal{E}(x)$$

La parte izquierda de la equivalencia es trivial. Solo dice que a sabe que todo existe[8], lo que siempre es verdad de las cosas que existen en cada mundo posible (que no tienen por qué ser las mismas en todos ellos. La parte derecha del bicondicional, sin embargo, dista mucho de ser trivial; lo que nos dice es que, de todo lo que existe (en el mundo concreto en que estamos evaluando) el agente a sabe que existe. Y, puesto que la parte derecha es válida en todos los modelos, la parte derecha también lo será, siempre que aceptemos la fórmula Barcan y su conversa.

Parece, pues, que hemos llegado a la solución de nuestro problema: para eliminar la (supuestamente) indeseable omnisciencia existencial debemos eliminar la fórmula Barcan y su conversa, y para ello debemos sustituir la extensión natural de la lógica clásica de primer orden por una lógica libre cuya semántica admita modelos variables. ¿Pero que pasa con el axioma de introspección negativa que, recordemos, fue el que nos puso sobre la pista de la omnisciencia existencial?

---

[8] El enunciado «Todo existe» parece equivalente al famoso «El ser es», con que se suele expresar el punto de partida de la ontología de Parménides. Parece difícil disentir de esta afirmación, pero podemos hacerlo, en cierto modo, si adoptamos posiciones meinongianas. Desde un punto de vista lógico, podemos hacer esto adoptando una doble cuantificación: una cuantificación posibilista, sobre el dominio total del modelo; y una cuantificación realista, sobre el dominio de cada mundo posible.

Pues parece que finalmente consigue ser declarada inocente del cargo de complicidad con las otras dos fórmulas: en esta lógica libre con modelos variables que hemos presentado, podemos tener tanto VT_m, como $VS4_m$, como $VS5_m$ (la V es por los dominios variables) sin la fórmula Barcan ni su conversa; y por tanto, sin omnisciencia ontológica.

12.4. Conclusiones

Nuestro objetivo en este artículo era analizar el significado y la relevancia en la lógica epistémica de la fórmula Barcan y su conversa, así como su relación con otra fórmula clásica en la literatura especializada, el llamado *axioma de introspección negativa*. La apariencia antinatural del axioma de introspección negativa es bastante clara. La de la fórmula Barcan y su conversa no es tan evidente, pero se hace visible cuando las instanciamos con el predicado de existencia. La parte derecha de la fórmula Barcan (la izquierda de su conversa) —la subfórmula $K_{a_i}\forall x \mathcal{E}(x)$— es trivial: tan solo nos dice que el agente a sabe que todo existe. La parte izquierda (la derecha de la conversa) —la subfórmula $\forall x K_{a_i} \mathcal{E}(x)$— es, por el contrario, una fórmula muy fuerte que expresa la condición mencionada en el título de este artículo: cada agente conoce la existencia de todo lo que existe en el mundo.

Mediante dos ejemplos hemos analizado dos maneras diferentes de aproximarse a la lógica epistémica de primer orden. La primera de ellas es el resultado de usar una semántica de dominio constante, lo que da lugar a una extensión de la lógica epistémica de primer orden. En esta lógica son válidas tanto la fórmula Barcan como su conversa; y por tanto, en ella los agentes tienen la propiedad que hemos llamado *omnisciencia existencial u ontológica*: Si algo existe, todos los agentes saben que existe. En esta lógica ni siquiera resulta posible hablar de cosas que no existen,

Por supuesto, hay situaciones que pueden ser formalizadas adecuadamente usando esta lógica , pero son infrecuentes y artificiales. Esto nos lleva a mantener que la lógica epistémica de primer orden que puede formalizar adecuadamente la mayoría de las situaciones que podríamos considerar naturales es una lógica libre cuya semántica admite dominios variables. En ella es posible hablar de una entidad que no existe en un mundo posible y se pueden modelizar tanto las situaciones de *ignorancia existencial positiva* —el agente no sabe que algo existe— como las de ignorancia existencial negativa: el agente no sabe que algo no existe.

Sin embargo, el axioma de introspección positiva, que fue el que nos puso sobre la pista de la omnisciencia existencial, parece quedar libre del cargo de complicidad con esta omnisciencia: en esta lógica libre de dominios variables el axioma A5 ya no implica la fórmula Barcan. ; y por tanto, podemos construir tanto el sistema VT_m como $VS4_m$ o $VS5_m$ con o sin la fórmula Barcan y su conversa. Con todo, sigue pareciéndonos contraintuitivo. Pensamos que es posible que los problemas resurjan cuando se estudie la combinación de operadores epistémicos y doxásticos con este tipos de lógica, tal como acurre en su versión clásica.

Ángel Nepomuceno: un maestro, un amigo, un hombre bueno.

Los grandes guerreros tienen quien cante sus gloriosas hazañas y los políticos quien loe las virtudes que no siempre tuvieron; banqueros y empresarios son halagados por la prensa, de la que a veces son dueños; pero raramente hay quien alabe el trabajo constante y callado de un hombre de ciencia.

Sobre la trayectoria profesional de Ángel Nepomuceno, bien poco puedo decir que no sepan ya los que lean estas líneas. Apareció por la Facultad de Filosofía de la Universidad de Sevilla cuando todavía era «un señor que trabajaba en un banco», como me lo definió un compañero cuando yo aún era estudiante. Se quedó aquí como profesor titular, primero, y como catedrático, después, durante todos estos años. En ese tiempo ha formado a muchas generaciones de lógicos, entre los que me encuentro. La frustración en la creación del *Instituto de Lógica, Lenguaje e Información* de la Universidad de Sevilla, que allá por el año dos mil dábamos por aprobado, no impidió que el grupo de investigación, al que se le dio el mismo nombre que al frustrado instituto, se convirtiera en una referencia a nivel nacional e internacional. Con su patrocinio, el grupo amplió fronteras y estableció relaciones con otras universidades europeas y americanas. Bajo su dirección ha participado, y participa, de un número que ya cuesta contar de proyectos de investigación nacionales e internacionales. Que a un grupo de investigación de una facultad de humanidades se le aprueben proyectos normalmente reservados a las tecnologías más avanzadas es una rara anomalía que, sin demérito de mis colegas, hay que atribuir sobre todo a Ángel Nepomuceno.

En el terreno personal, tampoco creo que pueda decir nada que los que lean esto no sepan mejor que yo: que Ángel es un hombre afable de conversación exquisita, que aprecia el sabor de la vida, que ama el flamenco, que nos ha regalado varias obras literarias, que es un hombre comprometido, pero sobre todo, que es —es inevitable precisar con Machado: en el buen sentido de la palabra— un hombre bueno.

En cuanto a mi relación personal con él, mi narración tampoco diferirá mucho de la de mis colegas más jóvenes salvo, naturalmente, en los años. Yo reaparecí por la Facultad de Filosofía —en realidad nunca había dejado de frecuentarla—, a finales del siglo pasado. Era por entonces un joven —no sé si prometedor— profesor de instituto que, después de aprobar unas oposiciones que garantizaran su subsistencia, quería seguir formándose y cumplir su sueño de investigar. Ángel me encaminó hacia un par de cursos de postgrado, primero, y hacia el programa de doctorado, después. Fue codirector de mi tesina, con el desaparecido Emilio Díaz Estévez, y director de mi tesis. Durante todos estos años ha sido para mí un maestro, un mentor y un amigo.

Así pues, visto que no tengo nada muy interesante que contar, me limitaré a decir lo único realmente necesario: gracias, maestro.

Bibliografía

[Fagin, R et al., 1995] Fagin, R, Halpern, J.Y, Moses, Y, and Vardy, M.Y. (1995). *Reasoning About Knowledge*. The MIT Press, Cambridge.

[Fitting, M and Mendelsohn, R. L., 1988] Fitting, M and Mendelsohn, R. L. (1988). *First-Order Modal LogicFirst-Order Modal Logic*. Kluwer Academic Publishers, Dordrecht.

[Gómez-Caminero Parejo, 2011] Gómez-Caminero Parejo, E. (2011). *Tablas Semánticas para Lógica Epistémica*. Fénix Editora, Sevilla.

[Hocutt, 1972] Hocutt, M. (1972). Is epistemic logic posible? *Notre Dame Journal of Formal Logic*, XIII(4):433–453.

[Kripke, 1986] Kripke, S. (1986). *Namng and Necessity*. Basil Backwell, Oxford.

[Lenzen, 2001] Lenzen, W. (2001). *New Essays in Free Logic*, chapter Free Epistemic Logic. Kluwer Academic Publishers, Netherlands.

[Priest, 2008] Priest, G. (2008). *An Introduction to Non-Classical Logic: from if to is*. Cambridge University Press, Cambridge.

[Velázquez Quesada, 2011] Velázquez Quesada, F. (2011). *Small steps in dynamics of information*. Institute for Logic, Language and Information, Amsterdam.

Capítulo 13

De la información al conocimiento biomédico a través de la ciencia de datos

Isabel A. Nepomuceno-Chamorro, Juan A. Nepomuceno-Chamorro
Universidad de Sevilla

> *Resumen.* Bajo la denominación de **ciencia de datos** se encuadran una serie de técnicas computacionales que tienen como objetivo la inferencia de nuevo conocimiento a partir de la información almacenada en bases de datos. Su labor es similar a la de la estadística clásica, pero el punto de partida no es el estudio de hipótesis sobre los datos para poder aplicar resultados matemáticos de inferencia. Estas técnicas se basan en la potencia computacional de algoritmos de **aprendizaje automático** y tienen como principal labor la elaboración de modelos explicativos y predictivos. Los autores de este trabajo realizan su labor de investigación aplicando la ciencia de datos en el **campo biomédico**. Es decir, la generación de conocimiento relevante desde un punto de vista biológico o médico partiendo de información en forma de ficheros de datos. Al final se incluye un anexo en el que se enmarca la justificación de este artículo en el presente volumen.

13.1. Introducción

El mundo en el que vivimos está inmerso en una auténtica explosión de información. Se producen todos los días cantidades ingentes de datos. En particular, en el ámbito biomédico esta acumulación tiene un carácter extraordinario. Por ejemplo, se estima que en el año 2015 se almacenaron entre 2 y 40 exabytes de información tan sólo en el campo de la Genómica, frente a los entre 1 y 2 exabytes de vídeos que se subieron a Youtube [1]. Téngase en cuenta que un exabyte equivale a algo más de mil millones de gigabytes[1]. Es un auténtico reto convertir en conocimiento biomédico toda esta información que se genera y, de esta forma, comprender procesos biológicos, generar nuevos tratamientos, etc.

El término **medicina de precisión** se refiere a un nuevo paradigma en medicina en el que el énfasis se pone en los diagnósticos tempranos, los tratamientos adaptados a cada paciente, un mejor entendimiento de las enfermedades haciendo un especial énfasis en la prevención y, finalmente, la reducción del coste sanitario [2]. Aunque este paradigma se aplica de manera general, es en el caso del cáncer donde se han realizado los mayores avances y se maneja el término de *oncología de precisión*. La mayoría de los cánceres se deben a desórdenes de mecanismos moleculares que, según los estudios genómicos de los tumores, pueden llegar a variar bastante para cada individuo. Por esta razón, uno de los retos que se plantea es la identificación de los diferentes estados de la enfermedad, las identificación de posibles dianas terapéuticas para la elaboración de fármacos, etc. Por todo ello, se han generado estos últimos años una gran cantidad de datos en el campo de estudio de los distintos tipos de cáncer. En este contexto es en el que las técnicas computacionales de aprendizaje a partir de datos han cobrado una especial relevancia [3]

Las tecnologías de alto rendimiento permiten medir de manera simultánea el comportamiento de cientos o miles de moléculas [4]. Este tipo de tecnologías da origen a lo que se conoce en biomedicina como **ciencias ómicas**. La Genómica se encarga del estudio de todo el genoma, la Transcriptómica del proceso de transcripción, mediante el cual la información almacenada en el ADN da lugar a productos biológicamente funcionales o proteínas, la Proteómica, la Epigenómica, etc. Por ejemplo, se puede medir el nivel de expresión de un número elevado de genes de una muestra en concreto de un paciente. De esta manera, se realiza una *fotografía* que permite estudiar qué ocurre a nivel molecular. Si se repite el estudio para una serie de muestras se puede generar un conjunto de datos que permita estudiar la evolución de la enfermedad del paciente. Desde un punto de vista computacional, el estudio de este tipo de datos generados con las tecnologías de alto rendimiento – microarrays, RNA-seq., single-celll-RNA-seq., etc – constituyen todo un reto al ser datos de una alta dimensionalidad.

Los **datos de alta dimensionalidad** son aquellos que tienen que manejar un número muy elevado de variables. Habitualmente los datos que manejan las técnicas computacionales habituales en ciencia de datos, tienen tan sólo unas decenas de variables. Sin embargo, en este nuevo tipo de datos se trabaja con miles de variables. Por ello, la labor de aprendizaje constituye un nuevo reto desde un punto de vista computacional. Se hace imprescindible el desarrollo de nuevo tipos de algoritmos, la adaptación de técnicas existentes a este contexto,

---

[1] 1 EB equivale a 1073741824 GB

la integración de la información, etc.

13.2. Trabajo desarrollado

Un matriz de expresión génica es una tabla de datos numéricos donde cada fila representa a un gen, cada columna a una condición experimental y el número asociado a la casilla es el valor de expresión del gen bajo dicha condición. Hemos escrito gen por abuso del lenguaje, porque se pueden utilizar cualquier tipo de cadenas de ácidos nucleicos que puedan jugar un papel en el proceso de transcripción, como por ejemplo los distintos tipos de moléculas de RNA. Este tipo de matrices son el resultado de la unión de varios experimentos de microarray o de secuenciación de RNA.

Los autores de este trabajo han desarrollado su labor en este contexto. Su labor se ha centrado en la búsqueda de patrones, la generación de redes de coexpresión de genes, la integración de información biológica, así como diversos estudios de carácter práctico centrados en datos de enfermedades como el cáncer o el alzhéimer [5, 6, 7, 8].

13.2.1. Búsqueda de patrones

El primer paso que se plantea en el estudio de las matrices de expresión, una vez generado y preprocesado los datos, es el descubrimiento de patrones. Es decir, buscar grupos de genes que tengan un mismo comportamiento bajo unas determinadas condiciones. De esta manera, estableciendo su mismo comportamiento o nivel de co-expresión, se puede establecer como hipótesis su co-regulación, lo que implica que comportan una misma funcionalidad.

Los **algoritmos de biclustering** agrupan tanto filas como columnas, es decir, genes y condiciones. De ahí su nombre, que indica un agrupamiento doble. Desde un punto de vista teórico, se enfrentan a un problema diferente del que resuelven los algoritmos tradicionales de clustering. El objetivo consiste en buscar submatrices dentro de la matriz de datos. Estas submatrices no tienen por qué tener sus filas y columnas unidas, lo que significa que se admite reordenaciones entre las filas y columnas, y ello implica la explosión combinatoria del número de soluciones al problema. Se dice que el problema a resolver es un problema intratable o *NP-completo*. Los principales algoritmos de biclustering son heurísticas de búsqueda que no encuentran todas las posibles soluciones sino tan solo las mejores bajo un determinado criterio. Cada algoritmo tiene que establecer, en primer lugar, un criterio que pondere cada submatriz obtenida y, en segundo lugar, una estrategia de búsqueda.

Algunos algoritmos de biclustering se basan en el uso de metaheurísticas en su proceso de búsqueda. Destaca, por ejemplo, el algoritmo presentado en [5] que utiliza un esquema de *Búsqueda Dispersa*. Este tipo de esquemas utiliza ideas propias de la computación evolutiva, inspirada en los algoritmos genéticos, pero introduce decisiones inteligentes en la búsqueda, de manera que hacen más eficiente el proceso al introducir soluciones dispersas en cada iteración, de ahí su denominación. El criterio de evaluación empleado en el algoritmo presentado en [5] se basa en la correlación media entre los valores en la submatrices que se buscan. Se elabora de tal forma que capturen patrones de co-expresión entre los genes, pero también valores de activación e inhibición. Es decir, genes que actúen de manera antagónica entre ellos.

13.2.2. Redes de coexpresión

Otra cuestión que se plantea en el estudio de las matrices de expresión, una vez generado y preprocesado los datos, es cómo se relacionan los genes entre sí. Es decir, detectar grupos y las relaciones o asociaciones entre los elementos del grupo. De esta manera se puede construir las redes de coexpresión o grafos donde se muestran qué gen se relaciona con quién. Las redes de coexpresión son un modelo sencillo de una red reguladora de genes, es decir, el primer paso en la inferencia de redes de regulación génica es establecer relaciones reguladoras directas entre genes mediante medidas de similitud.

Con el fin de formalizar la idea de asociación o expresión similar entre pares de genes, se han propuesto varias medidas estadísticas como solución. Así surgen por ejemplo, los métodos basados en correlación como medida de similitud entre pares de genes bajo todas las condiciones experimentales. En este tipo de métodos, si la correlación entre pares de genes es superior a un valor umbral, se considera que esos pares de genes interactúan directamente en una vía de señalización y comparten una función biológica. La correlación no implica causalidad, pero si es una medida eficiente para extraer la estructura subyacente mediante relaciones directas o asociaciones entre pares de genes. Por ello, las redes de coexpresión también se conocen como redes de asociación o de relevancia. Los métodos basados en correlación fueron los primeros que se propusieron y tras ellos surgieron otros basados en medidas estadísticas en las que se intenta explicar la correlación entre genes dependiendo del resto de genes o de un subgrupo de genes, son los modelos gráficos gausianos y los gausianos dispersos. Otros modelos más sofisticados son los modelos basados en probabilidad bayesiana que intentan explicar la dependencia entre genes si no hay otro grupo de genes que puedan explicar dicha dependencia.

Los métodos basados en medidas de similitud son muy útiles para determinar si dos genes tienen una fuerte similitud global bajo todas las condiciones del conjunto de datos. Esta es una limitación importante, ya que podría existir una fuerte similitud local sobre un subconjunto de condiciones, que no podría detectarse con las medidas de similitud global. Para evitar esta restricción, destaca el algoritmo propuesto en [8] basado en árboles de regresión. Los árboles de regresión son técnicas muy útiles para estimar el valor numérico de un gen en función del resto de manera simultánea y bajo subconjuntos en el espacio de búsqueda, es decir, bajo subconjuntos de condiciones experimentales. Hecho que favorece la inferencia de similitudes localizadas sobre una similitud más global.

13.2.3. Integración de información

En el campo de los estudios biomédicos existen una gran cantidad de repositorios de información. Estas fuentes de datos se suelen usar, principalmente, para interpretar y dotar de significado biológico a los resultados obtenidos. Además, constituyen bancos de información con los que se puede trabajar directamente tomándolos como punto de partida. Destacan, por ejemplo, los relacionados de manera específica con cáncer como *The Cancer Genome Atlas* (TCGA - https://cancergenome.nih.gov/) o *The International Cancer Genome Consortium* (ICG - http://icgc.org/). Otros repositorios tienen estructura de grafos o de redes y almacenan una gran cantidad de información biológica, como por ejemplo *Disease maps* (http://disease-maps.org/projects), KEEG (https://www.genome.jp/kegg/pathway.html) o GO (http://geneontology.org/).

GO son las iniciales de *Gene Ontology*, es decir, una ontología de genes. GO constituye un vocabulario en el que se anotan los genes según el proceso biológico en el que actúan, la función molecular en la que intervienen o el componente celular asociado. Tiene estructura de árbol, con tres ramas principales, y siendo la información más específica cuanto más profundidad tiene el término en la estructura de GO. Generalmente se utiliza para dotar de un significado a un grupo de genes. Es decir, si un algoritmo ofrece como salida un conjunto de genes esta información en sí misma no ofrece información relevante. Sin embargo, si esos genes comparten una misma función molecular entonces constituyen un indicio para el estudio de dicha función en el laboratorio.

Una de las posibilidades que ofrece GO es su uso como sesgo en la búsqueda que emprenden los algoritmos mencionados en los apartados anteriores. De esta manera, el conocimiento experto del dominio del problema ayuda en el desempeño de las tareas que se abordan. La integración de información, en este sentido, es una de las tendencias más actuales en bioinformática en general. Los autores de este artículo han llevado a cabo algunos trabajos en los que se integra la información de GO como información a priori. Destacamos principalmente las referencias [6, 7]. La principal idea en estos trabajos es la incorporación de un término adicional en la medida que evalúa los grupos de genes. Este término se basa en medidas de similitud semántica de términos definidas para la ontologías de palabras.

13.3. Nuevos retos

Los métodos de aprendizaje automático estándares están cerca de alcanzar los límites para dilucidar fenómenos biológicos complejos o para modelar el pronóstico de los tumores a partir de datos ómicos. A modo de ejemplo, los métodos de selección de características para escenarios de alta dimensionalidad no son mejores en términos de estabilidad que la tradicional prueba estadística univariante. Por ello, se necesitan enfoques novedosos basados en métodos modernos de aprendizaje automático (ver Figura 13.1) para explotar tanto la gran cantidad de datos que se generan a día de hoy así como los diversos tipos de datos ómicos.

El aprendizaje profundo o *deep learning* en inglés, es una clase de algoritmos de aprendizaje automático que ha surgido en los últimos años como una técnica muy eficaz en diversas tareas de aprendizaje automático. Esta técnica es capaz de combinar los datos de entrada en capas intermedias hasta llegar a un resultado. Esta técnica, aunque se está aplicando hace pocos años, no es una técnica nueva. En 1943, McCulloch y Pitts publicaron la neurona artificial y posteriormente Rosenblatt publicó el perceptrón, sentando ambos las bases de las algoritmos de *redes neuronales artificiales* que intentan emular el funcionamiento del cerebro humano. En 1989 se demostró matemáticamente que las redes neuronales son aproximadores universales, por lo que se estableció su uso en problemas de clasificación y regresión. Finalmente, en la última década, las mejoras en el hardware y la enorme cantidad de datos recogidos por multitud de dispositivos han permitido la revolución del aprendizaje profundo para muchas tareas. Se considera el aprendizaje profundo como una red neuronal con multitud de capas internas.

Actualmente, está surgiendo multitud de trabajos de investigación en donde se utilizan técnicas de aprendizaje profundo en el campo biomédico. A modo de ejemplo, destacamos en el campo clínico la clasificación de tipos de tumores en cáncer de piel a partir del análisis de imágenes de piel. Así como la utilización de *autoencoders*, un tipo especial de red de aprendizaje profundo, como técnica de reducción de dimensionalidad en datos de tipo RNA-seq.

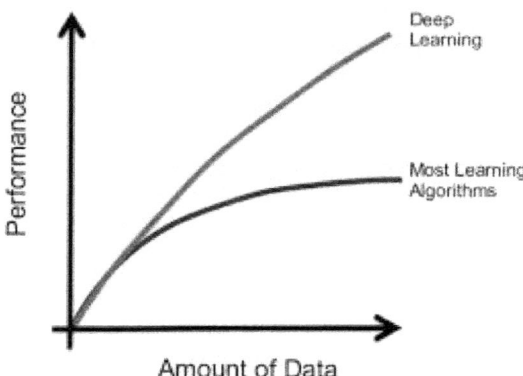

Figura 13.1: Rendimiento de modelos modernos de aprendizaje automático frente a modelos clásicos.

La irrupción del virus SARS-Cov-2, causante de la pandemia de la COVID-19, ha cambiado las agendas de muchos investigadores en el campo biomédico. Se plantean retos de gran importancia social en los que la comunidad que trabaja en ciencia de datos puede aportar esfuerzos [9]. Uno los campos más interesantes es la reutilización de fármacos. Un fármaco tarda en desarrollarse aproximadamente una década. Por ello, la búsqueda de medicamentos ya aprobados que tengan como efecto lateral la mejora de los pacientes con covid-19 constituye un reto de gran relevancia. Existen varias aproximaciones. Una de ellas consiste en el estudio de las grafos de interconexión entre proteínas y fármacos. Se establecen interconexiones entre las proteínas del virus, las de las células y los fármacos que se conocen que asocian con dichas proteínas humanas. Toda esa información está almacenada en bases de datos. De esta manera, se construye un grafo de interdependencias. El problema computacional que se plantea es la búsqueda de patrones en este tipo de grafos, así como la predicción de nuevas aristas. Es decir, la inferencia de conocimiento a partir de grandes redes de información.

13.4. Apéndice

Figura 13.2: La primera autora de este artículo junto al homenajeado. El segundo autor no aparece en la foto porque fue quien la tomó.

En este epígrafe se añaden, como datos suplementarios, la figura que se puede observar. En dicha imagen, se puede observar a la primera autora del artículo junto al homenajeado. El segundo autor no aparece en la fotografía porque fue quien la tomó. Ambos autores se encontraban en su lugar de trabajo, en una de las aulas de la Escuela Técnica Superior de Ingeniería Informática de la Universidad de Sevilla, y el homenajeado apareció por allí, motivo por el que se realizó la foto. Es importante usar conocimiento adicional para realizar el proceso de inferencia lógica. Obsérvese el primer apellido de ambos autores del artículo, así como el del protagonista de este volumen, y realícese el salto que hay de la información al conocimiento ...

...bendita palabra: el Conocimiento. Gracias papá.

Bibliografía

[1] Stephens ZD et al. Big Data: Astronomical or Genomical? *PLoS Biol* 13(7): e1002195. 2015

[2] G. Gómez-López, J. Dopazo, J. C. Cigudosa, A. Valencia, and F. Al-Shahrour, Precision medicine needs pioneering clinical bioinformaticians. *Brief. Bioinform.*, vol. 20, no. 3, pp. 752–766, 2019.

[3] F. Azuaje Artificial intelligence for precision oncology: beyond patient stratification *Nature. Precis. Oncol.*, 2019

[4] J. Marta R. Hidalgo, Cankut Cubuk, Alicia Amadoz, Francisco Salavert and J. D. Carbonell-Caballero. High throughput estimation of functional cell activities reveals disease mechanisms and predicts relevant clinical outcomes. *Oncotarget*, vol. 8, no. 3, pp. 5160–5178, 2017.

[5] Nepomuceno JA, Troncoso A, Nepomuceno-Chamorro IA, Aguilar-Ruiz JS. Scatter search-based identification of local patterns with positive and negative correlations in gene expression data. *Appl Soft Comput*, 35:635–51, 2015.

[6] Nepomuceno, J.A., Troncoso, A., Nepomuceno-Chamorro, I. Pairwise gene GO-based measures for biclustering of high-dimensional expression data. *BioData Mining*, 11, 4, 2018.

[7] Isabel A. Nepomuceno-Chamorro, Juan A. Nepomuceno, José Luis Galván-Rojas, Belén Vega-Márquez, Cristina Rubio-Escudero. Using prior knowledge in the inference of gene association networks. *Appl. Intell.* 50(11): 3882-3893, 2020.

[8] Nepomuceno-Chamorro, I., Aguilar-Ruiz, J., Riquelme-Santos, J.C. Inferring gene regression networks with model trees. *BMC Bioinformatics* 11, 517, 2010.

[9] Moore, J.H., Barnett, I., Boland, M.R. et al. Ideas for how informaticians can get involved with COVID-19 research. *BioData Mining* 13, 3, 2020.

Capítulo 14

Natural language and philosophical language. Nationalism and Universalism in Leibniz's praise of the German language

Olga Pombo
Center for Philosophy of Science University of Lisbon

> "What cannot be explained in popular terms is nothing and should be exorcised from philosophy as by a kind of purifying decanting"
> Leibniz (GP 4: 143)

14.1 Presentation

French among the Germans, German among the French, Leibniz was a resolute supporter of the qualities of the German language, of the need to raise it to a higher degree of perfection, and of the urgency of teaching philosophy to speak in its mother tongue.

These theses —and the paradoxal nationalism that they are imbued with— constitute the root of the inspiring role Leibniz will play in the German linguistic thought of the 18th and 19th centuries. An impact that is partially explained by the fact that, contrary to what happened with most of Leibniz works —which, as we know, were unheard of and still today do not have a complete critic edition— the fundamental texts where the question of the German language is dealt with were of rapid public knowledge: the *Dissertatio de Stylo Philosophico Nizolii* was published by Leibniz in 1670, the *Unvorgreiffliche Gedancken* by Eccard in 1717, one year after the death of Leibniz, and the *Nouveaux Essais* by Raspe in 1765.

With regard to the praise of the German language, Leibniz theses were incessantly taken by the German thought of later centuries. That is the case of Fichte who, in *Reden an Die Deutsche Nation* of 1808[1], uses arguments very similar to those of Leibniz, regarding German as the language that most closely approximates the primitive and original language and whose strength derives exactly from its proximity to the original sources (cf. 1808: 108-109). And Hegel —even if a strong critic of the leibnizian project for the constitution of an artificial philosophical language[2]— follows Leibniz praise of German as the best prepared language for philosophical work although locating that superiority in different roots. While Leibniz places this superiority in the concretion of German vocabulary and therefore in the relation of univocity that each word maintains with the fact or the object of people's concrete experience to which the word refers, Hegel argues conversely that it is by the plurivocity of meanings that each German word contains, by the speculative ambiguity of German's vocabulary (each term having, not only several, but even opposite meanings) that German's superiority is manifested[3].

Also with regard to the conception of language as a popular creation, Leibniz influence was straight in Herder (1744-1835) and in W. Humboldt (1767-1835) and, through them, in all German romanticism and later linguistic thought inspired by them. In fact, both Herder and Humboldt took the relationship established by Leibniz between Language and People. However, beyond what the Leibnizian theses could allow, both Herder and Humboldt tended to underline the irreducible spiritual individuality of each people and each language. Herder, in *Abhandlung über den Ursprung der Sprache*, of 1772, by fully identifying reason and language (cf. 1772: 80-81), and by understanding each language as a particular point of view of the world (cf. 1772: 144 ffs.), renounces to seek, behind the diversity of national languages, the universal structure of a mother tongue, in which he decisively departs from Leibniz commitment in the constitution of an a posteriori universal language, that is, a language based in the elements common to all natural languages[4]. Also Humboldt in *Ueber das*

---

[1] Cf. in particular discourses IV and V, respectively pp. 107–121 and 122–135.

[2] Cf. *Encyklopädie Der Philosophischen Wissenschaften Im Grundrisse*, the extensive note to § 459

[3] About Leibniz and Hegel position towards German language, cf. Cook (1974) and also our study "Hegel and Language. Study in the form of Preface or Introduction", in Pombo (2010: 219-254).

[4] For a presentation of Leibniz work in this area, cf. Pombo (1997: 203-221). We know that, in the opposite direction to Leibniz project for the constitution of a *Rational Grammar*, Herder conceives the project of building a general physiognomy of nations based on a

Vergleichende Sprachstudim im Beziehung auf die verschiedenen Epochen der Sprachentwickilung of 1835, affirms the deep identity between the language and the so-called "spirit of the people" (cf., for example, 1835 § 10). However, to the extent that he conceives language, not as a particular perspective of the world (as Herder did), but as the echo of the universal nature of man[5], his position, more than that of Herder, is truly Leibnizian[6].

Besides being the inspirational root of these two great lines of posterior German linguistic thought, Leibniz is the greatest representative, in the 17th century, of a movement which —especially after Luther translation of the Bible[7]— emerges in Germany aiming at strengthening national consciousness, unifying the several dialects and reforming German language. A movement in which are committed mostly scholars, clerics and educated officials who need a uniform language of chancellery to improve official communication between the approximately three hundred states that made up the Holy Roman Empire. A movement too, that seeks to antagonize the great penetration of Latin in universities and of French in court and aristocracy[8]. Leibniz is precisely a major representative of this movement as well as an inspiration for far-reaching practical measures. This is the case of the *Consultatio* written in 1676 for the establishment of a German Academy, Leibniz claims that all the works to be carried out by the future Academy should be written in German. And later, in the context of the Berlin Academy of Sciences that Leibniz actually founded in 1700 and of which he was first president, Leibniz demands that the study and defense of the German language should be included among the central objectives of the Academy.

14.2 German language in the *Dissertatio*, in the *Nouveaux Essais* and in the *Unvorgreiffliche Gedancken*

Leibniz position on German language is for the first time presented in the *Dissertatio* —the *Dissertation of Stylo Philosophico Nizolli*— published by Leibniz

---

comparative analysis of their various languages.

[5]Cf., for example, Humboldt (1835 § 4) where linguist's task is defined as the search for the "spiritual dynamism of humanity" or "internal universal cause" of language, underlying the different languages and linguistic groups.

[6]As Gadamer (1976: 292) says, "it is in the monastic universe of Leibniz that [Humboldt] inscribes the diversity of language construction".

[7]The translation, undertaken by Luther between 1523 and 1534, corresponds to a theological and evangelical imperative aimed at enabling communication of the Christian message to all social layers, including the people. Luther translation of the Bible was indeed decisive for the establishment of a common German language, above all, at the level of vocabulary able to recover popular linguistic traditions, everyday language terminology and to exclude latinizing artifices of scholars.

[8]As Belaval says (1952: 27), "the cultivated public of the late seventeenth century forgot Spanish, still knew Italian, was going to start learning English, especially practised French —a true universal language along with Latin— but ignored German".

in 1670[9]. The general thesis there advocated is that German is the richest language in popular terms and therefore the best prepared for philosophical work. The argument is this: because, beyond elegance, philosophical discourse must seek above all truth and clarity; because, as Leibniz says, "the truth of a proposition can obviously be known only if the meaning of his words is known, that is ... if it is clear" (GP 4: 139), because "the greatest clarity lies in the use of vulgar terms that retain popular use" (GP 4: 145), philosophy must be cultivated in natural languages. As Leibniz says, "what cannot be explained in popular terms is nothing and should be exorcised from philosophy as by a kind of purifying decanting" (GP 4: 143). On the other hand, because German is the richest language in popular terms, no other language is better prepared than German for philosophical work. Because German is the most appropriate language for philosophical activity, Leibniz defends the thesis, of great later impact, according to which it is necessary to teach philosophy to speak German. As he says,

> [If] the exaggerated scholastic style of philosophy has gradually become obsolete in England and France (it is) because, there, people have long begun to cultivate philosophy in their own language (and if) in Germany scholastic philosophy is more firmly established (this is) because, among other reasons, one has only begun to philosophying in German (GP 4: 144).

Three important consequences can be deduced from here. On the one hand, the praise of German as a philosophical language for having an excellent repository of concrete terms corresponds to the ideal, so characteristically Leibnizian (it is also that inspires its projects of construção of a universal language), of language clarification. Being concrete, each term translates an immediate relationship with the reality signified thus avoiding the ambiguity and equivocity characteristic of abstract terms that, by definition, abstractly designate a quality or mode that really does not exist as such. On the other hand, Leibniz makes the vocabulary of the German language dependent on the practical and even mechanical activities of the German people which, in his view, more than any other, has cultivated for centuries the practical arts, especially the mechanics. A reason why, as Leibniz writes, "even the Turks use German names to designate metals in the mines of Greece and Asia" (GP 4: 144). In other words, Leibniz argues not only that there is a profound relationship between the language, the people and their civilization, but also that, above all, it is at the vocabulary level that this relationship is established. Finally, a third conclusion may be drawn from the analysis of this text. To the extent that it

---

[9]This is a famous preface entitled *Marii Nizolii De Veris Principiis Et Vera Ratione Philosophandi Contra Pseudo-Philosophos* that Leibniz wrote to the second edition of a book published by the Italian humanist Marius Nizolius, entitled *De Veris Pincipiis Et Vera Ratione Philosophandi Contrainst Pseudo-Philosophos*, published in 1553. For a detailed analysis of this text, cf. our study "Leibniz, Nizolius and philosophical style", in Pombo (2010: 175-192).

is in the use of popular terms that can reside, not only the clarity of philosophical discourse but, let us say, the touchstone that distinguishes what is truly philosophical —what can be said in popular terms— and what is nothing but empty verbalism, we understand that the adoption of the German language as a philosophical language does not involve the progressive formalization of the natural language —which would imply the increasing use of technical terms— but concerns the respect and reuse of the potential meaning of people's terms which, as such, maintain an immediate and faithful relation to the real. It is therefore a question of gaining clarity, not by formalizing the natural language —which would require the introduction of the conceptual technical devices that Leibniz exactly intends to avoid— but by the reverse process, that is, by the deepening of its concreteness and naturalness, here understood as a primitive relationship of proximity between the vocabulary of the natural language and the objects and concrete actions of the world of men who created and use it.

In book III of the *Nouveaux Essais*, Leibniz returns to the superiority of German language. But, if in the text of youth that is the *Dissertatio* of 1670, Leibniz stressed that superiority through the structural analysis of his current vocabulary, now, in the *Nouveaux Essais*, written more than thirty years later, between 1703–1704, Leibniz explains in which consists that superiority according to a genetic point of view. Starting from the traditional theological thesis of a monogenesis of all languages, that is, the existence of a primitive adamic language, unique, perfect, natural, adequate, Leibniz claims that it is the German or the Teutonic that most closely approaches it. As he writes:

> If Hebrew and Arabic are closer to it (the primitive language) it must be very altered and it seems that *the Teutonic has conserved more of the natural and* (to speak the language of Jacob Boheme) *of the Adamic* (GP 5: 260).[10]

Indeed, the adamic language is for Leibniz fundamentally something that has been lost but which can be etymologically rediscovered, in the naturalness of their still remaining traces, in the phonic and articulatory expressiveness that is yet manifested in natural languages, especially in German.

It is precisely in this direction that the book III of the *Nouveaux Essais* goes on. After stating that the old German is the language that retains more of the natural and the adamic, Leibniz shows what this naturalness consists of, what is this "anything primitive" (NE. III,II, § 1, GP 5: 260) which, despite all the transformations suffered, the German retains up to now. Through a series of examples, Leibniz defends the onomatopoeic origin of many of the words of the

---

[10] It should be noted that, with this thesis, Leibniz rejects the priority of Hebrew, usually considered by the great philologists of the sixteenth century (Postel, Bibliander, Benito Pereyra and Luther himself) as the mother tongue from which all the other languages would have been formed. Note also that the primitive character of German is here immediately assimilated to its natural and adamic character, concepts that, in Leibniz, tend to be identified. For further developments on Leibniz position on the adamic language, cf., Clurtine (1980), Pigeon (1997: 53–61) and also the precious volume edited by Dascal and Yakira (1993).

German language and the phonetic symbolism of the letters that "by a natural instinct, the ancient Germans, Celts and other peoples related to them" (NE. III,II, § 1, GP 5: 261) used to mean a violent movement, or a sweet movement, or a small breath, or everything that is as if isolated in a kind of plain. That is, Leibniz finds out two fundamental types of naturalness: the onomatopoeic origin of the names, that is, the mimetic relationship between the name and what it means; and the phonic expressiveness of the letters, resulting from the primitively established agreement between sounds, affections and ideas. And, in both cases, German reveals its profound naturalness. German is therefore not the adamic language but it is, among all natural languages, the most primitive, the one that, in Leibniz eyes, retains a greater proximity to the biological and psychological (articulatory) origin of language. Its superiority lies, after all, in its antiquity, that is to say, in its naturalness, in its essential proximity to the language of Adam.

We may therefore state that there is an agreement, or better, a complementarity between Leibniz theses in the *Dissertatio* and in the *Nouveaux Essais*, on the superiority of German as a especially adequate language for philosophical work. The concretion of the terms that, according to the *Dissertatio*, characterizes German still today, corresponds, in the *Nouveaux Essais*, to the natural relationship, primitively established, between the names and the realities signified, between the sounds, the objects and the concrete actions that they mimetically translate. Likewise, the appeal made in the *Dissertatio* for the use of a popular terminology, it is now translated in the *Nouveaux Essais* by the conviction of its originally popular root. Onomatopoeia and phonetic symbolism are processes perfectly within the reach of the popular man. They are even the result of the natural instinct of ancient Germans. At the same time, it is these processes that, at the root of the language naturalness, make it an instrument particularly suitable for the exercise of reason because these are the processes that guarantee, by their own presence, the fundamental agreement between the Nature and the Word.

Leibniz third main text on German language is the *Unvorgreiffliche Gedancken*, published by Eccard in 1717. Now, the objective is not so much the exaltation of the virtues of the German language —an exaltation which however is also present— but the need of its greatest improvement. As if, after having verified in the *Dissertatio* of 1660 the superiority of German and tried, in the *Nouveaux Essais*, to understand the origin and reason of its advantage, Leibniz wanted now to draw the attention of his contemporaries to the need of gathering efforts for elevating it to a superior state of perfection. A task that, according to Leibniz, involves two complementary movements, one of protection of its existing virtues, another of recognition and correction of its imperfections and defects which, for Leibniz, consist in the absence of terminology appropriate to the meaning of all realities that do not have an immediate relation to the sensitive. As Leibniz says, "one feels the imperfection of our language in things that, not being of the immediate *fora* of the senses, can only be understood through meditation and reflection" (UG § 2).

It is thus possible to say that if, in the *Dissertatio*, Leibniz praised German for its richness in concrete terms, a richness that in the *Nouveaux Essais* gets an etymological explanation, now, in the *Unvorgreiffliche Gedancken*, Leibniz makes the inverse path by regretting German's absence of abstract terms: "we lack terms to express the movements of the soul, certain virtues and crimes and various qualities of the soul whose use is frequent in morals and politics" (UG § 10). There is clearly a change of regime which, moreover, Leibniz himself is aware of. As Leibniz writes:

> We could easily console ourselves from the lack of logic and metaphysics terms. I praised, in another time and place, our language for it expresses nothing but real things (...). I then boasted with the Italians and the French that we, Germans, had for our thoughts a touchstone singular and unknown from other nations ... which was our own language, that what was clearly expressed in it, without resorting to imported and unusual words, was something real, that it did not admit any empty term of meaning and absolutely excluded all words expressing ideas that have no object. (UG § 11).

By highlighting this change, we do not intend to point out any contradiction in the Leibnizian position which, we believe, does not exist. On the one hand, because the existence of a concrete vocabulary does not imply the absence of an abstract vocabulary; on the other hand, because in the *Dissertatio*, with the praise of German for its concrete vocabulary and the complementary indication of the need to avoid the use of technical terms, what, we believe, Leibniz intended to point out was the absence, in the German language, of words empty of content, of those latinisms that, as we have seen, Leibniz condemns for his obscurity and voidness. Now, the abstract vocabulary which, in the *Unvorgreiffliche Gedancken*, Leibniz considers that German must strive to conquer, has nothing in common with the lack of object that characterizes the vain, obscure and pedantic word of these masters of dialectic and dispute then essentially targeted.

14.3 Two onomaturgic figures: the wise man and the anonymous people

The important and significant change exists, we believe, but not there. What is new in the *Unvorgreiffliche Gedancken* is the way Leibniz perspectives his own position and that of his peers, shall we say, the position of the sage or philosopher, in relation to their language.

In the *Dissertatio* the sage appeared under two distinct figures. One is that of the philosopher who seeks clarity and who, for this purpose, uses the popular terminology of his language in which he finds an immediate relationship with the real. The other is that of the scholastic who run away from the clarity of popular terminology, taking refuge in obscurities of style that allow him to maintain the appearance of a confront of ideas, something which in fact he fears. In any case, the philosopher is not responsible for a direct intervention in determining the qualities of the language. This is entirely a popular creation.

Now, in the *Unvorgreiffliche Gedancken* the situation is diverse. Now, in the German language, Leibniz diagnoses a deficiency, a lack, precisely that which derives from the non-intervention of the sage in determining the quality of the language. As he writes: "the sages, solely occupied with their Latin, have almost entirely abandoned their tongue to the people who, following only their instinct, never failed to elevate it to a high degree of perfection" (UG § 9). Leibniz presents afterwards several proposals and suggestions for the implementation of this enrichment. It can even be said that the text as a whole has no other purpose. We will see that it is up to the sage or wise man to carry out all these improvements.

Fundamentally, Leibniz proposes three measures: 1) to recover and restore old and terms fallen out of favor; 2) to import and adapt foreign terms; 3) to invent new terms. Regarding the first measure —recovery and re-establishment of old and terms fallen in disuse— Leibniz advises to start by reviewing and examining all the words, both those relating to the various arts and professions, and those used in the countryside, in the city and in the various regions of Germany and related peoples (Bavarians, Austrians, Suavs, etc.) as well as all the forgotten or out-of-use terms and those who, being originally Germans, are now used in other nations (cf. UG § 32)[11]. The second measure for improving the German language concerns the import and adaptation of foreign terms. "It is not in a language, I think, that we should rise up in puritans and intending, for a superstitious fear, to run away, as if it were a mortal sin, of every foreign term" (UG § 16). However, for Leibniz, if excessive puritanism is to be condemned, it is also necessary to avoid the opposite extreme, a situation, such as that which was then lived in Germany, of massive and indiscriminate entry of foreign terms that have tampered with the language. If such a situation is reprehensible to all titles, it does not justify, according to Leibniz, the drastic prohibition, advocated by some, of the use of any foreign term. It is necessary to be prudent and moderate, to receive and adapt, in a smaller number of cases and only when this is indispensable. Preferably, it is necessary to choose terms taken from languages close to German. As for the third proposal —the invention of new terms— Leibniz considers that one should seek to obey the law of similarity: "it is not only permissible but very commendable to forge new terms provided that this similarity is observed as much as possible, as long as we move as little as possible away from the use already established, that their

---

[11]For this inventory, Leibniz suggests that the old German books and archives should be searched as well as it should be done a review of the literature and look for unusual terms (UG §§ 29, 65–66). That work is foreseen to be embodied in three major works: the *Dictionary or Lexicon*, containing the words in use, the *Language Treasure or Cornucopia*, with the words relating to the various arts and crafts and the *Language Source or Glossari* which would collect the old words and lead to the discovery of etymologies (UG C 33).

sound is pleasant to the ear and that there is little difficulty in pronouncing them" (UG § 75).

However, any of these three language improvement measures involves a type of task that only the wise can perform. Leibniz is fully aware of this. As far as the construction of new terms is concerned, it is not only necessary to know the phonic and phonological laws that regulate the system of the natural language, but also, says Leibniz, the support of some illustrious men who, with their authority, venerate and confirm these terms and their use. For the new terms to be profitably used it is necessary to "have them examined by knowledgeable judges who, by their authority and example, put them into vogue" (UG § 76). As for the importation and adaptation of foreign terms, although there is no explicit reference in Leibniz, it involves by definition a set of powers that cannot be attributed to that anonymous entity that is the people, inextricably linked to the very language that gives it its identity. Finely, with regard to the recovery and re-establishment of old and terms fallen in disuse, Leibniz even advises that, when choosing employees, one should take into account the specificity of the various tasks. Thus, for example, for the constitution of the etymological dictionary are necessary:

> Men who are solidly wise in natural physics, particularly in botany, chemistry, knowledge of the various parts of animals, mathematics, in different parts of architecture, crafts, manufactures, commerce, navigation, knowledge of metallics and hermetics and other things of nature; and since each of these scholars cannot have in particular all the sciences set out above in a sufficiently high degree, all together must often compare their own ideas (UG § 52).

We see, therefore, that in the *Unvorgreiffliche Gedancken*, if the German, at its origin, continues to be thought of as a popular creation, its improvement now requires the development of a series of artificial processes that can only be carried out by a set of scholars with diverse interests and competences. What is now new is not only the very need for improvement, already enlightening, but also the determination of the entity to be held responsible for it. If the German language needs to be perfected, it is because, on the one hand, the set of qualities with which, initially, as a popular creation, it was endorsed, proved to be insufficient face to the progress of knowledge and the demands of rigour placed by the new sciences; and because, on the other hand, the scholars, exactly those who are responsible by that progress, abandoned their language, passed it over in favor of erudite the but dead languages, because detached from any popular language.

Thus, it is to the sage or wise men, the main interested in overcoming these imperfections, to replace the people in the work of determining the qualities of the language, developing and refining their virtualities and introducing new perfections. It is as if, having left perfect the hands of the people, anonymous onomaturgos entirely responsible for its origin, this would later come to lose his capacity for intervention, determination and control over his work. Having not any responsibility, neither in the progressive inadequacy of the language to the new realities created by science, nor in its adulteration, the popular onomaturgos cannot now be required to prolong the performance of his functions, to correct what has come out of his hands, to perfect and introduce improvements that, in fact, he does not feel necessary.

The function of the wise man will therefore be understood otherwise by Leibniz. In the *Dissertatio*, the sage was supposed to do no more than using his natural language in whose qualities (for the determination of which he had contributed nothing) he would nevertheless find the background of "reality" that guaranteed the clarity and meaning of his own discourse. Now, according to the *Unvorgreiffliche Gedancken*, it is up to him to promote the improvement of his language. However, to the extent that this improvement is thought out, not only as the preservation of the original purity of the language but also the introduction of new terms, we can say that, through the figure of the sage that the *Unvorgreiffliche Gedancken* design, Leibniz recovers, for himself and for his peers, the role of the onomaturgos which, in the *Dissertatio* and also in the *Nouveaux Essais*, was entirely delivered in the hands of the anonymous people.

The wise men is therefore an onomaturgic figure with very peculiar characteristics. Unlike Plato's onomaturgos, the wise man of the *Unvorgreiffliche Gedancken* does not operate from the contemplation (as an intuition not yet linguistically mediated) of the reality of the objects to be named, as it is supposed to have been the proper acting of the popular onomaturgos. The sage of the *Unvorgreiffliche Gedancken* has, at his disposal, an already linguistic raw material —the natural language— and it is from it, from the recovery of his past, from the respect by his own rules and limits, that he can build "more language" and, with it, to think better the new reality that he himself helped to discover. On the other hand, like Plato's onomaturgos, the sage operates rationally, with full control and awareness of the variables at stake and not already in the unconscious, "instinctive", way that characterized the onomaturgic activity of the ancient Germans.

It remains to be said that these two onomaturgic figures, the wise man and the anonymous people, are not contradictory, but complementary. With the popular, unconscious, instinctive, anonymous onomaturgy, Leibniz frees the explanation of the origin of the language of intellectualist temptation and its aporias[12]. With the onomaturgy of the sage, Leibniz safeguards the already linguistic nature of the knowledge of the real and, at the same time, the rational character, not of the origin of language, but of its improvement. It is because

---

[12] At the end of the dialogue *Cratilus* it is Socrates who directly puts the paradox to which Cratilus position leads by asking how it would be possible that the onomaturgos, without the help of the primitive names, not yet established, how could he know the things (whose nature the names should later translate) that only through the names can be known (cf. *Cratilus*, 437 and 438c). It is exactly from that paradoxal situation, wonderfully denounced by Socrates, that Plato will withdraw the astonishing final consideration with which the dialogue ends showing how it is not in words but beyond them, in the opening of thought to the contemplation of the true objects —the immutable forms— that one can aspire to know the truth (cf. *Cratilus*, 439a and followings).

the sage had the possibility, through natural language, to build new scientific realities, that now he can forge, for these same realities, a more appropriate and rigorous terminology.

This complementarity is also reflected in the retroactive movement that the work of perfecting the language carried out by the sage is supposed to exercise on the intellectual development of its people. As Leibniz says in the first lines with which he begins this important text —*Unvorgreiffliche Gedancken*— which we have been commenting, since language is the "mirror of understanding" (UG § 1)[13], "the nations that seek to cultivate their understanding apply to the perfection of their language" (UG § 1). Because it is by improving the language that the nation's understanding can be elevated, it is that the action of the sage over the language can contribute decisively to the intellectual formation of its people.

***

It is worth calling attention to the paradoxical nature of this apparent Leibniz nationalism. If we realize that the improvement of the German proposed by Leibniz is not only done by deepening its roots and qualities —national characteristics that define the unique and superior profile of the German *vis-à-vis* other languages— but also implies the introduction of external elements, coming from other languages and other peoples, elements to which only the confrontation of nationalities and cultures can allow access, we see that, underlying the nationalism of the author who conceived the most consequential and significant projects of construction of a universal language of all time, is hidden an undisguised universalist vocation[14].

If it is through the drawing the figure of the popular onomaturgos that the later influence of Leibniz linguistic reflection is most felt, it is nevertheless on the figure of the enlightened onomaturgos presented in the *Unvorgreiffliche Gedancken* that the deepest intention underlying the Leibnizian project of construction of a universal language is best hidden (and present) as well as the role that Leibniz reserves for himself as its logo and onomaturgic creator.

---

[13]"Ein Spiegel Der Verstandes", UG § 1. For an analysis of the mirror metaphor present in the *Unvorgreiffliche Gedancken* (this metaphor also appears in other texts, cf. for example, *Nouveaux Essais* III, VII, § 6) cf. Dascal (1976 : 204–205). It is precisely because that metaphor appears in the *Unvorgreiffliche Gedancken* that Dascal interprets it as pointing to a non-external relationship of language and thought. According to Dascal, that metaphor does not mean that language and thought are seen by Leibniz as maintaining a relationship neither of exteriority, nor of mere influence of thought on language (of which language would be the mirror of thought) but also implies the thesis of a real influence of language on thought because, otherwise, it would be impossible to explain its use in a text with the characteristics and purposes of *Unvorgreiffliche Gedancken*.

[14]For a different interpretation, cf. Walker (1972) who argues that the *Unvorgreiffliche Gedancken* show a level of nationalism and patriotism that is surprising in a figure like Leibniz, however recognizing that, face to the excesses of some of its contemporary, for example Meier, Leibniz's position is up to moderate (Walker 1972: 303–304). On the close connection established by Leibniz between the intellectual liberation of the German people and their ability to think and speak in their mother tongue, cf. Cook (1974: 97 Secs).

14.4 References

14.4.1 Leibniz

GP   *Die philosophischen Schriften von Gottfried Wilhelm Leibniz.* Hrsg v. Carl Immanuel Gerhardt. 1-7. Hildesheim: Olms.

NE   Nouveaux Essais sur l'Entendement Humain, in G. P. 5. 39–50.

UG   *Unvorgreiffliche Gedancken, betreffend die Ausübung und Verbesserung der Teutschen Sprache.* In: Paul Pietsch (ed). *Leibniz und die deutsche Sprache. Wissenschaftliche Beihefte sur Zeitschrift des Allgemeinen Deutschen Sprachvereins.* Vierte Reihe. Heft 30. Berlin: Verlag des Allgemeinen Deutschen Sprachvereins (Berggold), 1908, 327–356.

14.4.2 Other Authors

1. Belaval, Ivon Jean (1952), *Les Philosophes et leur Langage*, Paris: Gallimard.

2. Cook, Daniel J. (1974), "Leibniz and Hegel on Language", in Joseph J. O'Malley, K. W. Algozin, Frederick G. Weiss (eds.), *Hegel and the History of Philosophy. Proceedings of the 1972 Hegel Society of America Conference.* The Hague: Nijhoff, 95–108.

3. Courtine, Jean-François (1980), "Leibniz et la Langue Adamique", *Revue des Sciences Philosophiques et Théologiques*, 64: 373–391.

4. Dascal, Marcelo (1976), "Language and Money: a Simile and its Meaning in the XVII Century Philosophy of Language", *Studia Leibniziana*,VIII, 187–218.

5. Dascal, Marcelo and Yakira, Elhanan (eds.) (1993), *Leibniz and Adam*, Tel-Aviv: University Publishing Projects.

6. Fichte, Johann Gottlieb (1952 [1808]), *Discours à la Nation Allemande.* (Trad. Susanne Jankélévitch). Paris: Aubier- Montaigne. (Orig.: *Reden an die deutsche nation.* Berlin: Realschulbuchhandlung, 1808).

7. Gadamer, Hans-Georg (1976 [1960]), *Vérité et Méthode. Les Grandes Lignes d'une Herméneutique Philosophique* (trad. Etienne Sacre and Paul Ricœur). Paris: Seuil (orig.: *Wahrheit und Methode. Grunzüuge einer philosophischen Hermeneutik.* Tübigen: Mohr, 1960).

8. Hegel, Georg Friedrich Wilhelm (1970 [1817]), *Encyclopédie des Sciences Philosophiques en Abrégé* (trad. Maurice de Gandillac), Paris: Gallimard (orig.: *Enzyklopädie derphilosophischen Wissenschaften im Grundrisse*

(1817), Sämtliche Werke, Jubiläumsausgabe in 20 Bde., H. Glockner, Stuttgart, 1965, vols. VIII, IX and X.

9. Herder, Johann Gottfried von (1977 [1772]), *Traité sur l'Origine de la Langue*. (Trad. Pierre Penis). Paris: Aubier/Flammarion. (Orig.: *Abhandlung über der Ursprung der Sprache*, Berlin: Voß, 1772).

10. Humboldt, Wilhelm von (1974 [1820]), "La Recherche Linguistique Comparative dans son Rapport aux Différents Phases du Développement du Langage", in *Introduction à l'Oeuvre de Kavi et autres Essais*. (Trad. Pierre Caussat. Paris: Seuil. (Orig.: *Ueber das vergleichende Sprachstudium in Beziehung auf die verschiedenen Epochen der Sprachentwicklung*, 1820).

11. Knecht, Herbert (1981), *La Logique chez Leibniz. Essai sur le Rationalisme Baroque*. Lausanne: L'Age d'Homme.

12. Nizolius, Marius (1956 [1670]), *De Veris Principiis et Vera Ratione Philosophandi Contra Pseudo-Philosophos*, Edizione Nazionale dei Classici del Pensiero Italiano a cura di Quirinus Breen, Rome: Fratelli Bocca Editori.

13. Plato, *Cratilus*, in Plato IV. (Transl. H. N. Fowler), Cambridge/Mass.: Harvard University Press/London: Heinemann (1977), 6–191 (Loeb Classical Library, 167).

14. Pombo, Olga (1997), *Leibniz and the Problem of a Universal Language*, Lisbon: JNICT.

15. Pigeon, Olga (2010), *The Word and the Splendour of the World*, Lisbon: Fim de Século.

16. Walker, Daniel Pickering (1972), "Leibniz and Language", *Journal of the Warburg and Courtauld Institutes*, 35: 294–307.

Capítulo 15

The logic of semantic and pragmatic strategies in discourse. A linguistic point of view

Francisco J. Salguero-Lamillar
Universidad de Sevilla

> *Abstract.* In a Dialogue System, it is a more complex task to program the semantic understanding modules than the generation modules. This is due to the fact that human agents do not always act rationally in the communicative interaction, they do not obtain all possible inferences from their current knowledge and do not offer all the relevant data to the system in an explicit way when they interact. On the basis of the communicative interaction with a human agent, the system must make a series of inferences to complete given information and manage the communicative intentions of the human speaker. To do this it is necessary to define an underlying logic —better a multimodal logic— that contains different modal operators, including a dynamic epistemic logic and abductive rules that allow to properly contextualize the given information.

15.1 Initial considerations

We conceive the interpretation of a dialogue —and even of a discourse fragment— as a process in which the meaning of each expression is interpreted as a "cognitive program" that changes the states of information accessible to the addressee as information is being received. In the case of dialogue it is even more evident that the transition from one state of information to another must be governed by rules that define inferential processes in a logic of knowledge (epistemic logic) capable of describing both the properties of the different epistemic states of the involved agents, and the rules of transition from one state to another (changes, processes and results).

Thus, the interpretation of a statement becomes the quest of the best explanation that makes it true or compatible with the previous information known by the agent. In this way it becomes necessary to relate an abductive theory with an epistemic logic in which the possible worlds considered are going to be the successive states of knowledge that can be described while discourse or dialogue progress.

In the specific case of dialogue, this can be conceived as a process of abductive reasoning in which the participants must construct a theory that makes the current utterances coherent with the previous ones and with their own cognitive states, as well as with those cognitive states mutually attributed among the participating epistemic agents. Each intervention in the dialogue can be interpreted as a response to the previous interventions, regardless of whether the constituent utterances are questions or assertive statements —with or without modality— which include epistemic, desiderative, optional, imperative statements, etc. And in the specific case of questions —for both Yes/No-Questions (total interrogatives) and Wh-Questions (partial interrogatives)— the answer may be generated by an abductive process in which the information expressed by the answer is an explanation of the information presupposed by the question[1].

Furthermore, each agent's intervention can be analyzed as a statement of an epistemic state, as a public announcement that modifies the interpretation of previous epistemic states and operates on the subsequent epistemic states of all the participants in the dialogue. We must, therefore, treat the dialogue as a dynamic inferential process in which both abductive and epistemic reasoning are involved, which means defining a dynamic abductive epistemic logic.

Inferences are processes that lead from an *initial epistemic state* to a *final epistemic state* resulting from applying certain well-defined rules to some or all of the previous states, with or without a predetermined order. These "epistemic states" can be considered either as cognitive states or as informative states. In both cases, a certain knowledge is described that can be expressed by means of some type of logical language.

Inferential processes are of interest for reasoning, argumentation, information and communication theory, since they are necessary from the linguistic point of view to explain human communicative behavior and the ability to interpret the communicative intentions of individuals expressed through speech

---

[1] The extreme case are Why questions, where the answer is clearly and necessarily an explanation of what is being asked.

acts. Typical inferential language processes involved in the interpretation of speech acts are:

- **Lexical and semantic relations.** These relations are definable as implicit relations *stricto sensu*, and include identity (co-implication) and dependence (material implication), both linked to the denotational reference of terms and expressions, as well as to the meanings associated with their denotation (Cruse 1986, Murphy 2003).

- **Presuppositions**, conceived as tacit informative states necessary to be able to establish a semantic link between a set of linguistic expressions and their interpretation (Chierchia 1995, Beaver 2001, Domaneschi 2016).

- **Implications**, conceived as additional cognitive states necessary to be able to interpret a set of linguistic expressions that share a certain contextual link (Sperber & Wilson 1986, Blakemore 1992, Davis 2003, Goodman & Stuhlmüller 2013).

Therefore, in any human communicative act, information should not be understood as a given and closed whole, but rather it should be analyzed as a process or a series of processes in which the different informative states are related to the other informative states that are involved —be they previous or subsequent to the process— and to external informative or cognitive states, to which they are open. The interaction between informative states and cognitive states —explicit or inferred— supposes a dynamic interpretation of the information flow in communication exchange between intelligent agents, human or not.

15.2 A logical-linguistic characterization of dialogue

In order to characterize dialogue, we will focus on the dynamic aspects of information transmission processes (van Benthem 2011), fundamentally on formal aspects of dialogue and dialogical argumentation, as these are the human form of information exchange *par excellence*. The main goals are:

1. To describe strategies for the formalization of dialogue as a sequence of speech acts.
2. To recognize the main problems and difficulties involved in formalizing and interpreting the dialogue.
3. To propose logic models that could solve these problems.

We define dialogue as a sequence of speech acts performed by intelligent agents. These speech acts are conceived as partial discourses that can take two forms: a chain of uninterrupted discourses (monologues) or a sequence of discourses with multiple speakers that are interrupted and interrogated in an orderly way (colloquy). Both in the monologue and in the colloquy, it is required the participation of at least two intelligent agents (considered as epistemic agents) that should exhibit the following characteristics:

- All the epistemic agents that participate in the dialogue share identical or similar linguistic competences.

- All participating agents change their epistemic states at each intervention.

- Information flow between agents is continuous —interruptions can be treated as noise— and is subject to feedback.

The analysis of the dialogue requires taking into account every speech act as a whole, not only its illocutionary force. Thus, speech as a locutive act requires an analysis that involves speech recognition, identification of the used lexicon and the corresponding parsers. The illocutionary act involves models of interpretation, inferences, implications, contextualization and the attribution of cognitive states to the dialogical agents. Finally, the perlocutionary act requires a proper analysis of *Action Theory* and *Game Theory*, which also play a necessary role in the interpretation models of the dialogue. But, if we focus on the illocutionary force of the speech acts involved in a dialogical argumentation, for example, we find important problems when formalizing them.

First, we are faced with the descriptive fallacy and the need to distinguish between constatative and performative speech acts[2]. Another problem are unhappy speech acts, those that do not achieve their purpose or are not consistent with the interpretation model of the dialogue being handled at the moment. To these ones, indirect speech acts must be added, which at first sight may seem unhappy but do achieve their purpose and, therefore, must be consistent with the model of interpretation being handled. Finally, the ambiguity of some speech acts and the necessary presuppositions and implications for their correct interpretation require them to be formalized in a more expressive language than classical Predicate Logic.

In all these cases, we can assume that the information provided by each speech act involved in the dialogue does not represent a complete informative state, but must be increased through rational —inferential— processes by the epistemic agents who intervene. Or, in other words, the flow of information is incomplete in each informative state of a dialogical communication process, so that it is necessary to establish procedures for the informative enrichment of these states, in accordance with the informative states that constitute the dialogue and the consecutive cognitive states of the participating agents. To this effect, we need to define a formalized metalanguage that is sufficiently expressive and that can also provide interpretation models of the information

---

[2]The logical treatment of these two types of speech acts cannot be identical, although it is essential to define a formal language capable of representing both of them.

flow that occurs in the communicative acts, as well as complete them through inferential processes suitable for the described linguistic phenomena.

As it was said before, the starting hypothesis is that a discourse fragment is a process in which each expression meaning is interpreted as a "cognitive program" that changes the information states accessible to the addressee as this information arrives to him/her. To interpret each utterance, the listener must find the best explanation that makes it true or compatible with his/her current state of knowledge.

Thus, if we are faced with questions asked to the system by the user, both in those that require a yes/no answer (total interrogatives) and in Wh-Questions (partial interrogatives), the answer can be generated by an abductive process in which the information of that answer is an explanation of the question. This happens because a question can be interpreted as a request for information about the topic of the question. The answer should therefore be an explanation of the informational presuppositions contained in the corresponding interrogative speech act. That is to say, if the DS user asks "Are there places on the first Seville-Madrid flight tomorrow morning?" (total interrogative), the assumption is that there are flights from Seville to Madrid, regardless of whether the specific answer is Yes or No, compared to the question "Are there places on the first Mojave-Gobi Deserts flight tomorrow morning?". And when the user asks "How much does the ticket cost?" (partial question), the assumption is that the ticket has a cost and the system answer will be a contextualization of the information contained in that question —in which it is implicit that there is a demand for obtaining a ticket for the Mojave-Gobi Deserts flight with the cheapest fare.

In both cases, the answer is expected to be relevant and congruent with the information implicit in the assertive statements that serve as the basis for constructing the interrogative speech acts, namely: "There are flights from Mojave Desert to Gobi Desert" and "The ticket has a cost". Likewise, each intervention can be analyzed as a declaration of an epistemic state, as a public announcement that modifies the interpretation of previous epistemic states and operates on the subsequent epistemic states of all the participants in the dialogue. The notion "epistemic state" includes the different states of information through which the system flows —if we understood it as the explicit and retrievable information that appears in the speech acts that make up a particular dialogue fragment and that can be stored in the system memory used by the Dialogue Manager— and also includes the cognitive states attributable to the epistemic agents that intervene in the dialogue —that is, the implicit information that can be inferred from the knowledge that the user or the machine have about a given subject, even though this has not been made explicit in the dialogue. Therefore, *epistemic states* would be defined as the product (or, even, the union, in the case of highly conscious agents) of the whole information contained in the successive informative states in which the dialogue could be structured, as well as in the user's and the system's cognitive states.

For this reason, we propose to treat dialogue as a dynamic inferential process in which both abductive and epistemic reasoning are involved, which implies defining a dynamic epistemic logic with abduction to be implemented in our Dialogue System. Dynamic Epistemic Logic (DEL) allows us to represent not only the epistemic states —whether knowledge or belief— of a group of agents in different formats, such as semantic information, or information based on evidence and/or reasons, but also the different epistemic actions —diverse types of observations, inferences, communication— that affect them. And we can also explore the relationship between these logical calculus and reasoning systems on non-omniscient rational agents or on multiagent systems protocols, as well as extend DEL to abductive logic by revising the classical model of abduction (Nepomuceno & al. 2017) and the development of new abduction techniques, with the aim of applying this extension in a SD, so we will also be able to add in the future tools from the theory of argumentation that take into account speech acts (pragma-dialectics) as well as from different logics based on semantic games such as dialogics, for example (van Eemeren & Grootendorst 2004; Redmond & Fontaine 2011; Barés & Fontaine 2017).

15.3 Abductive inferences and semantic enrichment of discourse

In the communicative interaction between two intelligent agents we often deal with speech acts or discourse fragments in which information is not complete. And yet they are part of a "successful" dialogue between humans. This is due to the fact that human agents use inferential mechanisms that allow them to enrich semantically their discourse in order to be able to interpret it beyond the literal information that has been encoded.

Noise is one of the main sources of incomplete information in speech, whether it is dialogic or not. We understand noise as the occasional interruption of the flow of information. This interruption may be caused by external interferences to the communicative interaction between agents or by the occurrence of incomplete speech acts. Thus, for example, an interrupted —voluntarily or involuntarily— speech act or dialogue, or a text in which some words or fragments have been deleted or crossed out, remain interpretable if we try to reconstruct the missing information by means of inferences.

Another source of incomplete information are the not fully referential expressions that could appear in speech acts. These are expressions that highly develop the structural linguistic property of *efficiency*, defined by Jon Barwise and John Perry (1983). For instance:

1. Spatial and temporal deixis, which can only be referenced in relation to the situation described by the speech act in which they appear, compelling the rational agent to complete his or her state of information with external knowledge.

2. Pronominal anaphoras, which require variable instantiation inferential

processes that allow to attribute reference to them within or outside the discourse.

3. Indefinite or general noun phrases, which require an analysis of quantification and the quantificational scope of noun determiners within the discourse domain for a correct interpretation.

Ambiguity is another linguistic phenomenon that results in incomplete information. Ambiguity can be lexical —caused, mainly, either by the existence of homonymous and polysemic words, or by metaphorical or metonymic semantic shifts— or structural. In the case of lexical ambiguity, the agent interpreting a speech act is forced to choose among all the possible interpretations the one that is most appropriate for the subsequent informative state to be consistent with previously established cognitive states. In the case of structural ambiguity, the same occurs with the different possible interpretations of sentences, being necessary to reconstruct the context in which they make sense.

Finally, we may be faced with a fragment of discourse or a dialogue whose interpretation domain has not been explicitly defined, either partially or totally, or that lacks context or is inserted in an incomplete context —what may be due to the mentioned phenomena of noise, ambiguity or the occurrence of expressions that cannot be directly referenced in the discourse—. In this case we have again an incomplete information that must be completed by means of rational inference processes.

All these phenomena, that we have identified as sources of incomplete information in discourse and dialogue, give rise to the same need in human communication: inventing —in the sense of finding by means of rational processes— the reference or the framework of interpretation in which an incomplete state of information reaches a meaning that is consistent with the knowledge an epistemic agent handles about a topic. For this purpose, we postulate that abductive reasoning is much more adequate than induction or deduction, so the linguist's task consists in analyzing all these phenomena from the standpoint of the construction of an explicative context that gives consistency to the informative context in which the speech acts that constitute a dialogue take place.

Since Aristotle, abduction is understood as a type of reasoning different from induction, and both are clearly distinguished from deduction (*Prior Analytics* II 23–25). But the one who established the actual logical nature of abduction was Charles S. Peirce. In his essay "On the Natural Classification of Arguments" (CP 2.461–516), Peirce tells how he became convinced that abduction —also called *hypothesis* in other places (CP 2.619–644), or even *retroduction* (CP 6.469–470)— is a form of logical argumentation different from induction and deduction, and that this is already found in Aristotle's treatment of syllogistic reasoning. For Peirce, abduction is a type of reasoning that consists of constructing a syllogism in which the conclusion and the minor premise are inverted, so that the latter is concluded from the major premise and the conclusion from an apodictic syllogism. His subsequent reflections on this type of reasoning led him to define abduction as the process of forming explanatory hypotheses (CP 5.172), from which an observed fact can be derived that would otherwise be unexplained[3]:

> "The surprising fact, C, is observed. But if A were true, C would be a matter of course. Hence, there is reason to suspect that A is true." (CP 5.189)

Regardless of whether for Peirce the explanatory hypotheses are rationally discovered by means of abductive inferential schemes or whether these schemes rather serve to justify their adoption —as proposed by Harry Frankfurt (1958)—, or whether the concept is univocal or not in the different stages of Peirce's thought —see Guy Deutscher's review of the use of the notion of abduction in linguistics (Deutscher 2002)—, abductive reasoning has been developed in the last two decades as a well defined logic (or class of logics) starting from the intuitions of the American philosopher, but without the inconvenience of the ambiguity of his successive definitions (Magnani 2001; Gabbay & Woods 2005; Aliseda 2006, 2014; Nepomuceno & al. 2014).

The requirements that an argument must fulfill in order to be considered an abductive reasoning were proposed by Jaakko Hintikka on the basis of the so-called *Kapitan Theses* (Kapitan 1997) in an influential article for the further development of the logic of abduction (Hintikka 1998):

1. Abduction must be —or must include, at least— an inferential process (Inferential Thesis).

2. Abduction should allow the generation of new explanatory hypotheses and the selection of the best ones (Thesis of Purpose).

3. Abduction should include all operations by which new theories are generated (Comprehension Thesis).

4. Abduction must be irreducible to both deduction and induction (Autonomy Thesis).

To define an abductive logic that satisfies such requirements we will use the classical AKM model (Aliseda 2006; Kowalski 1979; Kuipers 1999; Kakas, Kowalski & Toni 1993; Magnani 2001; Meheus, Verhoeven, van Dyck & Provijn 2002), and we will also consider the modification of the AKM model by Dov Gabbay and John Woods (2005), Woods (2013) or Magnani (2009, 2017), that treats abduction as a problem of preservation or mitigation of ignorance (Bertolotti & al. 2016) —that is, the conclusion of any abductive reasoning is no more than the mitigation of ignorance since no new knowledge is reached, because it remains being a hypothesis.

---

[3]For this reason, abductive logic is also known as logic of explanatory reasoning or even as logic of discovery.

There are several models for abduction and different types and classifications (Park 2015; Schurz 2008). However, we will start from the following basic concepts that are common to all of them.

A logic is an ordered pair $\langle L, \models \rangle$, where L is a language —for instance, classical Propositional Logic or classical Predicate Logic with the usual logical functors or others, with or without modal, epistemic, temporal, operators, etc.— and $\models$ is a logical consequence relation that can be classical or not.

Given a language L and a formula φ, if φ is found in L then we say $\varphi \in L$. If Γ is a set of formulas found in L then $\Gamma \subseteq L$. If φ is reached by an inferential process from the set of formulas Γ, then we say that $\Gamma \models \varphi$. Otherwise we say that $\Gamma \nvDash \varphi$.

Given a theory Θ, a fact φ and a logical system $\vdash$, we say that $\langle \Theta, \varphi, \vdash \rangle$ is an abductive problem if and only if (iff) it is not the case that $\Theta \vdash \varphi$. Generally speaking, abductive solutions to an abductive problem can be found in one of two ways:

1. Extending the theory (this is, properly speaking, the AKM proposal). This can be done in different ways, although the most satisfactory one seems to be the reformulation of the abductive style of "explanation and consistency", proposed by Aliseda (2006: 74). According to this proposal, the statement α is an abductive solution iff it checks the following requirements:

    (a) $\Theta, \alpha \vdash \varphi$
    (b) α is consistent with Θ
    (c) α does not logically imply φ

2. Changing the logic (a different case, but compatible with AKM). The new logic $\vdash^*$ will be an abductive solution iff $\Theta \vdash^* \varphi$.

This second way of finding abductive solutions to abductive problems has been called *structural abduction* (Keiff 2007: 199–201), as opposed to the first one, which can be called *classical abduction*. We could even postulate a third type of abduction applicable to Predicate Logic Languages, consisting on the existential presupposition of one or more individuals expanding the discourse domain of the theory, so that we could have the following types of abduction involved in discourse semantic enrichment:

- **Classical abduction**: a formula (proposition, sentence) is added to a theory, so that either the "surprising observation" is deduced from that theory enriched with the mentioned formula in the case of novelties —we will call this procedure *expansion of the theory*—, or a belief revision is carried out in the case of anomalies —by means of theory contraction and the subsequent expansion.

- **Structural abduction**: a new logic is described by redefining the logical consequence relation $\vdash$, so that the "surprising observation" is inferred from the current information or from previous knowledge handled by the epistemic agent after changing the inferential mechanism. The idea is that changes do not occur only at the propositional or sentence level, but that the abductive inference is in turn an abduction from the logical structure we are using.

- **Existential abduction**: the existence of one or more individuals is postulated to enrich the domain in which a "surprising observation" is interpreted or evaluated. This kind of abduction is called by Magnani "creative abduction" (Magnani 2001, 2009). What is interesting about this type of abduction is the introduction of new elements into the universe of discourse that can be useful in a dialogic interaction —or, in other words, we introduce new participants that solve interpretation problems raised in dialogue.

15.4 Epistemic inferential processes in the interpretation of linguistic utterances occuring in information flow

For all these reasons, we must apply all the different types of abductive reasoning mentioned above to those modal logics that enable us to express the knowledge contained in the successive epistemic states that constitute a dialogue, considering it as a process of transmission and interpretation of information and communicative intentions —that is, both in the informative states of the DS that arise after different speech acts that are uttered (public announcements), and in the cognitive states of the epistemic agents that participate in daialogue (the human user as well as the machine).

A Dynamic Epistemic Logic (DEL) makes it possible to describe both the epistemic states of the agents and the actions affected by those states. The paradigmatic example is the logic of public announcements (van Ditmarsch et al. 2008), which allows us to describe the effects of announcements that are heard by all agents. A formula such as $[\chi]\,\psi$ express that, after χ is announced, ψ is fulfilled. Thus, it is possible to describe situations such as $[\chi]\,K_a\psi$ —after χ is announced, the agent a knows that ψ is true—. The logics that explore announcements in which only some of the agents involved receive the information are equally representative, because they allow to express situations of private (non-common) knowledge —for instance, the agent a privately receives the result of a coin toss and this agent knows that the result is heads; on the other hand, another agent b does not know whether the result was heads or tails, but he/she knows that the first agent knows what happened—.

But DEL can also describe the effect of other epistemic actions, such as belief revision (van Benthem 2007) or certain forms of abductive reasoning (Nepomuceno & al. 2017). It is even capable, under appropriate models, of describing deductive inference acts (Velázquez 2013) and actions by which an agent combines the evidence at his or her disposal (van Benthem & Pacuit 2011).

In general, the set Φ of formulas of DEL is constructed following this rule:

$$\Phi ::= \bot \mid p \mid \neg \chi \mid \chi \to \psi \mid K_a \chi \mid C\chi \mid [\alpha]\,\psi$$

where $\bot$ is a propositional constant (the false proposition) and p is a propositional variable. In the epistemic aspect, $K_a\chi$ means that the epistemic agent a knows that χ, while $C\chi$ is common knowledge among all the participating agents that χ is true. In the dynamic aspect, $[\alpha]\,\psi$ expresses that after the epistemic action α, the proposition ψ is true. The use of the other logical connectives and epistemic operators can be defined from those that have been presented[4].

Thus, following Hans van Ditmarsch & al. (2008), we will adopt *Kripke Models* for the semantics of DEL, in which possible worlds correspond to descriptions of epistemic states. An accessibility relation between possible worlds is added, defined for each epistemic agent that takes part in the discourse or dialogue, as well as an interpretation function that assigns truth values to the propositions in each epistemic state:

$$M = \langle S, R, I \rangle$$

where S is a set of states, R is a function that establishes for each agent $a \in A$ a relation of accessibility between states such that $R_a \subseteq S \times S$, and I is a function that assigns a value to all the propositions of the language L such that $I(p) \subseteq S$ defines the set of states in which p is true, for every proposition $p \in P$.

All the formulas of DEL are interpreted in a pair $\langle M, s \rangle$, so that:

1. $M, s \nvDash \bot$

2. $M, s \models p$ iff $s \in I(p)$

3. $M, s \models \neg p$ iff $M, s \nvDash p$

4. $M, s \models \chi \to \psi$ iff $M, s \nvDash \chi$ or $M, s \models \psi$

5. $M, s \models K_a \chi$ iff for every state s' such that $sR_a s'$, $M, s' \models \chi$

6. $M, s \models [\chi]\psi$ iff when $M, s \models \chi$ then $M_{|\chi}, s \models \psi$ —where $M_{|\chi} = \langle S', R', I' \rangle$, such that $S' = [\![\chi]\!]_M ::= \{s \in S \mid M, s \models \chi\}$, $R'_a = R_a \cap ([\![\chi]\!]_M \times [\![\chi]\!]_M)$ and $I'(p) = I(p) \cap [\![\chi]\!]_M$

The accessibility relation R will be defined by virtue of the different types of epistemic agents we are dealing with. Basically, we will consider that we are dealing with agents capable of transmitting —in discourse or dialogue—

---

[4]This logic can be extended, as needed, to a predicate logic and new logical connectives or modal, epistemic, temporal operators, etc. can be added.

certain knowledge based on evidence. For this purpose, we will use an Euclidean definition of the accessibility relation —that fulfills the properties of reflexivity, symmetry and transitivity—, compatible with an S5 system of epistemic logic. This system assumes that the epistemic agents that intervene in a dialogue, for example, are perfectly logical and aware of what they know as well as of what they ignore. It is not the best system of epistemic logic for certain situations of information exchange, but it can be interesting to work with it before entering the evaluation of other possible systems.

The different epistemic states that succeed each other when information is being exchanged —which may or may not have the form of a dialogue— are therefore partial descriptions of a more general state of affairs, (i.e.: partial descriptions of a possible world). These partial descriptions constitute the context in which the expressions that make up the exchange of information must be interpreted. This conception of information flow in dialogue allows to use logical decision procedures based on *Hintikka sets* —which are conceived precisely as partial descriptions of possible worlds depending on the *consistency test* (Hintikka 1969: 153-154)— in order to build the successive contextual models in which the utterances of the dialogue are interpreted (Salguero 2014).

A *Hintikka set* μ is a set of formulas of the language L that satisfies a series of conditions (Hintikka 1969):

1. $\bot \notin \mu$

2. For every $\alpha \in L$, if $\alpha \in \mu$ then $\neg \alpha \notin \mu$

3. For every $\alpha, \beta \in L$, if $\alpha \to \beta \in \mu$ then $\alpha \notin \mu$ or $\beta \in \mu$

4. If $\alpha(a) \in \mu$ and $(a = b) \in \mu$ then $\alpha(b) \in \mu$ —where a and b are individual constants such that $a, b \in D$

5. If $\exists x \alpha(x) \in \mu$ then $\alpha(a) \in \mu$ for at least one individual a such that $a \in D(\mu)$ —that is, for at least one individual constant that appear in the formulas of μ

6. If $\forall x \alpha(x) \in \mu$ then $\alpha(a_1)...\alpha(a_n) \in \mu$ for all the individuals $a_1...a_n$ such that $\{a_1...a_n\} = D(\mu)$ —that is, for all the individual constants that appear in the formulas of μ

7. If $\Diamond \alpha \in \mu$ then there is at least a *Hintikka set* ν such that $\mu R \nu$ and $\alpha \in \nu$

8. If $\Box \alpha \in \mu$ then $\alpha \in \nu$ for every *Hintikka set* ν such that $\mu R \nu$

This definition of *Hintikka sets* turns them into partial descriptions of a possible world, the referent of a coherent set of sentences of a certain language that cannot be increased with new sentences that make it inconsistent. By relating different *Hintikka sets* through the accessibility relation R, we can compare a variety of consistent sets of sentences that represent different partial descriptions of states —epistemic states, for example— and make the interpretation of the sentences depend on their acceptability in a *Hintikka set* or not; that is to say: on the set of sentences in which a certain expression is interpreted and on all those other accessible sets of sentences, in case the sentence we are interpreting is somehow modalized (epistemically, temporally, deontologically, etc.).

The procedure of *semantic tableaux* offers interpretation models for the formulas that constitute a *Hintikka set*, and also the domain in which the individual variables obtain their reference through *individuation functions* that connect individuals through different states or situations (Salguero 2014, p. 111–115). In this way, it is possible to get an algebraic model that relates the references of different anaphoric variables (pronouns, for instance) and noun phrases that appear in discourse, even in the process that leads from one epistemic state to another. Therefore, we can treat the *Hintikka sets* that are related in such a model as the contextual frameworks in which each new expression appearing in an informative process must be semantically evaluated. For this, it is possible to define a *Context Logic* L_c that will act as a metallogic for the corresponding epistemic logic. We will base this logic on the proposal of Dynamic Context Logic made by Guillaume Aucher et al (2009):

$$\phi ::= \varphi \in MFOL \mid \neg\varphi \mid \varphi \to \psi \mid [\mu]\,\varphi$$

where MFOL is the First Order Modal Logic and $[\mu]\,\varphi$ means that φ is true in the context defined by the *Hintikka set* μ. For this operation on contexts, we also define the inverse operation $\langle\mu\rangle\,\varphi := \neg\,[\mu]\,\neg\varphi$, which can be read as "in the context defined by the *Hintikka set* μ, the formula φ is possible" — i.e.: its addition does not make the description of the world represented by μ inconsistent.

We can define the semantics of L_c in the following way. Given a contextual model $M = \langle W, R, I \rangle$, in which W is a non-empty set of *Hintikka sets* that describe certain states or situations, R is a relation such that for every *Hintikka set* μ, $R(\mu) \subseteq W$ —i.e.: a context is a set of accessible states— and I is an interpretation of the formulas of L_c so that $I(\varphi) \subseteq W$ —that is, the interpretation of a formula represents the set of states that satisfy it—, for any $w \in W$ it holds that:

1. For every $\varphi \in \mu$, $M, w \models_c \varphi$ iff $w \in I(\varphi)$

2. $M, w \models_c \neg\varphi$ iff $M, w \not\models_c \varphi$

3. $M, w \models_c \varphi \to \psi$ iff $M, w \not\models_c \varphi$ or $M, w \models_c \psi$

4. For any *Hintikka set* μ, $M, w \models_c [\mu]\,\varphi$ iff $M, w \models_c \varphi$ and for every $w' \in R(\mu)$, $M, w' \models_c \varphi$

Therefore, to say that the proposition expressed by the formula φ is verified in a context is equivalent to saying that both, the current informative or cognitive state and all the states accessible to them in the context, satisfy φ:

$$M, w \models_c [\mu]\, \varphi \text{ iff } R(\mu) \subseteq I(\varphi)$$

Similarly, saying that φ is verified in some informative or cognitive state of a context is the same as saying that there is at least one state in the context in which φ is possible:

$$M, w \models_c \langle\mu\rangle\, \varphi \text{ iff } R(\mu) \cap I(\varphi) \neq \emptyset$$

From all of the above, it follows that $\models_c [\mu]\, \varphi \to \langle\mu\rangle\, \varphi$, which matches the axiom [D] of Standard Deontic Logic (Salguero 1991, pp. 62–66), and implies that the relation R is defined by the property of seriality $\forall \mu \exists \nu (\mu \Re \nu)$ and not by that of euclidianeity, as in the case of the Dynamic Epistemic Logic (DEL) previously defined. This can have interesting semantic consequences for Context Logic and the interpretation of the successive expressions that appear in a dialogue, since the states that are immediately accessible from an initial informative state inherit certain characteristics such as the domain, but do not donate them "backwards" or "laterally" to other accesible states. Therefore, this logic is a variable domain non-Kripkean logic and not a fixed domain or a nested domains logic —as in the case of normal Kripkean logics—, what seems logical from the point of view of the flow of information, since new referents may appear as the process of transmission of information progresses, without these referents necessarily influencing the interpretation of the utterances appeared in the preceding states or in successive states not immediately accessible (Salguero 2014, p. 111).

From here we can define a logical abductive calculus for contexts that will enable us to deduce certain necessary properties of the epistemic states in which the successive utterances of a discourse or a dialogue are interpreted. An Abductive Context Logic (ACL) is defined as follows:

1. $MFOL \subset ACL$

2. $[\Omega]\, \varphi \to \varphi$ —where $[\Omega]$ is a global operator such that $R(\Omega) = W$

3. If $\vdash_c \varphi \to \psi$ and $\vdash_c \varphi$ then $\vdash_c \psi$ (*Modus Ponens*)

4. If $\vdash_c \varphi$ then $\vdash_c [\Omega]\, \varphi$ (*Necesitation Rule*)

5. For every *Hintikka set* μ, if $\vdash_c [\Omega]\, (\varphi \to \psi)$ and $\vdash_c [\mu]\, \psi$ then $\vdash_c \langle\mu\rangle\, \varphi$ (*Peirce Rule* or *Abduction Rule*)

That is to say, all MFOL axioms and theorems are in ACL, which, unlike MFOL, is an abductive logic (*Peirce Rule*), but closed with respect to the classic MFOL rules of *Modus Ponens* and *Necesitation*. In this logic, abduction allows us to infer the possibility of adding a formula —that represents a sentence— in a given context if that formula implies in the model another one that necessarily appears in the context. This means that in a given context we can refer to individuals that appear in other contexts of the model as long as there are certain relationships between the formulas, which allows us to apply the individuation functions between contexts (Salguero 2014, p. 117).

As can be seen, in this approach abduction goes beyond a simple intuitive reasoning scheme and can be formalized using a logic with a modal basis — an epistemic basis, for example— and a dynamic or processual interpretation. We are sure that this type of logics can be very useful in developing formal models of meaning applicable to Dialogue Systems Managers. For this purpose, we will have to go deeper into the different Dynamic Epistemic Logics —with or without abduction—, and into the Abductive Context Logic and its applications as a metalogic for the former.

Acknowledgements

This paper is based on a research project carried out for the last two years by the author in collaboration with Ángel Nepomuceno. Some of its most important aspects are therefore due to Professor Nepomuceno and the other members of our research group. I would therefore like to thank each and every one of the members of the Research Group on Logic, Language and Information of the University of Seville (GILLIUS) for their support and ideas for the development of this work.

References

1. Aliseda, Atocha (2006). *Abductive Reasoning: Logical Investigations into Discovery and Explanation.* Springer.

2. Aliseda, Atocha (2014). *La lógica como herramienta de la razón. Razonamiento ampliativo en la creatividad, la cognición y la inferencia.* College Publications.

3. Aucher, Guillaume, Davide Grossi, Andreas Herzig & Emiliano Lorini (2009). "Dynamic Context Logic". In Xiangdong He, John Horty & Eric Pacuit (eds.), *LORI 2009. Proceedings of the 2nd international conference on Logic, rationality and interaction*, Springer, pp. 15–26.

4. Barés, Cristina & Matthieu Fontaine (2017). "Argumentation and abduction in dialogical logic". In L. Magnani & T. Bertolotti (eds.), *Handbook of Model-Based Science*, Springer.

5. Beaver, David I. (2001). *Presupposition and Assertion in Dynamic Semantics.* CSLI Publications.

6. Bertolotti, Tommaso, Selene Arfini & Lorenzo Magnani (2016). "Abduction: from the ignorance problem to the ignorance virtue". *Journal of Logics and their Applications* 3 (1): 153–173.

7. Blakemore, Diane (1992). *Understanding Utterances.* Blackwell.

8. Chierchia, Gennaro (1995). *Dynamics of Meaning.* University of Chicago Press.

9. Cruse, D. Alan (1986). *Lexical Semantics.* Cambridge University Press.

10. Davis, Wayne A. (2003). *Meaning, Expression, and Thought.* Cambridge University Press.

11. Deutscher, Guy (2002). "On the misuse of the notion of 'abduction' in linguistics". *Journal of Linguistics* 38: 469–485.

12. Domaneschi, Filippo (2016). *Presuppositions and Cognitive Processes. Understanding the Information Taken for Granted.* Palgrave Macmillan.

13. Frankfurt, Harry G. (1958). "Peirce's notion of abduction". *Journal of Philosophy* 55: 593–597.

14. Gabbay, Dov & John Woods (2005). *A Practical Logic of Cognitive Systems, Volume 2: The Reach of Abduction. Insight and Trial.* Elsevier.

15. Goodman, Noah D. & Andreas Stuhlmüller (2013). "Knowledge and implicature: modeling language understanding as social cognition". *Topics in Cognitive Science* 5: 173–184.

16. Hintikka, Jaakko (1969). *Models for Modalities.* D. Reidel Publ. Co.

17. Hintikka, Jaakko (1998). "What is abduction? The fundamental problem of contemporary epistemology". *Transactions of the Charles S. Peirce Society* 34: 503–533.

18. Kakas, Antonis C., Robert A. Kowalski & Francesca Toni (1993). "Abductive logic programming". *Journal of Logic and Computation* 2: 719–770.

19. Kapitan, Tomis (1997). "Peirce and the structure of abductive inference". In Nathan Houser, Don D. Roberts & James Van Evra (eds.), *Studies in the Logic of Charles Sanders Peirce*, Indiana University Press, pp. 477–496.

20. Keiff, Laurent (2007). *Le Pluralisme Dialogique. Approches Dynamiques de l'Argumentation Formelle.* Université de Lille 3 [PhD. Dissertation].

21. Kowalski, Robert A. (1979). *Logic for Problem Solving.* Elsevier.

22. Kuipers, Theo (1999). "Abduction aiming at empirical progress of even truth approximation leading to a challenge for computational modelling". *Foundations of Science* 4: 307–323.

23. Magnani, Lorenzo (2001). *Abduction, Reason and Science. Processes of Discovery and Explanation.* Kluwer Academic / Plenum Publishers.

24. Magnani, Lorenzo (2009). *Abductive Cognition. The Epistemological and Eco-Cognitive Dimensions of Hypothetical Reasoning*. Springer.

25. Magnani, Lorenzo (2017). *The Abductive Structure of Scientific Creativity. An Essay on the Ecology of Cognition*. Springer.

26. Meheus, Joke, Liza Verhoeven, Maarten Van Dyck & Dagmar Provijn (2002). "Ampliative adaptive logics and the foundation of logic-based approaches to abduction". In Lorenzo Magnani, Nancy J. Nersessian & Claudio Pizzi (eds.), *Logical and Computational Aspects of Model-Based Reasoning*, Kluwer Academic Publishers, pp. 39–71.

27. Murphy, M. Lynne (2003). *Semantic Relations and the Lexicon. Antonymy, Synonymy and Other Paradigms*. Cambridge University Press.

28. Nepomuceno, Ángel, Fernando Soler & Fernando Velázquez (2014). "The Fundamental Problem of Contemporary Epistemology". *Teorema* 33/2: 89–103.

29. Nepomuceno, Ángel, Fernando Soler & Fernando Velázquez (2017). "Abductive Reasoning in Dynamic Epistemic Logic". In Lorenzo Magnani & Tommaso Bertolotti (eds.), *Springer Handbook of Model-Based Science*, Springer.

30. Park, Woosuk (2015). "On classifying abduction". *Journal of Applied Logic* 13: 215–238.

31. Peirce, Charles S. *Collected Papers of Charles Sanders Peirce*. Harvard University Press [Charles Hartshorne & Paul Weiss (eds.) Vol. 1–6, 1931–1935; Arthur W. Burks (ed.) Vol. 7–8, 1958].

32. Redmond, Juan & Matthieu Fontaine (2011). *How to Play Dialogues. An Introduction to Dialogical Logic*. Dialogues and Games of Logic, vol. 1. College Publications.

33. Salguero, Francisco J. (1991). *Árboles semánticos para lógica modal con algunos resultados sobre sistemas normales*. Universidad de Sevilla [PhD. Dissertation].

34. Salguero, Francisco J. (2014). "Modelling Linguistic Context with Hintikka Sets and Abduction". *Teorema* 33: 105–119.

35. Schurz, Gerhard (2008). "Patterns of abduction". *Synthese* 164: 201–234.

36. Sperber, Daniel & Deirdre Wilson (1986). *Relevance: Communication and Cognition*. Harvard University Press.

37. Van Benthem, Johan (2007). "Dynamic logic for belief revision". *Journal of Applied Non-Classical Logics* 17(2): 129–155.

38. Van Benthem, Johan (2011). *Logical Dynamics of Information and Interaction*. Cambridge University Press.

39. Van Benthem, Johan & Eric Pacuit (2011). "Dynamic Logics of Evidence-Based Beliefs". *Studia Logica* 99(1): 61–92.

40. Van Ditmarsch, Hans, Wiebe van der Hoek & Barteld Kooi (2008). *Dynamic Epistemic Logic*. Springer.

41. Van Eemeren, Frans & Rob Grootendorst (2004). *A Systematic Theory of Argumentation: The Pragma-dialectical Approach*. Cambridge University Press.

42. Velázquez, Fernando R. (2013). "Explicit and Implicit Knowledge in Neighbourhood Models". In D. Grossi, O. Roy and H. Huang, *Logic, Rationality, and Interaction*, pp. 239–252. Springer.

43. Woods, John (2013). *Errors of Reasoning. Naturalizing the Logic of Inference*. College Publications.

Capítulo 16

La singularidad epistemológica del modelado en Dinámica de Sistemas

Margarita Vázquez y Manuel Liz
Universidad de La Laguna

Cuando nos invitaron a participar en este homenaje, tuvimos claro que escribiríamos algo sobre sistemas y modelos. En estos últimos años hemos coincidido con Ángel Nepomuceno, o colaboradores suyos, en una serie de congresos sobre estos temas. Son los organizados por Lorenzo Magnani, con el título genérico de "Model-Based Reasoning in Science and Technology". Incluso celebraron el del año 2018 en Sevilla (con el subtítulo de "Inferential Models for Logic, Language, Cognition and Computation"), aunque nosotros no pudimos asistir. Además, se da la circunstancia de que, su grupo y nosotros, solemos ser los únicos españoles allí. Con Ángel coincidió Manolo justamente en el año 2009 en el celebrado en la Universidad de Campinas, Brasil.

En Campinas presentamos un trabajo titulado "Models as Points of View: The Case of System Dynamics". Este fue publicado como artículo en la revista *Foundations of Science*. La presente colaboración en este libro homenaje seguirá algunas de las líneas allí planteadas.

En concreto, en la primera parte de este trabajo se contestará a un artículo publicado, en el año 2014 en la misma revista, *Foundations of Science*, por Mohammadreza Zolfagharian, Reza Akbari y Hamidreza Fartookzadeh titulado "Theory of Knowledge in System Dynamics Models"[20], en el que se citaba el nuestro. Nos parece que en ese artículo no se hace justicia a las peculiaridades de la Dinámica de Sistemas. En él se propone un análisis filosófico de la Dinámica de Sistemas desde la perspectiva de los principales problemas y discusiones sobre las nociones de verdad y justificación que encontramos en la teoría del conocimiento. Nosotros creemos que esas reflexiones filosóficas tienen que ser mucho más generales e inclusivas si queremos que ayuden a entender la idiosincrasia epistemológica y metodológica de la DS. Defendemos que las nociones de creencia intuitiva y de acción intencional son, al menos, tan importantes en Dinámica de Sistemas como las nociones de justificación y creencia.

A continuación, tras analizar cuatro concepciones distintas acerca de las relaciones entre los modelos y las teorías, se presentarán los modelos de Dinámica de Sistemas no sólo como herramientas útiles para guiar la toma de decisiones, sino también como teorías funcionales que ofrecen una comprensión explicativa de los sistemas modelados.

16.1. Dinámica de Sistemas y Teoría del conocimiento

Desde finales de los años 80, principios de los 90, del siglo pasado nos hemos ocupado de analizar filosóficamente ideas, conceptos, herramientas, etc. de la técnica de modelado y simulación conocida como "Dinámica de Sistemas" (en adelante DS). Se da la curiosa circunstancia de que empezamos a trabajar en DS en la Universidad de Sevilla, de la mano de Javier Aracil, Catedrático de Automática en la Escuela Superior de Ingenieros Industriales de dicha Universidad. Con Aracil hicimos en los años 90 varias publicaciones sobre este tema y, desde entonces, siempre ha estado entre nuestras áreas de interés, a la que hemos vuelto una y otra vez, como en ese congreso de Campinas. De esta manera, hemos usado la DS como campo de experiencia, como un caso paradigmático, de muchas de las características y problemas con las que nos encontramos en la construcción y el uso de los modelos de simulación.

Desde que empezamos a trabajar en DS nos pareció fundamental reflexionar sobre sus presuposiciones filosóficas, intentando entender sus implicaciones, limitaciones y alcance. Nos parece que esto es especialmente interesante en el caso de nuevas disciplinas que están en la frontera de las ciencias naturales y de las sociales, como es el caso de la DS. Esta metodología, para la creación de modelos de simulación, fue desarrollada en los años 50 por Jay Forrester en el MIT. La DS aplica herramientas matemáticas e informáticas para resolver problemas prácticos de control, y es especialmente útil y fructífera cuando se aplica a problemas socio-económicos. Y, construyendo estos modelos, proporciona un tipo muy peculiar de comprensión de los mismos.

En los últimos años, las publicaciones acerca de las implicaciones, las limitaciones y el alcance de la DS han aumentado considerablemente, tanto en cantidad como en calidad. En el artículo de Mohammadreza Zolfagharian, Reza Akbari y Hamidreza Fartookzadeh, citado más arriba, se ofrece una reflexión desde la perspectiva de los principales problemas y discusiones que podemos encontrar en la teoría del conocimiento. Se centran en la concepción tradicional del conocimiento como creencia justificada verdadera. Tras introducir los principales componentes del modelado en DS, y también algunas de las principales discusiones filosóficas en este campo[1], proponen analizar qué teorías de la justificación y la verdad encajarían mejor con la estructura y los fines de los modelos de DS. Con respecto a la justificación, concluyen sugiriendo una combinación entre el coherentismo y fundamentalismo epistemológico, algo parecido a lo que Susan Haack llama "fundaherentismo", incluyendo como una parte relevante de las bases fundacionales algunos principios y "arquetipos" basados en la experiencia pasada en la práctica de la DS. Con respecto a la verdad, su conclusión tiene dos vertientes, una concerniente a la naturaleza o a la esencia de la verdad y la otra relativa al criterio de verdad. La naturaleza de la verdad en DS es entendida como siendo algún tipo de correspondencia. Los autores defienden que los procesos de validación incluyen una importante referencia a la correspondencia con la realidad en un sentido realista, aunque parcial. Sin embargo, el criterio de verdad sería de nuevo la coherencia junto con la obtención de los objetivos de los modelos, que normalmente incluyen cosas tales como la eficiencia y la utilidad.

La estrategia seguida en dicho artículo es comparar las alternativas más importantes de la teoría del conocimiento que podemos encontrar en los modelos de DS. Más en concreto, se comparan las alternativas filosóficas más relevantes respecto a la estructura de la justificación epistémica (fundacionalismo, coherentismo, internalismo, externalismo, contextualismo, pragmatismo, etc.) con las estructuras justificatorias explícitamente incorporadas en el modelo de DS. Y se comparan las alternativas filosóficas con respecto a la verdad (teorías de la correspondencia, teoría de la coherencia, concepciones pragmatistas, relativismo, etc.) con los procesos de validación de esos modelos de DS. Las conclusiones que señalamos más arriba serían obtenidas de esas comparaciones.

Aunque los análisis ofrecidos por estos autores son interesantes y merecen consideración, nosotros pensamos que la estrategia elegida es demasiado general e inclusiva. Usar los marcos conceptuales de la teoría del conocimiento, del mismo modo que de la filosofía general de la ciencia, hace muy difícil entender algunas peculiaridades muy importantes y características de la DS[2]. Entre estas peculiaridades, se ha señalado el hecho de que la DS es una metodología altamente híbrida, que involucra una diversidad de conocimientos, desde cono-

---

[1]Los autores prestan especial atención a las aproximaciones al falsacionismo de Popper que hacen [4] y [5], al relativismo kuhniano y pragmatista de [3], a nuestro realismo interno putnamiano en [17], a nuestro constructivismo y expresivismo basado en algunas propuestas de Searle y Brandom en [18] y a las aproximaciones sistemáticas de [9] y [11].

[2]Hemos defendido esto en detalle en [18]y [19].

cimiento matemático e informático hasta conocimiento intuitivo y "saber cómo" de los sujetos involucrados en los sistemas modelados. Además, cualquier tipo de conocimiento relevante proveniente de cualquier disciplina científica puede ser integrado en la construcción de modelos de DS. Es también muy importante destacar que el resultado de los procesos de modelado en DS nunca es un único modelo, sino una gran familia de modelos de simulación. El uso de modelos de simulación de DS lleva consigo el interactuar virtualmente con ellos en una compleja variedad de escenarios de simulación. Hay muchas otras peculiaridades del modelado en DS. Nos interesa recalcar una más de estas características, y es que la DS proporciona un "estilo de pensamiento" distintivo, lo cual tiene importantes consecuencias en los procesos de aprendizaje y en programas educativos[3].

16.2. Creencias intuitivas y acciones intencionales

Todas estas peculiaridades configuran la idiosincrasia epistemológica de la DS. Y hay dos ingredientes que están crucialmente presentes en todas ellas: las creencias intuitivas y las acciones intencionales. El primer ingrediente es epistémico, el segundo es agentivo. La metodología de la DS para la construcción de modelos de simulación es aplicada frecuentemente a sistemas socio-económicos complejos con respecto a los cuales nos encontramos con un problema de decisión, o un problema de control. Estamos involucrados en esos sistemas. Queremos actuar de manera que hagamos posible el cumplimiento eficiente de ciertos objetivos. Somos ignorantes de las consecuencias dinámicas de nuestras acciones. Y la principal fuente, en muchos casos la única fuente, de conocimiento acerca de la estructura del sistema, una estructura que se toma como la responsable del comportamiento dinámico de los sistemas modelados, es el conocimiento estructural contenido de manera implícita en nuestros "modelos mentales". Esta noción es central en la metodología de la DS. Y se refiere al conjunto de creencias intuitivas y al "saber cómo" originado en las interacciones con el sistema modelado. Pero esto no es el final de la película. Las creencias intuitivas y las acciones intencionales también tienen un papel protagonista en el uso de los modelos de DS. Estos modelos tienen que integrarse en las perspectivas agentivas de los sujetos. Las acciones en los sistemas modelados, guiadas por los modelos de simulación de DS, tienen que ser acciones intencionales inspiradas por las "experiencias virtuales" obtenidas por las interacciones con esos modelos. Para ser efectivos, los modelos de simulación de DS tienen que modificar y mejorar nuestros "modelos mentales". Tienen que modificar y mejorar nuestras creencias intuitivas y nuestro "saber cómo".

---
[3]Con respecto a esta característica de la DS, véase [16]. Muchos autores han enfatizado este aspecto en los últimos años, como se puede apreciar si se revisan las actas de los congresos de la *System Dynamics Society*. Nos parece que es muy difícil dar sentido a peculiaridades como ésta usando los recursos conceptuales de la teoría del conocimiento tradicional.

La creencia es un componente crucial tanto de la DS como de la concepción tradicional del conocimiento, pero ese componente no es tenido en cuenta en el artículo del que partimos. En concreto, no se trata la noción de creencia intuitiva. Tampoco se tiene en cuenta a la acción intencional, que es otro componente crucial de la DS. En este caso, va mucho más allá de las aproximaciones tradicionales al conocimiento. Es más, cuando es considerada (como sucede en el pragmatismo y el relativismo), normalmente tiene consecuencias reduccionistas, o incluso eliminativistas, respecto a la normatividad del conocimiento. Es verdad que el conocimiento proposicional es un importante resultado del proceso de modelado en DS. Queremos conseguir creencias proposicionales epistémicamente justificadas buscando la verdad en un sentido realista. Sin embargo, no podemos entender las peculiaridades de la DS sin prestar atención a otro tipo de creencias (creencias intuitivas ligadas a un "saber cómo") o a acciones intencionales (acciones fuertemente guiadas por el uso de modelos de simulación en una variedad de escenarios virtuales).

Muchos de los problemas filosóficos planteados por la DS tienen que ver con el papel de las creencias intuitivas y el de las acciones intencionales. Un ejemplo es la necesidad de entender los procesos interactivos de selección y validación de algunos modelos particulares de DS de entre las muchas estructuras posibles capaces de generar un comportamiento dinámico dado. Otro ejemplo es la necesidad de entender el significado y valor de la "experiencia virtual" originada por el uso de modelos de DS en una variedad de escenarios de simulación. Otra más sería la necesidad de entender el sentido en el cual nuestros mejores modelos de DS pueden ser tomados como representaciones realistas de los sistemas modelados. En todos estos ejemplos la DS marca una diferencia debido a la manera peculiar en la que las creencias intuitivas y las acciones intencionales se ven involucradas en la construcción y uso de modelos de simulación de DS.

Centrarse en creencias intuitivas y acciones intencionales nos llevaría más allá de las posturas epistemológicas tradicionales. Consideremos brevemente, por ejemplo, las creencias y su conexión con la justificación. Actualmente hay una postura filosófica que no se tiene en cuenta en el artículo del que partimos. Nos referimos a la "epistemología basada en las virtudes". Esta epistemología ofrece nuevas maneras de entender las creencias y la justificación epistémica que son muy diferentes de lo que podemos encontrar en posturas tradicionales como el funcionalismo, el coherentismo, el internalismo, el externalismo, el contextualismo, el pragmatismo, etc. De acuerdo con la epistemología basada en las virtudes, las características que pueden dar una justificación epistémica a las creencias tienen que venir de propiedades del sujeto como un todo, en el sentido de estar determinadas por la historia del sujeto en una variedad de contextos[4]. Aquí los distintos procesos de formación de creencias, incluidas las creencias intuitivas, tienen un papel prominente. Y es un papel que es capaz de incorporar aspectos normativos de una manera no reductiva.

---

[4]Ernesto Sosa es el principal referente de esta perspectiva epistemológica. Por ejemplo, [14] y [15].

16.3. La relevancia cognitiva de los modelos de Dinámica de Sistemas

Las posturas tradicionales en teoría del conocimiento oscilan entre enfatizar la justificación y la verdad sobre la creencia y la acción (como sucede en el fundacionalismo, coherentismo, etc.) y ofrecer posturas reduccionistas, o incluso eliminativistas, de la normatividad del conocimiento (como sucede en el fiabilismo, la epistemología naturalizada, el pragmatismo y el relativismo). Esta es la principal razón por la que muchas personas interesadas en realizar un análisis filosófico de la DS han mirado en otras direcciones, como hemos visto anteriormente.

Un análisis muy interesante, a nuestro entender es el de la relevancia cognitiva de los modelos de DS. Ya hemos dicho más arriba que los modelos de DS pretender ofrecer una mejor comprensión de los sistemas modelados. Los modelos de DS no sólo aspiran a ser útiles en la práctica, sino a ser cognitivamente relevantes. Más aún, muchas veces aspiran a tener una relevancia cognitiva que vaya más allá del conocimiento ordinario y práctico.

En cierto sentido, muchos modelos de DS pueden tener un papel similar al de las teorías. Nuestros modelos mejoran nuestro conocimiento dinámico de los modelos simulados haciendo posible predicciones adecuadas y un control eficiente. Pero, ¿mejoran ellos también nuestro conocimiento de la estructura de esos sistemas? ¿En qué sentido? En lo que sigue, intentaremos responder a estas preguntas.

Dicho de manera rápida, nuestra respuesta es que, cuando los modelos de DS proporcionan una comprensión profunda de los sistemas que están siendo modelados, nos encontramos con:

1. Algo que tiene un estatus teórico en relación con aspectos estructurales del sistema modelado.

2. Algo que tiene dicho estatus de una manera no convencional.

Los aspectos estructurales relevantes son esos aspectos estructurales responsables de la producción de un cierto comportamiento en los modelos de simulación. Al construirlos se postula en los sistemas reales una estructura "del mismo tipo" que la estructura involucrada en los modelos. Esto significa que el sentido en el que muchos modelos de DS aspiran a tener un cierto estatus teórico es claramente funcional. Los modelos de DS intentan representar tipos de estructuras. La afirmación crucial es que los sistemas reales modelados tienen el mismo tipo de estructura que la introducida en los modelos de simulación.

Sin embargo, ese estatuo teórico no se consigue de una manera convencional. Por ellos mismos, los modelos de DS carecen de una articulación proposicional. No tienen el formato estándar de teorías. Con una variedad de formatos, los modelos de DS tienen un fuerte "carácter icónico". Están constituidos por familias de diagramas causales, ecuaciones matemáticas, simulaciones por ordenador, escenarios de intervención, etc. Las descripciones proposicionales solo intervienen crucialmente al principio del proceso de modelado y cuando los modelos de DS son validados y aplicados. Este es el medio en el que encontramos afirmaciones cognitivas acerca de la existencia en los sistemas reales, que han sido modelados, de características estructurales del mismo tipo que las encontradas en los mdelos de simulación.

Hay diferentes explicaciones del sentido en el que los modelos de DS pueden ofrecer algún tipo de conocimiento estructural funcional del sistema modelado. Podemos pensar, por ejemplo, en la DS como una técnica particularmente apropiada para haceer explícito el conocimiento implícito que los agentes incolucrados en esos sistemas socio-económicos tienen acerca de la estructura de esos sistemas. Son sistemas reales construidos por ellos. Esos sujetos los construyen a través de sus acciones intencionales. Ciertamente, sus acciones están acotadas de muchas maneras. Y muchas veces los sujetos desconocen las consecuencias dinámicas de sus acciones, pero su conocimiento estructural es normalmente muy fiable. Y ese conocimiento estructural es explícitamente incorporado en los modelos de DS. De ese modo, muchas veces la estructura propuesta en los modelos de DS será del mismo tipo funcional que la estructura realmente existente en los sistemas modelados. Y la adecuación en la predicción de las consecuencias dinámicas y la posibilidad de un control eficiente sobre los sistemas modelados puede ser explicada por ese hecho.

16.4. Cuatro concepciones de las relaciones entre los modelos y las teorías y una respuesta

En la reciente filosofía de la ciencia, podemos distinguir cuatro concepciones generales de las relaciones entre los modelos y la teorías. De ellas, la cuarta es la que nos parece que aclararía el sentido en el que los modelos de DS pueden tener el peculiar estatus teórico que muchas veces se le atribuye.

1. La concepción inferencialista. Aquí podríamos incluir posturas con tantas diferencias entre ellas como las del positivismo lógico y el falsacionismo. Lo que nos interesa resaltar es que para todos ellos las relaciones de justificación establecidas entre las teorías, por un lado, y los datos observacionales, las leyes empíricas, los modelos, etc., por otro, tienen predominantemente un carácter inferencial y lógico. Esto significa que, en último término, los modelos sólo obtendrían una justificación epistemológica completa cuando ellos estén lógicamente entrañados por las teorías (en conjunción con alguna información sobre las condiciones de los sistemas reales).

2. La concepción del "mismo-nivel". Modelos como proto-teorías, teorías como modelos consolidados. Experiencia y teorías están al mismo nivel. Hay un continuo desde los datos a los modelos empíricos, y de esos modelos a las teorías más sofisticadas. Es la postura del empirismo de Hume y

de las relaciones entre teoría y experiencia de Russell. También es la de Kuhn en *La estructura de las revoluciones científicas*.
3. Teorías como conjuntos de modelos. Es la de la concepción semántica de las teorías, iniciada por Frederick Suppe. Aquí las teorias son conjuntos estructurados de modelos. Podríamos incluir también al estructuralismo.
4. Teorías a la busqueda de una comprensión explicativa. Esta es la propuesta de Wilfrid Sellars[5]. Según él, las explicaciones científicas siempre están basadas en modelos. Pero los modelos no vienen de la experiencia empírica como algo simplemente "dado". Y tampoco están justificados por las teorías a través de un "entrañamiento lógico". Desde dentro de las teorías y los modelos no está determinado cómo interpretar tanto las teorías como los modelos. Necesitan siempre ser explicadas a través de algunos comentarios. Los comentarios son externoas a las teorías y modelos involucrados. Sin embargo, no son simplemente un efecto de factores psicológicos o sociológicos. Los comentarios tienen que ser capaces de dar a los modelos y teorías una interpretación adecuada (es decir, objetiva, racional, etc.).

Sellars rechaza las concepciones 1, 2 y 3. Contra la concepción 1, mantiene que la relación de justificación relevante entre las teorías y la experiencia (datos observacionales, leyes empíricas, modelos, etc.) no es de "inferencia lógica", sino de "comprensión explicativa". Esta noción es crucial en la aportación de Selllars. Las inferencias lógicas no son suficientes, y tampoco son necesarias. El fin de las teorías es ofrecer una comprensión explicativa de la experiencia y, a traves de ella, una comprensión explicativa de la realidad y de nuestra posición en ella.

La concepción de Sellars es también muy diferente de las concepciones 2 y 3. Para él, ni los modelos pueden ser tomados como algún tipo de "proto-teorías", ni las teorías pueden ser tomadas como "conjuntos de modelos". Hay diferencias cognitivas importantes entre las teorías y los modelos. Los modelos median necesariamente entre las teorías y la realidad. Y lo hacen estableciendo un conjunto de analogías. Las analogías relevantes siempre son establecidas a través de algunos comentarios. Las analogías involucran patrones de observaciones. Estos patrones de observaciones son recopilados, y sistematizados por series de datos observacionales, leyes empíricas y modelos. Pero las analogías también involucran de manera crucial postulados acerca de entidades teóricas. El papel esencial de las teorías es justamente postular sistemas adecuados de entidades teóricas (objetos, propiedades y relaciones) con el fin de ofrecer comprensión explicativa.

Los comentarios nos permiten fijar una interpretación de nuestros modelos. Y hacen explícitos los compromisos realistas que se introducen al construir teorías. Los comentarios son externos a las teorías y tienen un fuerte carácter contextual y local. Sin embargo, no pueden ser entendidos com un mero

---
[5] Veáse [13].

resultado de fuerzas psicológicas o sociológicas. Los comentarios constituyen la interpretación tanto de las teorías como de los modelos. Permiten explicar lo que las teorías dicen, y lo que los modelos muestran, acerca de la realidad. Y ofrecen razones para tomar como reales algunas de las entidades (objetos, propiedades y relaciones) mencionadas en las teorías. Sin estas caracterísiticas no podemos tener propiamente conocimiento científico.

16.5. Modelos de DS como teorías funcionales acerca de de la estructura de algunos sistemas

Si, siguiendo a Sellars, el valor teórico de una teoria viene de los comentarios, no habría ningún problema en considerar que un modelo puede tener algunas veces un estatus teórico. Aún más, no habría ningún problema en que una única entidad pudiera tener ese doble uso en distintos contextos, o incluso en el mismo contexto. No habría ningún problema en que la misma entidad pudiera ser considerada algunas veces como un mero modelo y otras como una mera teoría.

Esto es lo que sucede con muchos modelos de DS. Cuando se construyen, muchas veces se interpretan como teniendo un fuerte significado realista. En el contexto de la construcción de modelos, los modelos de DS son vistos como la representación explícita de lo que está generando un comportamiento dinámico dado del sistema real modelado. Pero los modelos de DS pueden tener también un papel muy diferente el el contexto de su uso. Pueden ser usados simplemente como herramientas útiles para obtener datos que nos permitan predecir y controlar el comportamiento del sistema real modelado[6]. En el contexto de validación de los modelos de DS las cosas son mucho más complicadas. Aquí puede haber tensiones entree los modelos como "meros modelos" y los modelos como teniendo "relevancia cognitiva". El carácter bipolar de los modelos de DS se pone muchas veces de manifiesto en este contexto[7].

Los sistemas socio-económicos modelados con la DS son construcciones humanas. Son sistemas implícitamente construidos por nosotros. Los construímos por medio de nuestra acciones intencionales desarrolladas en contextos sociales e institucionales. Nuestra acciones son guiadas intencionalmente. Y se ven constreñidas por muchos tipos de factores materiales. Pero están tambien constreñidas por todo tipo de conmplejos conjuntos de reglas y convenciones sociales. Nosotros somos el origen de la estructura de esos sistemas, pero no somos plenamente conscientes de esa estructura. Además, desconocemos sus consecuencias dinámicas. El modelado con DS trata de hacer explícitas la estructura y las consecuencias dinámicas de esos sistemas.

---

[6]Sobre esto ver [7] y [8].
[7]Veáse [2] y [6].

Los modelos de DS pueden, por ello, ser interpretados como haciendo explícito lo que está implícito en los sistemas complejos de acciones de nuestra "segunda naturaleza". Cuando los modelos de DS son interpretados de esta manera, las estructuras postuladas en ellos son vistas como de los mismos tipos relevantes que las estructuras presentes en los sistemas reales modelados. El tipo de realidad que algo así está tratando de capturar es un realidad funcional. Y el tipo de comprensión explicativa peculiar que los modelos de DS tratan de ofrecer acerca del comportamiento de los sistemas modelados es una comprensión explicativa funcional.[8]

La idea principal es que en el modelado en DS de sistemas socio-económicos complejos obtenemos de manera explícita lo que implícitamente introdujimos en los sistemas que están siendo modelados, al estructurarlos del modo en el que los estructuramos. El modelado con DS hace explícitas sus estructura y sus consecuencias dinámicas para mantener una postura racional "auto-consciente" mejor en los procesos de toma de decisiones.

Desde esta perspectiva, las interacciones entre los modelos mentales, los sistemas sociales complejos y los modelos de DS pueden ser entendidas de una manera muy simple y clarificadora:

1. Los sistemas sociales complejos son sistemas reales construidos intencionalmente de forma implícita a partir de los modelos mentales de los agentes involucrados en ellos. Son sistemas reales que son objetivos ontológicamente, en el sentido de que somos nosotros la fuente ontológica de su realidad, pero epistemologicamente objetivos en el sentido de que podemos adquirir conocimiento sobre ellos.[9]

2. Usando ciertas herramientas matemáticas e informáticas, y aplicándoles cierto conocimiento experto, los modelos de DS tratan de hacer explícitas las estructuras y las consecuencias dinámicas implícitamente presentes en esos sistemas sociales complejos.

3. Los modelos mentales son enriquecidos por los modelos de DS, con todos sus componentes icónicos no-conceptuales. Esto hace posible una mejoría racional de los procesos relevantes de toma de decisiones que inspiraron la construcción de los modelos.

El último punto es especialmente importante. Está conectado con el hecho de que lo que se hace conceptualmente explícito en estos modelos dede de interacturar intimamente con los modelos mentales de los usuarios de los modelos, para de esta manera mejorar los procesos de toma de decisiones. Los modelos de DS no pueden ser validados si no generan confianza en los sujetos involucrados en su modelado. De la misma forma, no pueden tener relevancia cognitiva

---

[8]En [19] hemos defendido que una combinación del "constructivismo" de Searle y del "espresivismo" de Brandom ofrecen una manera prometedora de interpretarel significado cognitivo que pueden tener los modelos de DS.

[9]La distinción entre ser ontológicamente objetivo (o subjetivo) y ser epistemológicamente objetivo (o subjetivo) fue introducido por [12].

a menos que estén integrados al final con las acciones intencionales que construyen de manera implícita los sistemas modelados. Esta relevancia cognitiva viene a través de ciertos comentarios. Los comentarios hacen afirmaciones sobre la similitud estructural. Los comentarios tienen una naturaleza conceptual y una articulación inferencial, pero esto no es una parte esencial de los modelos de DS. Por ellos mismos, los modelos de DS tienen un carácter icónico. Muchas veces se usan sólo como herramientas útiles. Pero los comentarios son comentarios acerca de cómo los modelos de DS están conectados con los sistemas modelados. Y éste es el sentido en el que los modelos de DS pueden tener también un importante papel teórico. Cuando buscamos algo más, cuando los modelos de DS se usan para intentar encontrar una comprensión explicativa, la relevancia cognitiva se convierte en un factor crucial.

Agradecimientos

Este capítulo ha sido financiado con el Proyecto de investigación RTI2018-098254-BI00 del Programa Estatal de $I + D + i$ Orientada a los Retos de la Sociedad del Gobierno de España.

Bibliografía

[1] Aracil, J., Vázquez, M. y M. Liz (1995) "An Epistemological Framework for System Dynamics Modelling", *Revue Internationale de Systemique*, Vol. 9, n. 5, pp. 461-89.

[2] Barlas, Y. (1996) "Formal aspects of model validity and validation in system dynamics", *System Dynamics Review*, 12(3): pp. 183-210.

[3] Barlas, Y. y S. Carpenter (1990) "Philosophical Roots of Model Validation: Two Paradigms", *System Dynamics Review*, 6(2): pp. 148-166.

[4] Bell, J.A. y J.F. Bell (1980) "System Dynamics and Scientific Method, in Elements of the System Dynamics Method", en J. Randers (ed.), Productivity Press: Cambridge MA. pp. 3-21.

[5] Bell, J.A. y P.M. Senge (1980) "Methods for Enhancing Refutability in System Dynamics Modeling", *TIMS Studies in the Management Sciences*, 14: pp.61-73.

[6] Forrester, J. y P. Senge (1980) "Test for Building Confidence in System Dynamics Models", en Legasto, Forrester y Lyneis (eds.) (1980) *System Dynamics. Studies in Management Sciences*, Vol. 14, North-Holland: Amsterdam.

[7] Homer, J. (1996) "Why we iterate: Scientific modeling in theory and practice", *System Dynamics Review*, 12 (1): pp. 1-19.

[8] Homer, J. (1997) "Structure, data and compelling conclusions: Notes from the field", *System Dynamics Review*, 13(4): pp. 293-309.

[9] Lane, D. (1999) "Social theory and system dynamics practice", *European Journal of Operational Research*, 113 (3), pp. 501-527.

[10] Liz, M., J. Aracil y M. Vázquez (1996) "Knowledge, Control, and Reality. The Need of a Pluralistic View in Control System Design", it Proceedings of the 13th World Congress of the International Federation of Automatic Control (IFAC World Congress), San Francisco, 1996.

[11] Pruyt, E. (2006) "What is System Dynamics? A Paradigmatic Inquiry", *Proceedings of the 24th International Conference of the System Dynamics Society*, The System Dynamics Society: Nijmegen, The Netherlands. pp. 102-103.

[12] Searle, J. (1995) *The Construction of Social Reality*, The Free: New York.

[13] Sellars, W. (1961) "The Language of Theories", reimpreso en W. Sellars, *Science, Perception and Reality*, Ridgeview Publishing Co: Atascadero.

[14] Sosa, E. (1991) *Knowledge in Perspective*, Cambridge Univiversity Press: Cambridge.

[15] Sosa, E. (2007) *A Virtue Epistemology. Apt Belief and Reflective Knowledge*, Oxford University Press: Oxford. Traducido en *Una epistemología de las virtudes*, Prensas de la Universidad de Zaragoza: Zaragoza, 2018.

[16] Sterman, J. D (2000) *Business Dynamics: Systems Thinking and Modeling for a Complex World*, Irwin/McGraw-Hill: Boston.

[17] Vázquez, M., M. Liz y J. Aracil (1996) "Knowledge and Reality: Some Conceptual Issues in System Dynamics Modeling", *System Dynamics Review*, 12(1): pp. 21-37.

[18] Vázquez, M. y M. Liz (2007) System Dynamics and Philosophy: A constructivist and expressivist approach", *Proceedings of the International Conference of the System Dynamics Society*, The System Dynamics Society: Boston.

[19] Vázquez, M. y M. Liz (2011) "Models as Points of View. The Case of System Dynamics", *Foundations of Science*, 16-4, pp. 383-91.

[20] Zolfagharian, M., Akbari, R. y H. Fartookzadeh (2014) Theory of Knowledge in System Dynamics Models, *Foundations of Science*, 19, pp. 189-207.

Parte III

Abducción

Capítulo 17

Knowledge-Enhancing Abduction and Eco-Cognitive Openness Reconsidered. Locked and Unlocked Cognitive Strategies

SELENE ARFINI; LORENZO MAGNANI; TOMMASO BERTOLOTTI
Department of Humanities, Philosophy Section and Computational Philosophy Laboratory, University of Pavia, Italy

Abstract. What does it mean that abduction is ignorance-preserving? And how does this feature affect our study and understanding of abductive cognition? In this paper, we approach the issue of abduction and ignorance by discussing both epistemological and cognitive views on the matter. In detail, in the first section we will discuss how abduction can be understood by considering different examples and types of reasoning, which brings us to understand abductive cognition as a pattern of reasoning that defines not only sentential, only theoretical, nor only human cognitive processes. The second section will be dedicated to dealing with abductive reasoning applied in lower forms of cognition (in particular animal cognition). The argument will involve a redefinition of both the concept of representation (which will explicitly refer to the role that models and model-based reasoning play in different cognitive processes) and of ignorance (and, in turn, of knowledge) if considered to discuss abductive cognition. Then, in the third section we will reframe the question about the role of ignorance in abduction in an epistemological and cognitive perspective, making room for the view of ignorance as a virtue enabling the emergence of successful creative abductions.

Introducing the Problem of Ignorance in Abduction

The ignorance-preserving character of abduction is one of the most discussed issue in the logical and epistemological literature around this topic. Indeed, abductive reasoning has a crucial importance inasmuch as it is one of the few *ampliative reasonings*, as it allows the inferential expansion of the agent's knowledge beyond what she already knows. To be clear, abduction can be said to expand the agent's knowledge when

1. the knowledge-enhancing effect is at play and so the fruit of abduction is not potential knowledge but just knowledge –think of the Galilean thought experiment concerning falling bodies (cf. section 1 of L. Magnani, Knowledge-enhancing abduction and eco-cognitive openness reconsidered. Locked and unlocked cognitive strategies, this volume), and

2. when the guessed hypothesis (so potentially endowed with knowledge content) is accepted because it is evaluated (for example empirically).

To make a straightforward example, if I know that 'all Romans are mortal' and that 'Caesar is mortal', I could try to expand my knowledge by abducing that 'Caesar is Roman': this is not necessarily true, because Caesar might very well be a pampered Chihuahua dog in Beverly Hills. Since the conclusion is not included in the premises (indeed it expanded my knowledge), it is not warranted by them either: to obtain it, I produced some knowledge out of something that was not knowledge yet, and that could be defined as *ignorance*. What about the relationship between the previous, underlying ignorance and the newly produced knowledge?

The ignorance issue afflicting abduction, as framed by ([15]) and ([5]), is about to what extent abduction can be seen as an "ignorance-preserving" – or "ignorance-mitigating" – inference, and what this means exactly. Some studies have already provide partial answers to this question. ([10]) explains that abduction represents a kind of reasoning that is constitutively provisional, and it is possible to withdraw previous abductive results (even if empirically confirmed, that is appropriately considered "best explanations") in presence of new information. From the logical point of view this means that abduction represents a kind of nonmonotonic reasoning, and in this perspective we can even say that abduction interprets, as already said above, the "spirit" of modern science, where truths are never stable and absolute. Peirce also emphasized the "marvelous self-correcting property of reason" in general ([12, par. 5.579]). In this perspective abduction actually "always" preserves ignorance because it reverberates the fact that we can reach truths that can always be revised; as such, ignorance suppression is at the same time constitutively related to ignorance restoring.

In the following sections, we will approach the issue of abduction and ignorance by discussing further epistemological and cognitive views on these matters. In detail, in the first section we will discuss how abduction can be understood by considering different examples and types of reasoning, which brings us to understand abductive cognition as defining not only sentential, only theoretical, nor only human cognitive processes. From there, the second section will deal with abductive reasoning applied in lower forms of cognition (in particular animal cognition). The argument will involve a redefinition of both the concept of representation (which will explicitly refer to the role that models and model-based reasoning play in different cognitive processes) and of ignorance (and, in turn, of knowledge) if considered to discuss abductive cognition. Then, in the third section we will reframe the question about the role of ignorance in abduction in an epistemological and cognitive perspective, making room for the view of ignorance as a virtue enabling the emergence of successful creative abductions.

17.1 Types of Abduction: Not Only Theoretical, Not Only Sentential, Not Only Human

The role of ignorance in abductive inferences (and cognition, as we will discuss) is not easy to grasp in few lines. In order to draw a complex but just picture of it, we must first understand that the word "abduction" defines, more than a type of inferential reasoning, a *set* of cognitive processes, which can all fall into its loose definition, but that can be used for fairly different purposes and by not only human agents.

The first distinction between types of abductive reasoning that we should consider is the one between *theoretical* and *manipulative* abduction[1]. This distinction is based upon the idea that inferential reasoning happens not only on a propositional level, but that involves any kind of cognitive and semiotic behavior. According to Peirce, the theoretical father of our conception of abduction (which originally was ideated by Aristotle), we should keep in mind that all thinking is in signs, and signs can be icons, indices or symbols. Moreover, all inferences are a form of sign activity, where the word sign includes "feeling, image, conception, and other representation" ([12, par. 5.283]). However, even starting with this semiotic notion, distinguishing between which kind of sign we manipulate to perform a particular inferences is important to understand how that reasoning work (and whether is useful to the agent who performs it). So,

---
[1]This distinction has been introduced by Magnani ([9, chapter one]).

the epistemological distinction between theoretical and manipulative abduction is based on the possibility of (ideally) separating two aspects of real cognitive processes, resorting to the differentiation between theoretical ones, where only "inner-neural" aspects are at stake, and manipulative ones, in which the interplay between internal and external aspects is fundamental. We think this distinction is at least useful from an epistemological perspective as a way of theoretically illustrating different cognitive levels in human and animal cognition. It must be kept in mind that the theoretical distinctions between types of abduction are meant to frame the main traits of each type, but they are not necessarily mutually exclusive and different analyses may highlight different kinds of abduction at play in a same process.

Theoretical abduction illustrates much of what is important in sentential abductive reasoning, in both humans and in computational programs: its performance can be summarized in the act of selecting or creating a set of hypotheses (diagnoses, causes, hypotheses) to provide good (preferred) explanations of data (observations). To be sure, theoretical abduction would hypothetically refer to any case of abductive inferential reasoning that could happen in a disembodied mind (in this, computer programming are a perfect example) even when a "disembodied" option is not feasible (as in human cognition). In that sense, the definition of "theoretical abduction" aims at encompassing any situation in which an abduction could be performed without the aid of any kind of cognitive embodied or external resources or scaffolding.

Conversely, manipulative abduction would, in theory, define all types of abductive reasoning that heavily rely upon the manipulation of external objects, artifacts, as well as embodied functions, premises, and options. This definition encompasses also all the cases in which the agents who perform this reasoning do not realize they are doing so: Magnani calls these types of manipulative abductions, cases of "thinking through doing" [9]. Basically, without consciously realizing it, the agent solve problems and find solutions with a tentative process of trial and error that happens mainly by manipulating the external environment. Since even this behavior, which is not sentential nor mainly theoretical, relies upon the selection, creation and evaluation of alternative options and hypothesis, it nicely falls into the category of abductive inferences, opening the possibility of seeing them as not only something that has to do with high cognitive processes. Thus, manipulative abduction accounts for many cases of explanations occurring in science and in everyday reasoning, displaying also a kind of "discovering through doing" in which the exploitation of the environment is crucial. Through manipulative abduction, new and yet unexpressed information is codified by means of manipulations of some external objects (epistemic and, in general, cognitive mediators). Manipulative abduction captures a large part of scientific thinking where the role of "acting" (as in by performing an action) is central, and where the features of this "scientific acting" are implicit and hard to isolate: actions can provide otherwise unavailable information that enables the agent to solve problems by starting *and performing* a suitable abductive process of generation or selection of hypotheses ([9]).

A more specified distinction, which follows the theoretical/manipulative one, divides the category of theoretical abduction in the proper "sentential" one – which is related to logic and to linguistic/symbolic inferences – and "model-based abduction" – which refers to the exploitation of internalized models of diagrams, pictures, etc. Sentential abduction refers to the possibility of working on *sentences*, be them expressed in logical or natural language, and it is hence more closely connected to traditional logical studies. Nevertheless, the iconic dimension is never that far out: whereas the semantic understanding and appraisal of a sentence concern sentential abduction, the visual or auditive recognition of the signs expressing it rather involves a model-based approach to the process. Not to mention the language-forming capabilities afforded by diagrams, signs, and icons. Peirce himself robustly exploited diagrammatic aspects of reasoning in his own research on logic: his invention of existential graphs is very well-known.

These basic categories of abductive reasoning are needed to emphasize the understanding of abduction as not a prerogative of higher, sentential, nor human cognition and to look at it as more a pattern that can be recognized in different kind of cognitive processes than a superimposed rule on agents' thinking. More than that, we will discuss that, by referring to all abductive cognition as potentially ignorant cognition, we will be able to discuss the role of ignorance (and, by connection, also of knowledge) in not only theoretical, sentential, and human cognition, but also in the manipulative, model-based, and animal kind.

17.2 Abduction and Lower Cognitive Strategies

Our claim is that within the vast topic of abductive inference it is possible to exploit connections between high-level and low-level inferential patterns to obtain a better understanding of the different kinds of abductive cognition and thus to gain a better grasp on whether role of ignorance can be acknowledged as more than something that is necessarily "preserved" or at best "mitigated" in these inferences.

It is very hard for us, as human beings, to exit our language-based, *propositionalized* framework. Furthermore, as we engage in the attempt to convey some meaning to each other (as we are doing right now, writing a paper), we cannot abstain from relying on a symbolic language endowed with propositional meaning. The "problem" is that we must recur to this kind of language to also describe events that occur in non-propositional terms (for instance at physiological, or neuro-chemical, or perceptive level). Such problematic mismatch between what we can understand and how can we express it was already clear to Peirce himself who, speaking about visual perception, stressed the fact that when we think about perception we immediately turn our perceptual judgments into propositions, but this way we are not reflecting on raw perception anymore:

> Looking out of my window this lovely spring morning I see an azalea in full bloom. No no! I do not see that; though that is the only way I can describe what I see. *That* is a proposition, a sentence, a fact; but what I perceive is not proposition, sentence, fact, but only an image, which I make intelligible in part by means of a statement of fact. This statement is abstract; but what I see is concrete.[2]

It is clearly not possible to transcend the propositional level in theoretical communication, given that it would be very hard to communicate this argument making use of hormones and unmediated electric impulses. Nevertheless we must be very careful not to let our "perceptual view" taint every conception of abductive inference. Indeed, in a way, sentential abduction can be seen as an overdrive of simpler abductive reasoning once propositional languages have been developed.

Many kinds of abduction, in fact, do happen below the sentential-propositional threshold, which could be considered as a relatively new acquisition. Animal abduction ([8]), to make a clear example, involves forms of abductive inference that are clearly pre-sentential (as pre-linguistic) and can be individuated even in the "cognitive" faculties exhibited by bacteria reacting to their environments ([2]) – not to mention that the toolmaking ability displayed by crows could be identified as manipulative abduction ([14]). In these cases, following ([6]), we can say that cognition "shades off" into other kinds of biological processes. It is not traditionally considered as genuine cognition, for example, when some bacteria adjust themselves to changing circumstances around them by using little internal magnets to distinguish north and south and thus move towards water or when they use external clues, through tactile exploration, to adjust their metabolic processes. In this sense, it can be suggested that basilar forms of abductive inference indeed preceded the development of higher forms of cognition.

The reason for the warning we were calling for a few paragraphs above, against the overeagerness to turn everything into propositional language, is clear in this case. Even if we state that non-human animals and other organism are able to make more or less complex forms of abductions, we must be careful about the meaning we give to words such as *explanation*, *knowledge*, and subsequently *ignorance*. To use the lexicon of a certain research in cognitive science, we can nevertheless suggest that such inferential processes operate on kinds of *representation* that are produced abductively, and are most probably unapparent to the organisms making use of them. Notwithstanding our efforts, though, the notion of representation can be philosophically considered as "emptied" to a certain extent. Here we decided to maintain it for two main reasons: the contingent one is to adhere to Millikan's authoritative lexicon as far as animal cognition is concerned; the more essential one is that this reflec-

---

[2] Cf. the article "The proper treatment of hypotheses: a preliminary chapter, toward an examination of Hume's argument against miracles, in its logic and in its history" [1901] (in ([13, p. 692])).

tion belongs to the *model-based reasoning* framework, by which a model is *used* in order to achieve a goal. So, here representations stand as models (which could be embodied and extended as long as the model-based function of the cognitive process needs to be embodied or extended) and do represent a target, and even if the same process can be conveyed by concepts such as "structural coupling of inner and outer systems," we feel that this less internalist view of representations better depicts their instrumental role.

Of course, this whole argument is necessary to approach with caution the cumbersome issue of the existence and nature of representations in the animal mind: we believe that from our purpose a *deflationary* approach can be fruitfully assumed. We could consider as a representation of the outside world any modification in the inner system that more or less corresponds to a modification of conditions in the outer world, and that can serve as a base for future behavior. Since cognitive agents are endowed with some kind of communication system (be it nervous and/or chemical), we can define mental representations as "patterns of neural [or chemical, or even genetic] activation," coherently with Clark's connectionist view ([9, p. 160]). As for the (pragmatic) content of such representations, we believe that Millikan's insight is the most useful.

Millikan suggests that internal representations of animals might mostly consists of PPR (*"Push-me pull-you" representations*), meaning they are both aimed at representing a state of affairs and at producing another, often suggesting a chance for behavior as received by the Gibsonian/affordance tradition ([11]). The indicative content of a PPR mental representation about external agent will therefore never be of the kind *Oh, look at that organism PERIOD* but rather *Look at that organism: should I attack/avoid/hurt/kill/eat it/mate with it?*:

> An animal's action has to be initiated from the animal's own location. So in order to act, the animal has to take account of how the things to be acted on are related to itself, not just how they are related to one another. In the simplest cases, the relevant relation may consist merely in the affording situation's occurring in roughly the same location and at the same time as the animal's perception and consequent action. More typically, it will include a more specific relation to an affording object, such as a spatial relation, or a size relative to the animal's size, or a weight relative to the animal's weight or strength, and so forth ([11, p. 19]).

Millkan's contention is that animal representations are bases for action. This comes as no striking news, because any cognizant is wired so to proceed from representation to action in order to survive. The presence of a central controller is not needed to explain why some abductive representations are followed by actions and some not: we can hypothesize that while perception stimulates the activation of a neural network, only if the electrochemical signal reaches a certain threshold it can "fire" the activation of a distinct motor-related neural network, triggering aggression or escape. Such process can easily happen without the presence of a central intelligence that assesses the representation and decides when action should be enacted. In this sense, many kinds of low-level abductions could be seen as *self-performing abductions*, handling ignorance to their agents' unawareness.

This is not true of animals alone, but also many of the abductive inferences human beings operate are of this kind, from perception (of inner and outer states of things) upwards. Conscious, sentential abductive inferences are just the highest steps of the pyramid. Indeed, to say that an organism can detect the presence of another organism does not compel us into affirming that it has *consciousness* of the other organism's presence: it suffices to imagine that the states of neural activation originate a mental representation fit to guide its behavior.

With the same reasoning, we cannot always speak about "ignorance" as a matter of *unattained sentential propositions about the world*. For this reason, we could not define ignorance simply as absence or lack of knowledge or true beliefs: first, because in both cases the concept of "belief" is involved and problematic if applied to lower forms of cognitive processes or animal cognition; and second, because the absence or lack of knowledge or true beliefs does not encompass any form of ignorance even for us humans, who can perform sentential abduction to select or even create new solutions for our problems. The second reason, which is partially counterintuitive but heavily defended by different authors involved in ignorance studies (for a list of the authors who defend this theory see [1]), should be taken as a first step in discussing the role of ignorance in abductive cognition. Indeed, what would be ignorance if not the absence or lack of knowledge or true belief? Different answers could be provided to this question: doubt (and its degrees), misconceptions, unawareness, indifference for the truth, error, unachievable perceptions, unattained perspectives, etc. It is undoubtable that ignorance is heavily involved in all these phenomena in a way or another. To refer to the concept of ignorance in the broader way possible, we then could be frame it using Arfini's definition, as:

1. ignorance can be defined as a cognitive condition that can be either passively (and unconsciously) bore by an agent or actively nurtured by her;
2. the cognitive state of ignorance entails epistemic limitations (which can be any lack of knowledge, belief, information or data) that affects the behavior, the belief system, or the inferential capacity of the agent;
3. describing how the human agent is in a condition of ignorance means to recognize those cognitive traits that define ignorance as a particular cognitive state and investigate how they specifically affects her cognitive capacities ([1, p. 11-12]).

This definition could provide us way to grasp how ignorance is preserved in abductive inferences performed by agents with or without the capacity to explain their behavior at a sentential level. Indeed, it would be sufficient to sat that they lack the comprehension of how some facts affect their action-reaction behavior. But it is worth mentioning that the ignorance-preserving trait remains unaltered by the different formal expressions with which we can discuss the inferences. The relationship between abduction and ignorance is "locked" in both its formal expression and in its cognitively relevant occurrences; the difference between abductive processes (and their conditions of effectiveness) are connected to the different interpretations of ignorance the agent is preserving, and exploiting, during the abductive process.

In order to investigate the specific forms of ignorance mitigated (and preserved) while performing an abductive inference, we will follow the division between selective and creative abduction, inasmuch as it concerns the epistemological dynamics and the generation of hypotheses within or outside the knowledge of the agent. In the next subsection, we will provide an eco-cognitive exposition of hypothesis-generation presented through the two kinds of abduction and the forms of ignorance preserved and/or mitigated during the processes. This scheme will show the specific difference between the simple *preservation of ignorance* the selective abduction implies (which is the cause of its broad usefulness but also of its unquestionable handicap in the scientific practice), and the enhancement of knowledge *through ignorance* brought about by the generation of a new hypothesis (daring but functional) in a creative abduction.

17.3 Creative Abduction and the Virtuous Prerogative of Ignorance

Abduction, as an inferential activity, is obviously performed when the agent is embedded in a constant dynamic of action-reaction with her surroundings. This can also be seen as a negotiation of signs and data that she is catching and diffusing throughout the epistemic process. In the cognitive economy of the agent[3] abduction does not only concern a certain amount of known information, but also the endowment of some signs with a practical activation (as the PPR representations and affordable values). Thus, abductive processes cause the development of the agent's cognitive environment through the transformation of some unexploited data into something unexpectedly useful. These performances are strictly related to what the agent knows better about, and what is far from her natural, usual or established field of expertise.

Simplifying, we can see the complex of data the agent possesses and manages, together with those that are within her reach in her cognitive environment, as an agent-centered system. Her topics of expertise, the knowledge she

---

[3]"An economy is an ecology for the generation and distribution of wealth. A cognitive economy is an ecology for the generation and distribution of knowledge" ([15, p. 85]).

usually employs, her competence in using and "seeing" the affordances of her tools and environments, correspond to her *central information*: she can easily attain them, and she has a minimal ignorance about them. Instead, the information that is still within the agent's cognitive system but that is not in her dominion of expertise, or that she is vaguely ignorant about, correspond to the *peripheral information*: she knows something about it but it is not part of her practical knowledge field. Abductive inferences are performed upon and within the cognitive economy of the agent, acting on these two parts of her system, albeit in two very different manners and making use of two very different kinds of ignorance.

The first type of ignorance is set within the limits of the agent's cognitive environment and it is rooted in her own central information. It involves a part of delusion about the actual knowledge the agent has on her field of expertise (which is kind of natural to expect). In order to overcome it, all it takes is a specific question, but also the agent's awareness about the information she lacks. When the agent knows what is missing, she can obtain the answer through some targeted questions; when her knowledge does not cover the amount of data she thinks it does, something is missing in her central information. Performed in this context, abduction placates the ignorance that the agent recognizes: this prompts the inference in the first place, and maintains what she cannot expect there. The richness of this kind of inferential activity depends on the agent's interest and competence.

By doing this, the agent enacts a *selective abductive inference*. It gives the agent the possibility to inquire into her specific ignorance and find the *best explanation* ([9]), selecting it from a counted number of choices (or still within a type of possible choices): the hypothesis still preserves the ignorance about the unforeseen possibility that it could be less than the best possible explanation. Think of a doctor struggling with her ignorance on whether the patient is affected by a severe bronchitis or a mild pneumonia: a new symptom can solve this ignorance, help the doctor formulate her diagnosis and start the treatment, but of course the diagnosis could still be wrong, and the doctor could shift from a small ignorance between two possibilities to a wrong course of action.[4]

It is obviously possible to go beyond one's ignorance within the central information, but in order to do that the agent has to face what is missing and perform an abduction like the one just described. Obviously it is an enhancement in the management of her eco-cognitive structure, but it is again a more or less ignorance-preserving inference: as we saw, the agent "only" becomes aware of what she recognizes to be missing.

---

[4]As contended by ([10]), if we say that truth can be reached through a "simple" abduction (both selective or creative), where simple means that it does not involve an evaluation phase, which coincides with the whole inference to the best explanation, fortified by an empirical evaluation, then it seems we confront a manifest incoherence. In this perspective it is contended that even a simple abduction can provide truth, even if it is epistemically "inert" from the empirical perspective.

Conversely, the second type of ignorance is harder to manage than the first. It does not require just a specific question to be inquired, and so discovered. Indeed, it does necessitate more than the agent's ordinary expertise in order to become apparent: rather, it requires more patience and resources to be integrated within the core of her knowledge base. In order to discover a way to attain one's target inside this kind of ignorance, it becomes necessary to change the agent's eco-cognitive system and enhance it with the perspective that even in the most peripheral part of her knowledge base there are still plenty of useful answers to her questions. It also involves a change in the direction of the *interest* that it supposed to guide the abductive process.

Here it is not possible to use a selective abduction to direct the inquiry within such a vast and problematic ignorance. The method that can shed some light is Magnani's aforementioned *creative abduction* ([9]), and in particular the *trans-paradigmatic abduction* ([7]).

In these cases the hypotheses "transcend" the vocabulary of the evidence language, as opposed to the cases of simple inductive generalizations: the most interesting case of creative abduction is called by ([7]) *trans-paradigmatic* abduction. This is the case where the fundamental ontological principles provided by the background knowledge are violated, and the new hypothesis transcends the immediate empirical agreement between the two paradigms, for example in the well-known case of the abductive discovery of totally new physical concepts during the transition from classical mechanics to quantum mechanics ([9]).

Creative abduction – and its trans-paradigmatic form above all ([7]) – does not provide a simple selection of hypotheses but, through the change of the eco-cognitive paradigm, it provides a brand new field to investigate. When the agent cannot afford a specific question, or method of enquiry, because she cannot describe what she does not know – which is indeed unaffordable for her – it becomes necessary to perform a creative *context-shift* for example through an almost serendipitous creation of an alternative pattern.[5]

Thus, enquiring within the second type of ignorance opens the possibility to discover a whole *hypothesis-cluster*, leading to the possibility of attaining the target in one or more new ways. Creative abduction, in this sense, exploits the ignorance of the agent rather than eliminating it. It is a way to claim knowledge and data by exerting a powerful epistemic drive through the ignorance of the agent.

The development on a new hypothesis-cluster signifies that, out of vast ignorance, one will not just draw a particular abductive answer (for instance whether San Diego is larger than San Antonio), but develop a new vocabulary, a new syntax and a new grammar. That was the case in the big example, already mentioned, of Einstein developing the Relativity Theory, but one can

---

[5]By advocating serendipity we do not refer to a total randomness in the process of context shifting: conversely, we refer to its partially unpredictable and *emergent* nature. Even serendipity itself refers to the background, skills (and peculiar ignorance) of an agent – consider Louis Pasteur's famous saying that "In the fields of observation luck favors only the prepared mind."

think of different examples too. Consider a case in history of technology: many readers will be acquainted with the (somewhat frustrating) history of handheld and PDA keyboards. Until the first first half for the years 2000s, the arm (or finger!) race was about developing the best typing accuracy, with on-screen keyboards with or without stylus, physical keyboards (folding or sliding) with hard or soft keys, optional keyboards in different sizes and so on. Yet, the typing accuracy deriving from fitting twenty-something keys in an area slightly bigger than a tiny notepad could not be overly improved. The new cluster-hypothesis, so far nested in the developers' ignorance, was to concentrate not on the typing but on the processing of that typing, developing predictive software that could overcome the mistakes caused by physical constraints and learn from the habits of the users. That meant moving from a typewriter mindset to an artificial-intelligence one. It was not one single hypothesis (for instance involving the best shape of a thumb-keyboard), but an hypothesis-cluster opening up a new field of research and development, unforeseen a few years earlier but from which there was clearly no going back.

This kind of solution to an ignorance issue provides an enhancement of the agent's perspective and knowledge but its consequences are wider than in the cases previously described, that is when one's precise ignorance is concerned (overcoming my ignorance about the capital of California, and learning that it is Sacramento, might improve my local performances but it is unlikely to constitute a system-shattering hypothesis-cluster). Obviously, the epistemic risk and opportunity at stake involved by a daring hypothesis, in the Popperian sense, are high. But the opening of a new field of research, of development or simply of reasoning is already a possibility toward compensating errors, misevaluations, or to further improve the most promising components.[6]

17.4 Conclusion

Abduction, as the ignorance-preserving inference, has a complicated connection with knowledge and ignorance. The history of the concept, as well as its employment as a coherent tool for explaining lower and higher level of cognition, testifies to the richness of this entanglement and surely advocates for the benefits it produces. As we repeatedly said, and coherently with the Peircean heritage, abduction feeds upon signs but also upon the unexpected (and sometimes ignored) possibilities that those signs can provide to the cognitive prepared agent. In this paper we argued that highlighting the epistemic *value* of ignorance not just as something that is preserved or mitigated but rather what is *exploited* in abductive cognition, is a crucial step to understand how this inferential pattern can achieve great results (especially in creative reasoning).

---

[6]Even if the issue is clearly related to the topic at stake, we are not especially dealing with the pragmatic relationship between ignorance and courses of action where ignorance can be a synonym of *uncertainty*, as in the case of economics. A specific investigation about that is due soon, setting off from some reflections introduced in this paper. In the meanwhile, some other exploratory ideas can be found in ([3, chapter 9]) and ([4]).

Acknowledgements

Research for this article was supported by the PRIN 2017 Research 2017-3YP4N3-MIUR, Ministry of University and Research, Rome, Italy. The present article is excerpted from T. Bertolotti, S. Arfini and L. Magnani L. (2016). Abduction: from the ignorance problem to the ignorance virtue, *IfCoLog Journal of Logics and their Applications*, 3(1):153-173 [Special Issue on "Frontiers of abduction" (guest editor L. Magnani)]. For the instructive criticisms and precedent discussions and correspondence that helped us to develop the analysis of strategic reasoning and the role of ignorance-based abduction in an eco-cognitive perspective, we am indebted and grateful to John Woods, Woosuk Park, Atocha Aliseda, Luís Moniz Pereira, Paul Thagard, Athanassios Raftopoulos, Michael Hoffmann, Gerhard Schurz, Walter Carnielli, Akinori Abe, Yukio Ohsawa, Cameron Shelley, Oliver Ray, John Josephson, Ferdinand D. Rivera.

Bibliography

[1] S. Arfini. *Ignorant Cognition. A Philosophical Investigation of the Cognitive Features of Not-Knowing.* Springer, Cham, 2019.

[2] E. Ben Jacob, Y. Shapira, and A. I. Tauber. Seeking the foundation of cognition in bacteria. From Schrödinger's negative entropy to latent information. *Physica A*, 359:495–524, 2006.

[3] T. Bertolotti. *Patterns of Rationality: Recurring Inferences in Science, Social Cognition and Religious Thinking.* Springer, Berling / Heidelberg, 2015.

[4] T. Bertolotti and L. Magnani. Contemporary finance as a critical cognitive niche: An epistemological outlook on the uncertain effects of contrasting uncertainty. *Minds & Society*, 2015. Forthcoming.

[5] D. M. Gabbay and J. Woods. *The Reach of Abduction.* North-Holland, Amsterdam, 2005.

[6] P. Godfrey-Smith. Models and fictions in science. *Philosophical Studies*, 143:101–116, 2009.

[7] F. V. Hendricks and J. Faye. Abducting explanation. In L. Magnani, N. J. Nersessian, and P. Thagard, editors, *Model-Based Reasoning in Scientific Discovery*, pages 271–294. Kluwer Academic/Plenum Publishers, New York, 1999.

[8] L. Magnani. Animal abduction. From mindless organisms to artifactual mediators. In L. Magnani and P. Li, editors, *Model-Based Reasoning in Science, Technology, and Medicine*, pages 3–37. Springer, Berlin, 2007.

[9] L. Magnani. *Abductive Cognition. The Epistemological and Eco-Cognitive Dimensions of Hypothetical Reasoning.* Springer, Heidelberg/Berlin, 2009.

[10] L. Magnani. Is abduction ignorance-preserving? Conventions, models, and fictions in science. *Logic Journal of the IGPL*, 21(6):882–914, 2013.

[11] R.G. Millikan. On reading signs: Some differences between us and the others. In D. Kimbrough Oller and U. Griebel, editors, *Evolution of Communication Systems: A Comparative Approach*, pages 15–29. The MIT Press, Cambridge, MA, 2004.

[12] C. S. Peirce. *Collected Papers of Charles Sanders Peirce*. Harvard University Press, Cambridge, MA, 1931–1958. vols. 1–6, Hartshorne, C. and Weiss, P., eds.; vols. 7–8, Burks, A. W., ed.

[13] C. S. Peirce. *The Charles S. Peirce Papers: Manuscript Collection in the Houghton Library*. The University of Massachusetts Press, Worcester, MA, 1966. Annotated Catalogue of the Papers of Charles S. Peirce. Numbered according to Richard S. Robin. Available in the Peirce Microfilm edition. Pagination: CSP = Peirce / ISP = Institute for Studies in Pragmaticism.

[14] A. A. S. Weir and A. Kacelnik. A New Caledonian crow (corvus moneduloides) creatively re-designs tools by bending or unbending aluminium strips. *Animal Cognition*, 9:317–334, 2006.

[15] J. Woods. Against fictionalism. In L. Magnani, editor, *Model-Based Reasoning in Science and Technology. Theoretical and Cognitive Issues*, pages 9–42. Springer, Heidelberg/Berlin, 2013.

Capítulo 18

Un análisis de la inferencia en la práctica médico-veterinaria antigua. Los textos hipiátricos de Ugarit

Cristina Barés Gómez
Universidad de Sevilla

En un principio me gustaría agradecer a Ángel todos estos años, no solo como director, sino al final como compañero. Todos sus consejos, que siempre han resultado útiles, me han servido de guía en la vida académica. Segundo, me gustaría explicar un poco la temática del trabajo propuesto para este volumen. Yo soy jerezana, tierra de caballos, y he trabajado durante varios años con lenguas antiguas, lógica dinámica y abducción, algunos de los trabajos con Ángel. Además, trabajo sobre filosofía de la medicina. Todo ello me lleva a este artículo donde tal vez se unan los aspectos sobre los que trabajo y la tierra donde nací, aspectos que en ambos casos comparto con el homenajeado. Así podría decir que es un homenaje de una jerezana a un sevillano y medio gaditano adoptado. El artículo es un viaje a las raíces científicas de la práctica médico-veterinaria[1] a través de un análisis de la inferencia (por supuesto abductiva). De

---

[1] Parece ser que las raíces de la práctica veterinaria equina pueden encontrarse en los textos ugaríticos que pasaron al cartaginés Magon y luego a los romanos Varro y Columella (gaditano). De hecho hay una teoría que afirma que la palabra veterinario viene de *veterinus* en Latín que a su vez deriva de *bṭr* en Ugarítico y Árabe, así mismo esta palabra daría en Español *albeiteria* y en Portugués *alveiteria*. Vease los detalles en [20].

Ugarit a *Tarsis* (Tartessos) tomando como referencia *Xera* (Jerez de la Frontera), el faro *Turris caepionis* (Chipiona) y *Spal* (Sevilla).

Resumen. Este trabajo es un análisis de la inferencia en los primeros textos médico-veterinarios del Antiguo Oriente. Se analizan y comparan los textos de medicina acadia, hipiátricos acadios e hipiátricos ugaríticos. Considero que en estos casos se refleja una inferencia abductiva. Sin embargo mientras que es totalmente explícita en los textos médicos acadios, en los textos hipiátricos observamos solo algunos aspectos de la inferencia científico médica. Estos aspectos son una parte fundamental, la activación de la hipótesis que junto con la más conocida parte «explicativa», forman la estructura inferencial de un diagnóstico.

18.1. Introducción

La hipiatría es la especialidad veterinaria que se ocupa de los caballos y podemos encontrar las raíces de esta práctica en varios textos del Antiguo Oriente. Sin embargo, no todos los textos relativos a los equinos pueden considerarse como hipiátricos. De hecho, los textos sobre el cuidado de caballos son muy frecuentes en la literatura acadia e hitita[2]. Estos textos tratan del entrenamiento y cuidado de caballos para los carros de caballos, y, aunque en un principio parece que se consideraron como textos hipiátricos, tal vez sea mejor considerarlos como hipológicos [8, 29]. Ello se debe a que no están realmente mostrando una práctica médico-veterinaria que podríamos llamar científica, pues no tratan sobre la cura de las enfermedades. Estos textos acadios e hititas tratan del entrenamiento de caballos. Por otro lado, sí tenemos textos propiamente hipiátricos en los textos del antiguo Oriente, concretamente tenemos textos ugaríticos y algunos acadios. Pero, ¿cuál es entonces la gran diferencia entre el cuidado de caballos y su tratamiento cuando está enfermo? Desde mi punto de vista, una de las claves para aclarar estas diferencias consiste en el análisis de la inferencia en la práctica hipiátrica que se basa en una inferencia abductiva. Es decir, no solo resulta relevante mencionar la estructura de los llamados textos hipiátricos (sobre la cura de las enfermedades) en comparación con los hipológicos, sino que es necesario compararlos con la práctica médica en Mesopotamia. Este es precisamente el objetivo de este trabajo, un primer análisis de la estructura inferencial de textos hipiátricos ugaríticos a la luz de la inferencia usada en la práctica médica mesopotámica. Esta inferencia es una inferencia abductiva que propone una enfermedad como conjetura y actúa tratando la enfermedad a pesar de que no hay confirmación, una abducción completa.

Como el centro del estudio son los textos ugaríticos, explicaré brevemente el contexto. Ugarit es el nombre de una ciudad-estado del Antiguo Oriente

---

[2]Véase [8, 29].

Próximo[38]. Sus restos arqueológicos (Ras Shamra, Siria) fueron descubiertos en 1928; desde entonces se han realizado sucesivas campañas arqueológicas que han sacado a la luz miles de tablillas de barro con escritura cuneiforme que datan del último periodo de vida de la ciudad (1400-1200 a. C.). Además de la complejísima escritura cuneiforme mesopotámica, de tipo logosilábico (los signos representan sílabas y/o palabras completas), en esta ciudad se empleó el alfabeto cuneiforme ugarítico. El alfabeto se conocía desde hacía ya 200 años, pero había nacido como una escritura lineal, es decir, destinada a ser escrita sobre superficies distintas a la arcilla (por ejemplo, papiro). En Ugarit se conjugaron ambos principios y los escribas desarrollaron un alfabeto cuneiforme para representar su propia lengua, a la que denominamos "ugarítico" y entre cuyos parientes próximos están el fenicio o el hebreo. Nuestra propia escritura alfabética tiene su origen en el alfabeto (lineal) fenicio. Los griegos lo adoptaron de los fenicios en torno al siglo IX a. C. y los romanos, a su vez, lo tomaron del mundo griego.

Los textos hipiátricos ugaríticos están en lengua ugarítica y solo tenemos cuatro textos ugaríticos [35, 9, 7]. Estos textos están considerados dentro del apartado «Textos científicos» por varios semitistas. Los textos son los siguientes RS 5.285, RS 5.300, RS 17.120 y RS 23.484. De los cuatro textos, el más completo es el RS 17.120 (KTU 1.85), así que basaré mi análisis fundamentalmente en este texto. Además, compararé este texto con otros textos acadios de medicina, concretamente el texto acadio BAM 159[17].

18.2. Medicina mesopotámica

Cuando nos referimos a los textos hipiátricos ugaríticos, lo que resulta más interesante es que estamos ante los orígenes de la práctica científica medicoveterinaria, o al menos eso es lo que defiendo en este artículo. Por ello resulta importante compararlos con la práctica médica de la cultura en cuestión. Sin embargo no nos ha llegado hasta la fecha ningún texto médico ugarítico. Solo tenemos constancia de la práctica de trepanaciones a través del análisis de los restos humanos encontrados en Ras Shambra[3]. Por ello, nuestra comparación con la práctica médica en el mismo contexto cultural suele hacerse con la medicina acadia. La medicina antigua en Mesopotamia ha sido ampliamente estudiada [1, 33, 13]. La fuente principal ha sido el Diagnostic Handbook [14, 18], escrito en lengua acadia (lengua semítica silábica escrita en cuneiforme). Este libro es un tratado médico creado en Babilonia alrededor del 1100 a.C. y recopiado a lo largo del primer milenio a.C. como parte de la tradición cuneiforme (véase Heessel, N.P. en [14]). Todos estos textos de diagnóstico médico son normalmente escritos como omens (presagios o augurios) con estructuras condicionales y en tablillas de arcilla. A continuación explicaré brevemente la inferencia en el diagnóstico médico acadio basándome en un trabajo anterior [3] para luego compararla con la práctica hipiátrica.

---
[3]Véase [10].

Parece que los textos médicos antiguos usan el mismo tipo de razonamiento que algunos diagnósticos modernos. Este razonamiento (abductivo) es un *ignorance preserving reasoning* (razonamiento que preserva la ignorancia)[12, 37, 22] y es diferente de la deducción o la inducción. Estamos ante una hipótesis que continúa siendo conjetura, incluso si la usamos en un razonamiento posterior. La estructura normalmente se basa en cuatro partes y son las siguientes[4]:

Signos/síntomas

Normalmente en medicina moderna se suelen diferenciar estos dos aspectos. Sin embargo, a pesar de que los antiguos acadios los diferenciaban, no lo hacen en todos los casos. Los signos son lo que el médico observa y los síntomas es lo que el paciente siente.

Enfermedad

Podemos considerar que tenemos una etiología antigua en los textos acadios. A pesar de que muchos de los síndromes tienen un origen mágico, por ejemplo la bien conocida *Hand of the god*, algunos autores como Scurlock y Andersen [33] afirman que esto era una forma de lidiar con una amplia categoría de enfermedades mediante un sistema flexible que permitiera organizarlas. De hecho, en algunas ocasiones cuando no existía un demonio o un dios para ese síntoma, se creaba una criatura mágica que diera nombre a la enfermedad.

Prognosis

En la medicina acadia esta parte era sumamente importante, pues si la prognosis era muy negativa, no se trataba al enfermo. Únicamente eran tratados aquellos pacientes que tuvieran alguna posibilidad de sobrevivir.

Tratamiento

Hay que tener en cuenta que la característica más importante de la medicina acadia es su aspecto práctico. Por ello, el tratamiento es una parte fundamental en los tratados médicos. Se administraban medicinas por diferentes vías, inhalación, orales, rectales o incluso tratamientos tópicos de las heridas.

La estructura inferencial de los diagnósticos médicos acadios coincide perfectamente con una abducción completa. A continuación ofreceré un ejemplo de diagnóstico acadio con un breve análisis de su inferencia.

BAM 159 V (48-52)[5]

- Texto acadio:

    48. DIŠ NA ŠÀ.MEŠ - *šú* MÚ. MEŠ - *ḫu ir - ru - šú i- ár - ru - ru ir - ru - šú*

    49. GÙ.GÙ - *ú* IM *ina* ŠÀ - *šú i - li - ib - bu ina* DÚR! - *šú ú - na - kap*

---
[4]Véase [13, 33].
[5]Véase [17, 8], la traducción que uso aquí es la de Scurlock, véase [32], p. 499-501.

50. NA BI *nik - ma - ti* GIG *ana* TI - *šú* ᵁKUR.KUR ᵁ*ti- iá - tú*

51. ᵁÚKUŠ.GÍL ᴹᵁᴺ*eme - sal - lim* NA₄*ga - bi - i* 5 Ú.ḪI.A ŠEŠ

52. *ina* A.MEŠ *tu - lab - bak ana* DÚR - *šú* DUB - *ak - ma* TI

- Traducción:

    «Si el interior de una persona está continuamente hinchado, sus intestinos retumban, sus intestinos continuamente hacen mucho ruido, «viento» gime en su estómago (y) perillas en su ano, esa persona está enferma con «viento» reprimido. Para curarlo, tienes que mezclar estas cinco plantas: *atā'išu, tiyātu, irrû, emesallim* - sal, (y) alumbre con agua. Si lo viertes en su ano, se recuperará.»

La estructura de este diagnóstico es una estructura inferencial abductiva. El punto de partida es el hecho sorprendente que nos muestra algo fuera de lo común, es decir se sale del estado de bienestar normal de una persona. Seguidamente, conjeturamos una hipótesis que nos «explique»[6] los signos/síntomas. Tras ello, y sin haber realizado pruebas[7], procedemos a exponer la prognosis y tratamos al paciente.

1. Si un paciente es afectado por «viento reprimido», esa persona está continuamente hinchada, sus intestinos retumban, sus intestinos continuamente hacen mucho ruido, «viento» gime en su estómago (y) «perillas en su ano».

2. El paciente X tiene estos signos/síntomas.

3. El paciente X tiene la afección «viento reprimido»

La formulación esquemática sería la siguiente[8]:

1. $\alpha \longrightarrow \beta$

2. β

3. α

Estamos ante una estructura abductiva porque lo que tenemos son los signos/síntomas y nuestra hipótesis corresponde a la enfermedad. A continuación expondré un breve análisis de la estructura inferencial siguiendo el modelo G -

---

[6]Utilizaré aquí en un principio la noción de explicación de los síntomas y signos, pero hay que tener en cuenta que el razonamiento abductivo no siempre nos ofrece una explicación. De hecho, la noción misma de explicación es problemática en filosofía de la ciencia, véase por ejemplo [21, 12, 5, 22].

[7]En este trabajo no trataré el papel de las pruebas clínicas en el diagnóstico médico. Sólo mencionaré que en estos casos no hay pruebas que corroboren la hipotética enfermedad como frecuentemente ocurre en los diagnósticos modernos de médicos generalistas [3] y en las situaciones de emergencia.

[8]Usaré la formalización en lógica proposicional por su simplicidad.

W para la abducción⁹. Sea T el objetivo, Q la pregunta, α la respuesta, K el conocimiento en el momento, K* el sucesor del conocimiento en el momento, R una relación, H la hipótesis, C la conjetura, S las condiciones y $\rightsquigarrow$ una relación subjuntiva:

1. $T!Q(\alpha)$ La primera cuestión es: ¿Qué enfermedad afecta al paciente?[10]

2. $\sim (R(K,T))$ [Hecho] Sabemos que el paciente no está en un estado de bienestar, pero no tenemos una relación entre nuestro conocimiento y la respuesta a la cuestión planteada en un principio.

3. $\sim (R(K*,T))$ [Hecho] El $\bar{a}\check{s}ipu$[11] no tiene nada que pueda derivar de su estado de conocimiento que le lleve directamente a la enfermedad.

4. $H \notin K$ [Hecho] La enfermedad hipotética no es algo que esté en el conocimiento actual del $\bar{a}\check{s}ipu$.

5. $H \notin K*$[Hecho] La enfermedad hipotética no es ningún sucesor del conocimiento actual del $\bar{a}\check{s}ipu$.

6. $\sim R(H,T)$ [Hecho] No hay ninguna relación previa entre la enfermedad y la respuesta a la cuestión.

7. $\sim R(K(H),T)$ [Hecho] El $\bar{a}\check{s}ipu$ no tiene una relación real entre el conocimiento real de la enfermedad y su respuesta.

8. $H \rightsquigarrow R(K(H),T)$ [Hecho] La conjetura de la enfermedad «viento reprimido» está en una relación subjuntiva. Esta relación es entre la hipótesis con el conocimiento anterior o actual y el objetivo. «Viento reprimido» explicaría los signos/síntomas del paciente. Este concretamente es el *guessing* (aspecto imaginativo) del modelo G-W.

9. H satisface las condiciones $S_1, ..., S_n$ [Hecho] Es plausible que el paciente tenga «viento reprimido».

10. Entonces, $C(H)$ [Sub-conclusión, 1-7] Así, el $\bar{a}\check{s}ipu$ conjetura la hipotética enfermedad. Sin embargo, no la ha confirmado, no ha realizado ninguna prueba clínica. A pesar de ello, actúa en consecuencia llegando al paso 11[12].

11. Entonces, H^C [Conclusión 1-8] El $\bar{a}\check{s}ipu$ usa la hipótesis de forma que preserva la ignorancia.

---

[9]El modelo que expongo a continuación se debe a Dov Gabbay y John Woods, véase [12, 37, 22]. La primera formulación de la estructura de una abducción se debe a Peirce, vease [30]. Véase también [2, 28, 34, 4, 11, 5].

[10]Hay que tener en cuenta que para la noción de enfermedad tenga sentido, tenemos que tener una noción de estado de bienestar. En Antiguo Oriente también hay tratados que estudian el bienestar de las personas, véase por ejemplo [6].

[11]Es el nombre del médico mesopotámico, véase [18, 14, 15, 33, 13, 32].

[12]Hasta este paso es lo que G-W model han llamado una abducción parcial.

Tenemos una estructura inferencial abductiva en la cual el médico mesopotámico actúa sin haber probado su hipótesis[13]. Considera la posibilidad de una enfermedad y expone la prognosis. La prognosis, si es positiva, lleva al tratamiento. Tenemos muchos textos de farmacopedia babilónica donde se exponen los diferentes tratamientos para las enfermedades. El hecho de tratar al paciente, o no hacerlo, es el acto que define una abducción completa en el sentido del modelo G-W. La abducción es un razonamiento enfocado a la práctica que necesita una acción. Se acepta la conjetura de la hipótesis y se actúa como si fuera a pesar de que no es (o al menos puede no ser).

18.3. Hipiatría acadia

Una vez explicado brevemente el diagnóstico médico acadio, pasaré a exponer un fragmento de los textos hipiátricos acadios. Es importante resaltar, como he dicho anteriormente, que estamos ante textos hipiátricos, tratamiento de enfermedades, y no hipológicos, cuidado de caballos. Ello se hizo evidente cuando los asiriólogos descubrieron el texto que he usado para explicar la abducción en el diagnóstico médico (BAM 159). Este texto, además del diagnóstico de enfermedades en personas, contiene partes del tratamiento de enfermedades para caballos. Es decir ambos diagnósticos están en los mismos textos, lo que indica que la finalidad era la misma y podemos considerar que en ambos casos se trata de las raíces de la ciencia médica en Oriente Próximo. Por un lado la ciencia médica como tal y por el otro la ciencia médico-veterinaria.

Texto BAM 159 v (33-36)[14]

- Texto acadio:

  33. $^Ú zi$ - im - KÚ.BABBAR $^Ú zi$ - im - KÚ. SIG$_{17}$ $^Ú ár$ - zal - $lá$

  34. ^{Ú}SAR - A.ŠÀ $^Ú el$ - lat - A.ŠÀ $^Ú \lceil ka$ - $su \rceil$ - u

  35. $^Ú tur$ - a - ni ^{15} SUḪUŠ $^Ú tur$ - a - ni 8 Ú ki - $iṣ$ ŠÀ - bi

  36. $šá$ ANŠE. KUR.RA ina GEŠTIN SUR ina na-$ḫir$ GÙB - $šú$ DUB - aq - ma TI

- Traducción:

  ««Flor de plata», «flor de oro» (nuṣābu), arzalla, ^{Ú}SAR-A.ŠÀ, illat eqli, kasû, turânu, y la raíz de turânu son ocho plantas para kīṣ libbi en un caballo. Si lo viertes en su fosa nasal derecha mezclado con vino elaborado, se recuperará.»

---

[13]Para un análisis de la estructura del diagnóstico medico que para en el paso nº 10 (abducción parcial) y lleva la hipótesis a prueba, puede verse el modelo ST de Magnani [21]. Este modelo expone un ciclo entre abducción, inducción y deducción en el diagnóstico médico. Sin embargo todavía queda bastante por hacer respecto al papel de las pruebas en la inferencia del diagnóstico y su estructura.

[14]Véase [8, 32], aquí uso el texto de [32], p. 498-499.

Este texto explica el tratamiento específico para un caballo que tiene la enfermedad *kīṣ libbi*. Sin embargo, no tenemos el diagnóstico propiamente como teníamos en el caso del texto médico acadio. Aquí lo único que tenemos es el último paso en la inferencia, la actuación. No podemos considerar que en este caso haya una inferencia abductiva, sin embargo, para conocer un poco más el diagnóstico en personas y caballos, hay que remitirse a la enfermedad como tal y eso podemos verlo en el siguiente diagnóstico.

BAM 575 iv 43[15]

- Texto acadio:

    [DIŠ NA] *ki- ṣir* Š À - *bi* GIG NINDA *u* KAŠ ŠÀ - *šÚ* NU IGI - *šú ina* KA- *šú* GUR.GUR *ip - te- né - ru ana* TI-*šú*...

- Traducción:

    «[Si una persona] está enferma con *kīṣ libbi* y sus adentros no aceptan pan o cerveza, sino que continuamente vuelve a su boca y continuamente vomita, para curarlo...»

En este texto se habla directamente de la enfermedad *kīṣ libbi* y se nos exponen los síntomas/signos para reconocerla. Parece ser que los síntomas/signos suelen ser dolor abdominal, flatulencia, vómitos, tal vez algo similar a lo que hoy en día llamaríamos una indigestión.

Lo que nos plantea el texto hipiátrico es que la enfermedad como tal y su diagnóstico parece ser que es bastante conocida en las personas, y es posible que lo sea igualmente en los caballos. Los síntomas/signos[16] pueden ser similares, así que el reconocimiento de la enfermedad es similar en caballos y personas. La gran diferencia es el tratamiento. Por ello, es posible que lo que tengamos en los textos hipiátricos sea sólo una parte del razonamiento médico, la parte práctica de aplicación del tratamiento específica para caballos. Estos textos demuestran que la hipiatría acadia está considerada dentro de la práctica médica y es por tanto una práctica científica, el comienzo de la práctica médico-veterinaria. No son textos de cuidado de caballos, sino textos que pretenden actuar, curar una enfermedad.

18.4. La inferencia en los textos hipiátricos ugaríticos

En esta sección analizaré un fragmento del texto ugarítico KTU 1.85 (RS 17.120). Como ya he comentado, sólo tenemos 4 textos hipiátricos ugaríticos y algunos de ellos se encuentran en muy mal estado. Ello hace que tengamos una comprensión limitada de los textos relativos a equinos en Ugarit. Sin embargo,

---

[15]Véase [33], p. 131-132.

[16]A pesar de que en los caballos deberíamos hablar de signos, dejaré la dicotomía signos/síntomas en todo el artículo para que la estructura sea consistente.

Un análisis de la inferencia en la práctica médico-veterinaria antigua   273

me centraré en el texto mejor conservado. Gracias al contexto de la medicina-veterinaria acadia, podemos ver que se trata de uno de los primeros textos de práctica medico-veterinaria y no de un cuidado de caballos. Compararé estos textos con la estructura inferencial abductiva de los diagnósticos acadios.

Para comenzar, los textos hipiátricos ugaríticos están divididos en tres partes[17]:

- Síntomas de la enfermedad que afectan al caballo.
- Remedios y su preparación.
- Administración de los remedios.

KTU 1.85 , RS 17.120 (9-11)

- Texto ugarítico:

    9. w. k. l. yḫrú. w. l. yttn. śśw

    10. [ms]s. št. qlql. w. št. ʿrgz

    11. [yd]k. áḥdh. w. yṣq. b. áph

- Traducción:

    «Si el caballo no defeca ni orina (una medida de) - ŠT de la «planta escorpión» y disolverla en una mezcla de zumo puro de MNDG y administrársela por la nariz»

La fórmula y ṣq. b. áph significa administrársela por la nariz, sin embargo en un principio fue interpretada como «poner delante». Esta fue una de las principales razones por las que en un principio los textos ugaríticos fueron considerados hipológicos y no hipiátricos. Parece ser que la fórmula es muy común en los tratados latinos y griegos de *Hippiatrica*[18] en los que aparece como *per nares infundatur*[19].

En cuanto a todo el texto ugarítico, como se puede observar tenemos una estructura un poco diferente a los casos de diagnóstico médico y al caso del texto hipiátrico acadio.

1. Caso diagnóstico médico acadio: síntomas/signos - enfermedad - prognosis y tratamiento (procedimiento y administración).

2. Texto hipiátrico acadio: tratamiento (procedimiento) - enfermedad - tratamiento (administración).

---

[17]Véase [35, 9, 8, 31, 20, 7, 29].
[18]La *Hippiatrica* es conocida por el texto latino: Iohanne Ruellio Suessionensi, Veterinariae Medicinae, Liber Primus 1530 y el texto griego Veterinariae Medicinae, Liber duo, 1537. Yo he tomado las referencias de [20].
[19]La correcta interpretación de la fórmula, el texto acadio BAM 159 que he mencionado anteriormente y el estudio de toda la tradición equina púnica que llegó a Gades a través de Magon, Varro y Columella, corroboran que los textos ugaríticos son textos de una práctica médico-veterinaria y no del cuidado de caballos, véase [20, 29].

3. Texto ugarítico: síntomas/signos - tratamiento (procedimiento y administración).

En el primer caso tenemos una estructura inferencial abductiva completa, tal y como he explicado brevemente. En el segundo caso, tenemos únicamente la parte final de la inferencia. Se expresa la mayor diferencia entre un diagnóstico médico en las personas y los caballos: el tratamiento. Se supone que el diagnóstico a partir de los síntomas/signos en el que conjeturamos la hipotética enfermedad suele ser parecido entre caballos y personas. Por ello, solo ponen de manifiesto las diferencias en el tratamiento. Es decir, explicitan la enfermedad y nos ofrecen la preparación farmacológica y su administración. Pero, ¿qué ocurre en el caso 3 de los textos ugaríticos?

Estos textos no se encuentran dentro de textos médicos, no especifican ningún tipo de tratamiento diferente para caballos del que se pueda usar para las personas. No nos explicitan el nombre de la enfermedad. Son textos aislados que incluso, han llegado a afirmar algunos investigadores, pueden ser textos escolares para la práctica y transmisión científica[20]. A primera vista pueden parecer similares a los textos terapéuticos acadios, pues nos ofrecen el tratamiento, los medicamentos que deben usar para curar a los caballos. Sin embargo en el texto ugarítico tenemos una clara diferencia con el texto hipiátrico, tenemos los signos/síntomas y no el nombre de la enfermedad. Si seguimos la estructura esquemática de la formulación de la inferencia abductiva de α como la enfermedad y β como los signos/síntomas, tenemos únicamente el β. Es decir, en una inferencia abductiva de diagnóstico tendríamos que pasar de unos síntomas a la enfermedad y luego tratarla. En este caso solo tenemos los signos/síntomas y el tratamiento. No podemos decir en un principio que estemos ante una inferencia como tal abductiva, pues no hipotetizamos una enfermedad, sino que establecemos unos síntomas y cómo actuar ante ellos. Sin embargo, el análisis de la práctica médico-veterinaria en comparación con una práctica diagnóstica usual nos lleva a tener en cuenta tres aspectos:

1. Estructura condicional (lingüística) vs relación subjuntiva (lógica).

   Como hemos indicado anteriormente, la estructura abductiva puede parecer una estructura condicional, pero no lo es realmente, es una relación subjuntiva [12, 37]. Esta relación es la relación entre la hipótesis y los signos/síntomas que debe sostenerse para llegar a la conjetura de la hipótesis. Esta relación no es exactamente la relación lingüística que aparece en los textos, su estructura lingüística es la de un condicional. Normalmente el diagnóstico en el contexto Antiguo Oriental se expresa en las lenguas mediante una estructura condicional de prótasis: apódosis. En los textos médicos acadios, la relación es similar a la que encontramos en los augurios. Si «X, entonces Y», si tuviera los síntomas X, entonces tendría la enfermedad Y. Es decir, nuestra estructura lingüística es:

---
[20]Véase para esta afirmación [29].

- Síntomas (prótasis) $=>^{21}$ enfermedad (apódosis) , y tratamiento.

En los textos ugaríticos no tenemos la enfermedad como tal, sino los síntomas y la estructura lingüística condicional sería la siguiente:

- Síntomas (prótasis) =>tratamiento (apódosis).

Es decir nuestra estructura lingüística condicional se ha saltado el paso de la enfermedad y ahora relaciona los síntomas y el tratamiento. ¿Significa esto que el razonamiento en la práctica médico-veterinaria ugarítica no diferencia síntomas/signos de la enfermedad? Esto la diferenciaría en un principio de la práctica hipiátrica acadia que relaciona enfermedad y tratamiento. ¿Indicaría ello que no se busca realmente una «explicación» a los signos/síntomas y solo se pretende actuar ante ellos? Hay que tener en cuenta que la explicación es uno de los aspectos fundamentales del conocimiento científico. Entonces, ¿cuáles serían las consecuencias de ello para el razonamiento científico? Por otro lado, ¿se considera una relación fuerte la relación entre los síntomas/signos y el tratamiento y por lo tanto podemos hablar de una especie de relación no retractable similar a una relación deductiva? Estas dos preguntas enlazan los dos siguientes puntos importantes en el análisis de los textos hipiátricos ugaríticos que tienen que verse en su contexto cultural.

2. El concepto de enfermedad y su diferencia con los signos/síntomas en la práctica hipiátrica.

Si repasamos un poco el concepto de enfermedad en la medicina acadia, a pesar de que quede mucho por analizar y que no conozcamos perfectamente todo, lo que sí sabemos es que en muchos casos se mezclan los signos/síntomas con la enfermedad[22]. De hecho, en muchas ocasiones se da el nombre de un síntoma a la enfermedad o el nombre del órgano enfermo. Esto tampoco resulta muy extraño en medicina moderna, pues en muchos casos, frecuentemente en psiquiatría, lo que tenemos son los síntomas/signos y no la enfermedad. Sin entrar en el debate filosóficos del concepto de enfermedad[23], podemos decir que en medicina antigua, los límites entre uno y otro (síntomas/ signos y la enfermedad) resultan igualmente difusos.

En cuanto a los textos hipiátricos, tenemos muchas referencias en las que aparecen toses, o enfermedades respiratorias, por ejemplo, como las dos

---

[21] Utilizo este símbolo para indicar un condicional lingüístico.
[22] Véase [33], p. 10 y ss. De hecho se suele hablar de síntomas/signos, enfermedades (síndromes). Frecuentemente los síndromes son un conjunto de signos/síntomas que pueden corresponder con varias enfermedades. Además se le atribuye a los síndromes una causa externa, dios, demonio, fantasma, aunque a veces es al revés como ya he mencionado, se crean las divinidades para dar un nombre a los síndromes.
[23] Este es uno de los debates más complicados en filosofía de la medicina. Véase por ejemplo [16] y [19] para animales.

cosas, enfermedad y síntoma/signo. Por ejemplo, merece la pena mencionar el caso del latín *suspiriun* que designa la enfermedad cuyo principal síntoma es el problema respiratorio[24]. De hecho en esta literatura hipiátrica frecuentemente se confunde los signos/síntomas con la enfermedad. Todo ello nos lleva a considerar los textos ugaríticos realmente bastante similares a los acadios. Pero, podemos entonces hacernos la misma pregunta que en los acadios. ¿Significa ello que no estamos ante un diagnóstico con una inferencia abductiva propiamente? El problema con los textos ugaríticos es que no tenemos el contexto médico que tenemos en los textos acadios. Es cierto que tal vez no sea una estructura inferencial como la que tenemos en el diagnóstico acadio, pero lo que si está claro es que el razonamiento está dirigido a la práctica, a actuar y que aunque no se diferencie realmente los síntomas/signos y la enfermedad es este hecho sorprendente el que nos lleva a actuar[25]. Pero, la pregunta siguiente sería: ¿actuamos ante estos síntomas/signos con completa certeza? Es decir, ¿si tenemos estos signos/síntomas necesariamente tenemos que usar este tratamiento? ¿Es una relación necesaria la relación entre los signos/síntomas y el tratamiento? Estas preguntas nos pueden dar pistas para la comprensión de la inferencia en el diagnóstico hipiátrico.

3. Relación entre los síntomas/signos y el tratamiento.

En la medicina acadia tenemos una inferencia retractable que nos lleva a postular una hipotética enfermedad y a tratarla. Es decir, podemos administrar el tratamiento, nos soluciona todo de momento, pero no hay nada que nos diga que necesariamente es esta la enfermedad a la que nos enfrentamos. Tal vez una forma de verificación resida tras la abducción completa. Es decir, una vez que hemos abierto para operar, realmente nos damos cuenta de que estábamos ante un empiema (acumulación de pus pulmonar)[26]. Algo similar podemos tal vez entrever en los textos hipiátricos. Si la relación entre signos/síntomas y tratamiento es completamente necesaria, estaríamos ante un razonamiento práctico, pero no retractable, por así decirlo. Sin embargo, tenemos en los textos ugaríticos los mismos signos/síntomas con diferente tratamiento[27]. Los ugaritas son capaces de tener en cuenta que a pesar de que los signos/síntomas sean los mismos, puede que no se curen con la misma fórmula farmacológica. ¿Significa ello, aunque no explícitamente, que consideran que pueden tener diferentes enfermedades? Tal vez, es posible que lo que tengamos en los textos solo sea una parte del diagnóstico médico-veterinario, la parte puramente práctica y necesaria para la cura de las enfermedades y que,

---

[24]Véase [31].
[25]Véase [29, 31] para un estudio en detalle de las dificultades de interpretación de los síntomas. Lo que parece claro es que por ejemplo la tos de un caballo debe ser algo persistente y no frecuente, algo fuera de lo normal, lo que en una inferencia abductiva llamaríamos un hecho sorprendente, véase también [20].
[26]Véase [33], p. 43.
[27]Véase el detalle en [29].

como ocurre en el texto acadio, no sea necesario explicitar la explicación de la hipotética etiología para poder reaccionar ante un problema. Lo que si es evidente es que estamos ante un razonamiento hipotético en el que se actúa sin pruebas, pues no hay una relación necesaria entre la enfermedad/signos/síntomas y el tratamiento. La posible comprobación vendría detrás de la administración del tratamiento, cuando funcionara o no. En este último caso se probaría otro. La simple observación del los síntomas nos llevaría a actuar preservando la ignorancia, ya sea teniendo en cuenta una enfermedad hipotética implícita o considerando la enfermedad como un mismo elemento junto con los signos/síntomas.

18.5. ¿Abducción en los textos hipiátricos?

Hemos afirmado que los textos hipiátricos ugaríticos expresan un diagnóstico médico-veterinario, aunque no sea el diagnóstico médico que usualmente nos encontramos en los textos de medicina acadia. De hecho, parece ser que estamos ante una inferencia diferente a la inferencia del diagnóstico tal y como la conocemos de tipo abductivo. Para aclarar un poco más la estructura, me basaré en una base de la formalización de la abducción propuesta por el modelo AKM[28].

Dado una teoría Θ, un hecho φ y un sistema lógico $\vdash$ decimos que $(\Theta,\varphi,\vdash)$ es un problema abductivo si y solo sí no es el caso que $\Theta \vdash \varphi$. En general podemos considerar que α es una solución abductiva si se cumple: $\Theta, \alpha \vdash \varphi$[29]. Además, usando la teoría de revisión de creencia AGM[30], tenemos que las operaciones de revisión de creencias expansión, revisión y contracción, se pueden usar en un razonamiento abductivo. En este caso tenemos dos tipos de soluciones y sus operaciones:

a) Si $\neg\varphi$ no es una consecuencia lógica de Θ, entonces φ es una novedad abductiva. Para ello usamos la expansión. Tenemos una extensión de la teoría base. Esta solución abductiva es consistente y tiene un poder explicativo.

b) Θ lógicamente implica $\neg\varphi$, así que tenemos $\Theta \vdash \neg\varphi$. En este caso la solución abductiva es una anomalía. Para ello usamos la revisión. La solución abductiva no cuadra con la teoría base y tenemos que revisar la teoría para aceptarla. Esta solución incluye los dos procesos de AGM contracción y expansión.

En cuanto al diagnóstico médico, tenemos que la correspondencia con la

---

[28] El nombre de este modelo para la inferencia abductiva fue dado por Gabbay y Woods en [12] y debe su nombre a los trabajos Aliseda, (2006), Flach and Kakas (2000), Kowalski (1979), Kuipers (1999), Kakas et al. (1995), Magnani (200 1), partes de Magnani (2009), y Meheus, et al. (2002) entre otros. Es el más utilizado cuando formalizamos la abducción por su claridad y precisión técnica.

[29] Véase [2, 25, 27, 26]. Para varios análisis de casos en metodología científica véase [26, 24].

[30] No voy a entrar en los detalles de las teorías de revisión de creencias. Para un estudio de las operaciones que llevan a la incertidumbre y el rechazo en AGM usadas para la novedad y revisión abductiva véase por ejemplo [26].

teoría Θ sería el «estado de bienestar» del paciente, mientras que φ serían los síntomas/signos y α correspondería con la solución abductiva, la enfermedad que produce esos síntomas. Considero que en la mayoría de los casos un diagnóstico correspondería con una solución abductiva de anomalía, pues supuestamente del bienestar del paciente se deduce que no debe de sentir dolores, vómitos, etc. En fórmulas correspondería con $\Theta \vdash \neg\varphi$. Pero, ¿ocurre siempre así? Es decir, este concepto de enfermedad como solución anómala, viene de la mano de un concepto filosófico bastante claro de lo que es el bienestar del paciente. Teniendo en cuenta que en filosofía de la medicina el concepto de bienestar, salud y enfermedad no está claro, dependiendo del concepto que uses, puede haber casos en los que la enfermedad sea una novedad. Pensemos por ejemplo en el caso de las enfermedades genéticas como la talasemia, no hay una relación clara entre la teoría y el no padecimiento de los síntomas (leve cansancio). Es más en algunos contextos puede confundirse con una situación de bienestar[31]. De hecho, parece ser que en el diagnóstico médico podemos tener soluciones de los dos tipos, pero se necesitan más análisis para poder dar una estructura clara. En cuanto al diagnóstico médico acadio, parece ser que en un principio estamos ante una anomalía abductiva[32].

Por otro lado, y centrándonos en los textos hipiátricos, la formalización correspondería con lo siguiente: Θ, Teoría del bienestar de los caballos, φ en nuestro texto el caballo no orina ni defeca, α, enfermedad que tal vez se confunda con los síntomas. Esto correspondería con la base de lo que llamamos una "explicación científica"[33]. Es decir, más allá de los problemas filosóficos de la definición de explicación, lo que parece claro es que esta estructura tripartita es lo que debería aparecer en una inferencia abductiva de diagnóstico médico. Esta sería la estructura básica de lo que podemos decir a grandes rasgos representaría una inferencia abductiva en el razonamiento práctico médico. Sin embargo, no tenemos nada de esto en los textos ugaríticos. Únicamente tenemos la φ de los signos/síntomas. ¿Significa ello que no estamos ante un razonamiento práctico médico-veterinario? ¿Formaría esto parte del razonamiento científico como tal? Esta estructura base correspondería a lo que Gabbay y Woods llama abducción parcial [12, 37] y, a pesar de que es la base para la abducción en el razonamiento científico, debe continuar un paso más. Me refiero a la puesta en práctica de esa solución abductiva, lo que hemos llamado en Gabbay y Woods

---

[31] La talasemia es una anemia congénita que en algunas poblaciones resulta muy frecuente. Hay estudios que demuestran que esta prevalencia ayudó a la población puesto que los protege de la malaria. La talasemia que es un problema fisiológico, contribuye sin embargo a un buen funcionamiento en ciertas regiones donde la malaria es endémica. Véase entre otros [23, 36]. En este caso el hecho sorprendente sería muy leve y puede cuadrar con un estado de bienestar. Es decir, podemos estar un poco cansados en un estado de bienestar.

[32] El estudio de la novedad o anomalía en los diagnósticos acadios no ha sido ampliamente estudiado y necesitaría un análisis más profundo.

[33] La abducción frecuentemente se ha entendido como inferencia a la mejor explicación IBE, sin embargo esta identificación está en tela de juicio, véase [27]. Woods habla más bien de Inference from the Best Explanation y no de Inference to the Best Explanation [12, 37]. Véase también [5].

el paso 11, la activación de la hipótesis. En nuestros textos ugaríticos lo que tenemos es una condensación de la abducción parcial y una expresión del paso 11 de G-W model. Es decir, a pesar de que el diagnóstico médico abductivo tiene como abducción parcial todo su núcleo, no podemos obviar que la activación de la hipótesis es también una parte imprescindible y es esta parte la única que tenemos en los primeros textos de medicina médico-veterinaria. No podemos decir si tenemos este paso n°11 porque el resto de pasos están implícitos, tal vez en otros tratados como es el caso de la medicina médico-veterinaria acadia, o porque ellos mismos no lo necesitaban. Lo que está claro es que en los textos ugaríticos hipiátricos vemos una preferencia por un razonamiento práctico médico- veterinario como es la abducción. Y sobre todo, que para ellos la parte más importante y la única explícita es la activación de la hipótesis, dejando la explicación científica que hoy en día tal vez tenga más valor, en un segundo plano. Por ello, desde mi punto de vista, estos textos estuvieron bien situados en la sección «Ciencia Ugarítica» como indicó Pardee [7, 29].

18.6. Conclusión

Este trabajo es un análisis de la inferencia en los textos hipiátricos ugaríticos que han sido considerados como «Ciencia Ugarítica». Los textos que han llegado hasta nosotros son 4: RS 5.285, RS 5.300, RS 17.120 y RS 23.484, algunos muy fragmentados. Estos textos, que en un principio se consideraron como hipológicos (cuidado de caballos), han resultado ser más cercanos a la tradición médica mesopotámica. Los estudios próximo orientales determinan que se tratan de textos médico-veterinarios por tres razones. Primera, su relación con los textos hipiátricos y médicos acadios, en concreto por el texto BAM 159 que tiene tanto diagnósticos médicos humanos como tratamiento para caballos. Segundo, por la fórmula y.sq. b. áph que significa «administrársela por la nariz» y no «ponérsela delante». Y tercero, por la tradición púnica veterinaria que arranca en los textos ugaríticos y pasa por el cartaginés Magon, llegando a los romanos Varro y Columella de Gades. En este trabajo, añado una cuarta razón, por la forma de su inferencia. Para explicarlo, analizo primero la inferencia en los textos diagnósticos médicos acadios, concretamente el texto BAM 159. Este texto usa una inferencia en el razonamiento científico llamada abducción. Seguidamente, comparo esta estructura inferencial con el texto hipiátrico acadio, también en BAM 159. La diferencia entre uno y otro es que en el hipiátrico nos encontramos sólo con la última parte de la inferencia. La primera parte de la inferencia aparece en otros textos y sería similar al diagnóstico en las personas. Es decir, los textos hipiátricos acadios solo mencionan la diferencia fundamental con el diagnóstico médico acadios en personas, el tratamiento.

En cuanto a los textos hipiátricos ugaríticos, resulta más difuso. Expongo el texto RS 17.120 y vemos que ya no aparece ni siquiera el nombre de la enfermedad como ocurre en los textos hipiátricos acadios. Lo único que tenemos es la última parte y los síntomas. Ello lo analizo teniendo en cuenta su contexto y tres aspectos: el condicional lingüístico y la relación subjuntiva inferencial; la diferenciación no tan clara entre síntomas/signos y enfermedad; y la clara retractabilidad de la relación entre síntomas/signos y tratamiento. Tras un análisis formal de la estructura central de la abducción en el diagnóstico ugarítico hipiátrico y ver que queda totalmente ausente la parte por así decirlo «explicativa», la más estudiada en el razonamiento científico, podíamos pensar que no son textos de diagnóstico médico científico. Sin embargo, lo que sí aparece es la ultima parte del diagnóstico, precisamente el paso nº 11 del modelo G-W, la activación de la hipótesis. De esta forma, a pesar de que quede implícito la abducción parcial, o que no nos ha llegado, considero que estos textos reflejan una inferencia abductiva completa, manifestando al menos explícitamente su última parte. Creo que sí estaban bien situados como «Ciencia Ugarítica». De hecho, pueden ser considerados como las raíces del diagnóstico médico-veterinario en el Antiguo Oriente Próximo, aunque no con una abducción explícita completa con todos sus pasos, sí con aspectos inferenciales abductivos, concretamente la activación de la hipótesis que corresponde al tratamiento.

Agradecimientos

Agradezco el trabajo realizado de los editores Fernando Soler y Francisco J. Salguero. Este artículo fue realizado con la financiación del VPPI-US (Contrato de acceso al Sistema Español de Ciencia, Tecnología e Innovación para el desarrollo del programa propio I+D+I de la Universidad de Sevilla).

Bibliografía

[1] RIA. Reallexikon der Assyriologie und Vorderasiatischen Archäologie 7, 1990.

[2] A. Aliseda. Abductive reasoning. Logical Investigations into Discovery and Explanation. Springer, Dordrecht, 2006.

[3] C. Barés Gómez. Abduction in akkadian medical diagnosis. Journal of Applied Logics - IfCoLog Journal of Logics and their Applications, 5(8):1697–1722, 2018.

[4] C. Barés Gómez and M. Fontaine. Argumentation and abduction in dialogical logic. In L. Magnani and T. Bertolotti, editors, Handbook of ModelBase Science. Springer, 2017.

[5] C. Barés Gómez and M. Fontaine. Between sentential and model-based abductions - a dialogical approach. Logic Journal of the IGPL, 2020.

[6] B. Böck. Die babylonisch-assyrische Morphoskopie. Institut für Orientalistik der Universität, Wien, 2000.

[7] P. Bordreuil and D. Pardee. Manuel d'Ougaritique, volume 2. Paul Geuthner, Paris, 2004.

[8] C. Cohen. The ugaritic hipiatric texts and BAM 159. Journal of the Ancient Near Easter Society 15, pages 1 – 12, 1983.

[9] C. Cohen and D. Sivan. The Ugaritic Hippiatric Texts. A Critical Edition. American Oriental Series, Essay 9, 1983.

[10] J.L. Cunchillos. En la frontera de lo imposible. Magos médicos y taumaturgos en el Mediterráneoantiguo en tiempos del Nuevo Testamento, cap. El mundo cananeo. Medicina, milagro y prácticas mágicas, pages 19–38. Ed. El almendro de Córdoba, 2001.

[11] M. Fontaine and C. Barés Gómez. Natural Arguments: A Tribute to John Woods., cap. Conjecturing Hypothesis in a Dialogical Logic for Abduction, pages 379–414. College Publications, 2019.

[12] D. Gabbay and J. Woods. The Reach of Abduction. Insight and Trial. Elsevier, Amsterdam, 2005.

[13] M. J. Geller. Ancient Babylonian Medicine. Theory and Practice. Wiley-Blackwell, Sussex, UK, 2010.

[14] N. Heeßel. Babylonisch-assyrische Diagnostik. Alter Orient und Altes Testament, Band 3, Münster, 2000.

[15] F. Joannès, editor. Dictionnaire de la civilisation mésopotamienne, cap. Medicine, pages 515–517. Éditions Robert Laffont, Paris, 2001.

[16] E. Kingma. Handbook of the Philosophy of Medicine, cap. Disease as Scientific and as Value-Laden Concept, pages 45–64. Springer, 2017.

[17] F. Köcher. Die Babylonisch - assyrische Medizin in Texten und Untersu-

chungen. De Gruyter, 1963,80.

[18] R. Labat. Traité akkadien de diagnostics et pronostics médicaux. Paris/Leiden, 1951.

[19] H. Lerner. Handbook of the Philosophy of Medicine, cap. Conceptions of Health and Disease in Plants and Animals, pages 287–302. Springer, 2017.

[20] L. R. Mack-Fisher. Maarav 5-6. Sopher Mahir. Northwest Semitic Studies Presented to Stanislav Segert, cap. From Ugarit to Gades: Mediterranean Veterinary Medicine, pages 207 – 220. Eisenbrauns, 1990.

[21] L. Magnani. Abduction, Reason, and Science. Processes of Dyscovery and Explanation. Springer, 2001.

[22] L. Magnani. Governing ignorance through abduction. Logic Journal of the IGPL, 2019.

[23] G. Modiano and al. Protection against malaria morbidity: Near-fixation of the a - thalassemia gene in a nepalese population. American Journal of Human Genetics (Am J Hum Genet), 48(2), 1991.

[24] M.V. Murillo-Corchado and A. Nepomuceno. Giro dinámico y lógica de la investigación científica. Revista de Humanidades de Valparaiso, 2019.

[25] A. Nepomuceno- Fernández. Modelos de razonamiento abductivo. Contrastes, (10):155–180, 2005.

[26] A. Nepomuceno. Bas van Fraassen's Approach to Representation and Models, chapter Scientific Models of Abduction: The Role of Non Classical Logic, pages 121–141. Springer, 2014.

[27] A Nepomuceno, F Soler, and F Velazquez. The fundamental problem of contemporary epistemology. Teorema, 33(2):89–103, 2014.

[28] Á. Nepomuceno-Fernández, F. Soler-Toscano, and F.R. VelázquezQuesada. An epistemic and dynamic approach to abductive reasoning: selecting the best explanation. Logic Journal of the IGPL, 2013.

[29] D. Pardee. Trente ans de recherches sur les textes et les soins hippiatriques

en langue ougaritique. Pallas 101. La trousse du vétérinaire dans l'Antiquité et au Moyen Âge - Instruments et pratiques, 2016.

[30] C.S. Peirce. Collected Papers of Charles Sanders Peirce. Harvard University Press, Cambridge, 1931-1958.

[31] F. Renfroe. Diagnosing long-dead patients: The equine ailments in "KTU" 1.85. Orientalia 57, 2, pages 181–191, 1988.

[32] J. A. Scurlock. Sourcebook for Ancient Mesopotamian Medicine. SBL Press, 2014.

[33] J. A. Scurlock and B. R. Andersen. Diagnosis in Assyrian and Babylonian Medicine. University of Illinois, 2005.

[34] F.R. Velázquez-Quesada, F. Soler-Toscano, and Á. NepomucenoFernández. An epistemic and dynamic approach to abductive reasoning: Abductive problem and abductive solution. Journal of Applied Logic, 11(4):505–522, 2013.

[35] Ch. Virolleaud. Fragments d'un traité phánicien de thárapeutique hippologique provenant de ras-shamra. Syria 15,1, 1934.

[36] S. Wambua and al. The effect of a +- thalassaemia on the incidence of malaria and other diseases in children living on the coast of kenya. PLos Med, 3(5), 2006.

[37] J. Woods. Errors of Reasoning. Naturalizing the Logic of Inference. College Publications, London, 2013.

[38] M. Yon. The City of Ugarit at Tell Ras Shamra. Eisenbrauns, 2006.

Capítulo 19

Identificación y lógica epistémica: una hipótesis abductiva

MATTHIEU FONTAINE
Universidad de Salamanca

Resumen. En la semántica de las líneas de mundos de Hintikka, cuantificamos sobre individuos que no se reducen a sus apariciones en los diferentes mundos posibles. Lo que son esas líneas de mundos ha dado lugar a varias interpretaciones, incluso en la obra de Hintikka. Según una intepretación epistémica, son un medio de reconocimiento de los individuos. Según la interpretación transcendental, son los individuos. Como lo resalta Tulenheimo, que define una semántica basada en la interpretación transcendental, las dos interpretaciones no son compatibles. Seguimos Tulenheimo en la interpretación transcendental, pero al mismo tiempo que rechazamos la interpretación epistémica, consideramos que el requisito de criterios de identificación puede surgir de una hipotesis epistémica abductiva que no forma parte de la semántica.

19.1. Introducción

Conocí al Profesor Ángel Nepomuceno Fernández cuando vino como profesor visitante a la Universidad de Lille, en Francia, mientras estaba preparando mi tesis doctoral con el Profesor Shahid Rahman. En esa ocasión estaba también como profesor visitante el Profesor Paul Gochet, al que habiamos invitado para un seminario sobre las lógicas intensionales. Fue durante una sesión del seminario, impartida por el Profesor Nepomuceno, que escuche por primera vez hablar de razonamiento abductivo. Poder hacer lógica sin que sea deductiva me llamo la atención. Lógicas intensionales y epistémicas por una parte y razonamiento abductivo por otra, un camino de colaboraciones que comenzaba a abrirse. Mi encuentro con el Profesor Nepomuceno ha sido uno de los más enriquecedores en mi vida académica y por eso quiero aprovechar este libro para rendirle homenaje. Confío en que todavía nos quedan muchas cosas por hacer. Como homenaje al Profesor Ángel Nepomuceno, hablaré en este capitulo de lógica epistémica y de razonamiento abductivo. No trataré de explicar la abducción haciendo uso de las lógicas intensionales–como podemos encotrarlo en Nepomuceno et al. (2013)–, sino que propondré una explicación de la semántica de las lógicas intensionales basándome en la abducción.

Más concretamente, comentaré la tesis de las lineas de mundos como presupuesto a la interpretación de los cuantificadores en las lógicas intensionales de Hintikka. En la semántica de las lineas de mundos, cuantificamos sobre individuos que no se reducen a sus apariciones en los mundos posibles de una estructura modal. Cómo interpretar esas lineas de mundos ha dado lugar a muchas discusiones, pero también confusiones en cuanto a lo que son los individuos y los modos de identificación de los individuos. Como lo resalta Tulenheimo (2017), dos interpretaciones incompatibles de las lineas de mundos pueden emerger de la obra de Hintikka: la interpretación transcendental y la interpretación epistémica. Según la primera, las lineas de mundos son los individuos sobre los cuales cuantificamos en las lógicas intensionales. Según la segunda, las lineas de mundos son criterios de identificación de los individuos. Rechazando la segunda, Tulenheimo considera que las líneas de mundos constituyen una condición de posibilidad del discurso modal. De acuerdo con esa propuesta, consideramos que la petición para los criterios de identificación no reenvía a presuposiciones semánticas, sino a una hipótesis abductiva–y tal vez explicativa–relativa a capacidades cognitivas requeridas para la comprensión del discurso modal.

Empezaremos por contextualizar la semántica de las líneas de mundos de Hintikka respecto al uso de los cuantificadores en los contextos intensionales (sección 2). Después, plantearemos el diagnóstico que hace Hintikka del fracaso de las leyes de la cuantificación y de la identidad en los contextos intensionales en términos de "multiplicidad referencial" (sección 3). Eso servirá de base para introducir la lógica libre de presuposición de unicidad de la referencia (sección 4). Luego introduciremos la semántica de las líneas de mundos (sección 5), lo que haremos primero de manera formal, para concluir sobre posibles interpretaciones (sección 6).

19.2. Lógicas epistémicas de primer orden, referencia y cuantifación

En la lógica de primer orden, la generalización existencial y la sustitución de los idénticos son inferencias válidas. La generalización existencial consiste en inferir un enunciado existencialmente cuantificado desde un enunciado singular. Por ejemplo, si alguien acepta (1), tiene que aceptar (2):

(1) Manolo Caracol obtuvo en 1922 el primer premio del Concurso de Cante Jondo de Granada.

(2) Alguien obtuvo en 1922 el primer premio del Concurso de Cante Jondo de Granada.

Ahora, dado que "Manolo Caracol" es el seudónimo de Manuel Ortega Juárez, si uno acepta (1), también tiene que aceptar (3):

(3) Manuel Ortega Juárez obtuvo en 1922 el primer premio del Concurso de Cante Jondo de Granada.

Estas inferencias válidas están formalmente representadas por (4) y (5), respectivamente:

(4) $A(k_1) \vDash (\exists x) A(x)$

(5) $A(k_1), (k_1 = k_2) \vDash A(k_2)$

Los problemas empiezan cuando combinamos los cuantificadores y la identidad con verbos intencionales como "saber" o "creer":

(6) Ángel cree que Manolo Caracol obtuvo en 1922 el primer premio del Concurso de Cante Jondo de Granada.

Pero, aunque "Manuel Ortega Juárez" y "Manolo Caracol" hacen referencia al mismo cantante de flamenco, (7) no sigue necesariamente:

(7) Ángel cree que Manuel Ortega Juárez obtuvo en 1922 el primer premio del Concurso de Cante Jondo de Granada.

Efectivamente, Ángel sabe mucho de flamenco, pero si no sabe que Manolo Caracol es Manuel Ortega Juárez, no cree necesariamente que Manuel Ortega Juárez obtuvo en 1922 el primer premio del Concurso de Cante Jondo de Granada, aún si cree que Manolo Caracol obtuvo en 1922 el primer premio del Concurso de Cante Jondo de Granada. También podría ser el caso de que (6) y (8) sean simultáneamente verdaderas:

(8) Ángel cree que Manuel Ortega Juárez no obtuvo en 1922 el primer premio del Concurso de Cante Jondo de Granada.

Tampoco podemos inferir (9) desde (6):

(9) $(\exists x)$Ángel cree que (x obtuvo en 1922 el primer premio del Concurso de Cante Jondo de Granada)

Efectivamente, para que (9) sea verdadera, tiene que haber un valor de sustitución adecuado para la variable ligada x, es decir un individuo determinado del cual Ángel cree que obtuvo en 1922 el primer premio del Concurso de Cante Jondo de Granada. Sin embargo, ¿quién es ese individuo del cual Ángel cree que obtuvo en 1922 el primer premio del Concurso de Cante Jondo de Granada? ¿Manolo Caracol, es decir Manuel Ortega Juárez? Pero si Ángel no cree que

Manuel Ortega Juárez haya obtenido en 1922 el primer premio del Concurso de Cante Jondo de Granada, no puede ser Manuel Ortega Juárez.

Según Quine (1956), esas dificultades surgen debido a la opacidad referencial generada por el verbo intencional "creer". Si (6) y (8) pueden ser simultáneamente verdaderas, es porque no expresan una auténtica relación entre Ángel y un individuo determinado. Por eso, no está permitido generalizar existencialmente. De hecho, no tiene sentido cuantificar en contextos opacos. Aún así, Quine reconoce que cuantificar en contextos epistémicos corresponde a usos bastante extendidos y recomienda, en estos casos, una lectura transparente del verbo "creer". Es decir, en general, los verbos intencionales generan contextos opacos. Pero si formulaciones como (9) son usadas, tienen que ser leídas de manera transparente, y la sustitución de los idénticos debe ser autorizada (Quine (1960, 133)). Sin embargo, Hintikka resalta que si la cuantificación presupone una lectura transparente, entonces se derivan situaciones paradójicas. Para entender el argumento de Hintikka, introducimos la distinción que él hace entre *saber-quien* ("*knowing-who*") y *saber-que* ("*knowing-that*") mediante los dos siguientes enunciados:

(10) Ángel sabe quien obtuvo en 1922 el primer premio del Concurso de Cante Jondo de Granada.

(11) Ángel sabe que alguien obtuvo en 1922 el primer premio del Concurso de Cante Jondo de Granada.

Según Hintikka, el saber-quien en (10) presupone el conocimiento de un individuo determinado. Tal determinación no está presupuesta por el saber-que (11), que es verdadero si Ángel sabe que alguien ha ganado, quien sea. Sea K_α (B_α) el operador epistémico (respectivamente doxástico) cuyo significado intuitivo es "el agente epistémico α sabe (respectivamente cree) que". Esos enunciados pueden ser traducidos mediante las siguientes formulas cuantificadas de forma *de re* y *de dicto*, respectivamente:

(12) $(\exists x) K_{Angel}$(el primer premio del Concurso Jondo de Granada en 1922 = x)

(13) $K_{Angel}(\exists x)$(el primer premio del Concurso Jondo de Granada en 1922 = x)

Dado que (13) no concierne un individuo determinado, no implica (12). Igualmente, un agente puede saber que Manolo Caracol es Manolo Caracol sin saber quien es Manolo Caracol. Sin embargo, si leemos el operador epistémico en (12) de manera transparente (tal y como lo preconiza Quine), podemos desarrollar el siguiente argumento (Hintikka (1962, 142)). Suponemos (14):

(14) K_{Angel}(el primer premio del Concurso Jondo de Granada en 1922 =Manolo Caracol)

Si el operador epistémico se lee de manera transparente, entonces (12) sigue por generalización existencial. Además, (14) puede ser inferido desde (15) y (16) por sustitución de los idénticos:

(15) K_{Angel}(el primer premio del Concurso Jondo de Granada en 1922 = el primer premio del Concurso Jondo de Granada en 1922)

(16) El primer premio del Concurso Jondo de Granada en 1922 = Manolo Caracol

Así, si la cuantificación está autorizada sólo en los contextos transparentes, entonces se puede derivar (12) desde (15) (ya sea mediante (14) o directamente). Sin embargo, mientras (15) es trivial, (12) no lo es. Con el fin de bloquear esa derivación paradójica, Hintikka recomienda permitir la cuantificación en contextos opacos.

19.3. Multiplicidad referencial

Hintikka también reconoce el fracaso de la generalización existencial y de la sustitución de los idénticos en los contextos epistémicos, pero él considera que los nombres que aparecen en el alcance de operadores intencionales siguen siendo referenciales. No obstante, tenemos que acomodarnos a un fenómeno de multiplicidad referencial[1] que podemos entender dentro de una estructura modal relativamente a una pluralidad de estados de cosas, o mundos posibles. Un mundo posible, un escenario o una alternativa al mundo actual, es una descripción (parcial) de un estado de cosas. Un enunciado como (6) expresa una auténtica relación, pero es una relación entre el agente Ángel y (posiblemente) una multitud de individuos que aparecen en esas alternativas.

Más precisamente, podemos entender el contenido de una adscripción de actitud proposicional $K_\alpha \phi$ en relación a una pluralidad de mundos posibles. Es decir que $K_\alpha \phi$ es verdadera si y sólo si ϕ es verdadera en todos los mundos compatibles con el conocimiento de α. Un mundo compatible con el conocimiento de α es un mundo en el cual todo lo que sabe α es verdadero y donde lo demás puede ser verdadero o falso independientemente de lo que α sabe. Por ejemplo, si α sabe que ϕ pero no sabe nada en cuanto a ψ, entonces habrá mundos donde tendremos ϕ y ψ, y otros donde tendremos ϕ y $\neg\psi$. El conjunto de esos mundos describe el estado epistémico del agente α. Podemos así definir el significado de los operadores intencionales como K en una estructura modal (W, R) donde W es un conjunto de mundos posibles y R es una relación de accesibilidad entre estos mundos. La semántica de K podría requerir la reflexividad de R; por ejemplo si suponemos un conocimiento factual. Dado que se puede creer algo que no es realmente verdadero, eso no sería el caso para la semántica de B. Definimos la semántica de los operadores epistémicos como sigue:

(i) $M, w \vDash K_\alpha \phi$ ($B_\alpha \phi$) ssi. para todo $w' \in W$ tal que $wR_\alpha w'$: $M, w' \vDash \phi$.

(ii) $M, w \vDash \hat{K}_\alpha \phi$ ($\hat{B}_\alpha \phi$) ssi. hay al menos un $w' \in W$ tal que $wR_\alpha w'$ y $M, w' \vDash \phi$.

Notaremos que $\hat{K}$ es el dual de K; es decir que $\hat{K}$ significa intuitivamente "es compatible con el conocimiento de α que ϕ". La relación R es relativa al agente α (es decir que para dos agentes α y β tales que $\alpha \neq \beta$, las relaciones R_α y R_β, respectivamente, no coinciden).

---

[1] Esa tesis de la multiplicidad referencial tiene sus raíces en Hintikka (1957) y será desarrollado por Hintikka a lo largo de su obra.

Los problemas empiezan con la introducción de los cuantificadores y los términos singulares. Efectivamente, el significado de una constante individual (o de un nombre propio) no puede reducirse a su referencia en el mundo actual. Además, su referencia no tiene por qué ser la misma en todos los mundos. Cuando interpretemos un enunciado donde un nombre propio aparece en el alcance de un verbo intencional, debemos tener en cuenta la multiplicidad referencial. Por ejemplo, traducimos (6) por (17):

(17) $B_{Angel}S(c)$

Esa fórmula es verdadera si en todos los mundos compatibles con la creencia de Ángel, alguien llamado "Manolo Caracol" (c) obtuvo en 1922 el primer premio del Concurso de Cante Jondo de Granada ($S(x)$). Y el constante c podría referir a apariciones de diferentes individuos en esos mundos. Incluso si Ángel fuera capaz de expresar su propia creencia en estos términos (con las expresiones $S(x)$ y c), su uso de "Manolo Caracol" podría ser tal que no refiere a un individuo determinado y bien identificado. Si queremos expresar algo sobre un individuo determinado, es decir el individuo tal y como está designado por "Manolo Caracol" en el mundo real –como en (12), podemos hacerlo mediante una formula como (18):

(18) $(\exists x)((x = c) \land B_{Angel}S(x))$

En (18), expresamos algo a propósito de un individuo determinado, el mismo en cada mundo compatible con la creencia de Ángel. Es decir, (18) es verdadera si el individuo que es realmente llamado c es tal que, en cada mundo compatible con la creencia de Ángel, obtuvo en 1922 el primer premio del Concurso de Cante Jondo de Granada. Y eso podría ser el caso incluso si c no refiere a una única y misma persona en todos esos mundos o si Ángel no llama esa persona por este nombre. La unicidad de la referencia de c en todos los mundos compatibles con el conocimiento de Ángel requiere una formulación más compleja, la siguiente:

(19) $(\exists x)((x = c) \land B_{Angel}(S(x) \land (x = c)))$

Ahora, la aplicación de la generalización existencial a (17) nos llevaría al siguiente resultado:

(20) $(\exists x)B_{Angel}S(x)$

Sin embargo, (20) expresa la atribución de una creencia dirigida hacia un individuo determinado, el mismo en todos los mundos compatibles con la creencia de Ángel. Pero tal unicidad no está presupuesta por (17). Efectivamente, (17) expresa una autentica relación, pero se trata de una relación entre Ángel y posiblemente una multitud de individuos. Una fórmula cuantificada como (20) expresa una relación entre Ángel y un único individuo. Eso es la razón por la cual la generalización existencial no es válida en los contextos epistémicos.

El fracaso de la sustitución de los idénticos se debe también a la multiplicidad referencial. El hecho de que dos nombres propios tengan la misma referencia en el mundo real no implica que tengan la misma referencia en todos los mundos posibles. Como Ángel podría no saber que "Manolo Caracol" y "Manuel Ortega Juárez" hacen referencia a la misma persona, sus referencias pueden ser diferentes en los mundos compatibles con su conocimiento. Entonces, "Manolo

Caracol" y "Manuel Ortega Juárez" no pueden ser sustituidos uno al otro salva veritate en (6). De manera más general, la multiplicidad referencial tiene también las consecuencias siguientes:

(21) $K_\alpha A(k) \vDash (\exists x) K_\alpha A(x)$

(22) $K_\alpha A(k_1), k_1 = k_2 \vDash K_\alpha A(k_2)$

Tenemos las mismas consecuencias para el operador de creencia B.

19.4. Lógica libre de presuposición de unicidad de la referencia

El fracaso de la generalización existencial en las lógicas intencionales de primer orden se debe al fenómeno de multiplicidad de la referencia. Dicho de otra forma, la generalización existencial no es válida porque no presuponemos la unicidad de la referencia de los términos singulares en los contextos intencionales. Con Hintikka, nos dirigimos entonces hacia una *lógica libre de presuposición de unicidad de la referencia*.

¿Cuáles son las condiciones que deberían cumplir las constantes individuales para ser consideradas como valores de sustitución de variables ligadas convenientes? Hintikka surgiere que busquemos una condición $Q(x)$ tal que si un constante individual k cumple $Q(x)$, entonces podríamos generalizar existencialmente relativamente a k. Es decir una condición que permita aplicar las leyes de la cuantificación. Entonces, buscamos una condición que haga la siguiente inferencia válida:

(23) $A(k), Q(k) \vDash (\exists x) A(x)$

donde A(x) y Q(x) pueden contener operadores epistémicos. Consecuentemente, el uso de los cuantificadores será definido así:

(CQ1) $M, w \vDash (\exists x)\phi$ ssi. $M, w \vDash Q(k)$ y $M, w \vDash \phi[x/k]$ para al menos un constante individual k.

(CQ2) $M, w \vDash (\forall x)\phi$ ssi. si $M, w \vDash Q(k)$ entonces $M, w \vDash \phi[x/k]$.

Si nos preocupamos por las presuposiciones ontológicas, rechazamos la generalización existencial porque el rango de los cuantificadores consiste en individuos existentes, mientras las constantes individuales pueden no referirse a nada existente.[2] Pero la generalización existencial puede fracasar por razones externas a consideraciones ontológicas, en particular por culpa del fenómeno de multiplicidad referencial que hemos comentado en la sección precedente. Por ejemplo, para poder inferir (25) desde (24), necesitamos la premisa adicional (26):

(24) K_{Angel}(Manolo Caracol obtuvo en 1922 el primer premio del Concurso de Cante Jondo de Granada)

(25) $(\exists x) K_{Angel}(x$ obtuvo en 1922 el primer premio del Concurso de Cante Jondo de Granada)

(26) $(\exists x) K_{Angel}(x =$ Manolo Caracol)

---
[2]Véase Hintikka (1969, 112 sig.).

Efectivamente, si rechazamos la presuposición de unicidad de la referencia del nombre propio "Manolo Caracol", (25) no sigue. Pero si añadimos (26), expresamos explícitamente que Ángel asocia el nombre "Manolo Caracol" a un individuo bien identificado; es decir que refiere al mismo individuo en todas las alternativas compatible con el conocimiento de Ángel. De hecho, lo que expresa (26) es que Ángel sabe quien es Manolo Caracol. La generalización existencial puede ser aplicada respecto a la constante individual k sólo cuando el agente epistémico sabe quién es k. De manera más general, la condición $Q(x)$ puede ser formulada como (27), mediante la cual formulamos la inferencia valida (28):

(27) $(\exists x)K(x = k)$

(28) $K_\alpha A(k), (\exists x)K_\alpha(x = k) \vDash (\exists x)K_\alpha A(x)$

Si α no sabe quién es k, entonces la unicidad de la referencia de k no está garantizada. Podemos ahora sustituir $(\exists x)K(x = k)$ a $Q(k)$ en (CQ1) y (CQ2) añadiendo la restricción que no hay operador intencional diferente de K en ϕ.[3]

Una de las consecuencias más llamativas de la lógica epistémica de Hintikka (1962) es que:

(29) $(\forall x)K_\alpha A(x)$

concierne a todos los individuos conocidos por α, y no a todos los individuos simplemente. Efectivamente, dado que las variables ligadas admiten como valores de sustitución únicamente constantes individuales que cumplen la condición expresada en (27), pues cada valor de sustitución usado para interpretar el cuantificador universal en (29) es tal que cumple con (27) también. Como consecuencia, el rango de los cuantificadores siempre se reduce a los individuos conocidos por α. Si queremos cuantificar sobre todos los individuos, tenemos que cuantificar también fuera del alcance del operador epistémico, como en la siguiente formula:

(30) $(\forall x)(\exists y)((x = y) \wedge K_\alpha A(y))$

Si suponemos la factividad de K, y entonces la reflexividad de R, entonces $(\forall x)A(x)$ será implicada por (30), pero no por (29). A pesar de ciertas críticas formuladas por varios autores, Hintikka insiste en que eso refleja un uso correcto de los cuantificadores, es decir que su rango consiste en individuos bien identificados por los agentes. La presuposición de unicidad, explicitada por (27), expresa que el agente sabe quién es la referencia de la constante individual.

¿Cuáles son las condiciones de verdad de fórmulas como (26) o (27)? ¿Cuándo podemos suponer que "Manolo Caracol", por ejemplo, hace referencia a las apariciones de un único individuo en las alternativas compatibles con el conocimiento de Ángel? Si preguntamos a Ángel quien es Manolo Caracol, podría contestar "Manolo Caracol es Manuel Ortega Juárez". ¿Sería suficiente? Para contestar a esa pregunta, algunos comentarios sobre la identidad en los contextos intencionales son necesarios. Ya hemos resaltado el fracaso de la sustitución de los idénticos en los contextos epistémicos. Puede ser restaurada añadiendo

---

[3] Estas cláusulas habían sido originalmente introducidas por Hintikka (1962), pero no pueden aplicarse a operadores anidados tal cual. Hintikka (1969, 112-150) generaliza esas definiciones.

otra premisa extra, la cual dice que dos términos tienen la misma referencia en todas las alternativas accesibles:

(31) $K_\alpha(k_1 = k_2)$

Por ejemplo, desde (24) y (32), podemos ahora inferir (33):

(32) K_{Angel}(Manolo Caracol = Manuel Ortega Juárez)

(33) K_{Angel}(Manuel Ortega Juárez obtuvo en 1922 el primer premio del Concurso de Cante Jondo de Granada)

Más generalmente, la siguiente inferencia es válida en lógica epistémica:

(34) $K_\alpha A(k_1), K_\alpha(k_1 = k_2) \vDash K_\alpha A(k_2)$

Finalmente, ¿es suficiente conocer una identidad como en (32) para saber quién es Manolo Caracol? De manera general, la respuesta será negativa. Ángel podría saber que Manolo Caracol es Manuel Ortega Juárez sin saber quién es Manolo Caracol o quién es Manuel Ortega Juárez. Aunque Ángel conoce una identidad de nombres, saber quién es el referente de uno de estos nombres es necesario para inferir que Ángel sabe quién es el otro. Claramente, tenemos (35) y (36):

(35) $K_\alpha(k_1 = k_2) \nvDash (\exists x) K_\alpha(x = k_2)$

(36) $K_\alpha(k_1 = k_2), (\exists x) K_\alpha(x = k_1) \vDash (\exists x) K_\alpha(x = k_2)$

Lo que hace falta para las adscripciones de saber-quien puede variar. A veces, conocer un nombre o una descripción es suficiente. Otras veces, un conocimiento directo (*acquaintance*) puede ser necesario. Sea cual sea la respuesta, cuantificar en los contextos epistémicos presupone que seamos capaces de hablar de un mismo individuo bajo diferentes circunstancias. Pero no es el propósito de una lógica libre de presuposiciones de unicidad de la referencia de contestar a esa pregunta, al igual que no esperamos de una lógica libre de presuposiciones ontológicas que diga lo que tenemos que aceptar en nuestra ontología.

19.5. Semántica de las líneas de mundos

Hintikka (1962) interpreta los cuantificadores por sustitución. Un constante individual es un valor de sustitución aceptable para una variable ligada si están asociados con las apariciones de un individuo único a través los mundos posibles relevantes. En los contextos epistémicos, eso remite el uso de los cuantificadores a la noción de *saber-quién*. Eso ha llevado a Hintikka a sostener que el uso de los cuantificadores en los contextos intensionales presupone el reconocimiento previo de criterios de identificación cruzada, es decir criterios que permiten re-identificar un individuo bajo diferentes circunstancias. Pero esta presuposición no tiene por qué aparecer en la semántica, ni siquiera en el lenguaje. Técnicamente, las cláusulas que han sido definidas para el uso de los cuantificadores nos llevan a otros problemas con la iteración de varios operadores. Sin embargo, los individuos ya no pueden considerase como simple objetos al igual que en la lógica de primer orden. Tenemos que considerar los individuos como entidades que aparecen en diferentes contextos sin poder reducirse a esas apariciones. Eso nos lleva a la llamada semántica de las líneas de mundos, en la cual objetos de diferentes mundos pueden estar conectados por una línea con el fin de formar un individuo modal:

> [I]n contexts involving modal notions, individuals have to be considered as members of several different possible worlds. An individual virtually becomes, for logical purposes, tantamount tp the 'world line' [...] connecting its manifestations in these possible worlds. (Hintikka (1970a, 871)

Aquí, nos inspiraremos de la reconstrucción propuesta por Tulenheimo (2017), tanto por la semántica como por la terminología. Distinguimos así la noción de "individuo (modal)", una línea de mundo, de la noción de "objeto (local)", una entidad cuya aparición se limita a un mundo. En la estructura modal, un individuo pasa a ser matemáticamente representado por una función, cuyo argumento es un mundo posible y cuyo valor es un objeto de ese mundo:

> [E]ach individual in the full sense of the word is now essentially a function which picks out from several possible worlds a member of their domains as the 'embodiment' of that individual in this possible world or perhaps rather as the role which that individual plays under a given course of events. (Hintikka (1970b, 412))

El lenguaje modal cuantificado está interpretado respecto a un modelo $M = <W, R, \mathfrak{J}, Int>$, donde W es un conjunto de mundos posibles, cada w teniendo su propio conjunto no vacío de objetos locales $dom(w)$. R es una relación (o un conjunto de relaciones) entre esos mundos. Int es una función que atribuye a cada predicado n-ario Q y mundo w un subconjunto $dom(x)^n$, y a cada constante individual c y mundo posible w un elemento de $dom(w)$ –cuando c tiene referencia en w. $\mathfrak{J}$ es una colección de líneas de mundos y cada elemento $\mathbf{I} \in \mathfrak{J}$ es una función parcial no vacía sobre W que asigna un elemento de $dom(w)$ a cada w sobre los cuales esa función parcial está definida. Cuando $\mathbf{I}(w) \in dom(w)$, decimos que $\mathbf{I}$ está realizada en $\mathbf{w}$ y llamamos el elemento $d \in dom(w)$ tal que $I(w) = d$ la manifestación o realización de $\mathbf{I}$ en w.

A pesar de que las líneas de mundos sean los individuales disponibles para la cuantificación, no forman parte de ningún mundo en particular. El valor de una variable ligada es una línea de mundos. Es decir que definimos una función de asignación como sigue:

[Asignación] Una asignación en M es una función g de tipo $Var \longrightarrow \mathfrak{J}$ (con Var un conjunto de variables). Si g es una asignación definida sobre x, entonces $g(x)$ es una línea de mundo. Si la línea de mundo está realizada en w, entonces el resultado $g(x)(w)$ de la aplicación de $g(x)$ al mundo w es un objeto local que pertenece a $dom(w)$. Si g es una asignación e $\mathbf{I}$ es una línea de mundo, entonces $g[x/\mathbf{I}]$ es la asignación que difiere de g al máximo en que asigna $\mathbf{I}$ a x.

Por contraste, el valor de una constante individual c en un mundo w es un objeto que pertenece al dominio $dom(w)$ de este mundo, de conformidad con su interpretación. La interpretación de c en un mundo w puede ser vacía. Tampoco tiene que ser rígida, es decir que su valor no tiene por qué ser la misma (o la aparición de un único individuo) en todos los mundos posibles. Definimos el valor de un término y la definición en un modelo como sigue:

[**Valor de un término**] Valor $t^{(M,w,g)}$ de un término t en un modelo M en un mundo w bajo la asignación $g: Var \longrightarrow \mathfrak{J}$:
$t^{(M,w,g)} =$

- $Int(t,w)$ si t es un constante individual y $Int(t,w)$ no es vacía.
- $g(t)(w)$ si $t \in Var$ y $g(t)$ está realizada en w.

[**Verdad en un Modelo**] La verdad se define respecto a un modelo M, un mundo w y una asignación g como sigue:

(i) $M, w, g \vDash Q(t_1, ..., t_n)$ ssi. para todo $1 \leq i \leq n$, el valor $t_i^{M,w,g}$ del término t_i en M a w bajo g está definido, y la tupla $\langle t_1^{M,w,g}, ..., t_n^{M,w,g} \rangle$ pertenece a $Int(Q,w)$,

(ii) $M, w, g \vDash t_1 = t_2$ ssi. para todo $i \in \{1,2\}$, el valor $t_i^{M,w,g}$ del término t_i en M a w bajo g está definido y $t_1^{(M,w,g)}$ igual $t_2^{(M,w,g)}$,

(iii) $M, w, g \vDash K_\alpha \phi$ ssi. para todo w' tal que $wR_\alpha w'$: $M, w, g \vDash \phi$,

(iv) $M, w, g \vDash \hat{K}_\alpha \phi$ ssi. hay por lo menos un w' tal que $wR_\alpha w'$ y $M, w, g \vDash \phi$,

(v) $M, w, g \vDash \forall x \phi$ ssi. para todo $\mathbf{I} \in \mathfrak{J}$ tal que $\mathbf{I}(w) \in dom(w)$: $M, w, g[x := \mathbf{I}] \vDash \phi$,

(vi) $M, w, g \vDash \exists x \phi$ ssi. hay por lo menos un $\mathbf{I} \in \mathfrak{J}$ tal que $\mathbf{I}(w) \in dom(w)$ y $M, w, g[x := \mathbf{I}] \vDash \phi$.

Los otros conectivos se definen de manera habitual.

Ahora, los cuantificadores reciben una interpretación objetual. Siguen siendo inválidas la generalización existencial y la sustitución de los idénticos, pero eso no impide la cuantificación en los contextos intencionales. El resultado es una semántica más general, sin necesidad de que los constantes individuales cumplan condiciones adicionales como (27). Tampoco necesitamos sofisticaciones para adaptar la condición $Q(x)$ y el uso de los cuantificadores a los casos de operadores anidados.

19.6. Hipótesis abductiva y pre-condición transcendental

¿Más allá del propósito lógico-semántico, cómo interpretar las líneas de mundos? Aunque ya cuantificamos sobre líneas de mundos, no hay ninguna huella de ellas en el lenguaje. Tampoco aparece ningún criterio de identificación, ya sea en el lenguaje o en la semántica. Tulenheimo (2017, vi, 27) hace notar que Hintikka introdujo las líneas de mundos de formas incompatibles. Por una parte, han sido motivadas por razones epistemológicas; es decir como codificación de nuestros medios para reconocer un individuo en varios mundos (interpretación epistémica). Por otra parte, han sido interpretadas de manera transcendental, como precondición del uso de los cuantificadores en contextos intensionales (interpretación transcendental). Sin embargo, según la concepción epistémica, ¿que permitirián reconocer los criterios de identificación? Deberíamos postular otros individuos de los cuales las lineas de mundos permitan la identificación, así que tal explicación no puede ser suficiente. Lo que sí es compatible, es adoptar una interpretación transcendental y añadir una hipotesis explicativa de como reconocemos individuos bajos circunstancias diversas; es decir, las lineas de mundos presuponen que criterios de identificación hayan sido dados previamente.

Efectivamente, según Hintikka y Sandu (1995), la cuantificación en los contextos intensionales presupone que criterios de identificación hayan sido establecidos. Distinguen dos tipos de criterios: unos son perspectivos y relativos a los agentes (por ejemplo, relacionados a sus percepciones directas), otros son públicos (por ejemplo, descripciones). Estos criterios no pueden expresarse en el lenguaje, a riesgo de producir una explicación circular. Efectivamente, para expresar criterios de identificación a través los mundos, necesitaríamos cuantificar a través los mundos. Pero la cuantificación ya presupone esos criterios.

Sin embargo, esos criterios no son las lineas de mundos. Proponemos entender ese requisito epistémico como una hipótesis que explica como seres cognitivos son capaces de entender el discurso modal, y no como una interpretación (epistémica) de las lineas de mundos como tal. La idea es que puede haber una hipótesis epistémica en cuanto a la facultad de entender el discurso modal, pero esa hipótesis no fundamenta las líneas de mundos ni define condiciones necesarias para la posibilidad del discurso modal. Tal hipótesis se puede generar en el curso de un razonamiento abductivo. Frente al escepticismo de Quine, podemos considerar nuestra comprensión del discurso modal como un hecho sorprendente. Es decir que entendemos el discurso modal, la cuantificación y los fenómenos de referencia, a pesar de que las leyes de la cuantificación y de la identidad fracasan. Pero, si tuviéramos a disposición criterios de identificación, aunque no pudiéramos expresarlos en el lenguaje mismo, eso explicaría porque somos capaces de entender el discurso. Podemos entonces admitir una cierta hipótesis epistémica, que no define las lineas de mundos y que viene como complemento de la interpretación transcendental de las lineas de mundos.

Cabe destacar que tal hipotesis no necesita ser verificada, como podemos entenderlo en el contexto del modelo de Gabbay y Woods (2005) de la abducción.[4] Aunque se suele definir el razonamiento abductivo siguiendo el esquema de Peirce (CP 5.189), existen varias formas de abordar la abducción. Según el modelo de Gabbay y Woods, la abducción es una inferencia desencadenada por un problema de ignorancia. Es decir que hay una pregunta a la cual no tenemos respuesta y que actúa como un irritante cognitivo. Frente a tal irritante, que puede ser un hecho sorprendente como el que nos preocupa aquí, tres actitudes son posibles:

---

[4]Véase el articulo de C. Barés en este volumen para una presentación más detallada del modelo de Gabbay y Woods.

- Subduence: un nuevo conocimiento suprime la ignorancia (p.e. descubriendo una explicación empírica),
- Rendición: abandonamos y dejamos de buscar una solución,
- Abducción: planteamos una hipótesis como base para nuevas acciones.

De manera general, la abducción preserva la ignorancia, es decir que su conclusión es sólo una hipótesis que no resuelve el estado de ignorancia inicial. Pero, a pesar de que la hipótesis no solucione el problema, la ignorancia no nos sobrepasa. Efectivamente, la hipótesis que se plantea puede ser conjeturada como base para seguir actuando o razonando a pesar de no tener respuesta al problema de ignorancia inicial. Lo importante en el modelo de Gabbay y Woods es que hay una relación de conclusividad en dos pasos. Primero, se produce una abducción parcial mediante la cual se introduce una hipótesis tal que, si fuera verdadera, solucionaría el problema de ignorancia. Segundo, y sin necesidad de comprobar la hipótesis, se puede producir una abducción completa, es decir que hacemos uso de la hipótesis que conjeturamos sin ni siquiera haberla verificado.

Así que la hipótesis relativa a los criterios de identificación puede introducirse mediante una abducción parcial y luego ser conjeturada en una abducción completa donde se define la semántica de las líneas de mundos. Eso sin necesidad de determinar precisamente cuáles son esos criterios. Así que no sólo las dos interpretaciones son diferentes (la epistémica y la transcendental), sino que también surgen de razonamientos diferentes lo que les confiere diferentes estatutos. Diciendo eso, nos alejamos de la interpretación epistémica, dado que no consideramos los criterios de identificación como las líneas de mundos, sino como una hipótesis abductiva relativa a la capacidad a re-identificar individuos bajo diferentes circunstancias y a entender el discurso modal. Por contraste, la interpretación transcendental, que identifica los individuos con las líneas de mundos, resulta por necesidad de un argumento transcendental, tal y como lo resalta Tulenheimo. Mientras según la interpretación transcendental es necesario tener líneas de mundos para el discurso modal como condición de posibilidad del mismo discurso, la pre-existencia de criterios de identificación no es nada más que una hipótesis sin carácter de necesidad.

19.7. Conclusión

Nepomuceno et al. (2013) hicieron uso de la lógica epistémica para explicar el razonamiento abductivo. Aquí, hemos seguido otro camino, es decir que hemos explicado ciertos presupuestos de la lógica epistémica mediante el razonamiento abductivo. Efectivamente, a lo largo de su obra, Hintikka a hablado de las líneas de mundos de manera diferentes y a veces incompatibles, como lo resalta Tulenheimo. A traves de una reconstrucción historica y conceptual de su semántica, hemos aclarado los problemas a los cuales se enfrento Hintikka y las soluciones que propuso. En los contextos intensionales, cuantificamos sobre individuos concebidos como lineas de mundos. Por otra parte, sacar lineas de mundos a traves diferentes contextos presupone criterios de identificación. Sin embargo, la interpretación epistémica de las lineas de mundos tiene que ser rechazada. Eso no descarta la pre-existencia de criterios de identificación que permite a agentes cognitivos re-identificar individuos bajo diferentes circunstancias. Pero no forman parte de la semántica, sino que se plantean como una hipotesis abductiva a partir de la cual se puede desarollar una semántica para el lenguaje intensional.

Referencias

- Gabbay, D., and Woods, J. 2005. *The Reach of Abduction: Insights and Trial*. North Holland, Amsterdam.

- Hintikka, J. 1957. Modality as referential multiplicity. *Ajatus* 20: 49-64.

- Hintikka, J. 1962. *Knowledge and Belief*. Cornell University Press, Ithaca, NY.

- Hintikka, J. 1969. *Models for Modalities*. Reidel, Dordrecht.

- Hintikka, J. 1970a. Objects of Knowledge and Belief: Acquaintance and Public Figures. *Journal of Philosophy* 67(21): 869-883.

- Hintikka, J. 1970b. The semantics of modal notions and the indeterminacy of ontology. *Synthese* 21(3): 408-24.

- Hintikka, J., Sandu, G. 1995. The fallacies of the new theory of reference. *Synthese* 104(2): 245-83.

- Nepomuceno, A., Soler, F., Velázquez, F. 2013. An epistemic and dynamic approach to abductive reasoning: selecting the best explanation. *Logic Journal of the IGPL* 21(6): 943-061.

- Peirce, C. S. 1960. *Collected Papers of Charles Sanders Peirce*. Harvard University Press, Cambridge.

- Quine, W.v.O. 1956. Quantifiers and propositional attitudes. *Journal of Philosophy* 53(5): 177-187.

- Quine, W.v.O. 1960 (re-ed. 2012). *Word and Object*. The MIT Press, Cambridge.

- Tulenheimo, T. 2017. *Objects and Modalities—A Study in the Semantics of Modal Logic*. Springer, Dordrecht.

Capítulo 20

Knowledge-Enhancing Abduction and Eco-Cognitive Openness Reconsidered. Locked and Unlocked Cognitive Strategies

LORENZO MAGNANI
Department of Humanities, Philosophy Section and Computational Philosophy Laboratory, University of Pavia, Italy

Abstract. In my opinion, it is only in the framework of a study concerning abductive inference that we can correctly and usefully grasp the cognitive status of reasoning strategies and related heuristics. To this aim, taking advantage of the *eco-cognitive model* (EC-model) of abduction, I will analyze strategic reasoning in the perspective of the so-called fill-up and cutdown problems, which characterize abductive cognition. I will also illustrate the abductive character of the so-called "anticipations" that share various features with visual and manipulative abduction and prove to be a useful tool to favor the characterization of the two kinds of strategic reasoning I am describing in this article: locked and unlocked abductive strategies. The role of these different cognitive strategies, active both in humans and in computational machines, is also intertwined with the production of different kinds of cognitive hypothetical results, which range from poor to rich level of knowledge and creativity.

20.1 Unlocked Cognitive Strategies Normally Characterize Knowledge-Enhancing Abduction

The adjective strategic, which is relatively vague, is adopted – especially in the AI research – to refer to a smart composition in reasoning of several heuristic cognitive devices. The strategy refers to the smart consecutive choice of the next state in a cognitive process (for example the nearest one, according to some distance measures) while a heuristic is a tool that a strategy can adopt to reach the desired state quickly. In the framework of game theory the word strategy immediately involves the consideration of other agents and the related adversarial, intertwined, or collective cognitive acts. Furthermore, the tradition of the so-called ecological thinking (or ecological rationality, ([9, 8, 26, 7])) attributes to the word strategy a broader meaning: they also claim it involves thinking processes which employ a huge quantity of information and high computational costs. Instead, heuristics are in general much more simple and efficient, even if less accurate. Finally, cognitive heuristics are often considered as cognitive strategies in themselves. In this article I am inclined to follow the AI tradition, so referring to strategies as smart successive choices of appropriate heuristics.

In my opinion, it is only in the framework that considers abductive inferences, which I will illustrate in the first section, that we can correctly and usefully grasp the cognitive problems of strategic reasoning. More precisely, the keystone concept of *knowledge-enhancing abduction* will make us able to deeply understand the logical and cognitive status of the kinds of cognitive strategies I am describing here, what I call *unlocked abductive strategies* ([20]), and the nature of what I define as their eco-cognitive facets. I will also explain the importance of the distinction between locked and unlocked strategies in the perspective of computational AI programs devoted to perform various types of abductive reasoning and the importance of the analysis of the so-called ignorance-based cognition.

20.1.1 Strategies and Cutdown and Fill-Up Problems in the EC-Model of Abduction

It is useful to see cognitive strategies in the perspective of the so-called fill-up and cutdown problems of abduction, clearly defined by ([29, p. 242]). Since for many abduction problems there are – usually – many guessed hypotheses, the abducer needs to reduce them to one: this means that the abducer has to produce the best choice among the members of the available group: "It is extremely difficult to see how this is done, both formally and empirically. [...] There is the problem of finding criteria for hypothesis *selection*. But there is the prior problem of specifying the conditions for *thinking up* possible candidates for selection. The first is a 'cutdown' problem. The second is a 'fill-up problem'; and with the latter comes the received view that it is not a problem for logic" ([29, p. 243] emphasis added). Obviously consistency and minimality constraints were emphasized in the "received view" on abduction established by many classical logical accounts, more oriented to illustrate selective abduction ([14]) – for example in diagnostic reasoning, where abduction is merely seen as an activity of "selecting" from an encyclopedia of pre-stored hypotheses – than to analyze *creative* abduction (abduction that generates new hypotheses).[1] It is at the fill-up level that strategic reasoning and related heuristics play a fundamental role, for example in the various cases of creative cognition.

When we are dealing with strong cases of creative cognition, such as scientific discovery, the consistency requirement results puzzling: it is here sufficient to note that Paul Feyerabend, in *Against Method* ([5]), correctly attributes a great importance to the role of contradiction in generating hypotheses, and so implicity celebrates the value of creative abductive cognition. Speaking of induction and not of abduction (this concept was relatively unknown at the level of the international philosophical community at that time), he establishes a new "counterrule". This is the opposite of the neoposititivistic one, which consists in "experience" (or "experimental results") and that formed the core of the so-called "received view" in philosophy of science (where inductive generalization, confirmation, and corroboration play a central role). The counterrule "[...] advises us to introduce and elaborate hypotheses which are inconsistent with well-established theories and/or well-established facts. It advises us to proceed counterinductively" ([5, p. 20]). Counterinduction is in fact more reasonable than induction, because appropriate to the needs of creative reasoning in science: "[...] we need a dream-world in order to discover the features of the real world we think we inhabit" (p. 29). We know that counterinduction, that is the act of introducing, inventing, and generating new inconsistencies and anomalies, together with new points of view incommensurable with the old ones, is congruous with the aim of inventing "alternatives" (Feyerabend contends that "proliferation of theories is beneficial for science"), and very important in all kinds of creative reasoning.

([6]), by proposing their GW-Schema, contend that abduction presents an *ignorance-preserving* or (ignorance-mitigating) character. From this perspective abductive reasoning is a *response* to an ignorance-problem. Through abduction the basic ignorance – that does not have to be considered a total "ignorance" – is neither solved nor left intact. Abductive reasoning is an ignorance-preserving accommodation of the problem at hand. Following this perspective (later on modified by Gabbay and Woods themselves ([30])) knowledge can be adequately enhanced through abduction only thanks to a necessary empirical evaluation phase, or an inductive phase, as Peirce called it.

However, Feyerabend's observations I have just resumed lead us to touch the core of the ambiguity of the ignorance-preserving character of abduction. Why? Because the cognitive processes of generation (fill-up) and of selection

---

[1] Magnani proposed the dichotomic distinction between selective and creative abduction in ([14]). A recent and clear analysis of this dichotomy and of other classifications emphasizing different aspects of abduction is given in ([23]).

(cutdown) can both be sufficient – even in absence of the standard inductive evaluation phase – to *activate* and accept an abductive hypothesis, and so to reach cognitive results relevant to the context (often endowed with a knowledge-enhancing outcome, as illustrated in ([16]). In these cases instrumental aspects (which simply enable one's target to be hit) often favor both abductive generation and abductive choice, and they are not necessarily intertwined with plausibilistic concerns, such as consistency and minimality.

In these special cases the best choice – often thanks to the exploitation of strategic reasoning and related appropriate heuristics – is immediately reached without the help of an experimental trial (which fundamentally characterizes the received view of abduction in terms of the so-called "inference to the best explanation").

Let us recall some basic information concerning the received view on strategic rules. Hintikka thinks that "strategic rules" (contrasted with definitory rules) are smart rules, even if they fail in individual cases, and show a propensity for cognitive success. I would add that they are in tune with Peirce's consideration of abduction "as akin to truth".[2] Even if inclined to cognitive success, strategic rules, when exploited in abductive hypothetical reasoning, tacitly fulfil the ignorance condition illustrated above. Thus abduction would aim at neither truth-preservation not probability-enhancement, as Peirce maintained. Moreover, Hintikka's definitory rules are recursive, but, in several important cases, strategic rules are not: for example, playing a game strategically requires some kind of creativity.

I contended – few lines above – that special cases of cognitive processes of generation (fill-up) and of selection (cutdown) are sufficient to reach the acceptance of a hypothesis. Even in the absence of the standard inductive evaluation phase the best choice is immediately reached without the help of an experimental trial (which fundamentally characterizes the received view of abduction in terms of the so-called "inference to the best explanation"). The best choice is often reached through strategic reasoning and heuristics that are not, in these cases, ignorance preserving, but instead knowledge-enhancing.

Furthermore, I have to strongly note that the generation process alone can still be seen sufficient considering the case of human visual *perception*, where the hypothesis generated is immediate and unique, even if no strategic reasoning appears to be involved.[3] Indeed, perception is considered by Peirce as an "abductive" fast and uncontrolled (and so automatic) knowledge-production procedure. Perception, in this philosophical perspective, is a vehicle for the instantaneous retrieval of knowledge that was previously built in our mind

---

[2]"It is a primary *hypothesis* underlying all abduction that the human mind is akin to the truth in the sense that in a finite number of guesses it will light upon the correct hypothesis" ([24, par. 7.220]).

[3]Woods observes that "[...] for wide ranges of cases knowledge will require more information than the conscious mind can hold at the time the knowledge is acquired and retained. The moral to draw is that most of that indispensable knowledge is held unconsciously. Unconscious information-processing has all or most of the following properties, often in varying degrees and harmonies" ([31]).

through more structured inferential processes. Peirce says: "Abductive inference shades into perceptual judgment without any sharp line of demarcation between them" ([25, p. 304]). By perception, knowledge constructions are so instantly reorganized that they become habitual and do not need any further testing: "[...] a fully accepted, simple, and interesting inference tends to obliterate all recognition of the uninteresting and complex premises from which it was derived" ([24, par. 7.37]).[4] Can we avoid to attribute a strategic role to perception or to other kinds of model-based/manipulatory non-propositional cognition? I do not think so: in the second section I will illustrate the strategic character of visual, kinesthetic, and motor sensations.

My abrupt reference to perception as a case of abduction (in this case I strictly follow Peirce) does not have to surprise the reader. Indeed, at the of center of the eco-cognitive perspective is the emphasis on the "practical agent", of the individual agent operating "on the ground", that is, in the circumstances of real life. In all its contexts, from the most abstractly logical and mathematical to the most roughly empirical, I always emphasize the cognitive nature of abduction. Reasoning is something performed by cognitive systems. At a certain level of abstraction and as a first approximation, a cognitive system is a triple (A, T, R), in which A is an *agent*, T is a *cognitive target* of the agent, and R relates to the *cognitive resources* on which the agent can count in the course of trying to meet the target-information. In this framework agents are also *embodied distributed cognitive systems*: cognition is embodied and the interactions between brains, bodies, and external environment are its central aspects. Cognition is occurring taking advantage of a constant exchange of information in a complex distributed system that crosses the boundary between humans, artifacts, and the surrounding environment, where also instinctual and unconscious abilities play an important role. This interplay is especially manifest and clear in various aspects of abductive cognition.

It is in this perspective that we can appropriately consider perceptual abduction as a fast and uncontrolled knowledge production, that operates for the most part automatically and out of sight, so to speak. This means that – at least in this light – we cannot say that abduction is basically propositional, that is rendered by symbols carrying propositional content. This perspective adopts the wide Peircean philosophical framework, which approaches "inference" *semiotically* (and not simply "*logically*"): Peirce distinctly says that all inference is a form of sign activity, where the word sign includes "feeling, image, conception, and other representation" ([24, par. 5.283]). It is clear that this semiotic view is considerably compatible with this perspective on cognitive systems as embodied and distributed systems. It is in this perspective that we can fully appreciate the role of strategic cognition, which not only refers to propositional aspects but it is also performed in a framework of distributed cognition, in which also models, artifacts, internal and external representations,

---

[4]An interesting research related to artificial intelligence (AI) presents a formal theory of robot perception as a form of abduction, so reclaiming the rational relevance of the speculative anticipation furnished by Peirce, cf. ([27]).

and manipulations play an important role.

In a wide eco-cognitive perspective the cutdown and fill-up problems in abductive cognition appear to be spectacularly *contextual*.[5] I lack the space to give this issue appropriate explanation but it suffices for the purpose of this study – which instead aims at revisiting the concept of strategy and heuristic – to remember that, for example, one thing is to abduce a model or a concept at the various levels of scientific cognitive activities, where the aim of reaching rational knowledge dominates, another thing is to abduce a hypothesis in literature (a fictional character for example), or in moral reasoning (the adoption/acceptation of a hypothetical judgment as a trigger for moral actions), or in an adversarial board game such as Go or Chess (in which the hypothesis is an anticipation of long-term results that favors each move to the strategic aim of winning). However, in all these cases abductive hypotheses, which are evidentially inert, are accepted and activated as a basis for action, often highly creative or at least successful, even if of different kind.

The backbone of this approach can be found in the manifesto of Lorenzo Magnani's eco-cognitive model (EC-model) of abduction in ([15]).[6] It might seem awkward to speak of "abduction of a hypothesis in literature," but one of the fascinating aspects of abduction is that not only it can warrant for scientific discovery, but for other kinds of creativity as well. We must not necessarily see abduction as a *problem solving device* that sets off in response to a cognitive irritation/doubt: conversely, it could be supposed that esthetic abductions (referring to creativity in art, literature, music, games, etc.) arise in response to some kind of esthetic irritation that the author perceives in herself or in the public. Furthermore, not only esthetic abductions are free from empirical constraints in order to become the "best" choice: as I am showing throughout this article, many forms of abductive hypotheses in traditionally-perceived-as-rational domains (such as the setting of initial conditions, or axioms, in physics or mathematics) are relatively free from the need of an empirical assessment. The same could be said of moral judgements: they are eco-cognitive abductions, inferred upon a range of internal and external cues and, as soon as the judgment hypothesis has been abduced, it immediately becomes prescriptive and "true," informing the agent's behavior as such. Assessing that there is a common ground in all of these works of what could be broadly defined as "creativity" does not imply that all of these forms of selective or creative abduction with their related cognitive strategies are the same. Contrarily, this should spark the need for firm and sensible categorization: otherwise it would be like saying that to construct a doll, a machine-gun and a nuclear reactor are all the same action because we use our hands in order to do it!

---

[5]Some acknowledgment of the general contextual character of these kinds of criteria, and a good illustration of the role of coherence, unification, explanatory depth, simplicity, and empirical adequacy in the current literature on scientific abductive best explanation, is given in ([13]).

[6]Further details concerning the EC-model of abduction can be found in ([17, 19]).

20.1.2 Is Abduction Knowledge-Enhancing?

We should now contended that abduction does not have to be considered a constitutively ignorance-preserving (or ignorance mitigating) reasoning. Truth can easily emerge: we have to remember that Peirce sometimes contended that abduction "come to us as a flash. It is an act of insight" ([24, par. 5.181]) but nevertheless possesses a mysterious power of "guessing right" ([24, par. 6.530]). Consequently abduction preserves ignorance in the logical sense illustrated above, but can also provide truth because has the power of guessing *right*.

In the light of the ignorance-preserving perspective I can also say that the inference to the best explanation – if considered as a truth conferring achievement justified by empirical approval – cannot be a case of abduction, exactly because abductive inference is instead and always constitutively ignorance-preserving. If we say that truth can be reached through a "simple" abduction (not intended as involving an evaluation phase, that is coinciding with the whole inference to the best explanation, fortified by an empirical evaluation), it seems we confront a manifest incoherence. Indeed, in this new perspective it is contended that even simple abduction can provide truth, even if it is epistemically "inert" from the empirical perspective. Why? I can solve the incoherence by observing that we should be compelled to consider abduction as ignorance-preserving only if we consider the empirical test *the only way* of conferring truth to a hypothetical knowledge content. If we admit that there are ways to accept a hypothetical knowledge content different from the empirical test, for example taking advantage of special knowledge-enhancing reasoning strategies – simple abduction is not necessarily ignorance-preserving: in the end we are dealing with a disagreement about the nature of *knowledge*, as Woods himself contends. As indicated at the beginning of this paragraph, those who consider abduction as an inference to the best explanation – that is as a truth conferring achievement involving empirical evaluation – obviously cannot consider abductive inference as ignorance-preserving. Those who consider abduction as a mere activity of guessing are more inclined to accept its ignorance-preserving character.

However, *we are objecting that abduction – and so the possible cognitive strategies and heuristics that substantiate it – is in this last case still knowledge-enhancing.*

At this point two important consequences concerning the meaning of the word *ignorance* in this context have to be illustrated:

1. abduction, also when intended as an inference to the best explanation in the "classical" sense indicated above, is always *ignorance-preserving* because abduction represents a kind of reasoning that is constitutively provisional, and you can withdraw previous abductive results (even if empirically confirmed, that is appropriately considered "best explanations"), in presence of new information. From the logical point of view this means that abduction represents a kind of nonmonotonic reasoning, and in this perspective we can even say that abduction interprets the

"spirit" of modern science, where truths are never stable and absolute. Peirce also emphasized the "marvelous self-correcting property of reason" in general ([24, par. 5.579]). So to say, abduction incarnates the human perennial search of new truths and the human Socratic awareness of a basic ignorance which can only be attenuated/mitigated. In sum, in this perspective abduction always preserves ignorance because it reminds us we can reach truths that can always be withdrawn; ignorance removal is at the same time constitutively related to ignorance regaining;

2. even if ignorance is preserved in the sense just indicated, which coincides with the spirit of modern science, abduction is also knowledge-enhancing because new truths can be and "are" discovered which *are not necessarily best explanations intended as hypotheses which are empirically tested.*

I have just said that knowledge can be attained in the absence of evidence; there are propositions about the world which turn to be true even without evidence. They are true beliefs that are not justified on the basis of evidence. Is abduction related to the generation of knowledge contents of this kind? Yes it is.

Abduction is guessing reliable hypotheses, and humans are very good at it; abduction is akin to truth: it is especially in the case of empirical scientific cognition that abduction reveals its more representative epistemic virtues, because it provides hypotheses, models, ideas, thoughts experiments, etc., which, even if *devoid of initial* evidential support, constitute the fundamental rational building blocks for the generation of new laws and theories which only later on will be solidly empirically tested.

In the following subsections of this study I aim at illustrating this intrinsic character of abduction, which shows why we can logically consider it a kind of ignorance-preserving cognition, but at the same time a cognitive – strategic – process that can enhance knowledge at various level of human cognitive activities, even if the empirical evaluation lacks. Consequently, strategic abductive processes and related heuristics are – occasionally – knowledge-enhancing in themselves.[7]

---

[7]In ([16]) it is shown that Peirce, to substantiate the truth-reliability of abduction – which coincides with its "ampliative" character, as illustrated in standard literature – provides philosophical and evolutionary justifications; furthermore, also some actual examples of knowledge-enhancing abductions active in science, that nevertheless are evidentially inert, such as in the case of guessing the so-called "conventions", are illustrated. They are extremely important in physics, evidentially inert fruits of abduction – at least from the point of view of their impossible falsification – but nevertheless knowledge-enhancing.

20.2 Playing with Anticipations as Abductions in Artificial Games

20.2.1 Anticipations and the Activity of "Reading Ahead"

Let us turn our attention to the cognitive abductive strategies that are involved in the non phenomenological case of the moves in the adversarial board game Go with two players, which analogously to the phenomenological process, still concerns visual, kinesthetic, and motor sensations and actions, but also involves a strong role of visual, iconic, and propositional representations (both internal and external).

In the case of game Go we are no more dealing with the *natural* game between humans and their prepredicative surroundings of the Husserlian case but with the *artificial* game that concerns the interplay between two players and their human made surroundings.[8] We will see that also in this case there are processes that remind the ones of adumbration and anticipation and that play a central strategic role in the reasoning performed during the game in between the two players and their respective changing surroundings. Surroundings that in this case are basically formed by board, stones, and possible artifactual assisting accessories.

One of the most important strategies required for efficient tactical play is the ability to *read ahead*, as the Go players commonly say. Reading ahead is a rich and complicated (either thoughtful or intuitive) group of various kinds of anticipations and involves considering

1. available moves to play and their potential consequences. By exploiting the Husserlian lexicon we can say that the observed scenario at time t_1, offered by the board, constitutes an adumbration of a further possible more advantageous scenario at time t_2, which indeed is abductively plausibly hypothesized: in turn another abduction is selected and activated, which – coherently and plausibly – triggers a certain move that can favor the reaching of the envisaged more advantageous scenario;

2. possible responses to each move;

3. subsequent chances after each of those responses. Some of the more skilled players of the game can read up to 40 moves ahead even in extremely complicated positions.

In a book concerning various strategies that can be adopted Davies says:

> The problems in this book are almost all reading problems. [...]
> they are going to ask you to work out sequences of moves that

---
[8]Cf. Wikipedia, entry Go (game) https://en.wikipedia.org/wiki/Go_(game), cf. also ([4]). Of course many other books are available, which introduce to the richness of Go strategies.

capture, cut, link up, make good shape, or accomplish some other clear tactical objective. A good player tries to read out such tactical problems in his head before he puts the stones on the board. He looks before he leaps. Frequently he does not leap at all; many of the sequences his reading uncovers are stored away for future reference, and in the end never carried out. This is especially true in a professional game, where the two hundred or so moves played are only the visible part of an iceberg of implied threats and possibilities, most of which stays submerged. You may try to approach the game at that level, or you may, like most of us, think your way from one move to the next as you play along, but in either case it is your reading ability more than anything else that determines your rank ([4, p. 6])

Other strategies used by human players in the game Go deal for example "with global influence, interaction between distant stones, keeping the whole board in mind during local fights, and other issues that involve the overall game. It is therefore possible to allow a tactical loss when it confers a strategic advantage". [9]

In these kinds of scenarios regarding artificial games, the sensible objects (stones and board) of the external scenario, in their consecutive configurations, are the effects of cognition sedimented[10] in their embodiment. Cognition, which derives from the application of both the permitted rules and the personal cognitive endowments possessed by the two players (such as strategies, tactics, heuristics, etc.) is sedimented in those sensible objects (artifacts, in this case) that become *cognitive mediators*.[11] For example they constrain players' reasoning, communicate information, and mediate reasoning chances. Mental manipulations of each of the subsequent scenarios, suitable represented internally, are further made, to the aim of favoring the next successful move. The strategies which are activated are multiple but all are "locked" because the components of each scenario are always the same (just the number of present stones and their configurations change), in a finite and unchanging framework (no new rules, no new objects, no new boards, etc.) These strategies lack the

---

[9]Cf. Wikipedia, entry Go (game) https://en.wikipedia.org/wiki/Go_(game).
[10]An expressive adjective used by Husserl.
[11]This expression, introduced in ([14]), is derived from the cognitive anthropologist Hutchins, who coined the expression "mediating structure" to refer to various external tools that can be built to cognitively help the activity of navigating in modern but also in "primitive" settings. Any written procedure is a simple example of a cognitive "mediating structure" with possible cognitive aims, so mathematical symbols and diagrams: "Language, cultural knowledge, mental models, arithmetic procedures, and rules of logic are all mediating structures too. So are traffic lights, supermarkets layouts, and the contexts we arrange for one another's behavior. Mediating structures can be embodied in artifacts, in ideas, in systems of social interactions [...]" ([12, pp. 290–291]) that function as an enormous new source of information and knowledge. ([28, p. 249]) maintains that "epistemic tools support open-ended and counterfactually robust dispositions to succeed" and further stresses their social character.

part which could refer to the possibility of resorting to sources of information *different* from the ones available in the rigid given scenario.[12]

20.3 Locked Abductive Strategies Undermine the Maximization of Eco-Cognitive Openness

In the previous sections I have repeatedly emphasized the knowledge enhancing character of abduction and the fact that reasoning strategies can grant successful results. When I say that abduction can be knowledge-enhancing I am referring to various types of produced knowledge of various novelty level, from that new piece of knowledge about an individual patient we have abductively reached (a case of selective abduction, no new biomedical knowledge is produced) to the new knowledge produced in scientific discovery, which Paul Feyerabend emphasized in *Against Method* ([5]), as illustrated in subsection 20.1.1. However, also knowledge produced in an artificial game thanks to a smart application of strategies or to the invention of new strategies and/or heuristics has to be seen as the fruit of knowledge enhancing abduction.

I contend that to reach rich selective or creative good abductive results efficient strategies have to be exploited, but it is also necessary to count on an environment characterized by what I have called *optimization of eco-cognitive situatedness*, in which eco-cognitive openness is fundamental ([19]). Below in the subsection 20.3.1 I will illustrate in detail that, to favor good creative and selective abduction reasoning, strategies must not be "locked" in an external restricted eco-cognitive environment, such as in a scenario characterized by fixed definitory rules and finite material aspects, which would function as cognitive mediators able to constrain agents' reasoning.

At this point it is useful to provide a short introduction to the concept of eco-cognitive openness. The new perspective inaugurated by the so-called naturalization of logic ([18]) contends that the normative authority claimed by formal models of ideal reasoners to regulate human practice on the ground is, to date, unfounded. It is necessary to propose a "naturalization" of the logic of human inference. Woods holds a naturalized logic to an adequacy condition of "empirical sensitivity" ([30]). A naturalized logic is open to study many ways of reasoning that are typical of actual human knowers, such as for example fallacies, which, even if not truth preserving inferences, nonetheless can provide truths and productive results. Of course one of the best examples

---

[12]The concept of locked strategy refers to a cognitive classification that is not related to other more technical ones coming from game theory. Basically, in combinatorial game theory Go is considered a zero-sum (player choices do not increase resources available-colloquially), perfect-information, partisan, deterministic strategy game, belonging to the same class as chess, checkers (draughts) and Reversi (Othello). Also, Go is bounded (every game must finish with a victor within a finite number of moves), strategies are of course associative (function of board position), format is obviously non-cooperative (no teams are present), positions are extensible (that is they can be represented by board position trees). Cf. Wikipedia entry Go (game) https://en.wikipedia.org/wiki/Go_(game).

is the logic of abduction, where the naturalization of the well-known fallacy "affirming the consequent" is at play. Gabbay and Woods ([6, p. 81]) clearly maintain that Peirce's abduction, depicted as both a) a surrender to an idea, and b) a method for testing its consequences, perfectly resembles central aspects of practical reasoning but also of creative scientific reasoning.

It is useful to refer to the recent research on abduction ([19]), which stresses the importance in good abductive cognition of what has been called *optimization of situatedness*: abductive cognition is for example very important in scientific reasoning because it refers to that activity of creative hypothesis generation which characterizes one of the more valued aspects of rational knowledge. The study above teaches us that situatedness is related to the so-called eco-cognitive aspects, referred to various contexts in which knowledge is "traveling": to favor the solution of an inferential problem – not only in science but also in other abductive problems, such as diagnosis – the richness of the flux of information has to be maximized.

It is interesting to further illustrate this problem of optimization of eco-cognitive situatedness taking advantage of simple logical considerations. Let $\Theta = \{\Gamma_1, ..., \Gamma_m\}$ be a theory, $P = \{\Delta_1, ..., \Delta_n\}$ a set of true sentences corresponding – for example – to phenomena to be explained and $\Vdash$ a consequence relation, usually – but not necessarily – the classical one. In this perspective an abductive problem concerns the finding of a suitable improvement of $A_1, ..., A_k$ such that $\Gamma_1, ...\Gamma_m, A_1, ..., A_k \Vdash_L \Delta_1, ..., \Delta_n$ is *L-valid*. It is obvious that an improvement of the inputs can be reached both by additions of new inputs but also by the modification of inputs already available in the given inferential problem. In ([19]) Magnani contends that to get good abductions, such as for examples the creative ones that are typical of scientific innovation, the input and output of the formula $\Lambda_1, ..., \Lambda_i, ?_I \Vdash_L^X \Upsilon_1, ..., .\Upsilon_j$, (in which $\Vdash_L^X$ indicates that inputs and outputs do not stand each other in an expected relation and that the modification of the inputs $?_I$ can provide the solution) have to be thought as *optimally positioned*. Not only, this optimality is made possible by a *maximization of changeability* of both input and output; again, not only inputs have to be enriched with the possible solution but, to do that, other inputs have usually to be changed and/or modified.[13]

Indeed, in the eco-cognitive perspective, an "inferential problem" can be enriched by the appearance of new outputs to be accounted for and the inferential process has to restart. This is exactly the case of abduction and the cycle of reasoning reflects the well-known nonmonotonic character of abductive reasoning. Abductive consequences are ruptured by new and newly disclosed information, and so defeasible. In this perspective abductive inferences are *not only* the results of the modification of the inputs, but, in general, actually involve the intertwined modification of both input and outputs. Consequently, abductive inferential processes are highly *information-sensitive*, that is the flux of information which interferes with them is continuous and systematically hu-

---

[13]More details are illustrated in ([19, section three]).

man(or machine)-promoted and enhanced when needed. This is not true of traditional inferential settings, for example proofs in classical logic, in which the modifications of the inputs are *minimized*, proofs are usually taken with "given" inputs, and the burden of proofs is dominant and charged on rules of inferences, and on the smart choice of them together with the choice of their appropriate sequentiality. This changeability first of all refers to a wide psychological/epistemological openness in which knowledge transfer has to be maximized.

In sum, considering an abductive "inferential problem" as symbolized in the above formula, a suitably anthropomorphized logic of abduction has to take into account a continuous flux of information from the eco-cognitive environment and so the constant modification of both inputs and outputs on the basis of both

1. the *new information available*,

2. the *new information inferentially generated*, for example new inferentially generated inputs aiming at solving the inferential problem.

To conclude, optimization of situatedness is the main general property of logical abductive inference, which – from a general perspective – defeats the other properties such as minimality, consistency, relevance, plausibility, etc. These are special subcases of optimization, which characterize the kind of situatedness required, at least at the level of the appropriate abductive inference to generate the new inputs of the above formula.

20.3.1 Locking Strategies Affects Creativity

I have said above that to favor good creative and selective abduction reasoning strategies must not be "locked" in an external restricted eco-cognitive environment (that is a scenario determined by fixed definitory rules and finite material aspects which would serve as cognitive mediators). To make an example of a poor scenario from the point of view of the lack of eco-cognitive openness I have already considered in subsection 20.2.1 the game Go (but also Chess and other games could be exploited). We have seen that in the game Go stones, board, and rules are fixed and so completely expected; what "can be" unexpected are the strategies and related heuristics that are learned seeing at the way the adversary is playing the game, and the ones later on produced to play the game[14].

As I have already said the available strategies and the adversary's ones are always *locked* in the fixed scenario indicated above: it is impossible, to make an imaginary example, that when you are playing Go, you can play for five minutes Chess or another game or you perform another external cognitive

---
[14] Of course if you are an expert player your mind is also full of rich strategies you have learned in previous games and when attending other games involving other people.

process, claiming that that strange part of the game is still legitimate as a part of the Go game you are playing. You cannot decide to adopt a different scenario so *unlocking* your strategic reasoning, because for example you think this will improve your performance against your adversary. You cannot activate at your discretion a process of eco-cognitive opening in that artificial game, such as it is instead occurring, for example, in the case of scientific discovery, in which it is common to recur to disparate external models[15] to make analogies or to favor other cognitive strategies (prediction, simplification, confirmation, etc.) to support the abductive creative process.

This example exactly illustrates a scenario which is poor from the point of view of its eco-cognitive openness. Indeed, the reasoning strategies you can adopt, even if multiple and potentially infinite, are *locked* in a finite perspective in which the elements do not change (the stones can just diminish). We can say that the fixed scenario establishes a kind of *autoimmunization* ([21, 1]) that prevents the players from applying strategies to not pre-established knowledge contents, extraneous to the ones embedded in the elements of the fixed scenario. I have already said that these elements play the role of *cognitive mediators*, which constrain a great part of the entire cognitive process of the game.

An analysis of what is occurring in these cognitive cases in the light of creative and selective abduction has to be provided:

1. contrarily to the case of high level "human" creative processes (creative abductions) such as for example the ones regarding scientific discovery or other cases of exceptional intellectual achievements, the situation of artificial games is very poor from the point of view of the *non-strategic knowledge* involved. We are facing with stones, few rules, and a board. Step by step, during the game, the configurations of the scenario strongly change but no new cognitive mediators (objects) are presented: for example we cannot expect the appearing of multiply colored stones or the adoption of a new pentagonal board. In scientific discovery (for example in empirical science) first of all the empirical source (evidence) can be very rich and full of novel aspects (not only amenable to the change of configurations of the usual objects, as in the case of artificial games). Secondly, the knowledge involved is hyper-rich, and involves analogies, thought experiments, modeling activities, imageries, mathematical schemas, etc. that can derive from very disparate disciplines. In sum in this last case we are dealing with a situation of optimal eco-cognitive situatedness (further details on this kind of creative abduction are illustrated in ([15, 17, 19]));

2. what is occurring in the case of selective abduction? Let us consider the case of medical diagnosis: first of all information (evidence) freely flows from multiple empirical sources regarding somatic symptoms and data mediated by complicated artifacts (which also change thanks to new

---

[15]A myriad of examples can be found in the recent ([22]).

discoveries and/or technological improvements). The hypothetical knowledge in which selective abduction can operate is instead *locked*,[16] but this does not impede that also at this level new knowledge can be adopted (of course not "created") so enriching the diagnostic process thanks to scientific advancements. Thirdly, new reasoning strategies and related heuristics can be invented and old ones exploited in new unexpected ways but, what is important, strategies are not locked. In sum, the creativity involved is of a lower level with respect to the one present in scientific discovery, but richer that the one involved in the locked reasoning strategies of the games we have considered;

3. in the artificial games in which heuristics are "locked"[17] heuristics are exactly the only part of the game cognitive process that can be improved: strategies and related heuristics can be used in a novel way and new ones can be invented. Anticipations as abductions (which refer to the activities of "reading ahead") just concern the reconfigurations and re-aggregations of the same components. No other kinds of knowledge will grow, everything else remains stable.[18] Of course this concentration on the strategies is the beauty of Go, Chess, and other games, and also reflects the spectacularity of the skilled performances of the human champions players. Regrettably, this concentration also explains the fact the creativity involved is nevertheless even lower than the one involved in the previous case of selective abduction (diagnosis). We will see soon that this is the reason why the skilled performances of Go or Chess games can be relatively more easily reproduced, with respect to the processes of scientific discovery, by the artificial intelligence programs.[19]

All the three cases I have just illustrated are occurring in a distributed cognition framework typical of human knowers, in which model-based and manipulative aspects are crucial, but the second and the third show that the optimization of situatedness lowers the eco-cognitive openness. Some parts of the process are locked and cannot take advantage of new, fresh, and disparate pieces of information and knowledge as in the case, for example, of scientific discovery.

I do not mean to downplay the importance of creative heuristics in Go and other board games. As John Holland extensively studied ([10, 11]), board games

---

[16]For example in medical diagnosis the task is to "select" from an encyclopedia of pre-stored diagnostic entities.

[17]Already Aristotle presented a seminal perspective on abduction, which emphasizes the important of – so to speak – non locked, but extremely open, reasoning, in the famous passage of the chapter B25 of *Prior Analytics* concerning ἀπαγωγή ("leading away"), also studied by Peirce. Magnani contends that some of the current well-known distinctive characters of abductive cognition are already expressed, which are in tune with the EC-Model introduced above (more details are illustrated in cf. ([17])).

[18]Of course, for example, new rules and new boards can be adopted, proposing new kinds of game, but this possibility does not affect my argumentation.

[19]The problem of automated scientific discovery with AI programs is discussed in ([15, chapter two, section 2.7 "Automatic Abductive Scientists"]).

such as checkers, but also Go, are impressive examples of "emerging" processes, where virtually infinite possibilities open up for the performance of the system from the most simple set of rules regulating the moves of its pieces – and they cannot be predicted from the initial status. It is the issue of the emergence of complexity out of simplicity. While other domains incorporate what could be seen as "vertical" creativity (unlocked), board games can be examples of "horizontal" creativity: albeit being locked by the constraints of the game, "horizontal" creativity can reach amazing levels within the rules. While it has been satisfactorily captured by artificial intelligence software (see the following paragraph), it has been an undisputed human achievement for many decades: furthermore it was tackled by artificial intelligence heuristics that were able to *learn from* human games. What are the important consequences when we have to deal with computational AI programs devoted to perform cognitive abductive processes characterized by "locked" strategic reasoning?

It is well known that in 2015 Google DeepMind's program AlphaGo beat Fan Hui, the European Go champion and a 2 dan (out of 9 dan possible) professional, five times out of five with no handicap on a full size 19x19 board. In March 2016, Google also challenged Lee Sedol, a 9 dan considered the top world player, to a five-game match. The program shot down Lee in four of the five games. It seems the loser acknowledged the fact the program adopted one unconventional move – never played by humans – leading to a new strategy, so performing a very "human" capacity, and I have to say, better than the one of the more skilled humans. AlphaGo learned to play the game by checking data of thousands of games, and may be also those played by Lee Sedol, exploiting the so-called "reinforcement learning", which means the machine plays against itself to further enrich and adjusts its own neural networks based on trial and error. Of course the program also implicitly performs what I call "reasoning strategies" to reduce the search space for the next best move from something almost infinite to a more calculable quantity.

Cohleo and Thompsen Primo de facto testify in the below passage that for an AI program as AlphaGo is relatively easy to reproduce at the computational level what I have called in this article *locked reasoning strategies*. In summary, a kind of general reason of this simplicity would be that this kind of human reasoning is less creative than others, even if it is so spectacular and performed in an optimal way only by very skilled and intelligent subjects.

> Let us compare the key ideas behind Deep Blue (Chess) and AlphaGo (Go). The first program used values to assess potential moves, a function that incorporated lots of detailed chess knowledge to evaluate any given board position and immense computing power (brute force) to calculate lots of possible positions, selecting the move that would drive the best possible final possible position. Such ideas were not suitable for Go. A good program may capture elements of human intuition to evaluate board positions with good shape, an idea able to attain far-reaching consequences. After es-

says with Monte Carlo tree search algorithms, the bright idea was to find patterns in a high quantity of games (150,000) with deep learning based upon neural networks. The program kept making adjustments to the parameters in the model, trying to find a way to do tiny improvements in its play. And, this shift was a way out to create a policy network through billions of settings, i.e., a valuation system that captures intuition about the value of different board position. Such search-and-optimization idea was cleverer about how search is done, but the replication of intuitive pattern recognition was a big deal. The program learned to recognize good patterns of play leading to higher scores, and when that happened it reinforces the creative behavior (it acquired an ability to recognize images with similar style) ([3]).

We humans with our organic brains do not have to feel humiliated by these bad news. Humans' portentous performances with the game Go and other human ways of reasoning, even more creative than the ones involved in a locked strategic reasoning, cannot reach the global echo AlphaGo gained. The reason is simple, human-more-skillful-abductive creative performances – still cognitively gorgeous – are not sponsored by Google, which is a powerful corporation that can easily obtain a huge attention by the media, a lot of internet web sites, and social networks enthusiast followers, more easily impressionable by the "miracles" of AI, robotics, and in general, information technologies, than by exceptional human knowledge achievements, always out of their material and intellectual reach.

Google managers also believe that AI programs similar to AlphaGo could be used to help scientists solve tough real-world problems in healthcare and other areas. This is more than welcome. Of course, I guess, Google will also expect to implement some business thanks to a commercialization of new AI capacities to gather information and making abductions on it. Marketing aims are always important in these cases.[20] Academic epistemologists and logicians have to monitor the exploitation of these AI tools (the uses that can be less transparent than the simple and clear – and so astonishing – performance of AlphaGo

---

[20]The Wikipedia entry DeepMind (https://en.wikipedia.org/wiki/DeepMind) [DeepMind is a British artificial intelligence company founded in September 2010 and acquired by Google in 2014, the company realized the AlphaGo program] reports the following non contested passage: "In April 2016 New Scientist obtained a copy of a data-sharing agreement between DeepMind and the Royal Free London NHS Foundation Trust, which operates the three London hospitals which an estimated 1.6 million patients are treated annually. The revelation has exposed the ease with which private companies can obtain highly sensitive medical information without patient consent. The agreement shows DeepMind Health is gaining access to admissions, discharge and transfer data, accident and emergency, pathology and radiology, and critical care at these hospitals. This included personal details such as whether patients had been diagnosed with HIV, suffered from depression or had ever undergone an abortion. This led to some public outcry and officials from Google have yet to make a statement but many regard this move as controversial and question the legality of the acquisition generally. The concerns were widely reported and have led to a complaint to the Information Commissioner's Office (ICO), arguing that the data should be pseudonymised and encrypted".

in games against humans). Good software, which represents a great opportunity for science and data analytics, can be transformed in a tool that does not respect epistemological rigor. For example, in the different case concerning the management of big data, results can lead to unsubstantial computer-discovered correlations, (may be instead interesting from a commercial point of view), but they are presented as aiming at substituting human centered scientific understanding as a guide to prediction and action. Calude and Longo say: "Consequently, there will be no need to give scientific meaning to phenomena, by proposing, say, causal relations, since regularities in very large databases are enough: 'with enough data, the numbers speak for themselves' ". Unfortunately, some "correlations appear only due to the size, not the nature, of data. In 'randomly' generated, large enough databases too much information tends to behave like very little information". Certainly we cannot consider some correlations examples of pregnant scientific creative abduction, but just uninteresting generalizations, even if made thanks to sophisticated artifacts.[21] This is another new problem regarding sad issues linked to the relationship between ethics and technology I cannot afford to discuss in this article, limited to cognitive, logical, and epistemological problems.

20.4 Conclusion

In this article, with the help of the concepts of knowledge enhancing abduction, anticipation, optimization of eco-cognitive openness, I have illustrated some basic epistemological aspects of cognitive strategies and related heuristics. Taking advantage of Magnani's *eco-cognitive model* (EC-model) of abduction, I have illustrated the abductive character of the so-called "anticipations" showing they share various aspects with visual and manipulative abduction and their role in the illustration of two relevant types of strategic cognition: *locked* and *unlocked abductive strategies*. I have stressed that this distinction helps us to further deepening both the problem of creativity (and of its different degrees) and the status of computational models of abduction. Locked abductive reasoning strategies are much easier to be reproduced at the computational level but show a kind of autoimmunity with respect to their possible productive role in strong human creative reasoning, because of the poorness of their related eco-cognitive environment.

Acknowledgements

Research for this article was supported by the PRIN 2017 Research 2017-3YP4N3-MIUR, Ministry of University and Research, Rome, Italy. The present article is excerpted from L. Magnani (2018), Playing with anticipations as abductions. Strategic reasoning in an eco-cognitive perspective, in *Journal of Ap-*

---

[21] On this analysis and related warnings regarding recent computational tools cf. ([2]).

plied Logic- IfColog Journal of Logics and their Applications 5(5), 1061-1092 [Special Issue on "Logical Foundations of Strategic Reasoning" (guest editors W. Park and J. Woods)]. For the instructive criticisms and precedent discussions and correspondence that helped us to develop the analysis of strategic reasoning and the role of ignorance-based abduction in an eco-cognitive perspective, I am indebted and grateful to John Woods, Woosuk Park, Atocha Aliseda, Luís Moniz Pereira, Paul Thagard, Athanassios Raftopoulos, Michael Hoffmann, Gerhard Schurz, Walter Carnielli, Akinori Abe, Yukio Ohsawa, Cameron Shelley, Oliver Ray, John Josephson, Ferdinand D. Rivera.

Bibliography

[1] S. Arfini and L. Magnani. An eco-cognitive model of ignorance immunization. In L. Magnani, P. Li, and W. Park, editors, *Philosophy and Cognitive Science II. Western & Eastern Studies*, volume 20, pages 59–75. Springer, Switzerland, 2015.

[2] C. S. Calude and G. Longo. The deluge of spurious correlations in big data. Foundations of Science, 22(3):595–612, 2017.

[3] H. Coelho and T. Thompsen Primo. Exploratory apprenticeship in the digital age with AI tools. Progress in Artificial Intelligence, 1(6):17–25, 2017.

[4] J. Davies. Tesuji. Elementary Go Series. 3. Kiseido Publishing Company, Tokyo, 1995.

[5] P. Feyerabend. *Against Method*. Verso, London-New York, 1975.

[6] D. M. Gabbay and J. Woods. *The Reach of Abduction*. North-Holland, Amsterdam, 2005.

[7] G. Gigerenzer and H. Brighton. Homo heuristicus: Why biased minds make better inferences. *Topics in Cognitive Science*, 1:107–143, 2009.

[8] G. Gigerenzer and R. Selten. *Bounded Rationality. The Adaptive Toolbox*. The MIT Press, Cambridge, MA, 2002.

[9] G. Gigerenzer and P. Todd. *Simple Heuristics that Make Us Smart*. Oxford University Press, Oxford/New York, 1999.

[10] J. H. Holland. *Hidden Order*. Addison-Wesley, Reading, MA, 1995.

[11] J. H. Holland. *Emergence: From Chaos to Order*. Oxford University Press, Oxford, 1997.

[12] E. Hutchins. *Cognition in the Wild*. The MIT Press, Cambridge, MA, 1995.

[13] A. Mackonis. Inference to the best explanation, coherence and other explanatory virtues. *Synthese*, 190:975–995, 2013.

[14] L. Magnani. *Abduction, Reason, and Science. Processes of Discovery and Explanation.* Kluwer Academic/Plenum Publishers, New York, 2001.

[15] L. Magnani. *Abductive Cognition. The Epistemological and Eco-Cognitive Dimensions of Hypothetical Reasoning.* Springer, Heidelberg/Berlin, 2009.

[16] L. Magnani. Is abduction ignorance-preserving? Conventions, models, and fictions in science. *Logic Journal of the IGPL*, 21(6):882–914, 2013.

[17] L. Magnani. The eco-cognitive model of abduction. Ἀπαγωγή now: Naturalizing the logic of abduction. *Journal of Applied Logic*, 13:285–315, 2015.

[18] L. Magnani. Naturalizing logic. Errors of reasoning vindicated: Logic reapproaches cognitive science. *Journal of Applied Logic*, 13:13–36, 2015.

[19] L. Magnani. The eco-cognitive model of abduction. Irrelevance and implausibility exculpated. *Journal of Applied Logic*, 15:94–129, 2016.

[20] L. Magnani. AlphaGo, locked strategies, and eco-cognitive openness. Philosophies, 4(1):8, 2019.

[21] L. Magnani and T. Bertolotti. Cognitive bubbles and firewalls: Epistemic immunizations in human reasoning. In L. Carlson, C. Hölscher, and T. Shipley, editors, CogSci 2011, XXXIII Annual Conference of the Cognitive Science Society. Cognitive Science Society, Boston MA, 2011.

[22] L. Magnani and T. Bertolotti, editors. *Handbook of Model-Based Science.* Springer, Switzerland, 2017.

[23] W. Park. On classifying abduction. *Journal of Applied Logic*, 13:215–238, 2015.

[24] C. S. Peirce. *Collected Papers of Charles Sanders Peirce.* Harvard University Press, Cambridge, MA, 1931–1958. vols. 1–6, Hartshorne, C. and Weiss, P., eds.; vols. 7–8, Burks, A. W., ed.

[25] C. S. Peirce. Perceptual judgments. In *Philosophical Writings of Peirce*, pages 302–305. Dover, New York, 1955. Edited by J. Buchler.

[26] M. Raab and G. Gigerenzer. Intelligence as smart heuristics. In R. J. Sternberg and J. E. Prets, editors, *Cognition and Intelligence. Identifying the Mechanisms of the Mind*, pages 188–207. Cambridge University Press, Cambridge, MA, 2005.

[27] M. Shanahan. Perception as abduction: Turning sensory data into meaningful representation. *Cognitive Science*, 29:103–134, 2005.

[28] K. Sterelny. Externalism, epistemic artefacts and the extended mind. In R. Schantz, editor, *The Externalist Challenge*, pages 239–254. De Gruyter, Berlin–New York, 2004.

[29] J. Woods. Recent developments in abductive logic. *Studies in History and Philosophy of Science*, 42(1):240–244, 2011. Essay Review of L. Magnani, *Abductive Cognition. The Epistemological and Eco-Cognitive Dimensions of Hypothetical Reasoning*, Springer, Heidelberg/Berlin, 2009.

[30] J. Woods. *Errors of Reasoning. Naturalizing the Logic of Inference*. College Publications, London, 2013.

[31] J. Woods. Inconsistency-management in big information systems: Tactical and strategic challenges to logic, November 3-4, 2016. Abstract of the Lecture presented at the Workshop "Logical Foundations of Strategic Reasoning", KAIST and Korean Society for Baduk Studies, Daejeon, S. Korea.

Capítulo 21

Observaciones sobre el concepto de abducción

Pascual F. Martínez-Freire
Universidad de Málaga

21.1. Introducción

Conozco al profesor Ángel Nepomuceno Fernández (yusodicho Ángel) desde 1990, con motivo de la defensa de su tesis doctoral sobre "Lógica de segundo orden: Problemas metateoréticos", en Sevilla. Desde entonces he tenido el honor y la satisfacción de coincidir con Ángel en numerosos actos académicos (incluidos sus concursos de Titular y de Catedrático), encuentros científicos y reuniones festivas, no sólo en Sevilla o en Málaga, sino también en otras ciudades.

Lo que siempre me ha maravillado de Ángel es sus dotes extraordinarias para la lógica formal unidas a sus constantes preocupaciones filosóficas, de tal manera que aunque, como es sabido, la lógica no es filosofía, en el caso de Ángel lógica y filosofía están siempre naturalmente unidas.

Dentro de esta línea general de estudio lógico-filosófico, en los últimos años Ángel se ha ocupado en la investigación acerca de la naturaleza del razonamiento científico empírico y, en particular, de la naturaleza de la abducción y de la elaboración de recursos lógicos (como tablas semánticas y otros) para su tratamiento formal.

Mi contribución a este libro de homenaje a Ángel, con motivo de su setenta aniversario, consiste en algunas precisiones históricas y nocionales en torno justamente al concepto de abducción. Tales precisiones se centran en dos ideas básicas: 1) la abducción es la inducción auténtica, es decir, el razonamiento científico empírico buscado (y no encontrado) por Francis Bacon, y 2) la abducción se encuentra perfectamente teorizada, aunque no denominada como tal, en un autor anterior a Peirce, a saber, en William Whewell, quien describe la inducción auténtica, frente a la inducción de John Stuart Mill.

21.2. La noción de abducción en Peirce

Como es sabido, Charles Sanders Peirce (1839-1914) se refiere a la abducción en numerosos textos, entre más o menos 1866 y más o menos 1907, aunque usando denominaciones distintas ("hipótesis", "abducción", "retroducción") y destacando aspectos lógicos o bien metodológicos.

Un texto muy repetido, por la contraposición de la abducción (que, por cierto, aquí denomina "hipótesis") con la deducción y la inducción, así como por los ejemplos proporcionados, es el que ofrece Ángel en su trabajo "Modelos de razonamiento abductivo" (2005, 161). Este texto pertenece al artículo "Deduction, Induction and Hypothesis", de 1878, y está en los *Collected Papers* de Peirce, volumen 2, página 623 (es decir, CP 2.623). El texto dice que la deducción es una inferencia de un resultado a partir de una regla y de un caso; así a partir de la regla "todas las alubias de esta bolsa son blancas" y del caso "estas alubias son de esta bolsa", se infiere el resultado "estas alubias son blancas". En cambio, la inducción es la inferencia de la regla a partir del caso y del resultado; así a partir del caso "estas alubias son de esta bolsa" y del resultado "estas alubias son blancas", se infiere la regla "todas las alubias de esta bolsa son blancas". Y finalmente la hipótesis (esto es, la abducción) es la inferencia del caso a partir de la regla y del resultado; así a partir de la regla "todas las alubias de esta bolsa son blancas" y del resultado "estas alubias son blancas", se infiere el caso "estas alubias son de esta bolsa".

Como comentario general puede advertirse que la deducción aparece como un paso desde lo universal a lo particular, mientras que la inducción se muestra como el paso inverso desde lo particular a lo universal; pero, por otra parte, la hipótesis o abducción establece algo que resulta explicado por una regla y una observación.

A mi entender, el carácter explicativo de la abducción peirceana es algo central y como tal aparece en otro texto básico de nuestro filósofo. En efecto, en un texto de 1903 (CP 5.189), nos dice: "Mucho antes de que primero clasificase la abducción como una inferencia, los lógicos reconocieron que la operación de adoptar una hipótesis explicativa (*explanatory*) -que es justamente lo que es la abducción- estaba sujeta a ciertas condiciones. A saber, la hipótesis no puede ser admitida, incluso como una hipótesis, a menos que se suponga que explicaría (*account for*) los hechos o algunos de ellos. La forma de la inferencia, por tanto, es ésta: el hecho sorprendente (*surprising*), C, es observado, pero si A fuese verdadera, C sería trivial (*a matter of course*), luego hay razón (*reason*) para sospechar que A es verdadera. Así pues, A no puede ser abductivamente inferida, o si se prefiere la expresión, no puede ser abductivamente conjeturada hasta que su contenido entero ya está presente en la premisa "si A fuese verdadera, C sería trivial".

Me parece interesante advertir la referencia que Peirce hace al astrónomo Johannes Kepler (1571-1630) como realizando su ideal de método científico, ya que William Whewell (1794-1866), a quien considero precedente de la abducción peirceana, también estimaba que Kepler era el mejor ejemplo de su método científico.

Efectivamente, en su respuesta, de 1893, a las críticas del Dr. Carus dirigidas a su filosofía, Peirce dice (entre otras muchas cosas): "Kepler llega muy cerca a la realización de mi ideal de método científico, y es uno de los pocos pensadores que han llevado a sus lectores plenamente a su confianza en cuanto a lo que realmente ha sido su método" (CP 6.604). A su vez, William Whewell (1794-1866), filósofo y científico británico, admiraba también a Kepler como ejemplo de científico, de quien señala: "En Kepler hemos observado el coraje y la perseverancia con las que emprendió y ejecutó la tarea de computar sus propias hipótesis, y, una característica aún más admirable, que él nunca permitió que el trabajo que había gastado en cualquier conjetura produjese resistencia alguna en abandonar la hipótesis, tan pronto como tuviese prueba de su imprecisión"[1].

Aún más notable es el hecho de que el propio Peirce, en el mismo lugar de respuesta a las críticas del Dr. Carus, se refiere expresamente a Whewell en los siguientes términos: "Mis propios estudios históricos, que han sido de algún modo minuciosamente críticos, han confirmado en conjunto los puntos de vista de Whewell, el único hombre de potencia filosófica unida a entrenamiento científico que había hecho un examen comprensivo del curso entero de la ciencia, acerca de que el progreso en la ciencia depende de la observación de los hechos correctos (*right*) realizada por mentes *amuebladas con ideas apropiadas*" (CP 6.604; cursivas en el original). Y en nota a pie de página Peirce cita la *History of the Inductive Sciences* de Whewell.

Este texto muestra dos cosas. En primer lugar, que Peirce conocía, al menos, la labor de Whewell como historiador de la ciencia y como científico, Y en segundo lugar, que Peirce no sólo admiraba a Whewell sino que también compartía en general sus puntos de vista.

En efecto, William Whewell fue un escritor fecundo, autor de numerosos escritos científicos, históricos y filosóficos. En relación con su primera actividad docente, de Matemáticas y Mecánica, en el Trinity College de Cambridge, publicó sus primeras obras científicas. A partir de 1828, cuando es nombrado catedrático de Mineralogía de la Universidad de Cambridge, publica nuevas obras científicas. Ahora bien, en 1837 publicó su monumental *History of the Inductive Sciences*, obra sin precedentes y que le convertía en el máximo historiador de la ciencia empírica. Y en 1840 apareció *The Philosophy of the Inductive Sciences, founded upon their History*, obra asentada en la *History* y que, según confiesa el propio Whewell, había ido escribiendo simultáneamente con ella[2].

---

[1] W. Whewell, The Philosophy of the Inductive Sciences, libro XI, p. 57.
[2] Para mayores detalles sobre la vida y obra de Whewell, véase el capítulo primero de la Introducción de mi Filosofía de la ciencia empírica. Un estudio a través de Whewell (1978).

21.3. Remontándose a Aristóteles y a Francis Bacon

Aristóteles (384-322) no sólo fue el creador de la Lógica (que él llamaba "Analítica") sino que fue consciente de ello, ya que al final de sus escritos de Lógica, en las *Refutaciones Sofísticas*, escribe en términos orgullosos: "Sobre el razonamiento no disponíamos de nada anterior para citar, sino que hemos pasado mucho tiempo en penosas investigaciones. Así pues, si os parece después de considerarlo que, siendo tal el estado de cosas que existía al principio, nuestra investigación mantiene un rango honorable en relación con las otras disciplinas cuya tradición ha asegurado el desarrollo, no os quedará, a todos los que habéis seguido estas lecciones, sino mostrar indulgencia por las lagunas de nuestra pesquisa y mucho reconocimiento por los descubrimientos realizados"[3].

Ahora bien, la noción de razonamiento de Aristóteles le obliga y le lleva de hecho a hacer coincidir razonamiento y deducción. En efecto, en los *Primeros Analíticos* declara: "El silogismo es un discurso en el cual, siendo puestas ciertas cosas, alguna cosa distinta de estos datos resulta de ellos necesariamente por el solo hecho de estos datos"[4]. Tal como observa Jules Tricot, en nota de este texto, "silogismo" se tradujo al latín por "*ratiocinatio*", esto es, "razonamiento". Pero lo relevante es que, entendido el razonamiento como un discurso en el que algo se sigue *necesariamente* de algo, razonamiento y deducción coinciden.

No obstante, Aristóteles advierte la existencia de inferencias no-silogísticas, es decir, no-deductivas. En particular distingue dos tipos de inducción ("epagogué", en transcripción castellana del griego), que podemos denominar inducción completa e inducción dialéctica. La inducción completa es descrita por Aristóteles en los *Primeros Analíticos*[5], mientras que la inducción dialéctica aparece en los *Tópicos*[6]. La inducción completa se caracteriza en términos del silogismo (y por ello aparece en la Analítica), puesto que se dice que consiste en concluir, apoyándose en uno de los términos extremos, que el otro término extremo se atribuye al término medio; por supuesto estos términos son los del correspondiente silogismo y el ejemplo de Aristóteles se refiere a "el hombre, el caballo y el mulo", "vivir mucho tiempo" y "animales sin hiel (bilis)", pero lo más importante es que Aristóteles entiende que esta inducción procede por enumeración completa (en el ejemplo, hombres, caballos y mulos son todos los animales sin hiel). En cambio, la inducción dialéctica es el paso de los casos particulares a lo universal, y el ejemplo de Aristóteles señala que si el más hábil piloto es el que sabe y el más hábil cochero es el que sabe, entonces en general el más hábil es el que sabe; Aristóteles añade que este tipo de inferencia es accesible al vulgo (y por ello aparece en los *Tópicos*, que se ocupan de la Dialéctica).

En suma, para el creador de la Lógica el razonamiento por excelencia, y al

---

[3] Organon. VI Les Réfutations Sophistiques, 1969, p. 139. (La traducción al castellano es mía)
[4] Organon. III Les Premiers Analytiques, 1966, pp. 4-5. (La traducción es mía).
[5] Ibid., pp. 312-313.
[6] Organon. V Les Topiques, 1965, pp. 28-29.

que dedica la mayoría de sus energías, es la deducción y, cuando se ocupa de la inducción, prefiere la inducción por enumeración completa.

Por su parte, Francis Bacon (1561-1626) intentó completar la investigación lógica de Aristóteles desarrollando una lógica del razonamiento empírico. Por ello, y puesto que el conjunto de las obras lógicas aristotélicas se denomina *Organon*, publicó en 1620 una obra titulada expresamente *Novum Organum*. Para Bacon, la lógica de su tiempo es inútil para la invención científica, apenas sirve para inquirir la verdad, el silogismo no se aplica ni a los principios generales ni a las leyes de las ciencias, y por tanto la única esperanza está en la verdadera inducción (frente a la deducción de Aristóteles)[7]. Tal inducción comprende básicamente cuatro etapas: 1) observación de la naturaleza, mediante la cual acumulamos hechos, 2) clasificación de los hechos, utilizando las célebres tablas baconianas (tabla de presencia de la "forma" que se investiga, tabla de su ausencia en casos análogos y tabla de sus diversos grados de presencia), 3) la interpretación de los hechos, fase peculiar de la inducción, y 4) verificación o rectificación de la inducción.

En realidad la inducción baconiana queda muy lejos de la práctica real científica. Tadeusz Kotarbinski (1886-1981) señala que las "formas" buscadas por Bacon son de algún modo físico-químicas, ya que se trataría, en última instancia, de encontrar una estructura molecular que determina las características exteriores de un cuerpo que pertenece a un género dado, añadiendo Kotarbinski que se comprende bien a Bacon "si se ve en él un pensador que se guía por la alquimia en su manera de plantear el problema"[8].

21.4. William Whewell y su renovación de Bacon

Whewell mantiene una relación bipolar con su compatriota Francis Bacon. Por un lado, admira su proyecto de desarrollar una lógica del razonamiento empírico e incluso pretende llevar adelante tal proyecto. Pero por otro lado, advierte en Bacon numerosos y graves errores que él está dispuesto a corregir.

Para empezar juegan a favor de Whewell, y en contra de Bacon, los más de doscientos años que les separan, con el progreso científico subsiguiente; además Whewell tenía un conocimiento sin precedente de las ciencias empíricas, a las que dedicó una historia de casi mil quinientas páginas, y finalmente él mismo era un notable científico.

Whewell decide seguir el camino de la lógica del razonamiento empírico, transitado por Bacon, de una manera distinta, porque estima que su compatriota no lo ha hecho del modo adecuado ni tampoco el paso del tiempo permitiría repetirlo tal como él lo hizo. Esta decisión se advierte claramente en el propio título de la obra publicada por Whewell en 1858 (y que constituye la segunda parte de la tercera edición de su *Philosophy* de 1840): *Novum Organon Renovatum*.

---

[7]Cf.: Novum Organum, 1949, aforismos XI-XIV.
[8]Leçons sur l'histoire de la logique, 1964, p. 339.

Whewell[9] reprocha a Bacon que sus preceptos sobre el razonamiento empírico apenas tienen conexión con el desarrollo real de las ciencias empíricas. Pero le parecen más graves los tres errores siguientes. En primer lugar, el error de recomendar la búsqueda de las formas de la naturaleza, en vez de la investigación de las leyes de los fenómenos, que es tarea más simple y manifiesta. En segundo lugar, la creencia errónea de que los descubrimientos científicos pueden hacerse sin una aptitud inventiva especial, mediante la mera reunión y clasificación de hechos sin necesidad de introducir hipótesis alguna. Y en tercer lugar, Whewell reprocha a Francis Bacon sostener que la observación de los fenómenos puede separarse de la interpretación de los mismos.

En todo caso, la gran diferencia entre ambos autores se refiere a la noción misma de la inducción. Para Whewell la inducción es básicamente un proceso hipotético, con lo que la formación de hipótesis cumple un papel central en las ciencias empíricas (que Whewell llama justamente "inductivas"); en cambio Bacon censura frecuentemente el hábito de elaborar hipótesis como defecto que denomina "anticipación del entendimiento". En las cuatro etapas que Bacon establece dentro de la investigación empírica, la operación interpretativa ocupa el tercer lugar, tras la acumulación de hechos y de su clasificación y antes de la rectificación de la inducción; en cambio Whewell sostiene que la interpretación es solidaria con la observación misma. El autor del *Novum Organon Renovatum* reprocha al autor del *Novum Organum* no conceder todo su valor a la actividad intelectual de interpretar hechos elaborando hipótesis. Whewell cita las diversas hipótesis que elaboró Kepler para explicar la órbita de Marte antes de dar con la hipótesis de su forma elíptica en 1609. Para Whewell, las hipótesis correctamente usadas ayudan a la ciencia empírica en lugar de hacerla peligrar, de modo que la inducción científica no es un proceso cauto o riguroso en el sentido de abstenerse de tales suposiciones, sino en el sentido de no adherirse a ellas hasta que son confirmadas por los hechos y en el de buscar cuidadosamente a partir de los hechos confirmación o refutación.

Whewell, fiel a su deseo de elaborar una filosofía de la ciencia empírica en conexión con el análisis histórico de las ciencias constituidas, no se saca de la manga, por así decir, su nueva noción de la inducción, sino que la presenta como un resultado del examen de la práctica real del científico. En este punto no sólo se enfrentará con John Stuart Mill (1806-1873), su enemigo filosófico[10] y principal causante de su oscurecimiento[11], sino también con Augustus De Morgan (1806-1871), representante de la nueva lógica matemática.

Para Mill la inducción es el proceso por el cual concluimos que lo que es verdadero de ciertos individuos de una clase es verdadero de la clase entera, o bien que lo que es verdadero en ciertos tiempos será verdadero en circunstancias

---

[9] Para la contraposición entre las ideas de Whewell y Bacon sobre la inducción puede verse el capítulo primero de la Segunda Parte de mi Filosofía de la ciencia empírica (1978).

[10] Mill polemizó con Whewell desde la primera edición de su System of Logic (1843), añadiendo nuevas críticas en la tercera edición (1851) y en la quinta edición (1862).

[11] Sobre los factores del oscurecimiento de Whewell, véase el capítulo III de la Introducción de mi obra Filosofía de la ciencia empírica (1978).

similares en todos los tiempos. Y añade que cualquier proceso en el que lo que parece la conclusión no sea más amplia que las premisas de las que se extrae no es una inducción[12]. Por tanto, la inducción de Mill procede por ampliación y generalización. Por otro lado, mientras John Stuart Mill trata de apoyar su noción de la inducción invocando con vaguedad "los escritores de autoridad"[13], en cambio Whewell refiere su noción a la construcción efectiva de las ciencias empíricas.

A su vez, De Morgan, en un escrito de 1859, reprocha a Whewell que su noción de la inducción carece de sentido en cuanto no se aplica a la inducción de todos los escritores de Lógica[14]. A lo que Whewell responde: "Mi objetivo era analizar, en la medida en que pudiese, el método por el cual han sido realmente hechos los descubrimientos científicos; y llamé a este método inducción porque todo el mundo parecía estar de acuerdo en llamarle así, y porque el nombre no es después de todo un mal nombre. Sé que no es exactamente la inducción de Aristóteles, ni es la descrita por Bacon, aunque él dio muy inteligentemente con algunos de sus caracteres, errando mucho en cuanto a otros. Estoy dispuesto a llamarla inducción del descubridor, pero no me atrevo a aventurarme en tal novedad [....] Pero no me sorprende que usted niegue a estas invenciones un lugar en la Lógica; y usted pensará que soy herético y profano si digo que tanto peor para la Lógica"[15].

21.5. Volviendo a la abducción de Peirce

Tras todo lo anterior, parece claro que, como hace Charles Sanders Peirce, podemos distinguir tres tipos básicos de inferencias, a saber, las inferencias deductivas o demostrativas, preferidas por Aristóteles y estudiadas extensamente por la lógica formal, las inferencias generalizadoras y escasamente concluyentes, consideradas por Francis Bacon y John Stuart Mill, y las inferencias explicativas y descubridoras, caracterizadas por William Whewell y denominadas "abductivas" por Peirce.

Un texto de 1903 del pragmatista estadounidense lo declara agudamente: "La abducción es el proceso de formar una hipótesis explicativa. Es la única operación lógica que introduce alguna nueva idea[16], pues la inducción solamente determina un valor, y la deducción meramente desarrolla las consecuencias necesarias de una pura hipótesis. La deducción prueba que algo *tiene* que ser, la inducción muestra que algo *realmente es* operativo; la abducción meramente sugiere que algo *puede ser*" (CP 5.171; cursivas en el original). A su vez,

---

[12]Cf.: A System of Logic Ratiocinative and Inductive (1970), p. 188.
[13]Cf.: Ibid., pp. 198-199.
[14]Cf.: "Novum Organon Renovatum. By Whewell", The Athenaeum, 1628, 1859, p. 44 A.
[15]Carta a De Morgan, 18 de enero de 1859, I. Todhunter, William Whewell, 1876, vol. II, pp.416-417.
[16]Para William Whewell, lo propio de la inducción científica es la coligación (reunión) de los hechos mediante una concepción o idea, tal como Kepler reunió los datos de las posiciones del planeta Marte mediante la idea de elipse.

en otro texto probablemente anterior, Peirce resalta el carácter conjetural de la hipótesis (como había hecho Whewell): " Por una *hipótesis* quiero decir no solamente una suposición sobre un objeto observado [....] sino cualquier otra verdad supuesta a partir de la cual resultarían tales hechos como han sido observados [....] La primera puesta en marcha de una hipótesis y su mantenimiento, sea como una simple interrogación o con algún grado de confianza, es una etapa inferencial que propongo llamar *abducción*. Esto incluirá una preferencia por alguna hipótesis sobre otras que explicarían igualmente los hechos, en la medida en que esta preferencia no está basada en algún conocimiento previo relativo a la verdad de las hipótesis, ni en comprobación alguna de tales hipótesis, después de haberlas admitido a prueba. Llamo a tal inferencia por el nombre peculiar de *abducción*, porque su legitimidad depende de principios enteramente diferentes de los de otros tipos de inferencia" (CP 6.525).

Por mi parte, creo que cada ley inducida/abducida rebasa ampliamente los hechos en un doble sentido, a saber, en cuanto la ley es un resorte explicativo y en cuanto constituye un resorte predictivo; según lo primero resulta claro que la explicación de los hechos no es un hecho más, y de acuerdo con lo segundo está claro que los llamados "hechos futuros" no son todavía hechos. Pero además conviene advertir que, aunque es cierto que en la construcción de las ciencias se producen meras generalizaciones empíricas (inducciones simples, que son normalmente descriptivas de propiedades), éstas ocupan un nivel bajo en la teorización científica, y no son ni los únicos ni los más interesantes enunciados de las ciencias. En efecto, las leyes científicas interesantes incluyen en sí mismas una serie de elementos que rebasan los hechos. Así incluyen supuestos teóricos puros que no se cumplen exactamente en la realidad fáctica, introducen concepciones intelectuales y entidades teóricas que están más acá (estructura intelectual humana) o más allá (realidades no observables) de los hechos, y además los mismos hechos incluyen interpretaciones[17].

En conclusión, Ángel acierta plenamente al titular su estudio crítico del libro de Atocha Aliseda sobre la lógica del razonamiento abductivo, ya que tal título es "Sistematización del descubrimiento y la explicación: La elaboración de una lógica abductiva" (2009). El libro de Aliseda, al igual que varios trabajos de Ángel y de su discípulo Fernando Soler Toscano, se encaminan básicamente a la construcción de una lógica abductiva, es decir, a un tratamiento formal de técnicas mecánicas de selección de hipótesis. En efecto, tal como hemos visto lo característico del razonamiento empírico es el descubrimiento[18] de hipótesis explicativas. Whewell no creía posible la automatización del descubrimiento científico[19], pero probablemente Peirce, como buen lógico deductivo, creía en ella. El tiempo dirá si es posible y en qué medida.

---

[17] Cf.: P. Martínez-Freire, "Un problema filosófico en la ciencia: La inducción" (1980), p. 6.

[18] William Whewell publicó en 1860 su obra Philosophy of Discovery, como tercera parte (muy ampliada) de la tercera edición de su Philosophy.

[19] Para un examen de este aspecto, véase el capítulo VII de la Segunda Parte de mi citada Filosofía de la ciencia empírica (1978).

Referencias bibliográficas

ALISEDA, Atocha, *Abductive Reasoning. Logical Investigations into Discovery and Explanation*, Springer, Dordrecht, 2006.
ARISTÓTELES, *Organon. III Les Premiers Analytiques* (trad. Jules Tricot), Vrin, París, 1966.
ARISTÓTELES, *Organon. V Les Topiques* (trad. Jules Tricot), Vrin, París, 1965.
ARISTÓTELES, *Organon. VI Les Réfutations Sophistiques* (trad. Jules Tricot), Vrin, París, 1969.
BACON, Francis, *Novum Organum* (trad. Clemente Hernando), Losada, Buenos Aires, 1949.
DE MORGAN, Augustus, "Novum Organon Renovatum. By Whewell", *The Athenaeum*, №1628, 8 de enero de 1859, 42-44.
KOTARBINSKI, Tadeusz, *Leçons sur l'histoire de la logique* (trad. Anna Posner), Presses Universitaires de France, París, 1964.
MARTÍNEZ-FREIRE, Pascual F., *Filosofía de la ciencia empírica. Un estudio a través de Whewell*, Paraninfo, Madrid, 1978.
MARTÍNEZ-FREIRE, Pascual F., "Un problema filosófico en la ciencia: La inducción", *Fragua*, 9, enero-marzo 1980, 3-10.
MILL, John Stuart, *A System of Logic Ratiocinative and Inductive*, Longman, Londres, 1970.
NEPOMUCENO FERNÁNDEZ, Ángel, "Modelos de razonamiento abductivo", Pascual F. Martínez-Freire (ed.), *Cognición y representación*, Suplemento №10 de *Contrastes*, 2005, 155-180.
NEPOMUCENO FERNÁNDEZ, Ángel, "Sistematización del descubrimiento y la explicación: La elaboración de una lógica abductiva", *Crítica*, 41, 123, diciembre 2009, 129-146.
PEIRCE, Charles Sanders, *Collected Papers*, vols. 1-8, Charles Hartshorne, Paul Weiss y Arthur W. Burks (eds.), Harvard University Press, Cambridge (MA), 1931-1958.
TODHUNTER, Isaac, *William Whewell, D. D. An Account of his Writings with Selections from his Literary and Scientific Correspondence*, 2 vols., Macmillan, Londres, 1876.
WHEWELL, William, *History of the Inductive Sciences*, 3 vols., Frank Cass, Londres, 1967.
WHEWELL, William, *The Philosophy of the Inductive Sciences*, 2 vols., Frank Cass, Londres, 1967.

Capítulo 22

From the Atom to the Cosmos, in three Stories on the Weight of Imagination in Science

ANDRÉS RIVADULLA
D. of Logic and Theoretical Philosophy, Universidad Complutense de Madrid

> *Abstract.* The aim of this article is to present three case studies that show the great repercussion that imagining daring hypotheses has for science. More often than not ideas introduced into science in form of explanatory hypotheses of surprising facts do so via abductive reasoning, a form of scientific discovery that is also known as inference to the best explanation. In this article the hypotheses that concern us are those that led to the discovery of the neutron in nuclear physics, the discovery of the existence of double stars and later of white dwarfs, in astrophysics, and the discovery of dark matter, closely related to dark energy, in cosmology.

22.1 Introduction

The path of scientific discovery runs along three main tracks, of which the first and oldest one, induction, has experienced the vicissitudes of time much more extensively than the other two. Abduction, although successfully applied since the beginning of science, has only gained recognition for a little over a century. While the third one, preduction, whose implementation in the methodology of science was only possible with the development of new theories and disciplines in the 20th century, has not yet received the academic recognition it deserves. Preduction is a form of deductive reasoning, while induction and abduction are forms of ampliative reasoning. While the last two make a logical leap from observation to hypothesis, preduction only runs on the theoretical level.

In what follows I will first summarize the vicissitudes experienced by induction in its tortuous path through the history of the philosophy of science. And in the next subsection I will make a brief historical presentation of the concept of abduction, on whose use in Western science this article focuses. This section will give way later to the three stories that instantiate the use of abductive reasoning as a tool of scientific discovery. Nuclear physics, astrophysics and cosmology provide the context from which such case studies come.

The analysis of preduction as a vehicle of theoretical innovation in science is alien to the objective of this article. As I have dedicated elsewhere (Rivadulla 2008, 2010, 2016) to preduction the attention that I think it deserves, I briefly mention, for the sake of illustration, one example of preductive reasoning: only through the *combination of accepted results* from Quantum Mechanics, the General and the Special Theory of Relativity it is possible *to conclude* that the indeterminacy in the position of a particle can never be less than the Planck length, in Planck Units System.

22.1.1 The tortuous path of induction in the Western philosophical-scientific thought

Following laws have something in common:

- Galilei's Law of the fall of bodies: $e \propto t^2$
- Kepler's Third Law: $P^2 \propto D^3$
- Boyle's Law: $(P.V)_T = const$
- Proust's Law of definite proportions

What these laws have in common is that they are *empirical laws*, i.e. obtained by *induction* from a significant number of observations or rigorous experiments. In the course of time, the first two received a *theoretical explanation* in the context of Newtonian mechanics; Boyle's Law was explained in the framework of the kinetic gas theory, and Proust's Law in physical chemistry.

The *Law of Definite Proportions* states that, when two or more elements combine with each other to form a compound, they always do so in a constant mass relationship. This law naturally respects the Law of conservation of mass established in 1774 by Antoine Laurent Lavoisier (1743-1794), according to which in a chemical reaction mass is preserved: the sum of the masses of the reagents is equal to the sum of the masses of the products.

The term *induction* is the translation of Aristotle's *epagoge*, which appears in *Topics* 103b and 105a and elsewhere as the passage from the singular to the universal. Now, it was impossible for Aristotle to show the logical legitimacy of inductive inference. His paradigmatic example of inductive syllogism: "If all C is A and all C is B, then all B is A" is logically invalid since it does not belong to the first figure, nor to the third figure. Aristotle's legacy unfolds in a chain of disputes about the possibility of inductive inference that mark the history of Western philosophical thinking.

Criticisms of induction from a logical point of view by Duns Scotus (1266-1308), the *subtle doctor*, and Thomas Aquinas (1224-1274), the *angelic doctor*, coexist with the acceptance of induction in the methodology of science as a tool for the discovery of the causes of phenomena. This includes the inductive methods of Robert Grosseteste (1175-1253), Duns Scotus himself and William of Ockham (1300-1349). They anticipate the inductive methods of Francis Bacon (1561-1626) and John Stuart Mill (1806- 1873) as well as the acceptance of induction in the nineteenth century in the methodology of science by Herschel, Spencer and Whewell[1].

Isaac Newton (1642-1727) was also an advocate of induction, as can be seen in his *Regulae philosophandi* of Book III of *Mathematical Principles*, 1687, and in the General Scholium of this same work.

But *anti-inductivism* returns to the philosophy of science of the twentieth century with Pierre Duhem (1906: 327). His criticism of the Newtonian method leads him to affirm that the purely inductive path is impracticable to the physicist; and with Albert Einstein (1949: 89), who also assumed this impossibility in his *Autobiographical Notes*: "I have learned something else from the theory of gravitation: no ever so inclusive collection of empirical facts can ever lead to the setting up of such complicated equations. A theory can be tested by experience, but there is no way from experience to the setting up of a theory". Moreover, in "Physics and reality" Einstein (1954: 301) claimed: "We now realize, with special clarity, how much in error are those theorists who believe that theory comes inductively from experience". And on page 307 he ratified that "There is no inductive method which could lead to the fundamental concepts of physics. Failure to understand this fact constituted the basic philosophical error of so many investigators of the nineteenth century". Finally, on page 322, Summary, Einstein stated: "Physics constitutes a logical system of thought which is in a state of evolution, whose basis cannot be distilled, as it were, from experience by an inductive method, but can only be arrived at by free invention".

Reflecting the fundamental ideas of the Vienna Circle, Victor Kraft (1950: B, II, 2.) argued that there is no specific inductive inference logically legitimate from the particular to the general. And Karl Popper (1935: §1) directed his criticisms against induction as a truth-conservative and content-ampliative inference. As for him the problem of induction was how to establish the truth of the universal statements based on experience, Popper's (1959, Addendum,

---

[1] I offer a treatment, of course not exhaustive, of the history of induction in Rivadulla (1991: 19–28). That is why I avoid insisting on this matter in these pages.

1972) solution was: "*We can never rationally justify a theory*, that is to say, our belief in the truth of a theory, or in its being probably true". For his rejection, Popper relied on David Hume (1711-1776), who in Book I, Part III, Section VI, of *Treatise of Human Nature* stated that there can be no demonstrative arguments capable of proving that those examples, of which we had no experience, resemble those, of which we had experience.

These references are enough to record the difficult path taken by induction through Western science and philosophy. A path that, however, with the development of computational science of science, once again turned in its favour linked to *problem solving* as a vehicle of scientific discovery (Rivadulla 2015: 61 et seq.).

22.1.2 Abduction, the new trend in scientific reasoning

Along with induction, Aristotle recognized in *Prior Analytics* II, 25-69^a another argument in form of syllogism, whose conclusion is not inferred with certainty but only with plausibility. He called it *apagoge*: reduction or abduction. In this argument the major premise is assumed to be true, while there is no certainty about the veracity of the minor premise: "For example let A stand for what can be taught, B for knowledge, C for justice. Now it is clear that knowledge can be taught; but it is uncertain whether virtue is knowledge. If now the statement BC is equally or more probable than AC, we have a reduction: for we are nearer to knowledge, since we have taken a new term, being so far without knowledge that A belongs to C".

Thus, if A denotes reliable, B stands for science and C designates economics, taking the Barbara syllogism as reference, the form of the abductive argument would be

$$\begin{array}{ll} \text{All } B \text{ is } A & \text{Science is reliable} \\ \underline{\text{All } C \text{ is } B} & \underline{\text{Economics is science}} \\ \text{All } C \text{ is } A & \text{Economics is reliable} \end{array}$$

In any abduction, Aristotle considers, the minor premise must be as credible, or even more credible, than the conclusion.

In "Deduction, Induction and Hypothesis", published in *Popular Science Monthly* XIII, 1878, 470–482, reprinted in *Collected Papers* vol. II, and as chapter 6 in Cornelis de Waal (2014), Charles Peirce shows the differences between *deduction*, *induction* and *abduction*. Peirce's well-known example is: Being "All the beans from this bag are white" the rule, and "These beans are from this bag" the case, applying the Barbara mode of reasoning the result is "These beans are white". *Induction* and *abduction* correspond to the following schemes:

Induction: Case and Result $\therefore$ Rule
Hypothesis (Abduction): Rule and Result $\therefore$ Case

The difference that Peirce observes between induction and abduction, still known under the name of *hypothesis*[2], is the following: "Induction is where we generalize from a number of cases of which something is true and infer that the same thing is true of a whole class. [...] Hypothesis is where we find some very curious circumstance, which would be explained by the supposition that it was a case of a certain general rule, and thereupon adopt that supposition". But he acknowledges that "As a general rule, hypothesis is a weak kind of argument. It often inclines our judgment so slightly toward its conclusion that we cannot say that we believe the latter to be true; we only surmise that it may be so". And in §IV he admits that, while "By induction, we conclude that facts, similar to observed facts, are true in cases no examined. By hypothesis, we conclude the existence of a fact quite different from anything observed, from which, according to known laws, something observed would necessarily result. The former is reasoning from particulars to the general law; the latter, from effect to cause. The former classifies, the latter explains".

Abduction highlights the plausibility of the hypothesis: "By plausible, I mean that a theory that has not yet been subjected to any test, although more or less surprising phenomena have occurred which it would explain if it were true, is in itself of such a character as to recommend it for further examination or, if it be *highly* plausible, justify us in seriously inclining toward belief in it, as long as the phenomena be inexplicable otherwise" (CP: 2.662). Peirce (CP: 5.145, 5.171) maintains that abduction (i) "consists in studying facts and devising a theory to explain them"; (ii) it "is the process of forming an explanatory hypothesis. It is the only logical operation which introduces any new idea"; and (iii) "All the ideas of science come to it by the way of abduction".

Thus, abduction is the form of reasoning by which one hypothesis is tentatively selected as the most plausible one because allegedly it better explains the data. But, as it is a fallible explanation of the phenomena, it must be assumed that new data, i.e. additional evidence, may appear which would make reasonable its replacement by a new hypothesis compatible with both old and new data.

In the mid-sixties, Gilbert Harman (1965: 88–89, 1968: 165) renamed abduction *inference to the best explanation*. And thereafter this description largely replaced Peirce's original term; for instance, Paul Thagard (1978: 77) or John R. Josephson (1994: 5). Lorenzo Magnani (2001, 2009, 2017, etc.) has contributed in the last twenty years to consolidate abduction as a relevant way of reasoning in scientific discovery.

Next I present three cases, taken from the history of physics, where abductive reasoning allows imagining plausible hypotheses which make new discoveries possible.

---

[2]Hypothesis is, together with retroduction and presumption, one of the names that Peirce uses before the definitive consolidation of the term Abduction: "Presumption, or, more, precisely, abduction" states Peirce (C.P. 2776).

22.2 The discovery of the neutron in nuclear physics

22.2.1 Historical background

In 1896 Henri Becquerel (1852-1908) discovered the natural radioactivity of uranium salts, and two years later, Pierre Curie (1859-1906) and Marie Curie (1867-1934) discovered the radioactivity of thorium, polonium and radium. For his part, Ernest Rutherford studied radiations α, β and γ, of which only the first two, being electrically charged particles, are affected by electric or magnetic fields.

Moreover, in his Bakerian Lecture "Nuclear Constitution of Atoms" Ernest Rutherford (1929, Abstract. My emphasis, A.R.) admitted that, in order "to account for the scattering of α-particles through large angles in traversing thin sheets of matter [...] *it was found necessary to assume* that the atom consists of a charged massive nucleus of dimensions very small compared with the ordinarily accepted magnitude of the diameter of the atom. This positively charged nucleus contains most of the mass of the atom, and is surrounded at a distance by a distribution of negative electrons equal in number to the resultant positive charge on the nucleus. [...] [T]he large deflexion of the α-particle in an encounter with a single atom happens when the particle passes close to the nucleus". As this hypothesis offered the best available explanation of the experimental results it constitutes an excellent first example of abductive reasoning that introduced the planetary atomic model, as it became known since then.

Furthermore, as recognized by J. L. Glasson (1921: 596), in his Bakerian Lecture Rutherford mooted "The possibility of the existence of a substance of zero nuclear charge [...] The existence of such a particle seems a logical extension of present-day views of nuclear structure". This led to consider the possibility of "a neutral nucleus containing one hydrogen nucleus and one electron" (p. 597). And the Australian adds: "Such a particle, which the name neutron has been given by Prof. Rutherford, would have novel and important properties. [...] It is however, difficult to see how an additional positively charged hydrogen or helium nucleus could penetrate into the nucleus of a heavy atom". Despite the fact that three experimental arrangements were used for the detection of the particle in question, Glasson (1921: 600) concludes: "The present experiments [...] have not given any evidence of the existence of the particles of the nature anticipated".

22.2.2 Some steps on the road to the discovery of the neutron

In 1930 Bothe and Becker observed that, bombarding a thin target of beryllium with α-particles from $^{218}_{84}Po$, a radiation emerged —momentarily called *beryllium radiation*— of great penetration capacity, because it could pass through a 2 cm. thick lead sheet, and made up of electrically neutral particles since it was not affected by magnetic fields. At that time only one single neutral particle was known, the photon. So, it was assumed that this radiation was formed by γ rays of energy around $7MeV$.

In this regard James Chadwick (1932a: Abstract) states: "It was shown by Bothe and Becker that some light elements when bombarded by α-particles of polonium emit radiations which appear to be of the γ-ray type [...] and later observations by Bothe, by Mme. Curie-Joliot and by Webster showed that the radiation excited in beryllium possessed a penetrating power distinctly greater than that of any γ-radiation yet found from the radioactive elements. [...] Webster [...] found that the radiation from boron bombarded by α-particles of polonium consisted in part of a radiation rather more penetrating than that from beryllium [...] These conclusions agree quite well with the supposition that the radiations arise by the capture of the α-particle into the beryllium (or boron) nucleus and the emission of the surplus energy as a quantum of radiation".

The second part of this story begins when in 1932 Irène Curie and Fréderic Joliot passed the radiation in question through a hydrogenated material and found that protons had been torn off by the γ radiation: a kind of nuclear Compton effect. Chadwick (1932b. My emphasis, A.R.) refers to this experiment in the following terms: "It has been shown by Bothe and others that beryllium when bombarded by α-particles of polonium emits a radiation of great penetrating power ... Recently Mme. Curie-Joliot and M. Joliot found, when measuring the ionisation produced by this beryllium radiation in a vessel with a thin window, that the ionisation increased when matter containing hydrogen was placed in front of the window. *The effect appeared to be due to the ejection of protons* with velocities up to a maximum of nearly 3×10^9 cm. per sec. They suggested that the transference of energy to the proton was by a process similar to the Compton effect, and estimated that the beryllium radiation had a quantum energy of 50×10^6 electron volts".

Can these experimental observations be explained from a theoretical point of view? Following Alonso & Finn (1986: 365), if E_γ and $p_\gamma = E_\gamma/c$ respectively denote the energy and momentum of the incident photon, E'_γ and $p'_\gamma = E'_\gamma/c$ the energy and momentum of the retreating photon, and E_{rp} and $p_{rp} = \sqrt{2m_{rp}E_{rp}}$ the energy and momentum of the removed (ripped off, rp) proton[3], momentum conservation requires that $E_\gamma/c = -E'_\gamma/c + \sqrt{2m_{rp}E_{rp}}$. From here it follows that $E_\gamma = -E'_\gamma + \sqrt{2m_{rp}c^2 E_{rp}}$. In terms of E_{rp}, $E_\gamma = 1/2\left(E_{rp} + \sqrt{2m_{rp}c^2 E_{rp}}\right)$. Now, taking for E_{rp} the value $7.5MeV$ given above, as the proton mass is $m_{rp} = 938,3MeV/c^2$, then $m_{rp}c^2 = 938,3MeV$. Thus, $E_\gamma \approx 63,06MeV$.

This theoretical result is quite in agreement with Curie-Joliot's observations. Thus, the hypothesis that, what emerged from the beryllium bombardment

---

[3]The expression $p_{rp} = \sqrt{2m_{rp}E_{rp}}$ of the momentum of the proton is derived directly from the combination of the formula for kinetic energy $E_{rp} = 1/2mv_{rp}^2$ and momentum definition $p_{rp} = mv_{rp}$.

with α-particles were photons of about $7.5 MeV$ of energy, was not the best explanation. Later on, different energy values were also found. D. Sivoukine (1989, §92, pp. 245–246) summarizes this situation as follows: "The hypothesis that identified beryllium radiation with γ radiation resulted in contradictory results, since according to the method used, the values $7, 55, 90, 150 MeV$ were found for the same magnitude". To get out of this situation, Sivoukine (p. 246) goes on, "Chadwik demonstrated [following strictly *abductive reasoning*, A.R.] that all contradictions were overcome by assuming that beryllium radiation was constituted by a flow of *neutral particles* which he called *neutrons*".

Precisely in his Bakerian Lecture, Chadwik (1933, Abstract. My emphasis, A.R.) states: "In an earlier paper I showed that the radiations excited in certain light elements by the bombardment of α-particles consist, at least in part, of particles which have a mass about the same as that of the proton but which have no electric charge. These particles, called *neutrons*, [...]". The hypothesis of the existence of the neutron is the *best explanation* indeed of the observations in the bombardment experiments by α-particles. It is therefore an excellent example of the application of abductive reasoning in physics.

22.3 The discovery of double stars in astrophysics

In 1844 the German astronomer Friedrich Wilhelm Bessel (1784-1846) found that "the proper motions, of *Procyon* in declination, and of *Sirius* in right ascension[4], are not constant; but, on the contrary, that they have, since the year 1755, been very sensibly altered" (Bessel 1844: 136). Comparing with the corresponding values according to the *Tabulae Regiomontanae*, Bessel (1844: 139) stated that the determinations for 1755, 1820 and 1825 "make the relative declination of *Procyon* for 1755 to appear to be 7" in error". As this was unacceptable, Bessel concluded, the recent observations show that the assumption of an *unchanged* proper motion has to be false.

Bessel's (1844: 139-140) attempt to solve this problem was: "I have investigated the conditions which must be fulfilled, that a sensible change of the proper motion, like that observed, may be capable of explanation by means of a force of gravitation. If the star that exhibits it be represented by S; an attracting mass by m_n, and the corresponding star by S_n; the sun by O; the distance SS_n by r_n [...]", excluded instrumental and calculation errors, four hypotheses can be taken into account, among them "That r_n be small, that is,

---

[4]In astronomy the *celestial sphere* is an imaginary spherical surface whose centre occupies the observer. The projection of the terrestrial equator on this sphere is called *celestial equator*, which divides the celestial sphere in two hemispheres: the boreal and the southern. The position of every star on the celestial sphere is univocally determined by two coordinates: the *declination* δ and the *right ascension* α. The declination is the angle, measured in the meridian that passes through the star, that the position of the star determines with respect to the celestial equator. Its maximum amplitude is 90º. The right ascension is the angle, measured towards the East, from the vernal point to the celestial meridian that passes through the star. It is measured from 0 to 24 hours. (Cf. Martínez et al. 2005: 55-56)

the attracting mass very near to the disturbed star", which is *the only explanation* Bessel considers seriously, after rejecting the other three. This explanation consists in admitting that "Stars, whose motions, since 1755, have shwon remarkable changes, must (if the change cannot be proved to be independent of gravitation) be parts of smaller systems". So, if both *Sirius* and *Procyon* were considered double stars, "the change of their motions would not surprise us; we should acknowledge them as necessary". Thus, a reconstruction of Bessel's argument could take the following form:

- Remarkable and surprising changes are observed in the movement of *Procyon*.
- But if we were to regard *Procyon* as a double star, the change of its motions would not surprise us; it would be a matter of course.
- ∴ Hence, there are reasons to suspect that *Procyon* is a double star.

Since this is Peirce's own abductive reasoning logical scheme (CP, 5.189), Bessel would have anticipated the abductive form of reasoning for the postulation of the best hypothesis to explain surprising phenomena[5]. In any case, this argument was the first step in the postulation and discovery of binary systems or double stars and the subsequent description of that special type of stars known as white dwarfs, whose first two prototypes were precisely *Procyon B* and *Sirius B*.

In 1862, the German astronomer Arthur Julius Auwers (1838-1915) calculated the orbit of *Procyon B* from its effects on *Procyon A*. But the direct observation delayed more than thirty years, until its discovery by the German-American astronomer John Martin Schaeberle (1853-1924) in 1896, which confirmed Bessel's hypothesis.

Procyon thus constitutes a binary system formed by *Procyon A* and *Procyon B*, which, like *Sirius B*, is also a white dwarf. Both binary systems, *Sirius* (Alpha Canis Maioris, αCMa) and *Procyon* (Alpha Canis Minoris, αCMi) constitute a typical case of *astrometric binaries*, so named because the existence of the minor component, the white dwarf, not directly visible, is inferred —reasoning abductively— from the perturbations that it produces in the proper motion of the main binary system component. Nonetheless that *Procyon B* and *Sirius B* are both white dwarfs, is just a coincidence. Actually, they are very different from each other in mass, size, brightness and temperature.

22.4 The hypothesis of dark matter in cosmology

Dutch astronomer Jan Hendrik Oort (1900-1992) used spontaneously the term *dark matter* in his research on the mass distributions in the Galaxy. He dedicated §11 of his 1932 article to dark matter; and he stated that "the dark matter must be relatively more frequent near the galactic plane than far from it, but

---

[5]I already hold this idea in Rivadulla (2019: 294).

the data are too uncertain to derive numerical results" (Oort 1932: 284). And on page 285 Oort went on to state: Assuming the total mass within a cylinder perpendicular to the galactic plane, "If it is assumed that at all heights the same relative amount of dark matter has to be added we find for the total mass contained in a cylinder perpendicular to the galactic plane and with a cross section of a square parsec 80.4 times the sun's mass. With the alternative assumption that there is no dark matter beyond $z = 200ps$ [$ps = parsecs$; 1 $parsec = 3.26$ light-years, A.R.] I find 51.5 solar masses". Therefore, the conjectured hypothesis of the existence of dark matter seemed the best explanation.

Much more interesting for the methodology of science was the contribution of Swiss astronomer Fritz Zwicky (1898-1974), in a 1933 article dedicated to the study of the redshift of extragalactic *nebulae*. Zwicky started with Vesto Slipher's observations that certain nebulae show a displacement of their spectra corresponding to a Doppler effect of up to 1800 km/s and recognized (1933: §3) that Edwin Hubble for first time related redshift with distance[6].

Zwicky focused on the Coma Cluster, the best known at the time, in which its individual elements show huge differences in their speeds, ranging from 1500 to 2000 km/s. To account for this amazing fact Zwicky (1933: 124-125. My emphasis. A.R.) proposed four hypotheses, of which I summarize the first three:

1. If the Coma Cluster is in a stationary mechanical state "to obtain, as has been observed, an average Doppler effect of 1000 km/s, or greater, the average density in the Coma Cluster should be at least 400 times greater than the derived from observations in luminous matter[7]. If this should prove to be the case, the surprising result would be that dark matter[8] is present in a much greater density than luminous matter".

2. If the assumption were that the Coma Cluster is not in a stationary state, but that all the available potential energy appears as kinetic energy: "This assumption can only save a factor of 2 compared to 1., and the need for an enormously high density of dark matter remains".

---

[6] As I claim in Rivadulla (2003: 155) "The Doppler effect was originally associated with the Austrian physicist Christian Doppler (1803-1853) who discovered that, in a resting medium through which a wave propagates with a certain frequency, the frequency perceived by an observer depends on the relative movement of the source and the observer according to the direction of propagation. Thus, if the observer turns to the source, he will measure a greater frequency that is, a shorter wavelength, while, if he moves away from it, he will measure a greater wavelength, that is, a lower frequency". The Doppler effect thus allows calculating the separation and approach speeds of light sources in the sky. Assuming that the *radial velocity*, i.e. the speed in the visual direction, v_r, of a light source varies in relation to the Earth, then the variation in its wavelength is expressed as follows: $\Delta\lambda/\lambda = v_r/c$. So, "If v_r is positive, i.e. the source moves away, a *redshift* occurs. If it is negative, i.e. the source approaches Earth, a blueshift occurs". (Rivadulla 2003: 158)

[7] And this would be in accordance with Einstein-De Sitter's conception, adds Zwicky in footnote 1 on page 125. According to this conception (Cf. Zwicky 1933: 123, footnote 1, referring to A. Einstein and W. De Sitter, *Proc. Of the Nat. Acad. Sci.*, Vol. 18, p. 213, 1932) to an expansion of 500 km per second and megaparsec corresponds an average density $\rho \approx 10^{-28} g/cm^3$.

[8] Dunkle Materie, in the original German text.

3. If the average density in the Coma Cluster is completely determined by the luminous matter, then "The high speeds cannot be explained by means of reflections of type 1. or 2. But if these observed speeds are real, then the Coma Cluster would have to disintegrate over time. The result of this expansion would finally be 800 individual nebulae (field nebulae), which, as follows from 2., would show speeds of the original magnitude (between 1000 and 2000 km/s) [...] However, this conclusion hardly agrees with the facts of experience, since the dispersion of the velocities of the nebulae that appear in isolation does not exceed 200 km/s". In other words: resorting to dark matter would keep the Coma Cluster gravitationally contained in itself and explain the observed velocities. Imagining the existence of dark matter provides the best explanation.

Now applying the Newtonian version of Kepler's third law $P^2 = \left(\frac{4\pi^2}{G_N M}\right) d^3$ to the case of a star rotating around the centre of its galaxy, where P is the star's rotational period, d its mean distance to the galactic centre, M the galaxy mass and G_N the universal gravitational constant, simple arithmetic operations allow us to conclude that $v_{orb} \propto d^{-1/2}$, i.e. the orbital velocity of stars located very far from the nucleus of the galaxy decreases with distance, which Zwicky's observations contradict.

In the 1970s astrophysicists found that the curves of the rotational speeds of stars far from their respective galactic centres remain surprisingly nearly flat, rather than collapsing to nearly zero. These observations reveal that, at great distances from the galactic centre, the orbital speed of the stars is approximately constant, that is, it does not decrease with the distance to the extent expected according to Kepler's Third Law. This could lead to the conclusion that Newtonian Mechanics is wrong.

Now, instead of concluding that observational evidence refutes Newtonian mechanics, cosmologists generally argue, as Martínez et al. (2005: 227) representatively do, as follows: "a plane rotation curve $V(R) = constant$, corresponds to a linear growth of the mass with the radius, $M(R) \propto R$. That is, the mass inside a sphere of radius R must continue to grow to large distances from the nucleus, but this mass is not observed. For this reason, the discovery that rotation curves are flat implies that *dark matter* must exist in the halos of spiral galaxies [...], that is, non-luminous matter that is not detected with telescopes. The gravitational action of this matter is responsible for the rotation curves becoming flat". Or, as Lee Smolin (2007: 15) states: "The dark-matter hypothesis is preferred mostly because the only other possibility —that we are wrong about Newton's laws, and by extension general relativity— is too scare to contemplate".

Once the existence of dark matter distributed throughout the galaxy as a whole has been accepted, the problem is how to explain it, i.e.: what is its physical nature, what are the candidate particles for constituting dark matter? Are there different kinds of dark matter? To face this problem, three main blocks of questions must be considered:

1. As results from Primack's (1999) meticulous analysis, this problem has great theoretical implications: i) what is the value of the cosmological density parameter Ω, or of the neutrino or baryon density parameters?, ii) what is the value of the cosmological constant Λ?, iii) what is the value of Hubble's constant H? Three questions that, even if we are extremely optimistic, we will probably never be able to solve, although perhaps in the future a broad agreement can be reached on this matter among cosmologists.
There are certainly hypotheses inspired by observations, simulations, theoretical considerations and predictions about possible types of dark matter: Standard Cold Dark Matter, Cold Hot Dark Matter, Warm Dark Matter, in which adjustments and readjustments are constantly made to achieve the most reasonable Dark Matter model, i.e. the one with the least reservations among cosmologists.

2. Other questions are connected with the feasibility of Supersymmetry, since many of the candidate particles to constitute dark matter, WIMPs (Weakly Interacting Massive Particles) or axions, may not actually exist. Joel R. Primack (2011: 170–171) acknowledges that, as in the Standard Model of Elementary Particle Physics there's no room for dark matter "physicists have for decades tried to go beyond the Standard Model. The basis for most attempts to do this has been the hypothesis of Supersymmetry". This hypothesis bets in favour of a part of the dark matter particles being WIMPs, particles that, although "may be more massive than even the heaviest atoms, they have only weak gravitational interactions, so they mostly just go right through you, like neutrinos". But, referring to WIMP detection experiments, Primack concludes: "We hope that a combination of results from such experiments will soon tell us the identity of the dark matter particle —*or else rule out such theories*" [My emphasis, A.R.]. In other words, there is no complete confidence that the particles that make up dark matter are Weakly Interacting Massive Particles.
Supersymmetry itself is under suspicion among many contemporary theorists, ready to dismiss it as unscientific! The best example is Lee Smolin (2007). Could there then be no dark matter at all?

3. The third question is summarized by Smolin himself (2007: 209–210): "In each galaxy where the problem is found, it affects only stars moving outside a certain orbit. Within that orbit, there's no problem —the acceleration is what it should be if caused by the visible matter. So, there seems to be a region in the interior of the galaxy within which Newton's laws work and there's no need for dark matter. Outside this region, things get messy".
But then the problem moves to where the two regions separate. And Smolin's answer is that neither i) "at a particular distance from the center of the galaxy", nor ii) "at a certain density of stars or starlight", but iii)

"What seems to determine the dividing line, surprisingly, is the rate of the acceleration itself".

Well, referring to Mordehai Milgrom, who measured the value of this acceleration: $1.2 \times 10^{-8} cm/s^2$, Smolin (2007: 210) recognizes that this special acceleration "is close to c^2/R, the value of the acceleration produced by the cosmological constant!". That is, the Universe's acceleration rate. But as Smolin acknowledges: "There is no obvious reason for this scale to play any role at all in the dynamics of an individual galaxy". This requires an explanation, for which Smolin (2007: 211. My emphasis, A.R.) considers two different hypotheses:

1. "*There could be dark matter*, and the scale c^2/R could characterize the physics of the dark-matter particles. Or the dark-matter halos could be characterized by the scale c^2/R, because that is related to the density of dark matter at the time they collapsed to form galaxies. In either case, the dark energy and dark matter are distinct phenomena, but related".

2. "*There is no dark matter* and Newton's law of gravity breaks down whenever accelerations get as small as the special value of c^2/R. In this case, there needs to be a new law that replaces Newton's law in these circumstances. In his 1983 paper Milgrom proposed such a theory. He called it MOND for 'modified Newtonian dynamics' [...] Milgrom's theory says that Newton's law holds, but only until the acceleration decreases to the magic value of $1.2 \times 10^{-8} cm/s^2$ ".

Smolin's (2007: 212) own position is: "We have two very different theories, only one of which can be right. One theory —the one based on dark matter— makes good sense, is easy to believe in, and does very well at predicting the motions outside galaxies but not so well inside them. The other theory, MOND, does very well with galaxies, fails outside the galaxies, and in any case is based on assumptions that seem to contradict extremely well-established science". This is why Smolin (2017: 215) claims that "MOND is a tantalizing mystery, but no one that can be resolved now".

We accept that although by abduction we conclude that a given hypothesis offers for the moment the best explanation of the fact or phenomenon that concerns us, this neither makes it true nor even likely true. But this does not constitute a handicap for the hypothesis to continue being considered the best available explanation. This is what happens with the hypothesis of the existence of dark matter. It is true that, contrary to neutron and double stars, dark matter has not yet been discovered. Its existence is therefore, for the moment, hypothetical; but it is the best imaginable hypothesis compatible with the available observational data.

22.5 Conclusion

Contrary to Peirce, it is not true that all the ideas of science come to it by abduction. Indeed, for centuries, and despite its logical weakness —abduction is logically also a weak kind of argument— induction has made scientific theorizing possible. And nowadays, when theories and disciplines are so interdependent on each other, science uses preduction as a way for discovery and explanation.

But the existence of this varied palette of different practices that serve as vehicle for scientific creativity does not preclude recognizing that many ideas come to science through the simple procedure of coming up with, imagining, hypotheses that offer a better explanation of the facts, usually surprising, observationally and/or experimentally found. That is, by abduction.

The aim of this article has been to illustrate that this is the case in the situations that we have been concerned with: the discovery, via abductive reasoning, of the neutron, the double stars and the dark matter. But these are certainly not minor discoveries, so it is satisfactory to notice that abduction, the art of imagining daring hypotheses in order to explain surprising phenomena, is carried out in the most natural way in the most demanding theoretical fields.

22.6 References

1. Abrams, N. E. & Primack, J. R. (2011). *The New Universe and the Human Future: How a Shared Cosmology Could Transform the World.* Yale University Press.

2. Alonso, M. & Finn, E. (1968). *Fundamental University Physics. Vol. III: Quantum and Statistical Physics.* Reading, MA: Addison-Wesley. Spanish version: *Física. Vol. III: Fundamentos Cuánticos y Estadísticos.* Wilmington, Delaware: Addison-Wesley Iberoamericana S. A., 1986.

3. Chadwik, J. (1932a). "The existence of a neutron". *Proceedings of the Royal Society of London. Series A.*

4. Chadwik, J. (1932b). "Possible Existence of a Neutron". *Nature* 129, 312.

5. Chadwik, J. (1933). "The neutron". *Proceedings of the Royal Society of London, A.*

6. De Waal, C. (ed.) (2014). *Illustrations of the Logic of Science. Charles S. Peirce.* Chicago, Ill.: Open Court.

7. Duhem, P. (1906). *La Théorie Physique. Son Object et sa Structure.* Paris: Chevalier & Rivière, Éditeurs.

8. Einstein, A. (1949). "Autobiographical Notes". In P. A. Schilpp (ed.), *Albert Einstein: Philosopher-Scientist,* Vol. I. Library of Living Philosophers, Vol. VII. La Salle, Ill.: Open Court.

9. Einstein, A. (1954). *Ideas and Opinions.* New York: Crown Publishers, Inc.

10. Glasson, J. L. (1921). "Attempts to Detect the Presence of Neutrons in a Discharge Tube". *Philosophical Magazine* 42 (250), 596–600.

11. Harman, G. (1965). "The Inference to the Best Explanation". *The Philosophical Review*, vol. 74, No. 1: 88–95.

12. Harman, G. (1968). "Knowledge, Inference and Explanation". *American Philosophical Quarterly*, Vol. 5, Number 3: 164–173.

13. Josephson, J. R. & S. G. Josephson (eds.) (1994). *Abductive Inference. Computation, Philosophy, Technology*, Cambridge Uni. Pr., New York.

14. Kraft, V. (1950). *Der Wiener Kreis*. Wien: Springer.

15. Magnani, L. (2001). *Abduction, Reason and Science: Processes of Discovery and Explanation*. New York: Kluwer Academic/Plenum Publishers.

16. Magnani, L. (2017). *The Abductive Structure of Scientific Creativity. An Essay on the Ecology of Cognition*. Springer International Publishing.

17. Magnani, L. (2009). *Abductive Cognition. The Epistemological and Eco-Cognitive Dimensions of Hypothetical Reasoning*. Berlin, Heidelberg: Springer-Verlag.

18. Martínez, V. J. et al. (2005). *Astronomía Fundamental*. Valencia: PUV.

19. Oort, J. H. (1932). "The force exerted by the stellar system in the direction perpendicular to the galactic plane and some related problems". *Bulletin of the Astronomical Institutes of the Netherlands*, Vol. VI, Nº 238, 249–287.

20. Peirce, C. S. (1965). *Collected Papers*. Cambridge, MA: Harvard University Press.

21. Popper, K. R. (1959). *Logic of Scientific Discovery*. London: Routledge.

22. Primack, J. R. (1999). "Dark matter and structure formation". In A. Dekel & J. P. Ostriker (eds.), *Formation of Structure in the Universe*. Cambridge: University Press.

23. Rivadulla, A. (1991). *Probabilidad e Inferencia Científica*. Barcelona: Anthropos.

24. Rivadulla, A. (2003). *Revoluciones en Física*. Madrid: Ed. Trotta.

25. Rivadulla, A. (2008). "Discovery Practices in Natural Sciences: From Analogy to Preduction". *Revista de Filosofía*, Vol. 33, Num. 1, pp. 117–137.

26. Rivadulla, A. (2010). "Complementary Strategies in Scientific Discovery: Abduction and Preduction". In Bergman, M. et al. (eds.), *Ideas in Action: Proceedings of the Applying Peirce Conference*, Nordic Studies in Pragmatism 1, Nordic Pragmatism Network, Helsinki, pp. 264–276.

27. Rivadulla, A. (2015). *Meta, Método y Mito en Ciencia*. Madrid: Ed. Trotta.

28. Rivadulla, A. (2016). "Abduction and Beyond. Methodological and Computational Aspects of Creativity in Natural Sciences". *IFCoLog Journal of Logic and its Applications*, Vol. 3 No. 3, pp. 105–121.

29. Rivadulla, A. (2019). "Disseminated Causation: A Model-Theoretical Approach to Sophisticated Abduction". In A. Nepomuceno-Fernández et al. (eds.), *Model-Based Reasoning in Science and Technology. Inferential Models for Logic, Language, Cognition and Computation.* SAPERE 49, 287–297.

30. Rutherford, E. (1920). "Nuclear Constitution of Atoms". *Proceedings of the Royal Society of London. Series A.*

31. Sivoukine, D. (1989). *Cours de Physique Générale, Tome V: Physique Atomique et Nucléaire*. Moscou: Editions Mir.

32. Smolin, L. (2007). *The Trouble with Physics. The Rise of String Theory, the Fall of a Science, and What Comes Next*. Boston: Houghton Mifflin Co.

33. Thagard, P. (1978). "The Best Explanation: Criteria for Theory Choice". *The Journal of Philosophy*, Vol. 75, Nº 2, 76–92.

34. Zwicky, F. (1933). "Die Rotverschiebung von extragalaktischen Nebeln". *Helvetica Physica Acta*, Vol. 6, 110–127.

Capítulo 23

Counterfactuals in reasoning from observations to explanations

FERNANDO R. VELÁZQUEZ-QUESADA
Institute for Logic, Language and Computation, Universiteit van Amsterdam

23.1 Abductive reasoning

"[A]bduction is a reasoning by means of which one tries to explain a puzzling observation. It is the explicative reasoning par excellence, which is present in several practices, as common sense, medical diagnosis and scientific reasoning" (Nepomuceno-Fernández 2014). This is the way Ángel Nepomuceno presents abductive reasoning, one of the central themes in his research career. Actually, it is more accurate to say that this is *one of the ways* Ángel presents abductive reasoning. His long academic career and his large number of contributions have allowed him not only to discuss abductive reasoning in several occasions, but also to look at it from different perspectives. Indeed, his research includes not only philosophical discussions about the place of abduction within scientific reasoning (Nepomuceno-Fernández 2005) and epistemology (Nepomuceno-Fernández et al. 2014). It also includes more practical proposals, modelling abductive reasoning through the use of diverse formal tools, including semantic tableaux (Reyes-Cabello et al. 2006, Nepomuceno-Fernández et al. 2009, 2012), modal logics (Soler-Toscano et al. 2012) and alternative consequence relations (Nepomuceno-Fernández and Soler-Toscano 2007). I myself have joint the efforts, discussing abduction with the use of epistemic and dynamic tools (Velázquez-Quesada et al. 2013, Nepomuceno-Fernández et al. 2013).

Abductive reasoning (see, e.g., Aliseda 2006) can be indeed understood as a reasoning process that goes from observations to explanations. The concept (and term) was introduced to modern logic by Charles S. Peirce, who presented it with the following famous formulation: *"The surprising fact, [γ], is observed. But if [δ] were true, [γ] would be a matter of course. Hence, there is reason to suspect that [δ] is true"*.[1] Abductive reasoning has been an important topic within different fields (including logic and philosophy of science) because, as Ángel has discussed, it occurs in many different situations. It takes place not only when Kepler uses Tycho Brahe's observations to propose an elliptic model for Mars' orbit, but also when a common person explains that the grass is wet by assuming it has rained. It also takes place not only when a physician performs medical diagnosis, but also when Sherlock Holmes explains that Mr. Wilson's right cuff is very shiny by assuming he has done a lot of writing lately. Abductive reasoning occurs in academic environments as well as in common real-life situations.

This proposal discusses yet another way of modelling abductive reasoning. It follows our previous collaborations in making emphasis on the epistemic and dynamic aspects of abduction. After all, at the heart, abduction deals not only with an agent and her information, but also with the way this information changes as a response to observations.

Arguments for giving these two aspects a central position have been already provided in the referred proposals. The goal of this manuscript is to make emphasis on an aspect played a role in our previous work and yet was not fully acknowledged: the *counterfactual* nature of abductive reasoning. Indeed, note how Peirce's formulation suggests that δ is an explanation for γ because, if the former were true, the latter would have been true too. In more epistemic terms, δ is an explanation for γ because, if the agent had known the former, then she could have inferred (i.e., 'predicted') the latter, and then there would have been no surprise at all.

Note how this counterfactual approach makes sense. An observation is surprising only because the agent did not have enough information to predict it. Using the terminology of philosophy of science, the *theory* was incomplete. Then, the agent searches for an explanation in order to complete the theory, that is, in order to find that additional piece of information that *would have allowed* her to expect γ. Thus, she should not look for explanations *after* the surprising observation; rather, she should look for explanations at the stage before the surprising observation took place. It is only in this way that the theory can be completed in a proper way.

This manuscript is a brief extension of the abstract *"A temporal approach to abductive reasoning"*, written together with Ángel Nepomuceno and Fernando Soler, and presented at the MBR conference in October of 2018. Although this text provides formal definitions and a more extended discussion, most of

---

[1] Still, this was not Peirce's only (or even last) formulation of this process. See, e.g., Fann (1970).

the ideas found here were already introduced there. The text is structured is as follows. Section 23.2 presents and discusses the framework that is used through the text. Then, while Section 23.3 discusses definitions of abductive problem and abductive explanation, Section 23.4 discusses how the selected explanation can be incorporated to the agent's information. Section 23.5 closes the discussion, proposing further developments.

23.2 A simple temporal structure

The structure used through these notes is simply a finite line.

Definition 23.2.1 (LT frame) A *linear temporal (LT) frame* is a tuple $\langle S, \twoheadrightarrow \rangle$ where $S \neq \emptyset$ is a finite set whose elements are called *states*, and $\twoheadrightarrow \subseteq (S \times S)$ is a strict linear order (i.e., a irreflexive, transitive and total binary relation). Here are some derived concepts that will be important through the text.

- Define $s \hookrightarrow s'$ (expressing both "s' is a *successor* of s" and "s is a *predecessor* of s'") in the following way:

$$s \hookrightarrow s' \quad \text{iff}_{def} \quad s \twoheadrightarrow s' \text{ and there is no } s'' \in S \text{ satisfying } s \twoheadrightarrow s'' \twoheadrightarrow s'.$$

The relation $\hookrightarrow \subseteq (S \times S)$ defined in this way is called the *successor* relation.

- The *first state* is the unique $s_0 \in S$ for which $\{s' \in S \mid s' \twoheadrightarrow s\}$ is empty.
- The *last state* is the unique $s_\ell \in S$ for which $\{s' \in S \mid s \twoheadrightarrow s'\}$ is empty.

Note: the fact that s_0 and s_ℓ are unique follows from the totality of $\twoheadrightarrow$. ◀

Observe that the successor relation $\hookrightarrow$ is not only asymmetric and irreflexive (otherwise, the transitive $\twoheadrightarrow$ would not be irreflexive) but also intransitive. It is also a partial function: every state with a successor (i.e., every state in $S \setminus \{s_\ell\}$) has a unique successor.[2] Successors and predecessors will play a prominent role in the rest of this manuscript; thus, an LT frame will be referred to from now on as a tuple $\langle S, \hookrightarrow \rangle$, with the understanding that $\hookrightarrow$ is derived from $\twoheadrightarrow$ as indicated above.

Intuitively, an LT frame represents not only the current epistemic state of the agent (the last state s_ℓ), but also the epistemic states she held at some point in the past (those in $S \setminus \{s_\ell\}$). The transition from a state s to its successor s' is then understood as the execution of an epistemic action that transformed s into s'. For example, when it exists, the *predecessor* of s_ℓ represents the epistemic state the agent had exactly before the last epistemic action.

The last point of discussion before defining an LT *model* is the precise way in which elements of S represent an epistemic state. As the reader might expect, there are several alternatives. One can go 'all in' and follow the *epistemic logic* approach (Hintikka 1962, Fagin et al. 1995), taking each state to be a *possible*

---
[2]Thus, every state with a *predecessor* (i.e., every state in $S \setminus \{s_0\}$) has a unique predecessor.

worlds model representing the *knowledge* of the agent, and even taking it to be a *plausibility model* (Board 2004, van Benthem 2007, Baltag and Smets 2008), thus representing not only the agent's knowledge but also her *beliefs*.[3] This manuscript follows a more abstract idea, simply assuming the existence of a function that can tell whether any formula (of a properly defined language) is known and/or believed by the agent at a given state. There will be no discussion about the way the agent's knowledge and belief are represented within each state, and neither about the way the function extracts this information.[4]

Our main structures, LT models, are LT frames extended with an *epistemic valuation*, indicating the knowledge and beliefs of the agent in each state.

Definition 23.2.2 (LT model) Let P be a set of atomic propositions; let $\mathcal{L}$ be the propositional language based on it. An *LT model* $\langle S, \hookrightarrow, E \rangle$ consists of an LT frame $\langle S, \hookrightarrow \rangle$ together with an *epistemic valuation*: a function $E : \{K, B\} \times S \to \wp(\mathcal{L})$ indicating the set of formulas in $\mathcal{L}$ that the agent knows and believes at each state $s \in S$ (respectively, $E_K(s)$ and $E_B(s)$). ◀

Readers familiar with epistemic logic should note that an epistemic valuation is different from the standard valuation one finds in possible worlds models. A standard valuation indicates which atoms are true at each possible world, thus defining the *ontic* (objective) situation of that world. The epistemic valuation presented here does not describe the objective situation of the world; it rather describes the subjective information the agent has about it.

It should be also noticed that there are no requirements on the epistemic valuation. Hence, the model imposes neither minimal conditions nor closure properties on the agent's knowledge and beliefs. For example, the agent does not need to know/believe $p \vee \neg p$ for any $p \in P$, and knowing/believing both $p \to q$ and p does not imply knowing/believing q. Moreover, the sets $E_K(\cdot)$ and $E_B(\cdot)$ do not need to be related; thus, in particular, the agent might know a formula without believing it. This freedom is, of course, a consequence of the abstraction made for representing the agent's epistemic state. Indeed, using specific tools will produce restricted forms of knowledge and beliefs; for example, under plausibility models both knowledge and beliefs are closed under logical consequence, and knowing a formula implies believing it.

Finally, these sets contain only formulas in $\mathcal{L}$. Thus, while the agent can have knowledge/beliefs about propositional formulas, she cannot have knowledge/beliefs about her own knowledge/beliefs. In other words, she cannot have *higher-order* knowledge/beliefs.

---

[3]There are further alternatives: one can also represent not only the agent's knowledge and beliefs, but also the *justifications*, *evidence* and/or *arguments* on which these epistemic notions are based (e.g., see, respectively, Artëmov and Nogina 2005, van Benthem et al. 2014, Shi et al. 2020).

[4]Technically, this abstract idea is similar to using a *knowledge/belief base* (see, e.g., Levesque and Lakemeyer 2000, Lorini 2020), where the knowledge/belief of an agent is represented explicitly. This is in contrast with the mentioned possible worlds and plausibility models, where the agent's knowledge is extracted from her uncertainty (the first) or her plausibility (the second).

Counterfactuals in reasoning from observations to explanations 351

Representing the past and the present is useful. Still, the information the agent has also evolves forward. For example, she might use her current knowledge and beliefs to perform different forms of inference, extracting in this way further information from what she already has (see, e.g., Beall et al. 2019, Koons 2017 for different forms of inference, and Velázquez-Quesada 2014 for a setting representing inference using knowledge and beliefs). She can also receive further information from external sources, either by performing observations (sometimes called public announcements; Plaza 1989, Gerbrandy and Groeneveld 1997) or (in a multi-agent environment) by communicating with other agents (Baltag and Smets 2020). The agent might also perform different forms of awareness change (van Benthem and Velázquez-Quesada 2010, van Ditmarsch et al. 2012), and even forget something she currently knows (Zhang and Zhou 2009, Fernández-Duque et al. 2015).[5] Intuitively, each one of these actions creates a new epistemic state that becomes the current one.

For representing the way further epistemic actions affect the epistemic state of the agent, one can provide operations that extend the current model, with the new state depicting the new epistemic state. First, here are two operations representing actions that affect the agent's *knowledge*.

Definition 23.2.3 (Observation and deductive inference)
Let $M = \langle S, \hookrightarrow, E \rangle$ be an LT model with s_ℓ its last state.

- Let γ be a $\mathcal{L}$-formula; take a state $s_{new} \notin S$. The *observation* operation extends M by adding a successor of s_ℓ in which the agent's knowledge has been extended with γ. Formally, it yields the structure $M_{!\gamma} = \langle S', \hookrightarrow', E' \rangle$ where

  - $S' := S \cup \{s_{new}\}$;
  - for $s \in S$,
    $E'_K(s) := E_K(s),$ $\quad E'_B(s) := E_B(s);$
  - for s_{new},
    $E'_K(s_{new}) := E_K(s_\ell) \cup \{\gamma\}, \quad E'_B(s_{new}) := E_B(s_\ell).$

  - $\hookrightarrow' := \hookrightarrow \cup \{(s_\ell, s_{new})\}$;

- Let $\delta \to \gamma$ be a $\mathcal{L}$-formula; take a state $s_{new} \notin S$. The *deductive inference* operation extends M by adding a successor of s_ℓ in which the agent's knowledge has been extended with γ if and only if she already knew both $\delta \to \gamma$ and δ. Formally, it yields the structure $M_{\hookrightarrow^{\delta \to \gamma}_{KK}} = \langle S', \hookrightarrow', E' \rangle$ with

---

[5] See Fernández-Fernández and Velázquez-Quesada (2020) for a formal model where most of these actions can be represented.

- $S' := S \cup \{s_{new}\}$;
- $\hookrightarrow' := \hookrightarrow \cup \{(s_\ell, s_{new})\}$;
- for $s \in S$,
$$E'_K(s) := E_K(s), \qquad E'_B(s) := E_B(s);$$
- for s_{new},
$$E'_K(s_{new}) := \begin{cases} E_K(s_\ell) \cup \{\gamma\} & \text{if } \{\delta \to \gamma, \delta\} \subseteq E_K(s_\ell) \\ E_K(s_\ell) & \text{otherwise} \end{cases},$$
$$E'_B(s_{new}) := E_B(s_\ell).$$

The structures produced by both operations are LT models: in both cases, the tuple $\langle S', \hookrightarrow' \rangle$ is indeed an LT frame (with s_{new} its last state). ◂

Note: the agent knows γ after the deductive inference operation (i.e., at s_{new}) only if she knew both $\delta \to \gamma$ and δ immediately before (i.e., at s_ℓ). Otherwise, s_{new} and s_ℓ are epistemically the same, and the action achieved nothing. Note also how both operations affect only the agent's knowledge, leaving her beliefs exactly as before. Thus, if before any of these actions she happens to believe $\neg\gamma$, afterwards she might know γ and yet believe its negation. This potentially undesirable behaviour can be avoided, either by making the appropriate changes in the definition, or by representing the agent's epistemic state within a setting that forbids such situations (e.g., the plausibility models of before). The definition above has been chosen only to simplify the presentation.

Here are two operations representing actions that affect the agent's *beliefs*.

Definition 23.2.4 (Expansion and non-deductive inference) Let $M = \langle S, \hookrightarrow, E \rangle$ be an LT model with s_ℓ its last state.

- Let γ be a $\mathcal{L}$-formula; take a state $s_{new} \notin S$. The *expansion* operation extends M by adding a successor of s_ℓ in which the agent has expanded her beliefs with γ. Formally, it yields the structure $M_{\uparrow\gamma} = \langle S', \hookrightarrow', E' \rangle$ with

  - $S' := S \cup \{s_{new}\}$;
  - $\hookrightarrow' := \hookrightarrow \cup \{(s_\ell, s_{new})\}$;
  - for $s \in S$,
  $$E'_K(s) := E_K(s), \qquad E'_B(s) := E_B(s);$$
  - for s_{new},
  $$E'_K(s_{new}) := E_K(s_\ell), \qquad E'_B(s_{new}) := E_B(s_\ell) \cup \{\gamma\}.$$

- Let $\delta \to \gamma$ be a $\mathcal{L}$-formula; take a state $s_{new} \notin S$. The *non-deductive inference* operation extends M by adding a successor of s_ℓ in which the agent's beliefs have been extended with γ if and only if she already believed $\delta \to \gamma$ and knew δ. Formally, it yields the structure $M_{\hookrightarrow_{BK}^{\delta \to \gamma}} = \langle S', \hookrightarrow', E' \rangle$ with

- $S' := S \cup \{s_{new}\}$;
- $\hookrightarrow' := \hookrightarrow \cup \{(s_\ell, s_{new})\}$;
- for $s \in S$,
  $$E'_K(s) := E_K(s), \qquad E'_B(s) := E_B(s);$$
- for s_{new},
  $$E'_K(s_{new}) := E_K(s_\ell),$$
  $$E'_B(s_{new}) := \begin{cases} E_B(s_\ell) \cup \{\gamma\} & \text{if } \delta \to \gamma \in E_B(s_\ell) \text{ and } \delta \in E_K(s_\ell) \\ E_B(s_\ell) & \text{otherwise} \end{cases}.$$

Again, the structures produced by both operations are LT models. ◀

Note: the operation for non-deductive inference requires *believing* the implication and *knowing* the antecedent (hence its label BK). Of course, other forms of non-deductive inference can be defined, including that with a known implication and a believed antecedent (KB) and that in which both implication and antecedent are believed (BB). They all affect only beliefs because at least one of the premises is believed, and thus the conclusion is not guaranteed. In this sense, the deductive inference defined above is indeed a KK inference. Note also how the operation for belief expansion only adds the to-be-believed formula γ, thus allowing situations in which the agent ends up believing both a formula and its negation. To avoid such scenarios, one can add an operation for belief *consolidation* (making consistent an inconsistent belief base), or work directly with an operation for belief *revision* instead. One can also use an appropriate structure for representing the agent's knowledge and beliefs, as mentioned above.

Representing possible futures by means of model operations is an important feature of this proposal. It distinguishes it from purely 'temporal' approaches (e.g., *temporal logic* Venema 2001, *dynamic logic* Harel et al. 2000 and automata theory Hopcroft et al. 2003) where the underlying graph-like structure contains already *all* possible (past and future) stages of the process under discussion. Indeed, an LT model contains only what has happened 'so far', and it is via transformations in the model that future stages are added.

The use of model operations is one of the characteristics features of *dynamic epistemic logic* (*DEL*; van Ditmarsch et al. 2008, van Benthem 2011). Yet, this proposal is also slightly different from what it is typically done in that field. On the one hand, *DEL* models typically represent a single stage of the process; thus, model operations return a structure representing also a single stage (the 'next' one). On the other hand, an LT model represents not only the current stage (the last state) but also previous ones (all the others). In this sense, the setting discussed here can be understood as a *dynamic temporal*: an underlying temporal structure that can be *extended* (in this case, towards the future) by dynamic 'model change' operations. Other logical frameworks using similar ideas include Yap (2011) (cf. Sack 2008, Renne et al. 2016), which redefines the operation representing acts of (public and) private communication (Baltag et al. 1998) to preserve previous stages, Baltag et al. (2018), whose models 'remember' the initial epistemic situation, and Solaki and Velázquez-Quesada (2019), which uses an identical form of representing past, present and future for reasoning about false belief tasks.

An LT model is described by the following language.

Definition 23.2.5 (Language $\mathcal{L}_{K,B}$) Formulas φ, ψ of the language $\mathcal{L}_{K,B}$ are built according to the following rule:

$$\varphi, \psi ::= K\gamma \mid B\gamma \mid \neg\varphi \mid \varphi \wedge \psi \mid [!\gamma]\varphi \mid [\hookrightarrow_{KK}^{\delta \to \gamma}]\varphi \mid [\uparrow\gamma]\varphi \mid [\hookrightarrow_{BK}^{\delta \to \gamma}]\varphi$$

with $\gamma \in \mathcal{L}$. Formulas of the form $[!\gamma]\varphi$, $[\hookrightarrow_{KK}^{\delta \to \gamma}]\varphi$, $[\uparrow\gamma]\varphi$ and $[\hookrightarrow_{BK}^{\delta \to \gamma}]\varphi$ express the effects of epistemic actions. They indicate that φ holds after the agent observes γ, performs a deductive inference with $\delta \to \gamma$, expands her beliefs with γ, and performs a non-deductive inference with $\delta \to \gamma$, respectively.

Formulas in $\mathcal{L}_{K,B}$ describe a given LT model $M = \langle S, \hookrightarrow, E \rangle$ in the following way. Boolean operators are evaluated as usual. For the rest,

$M \Vdash K\gamma \quad \text{iff}_{def} \quad \gamma \in E_K(s_\ell), \qquad M \Vdash [!\gamma]\varphi \quad \text{iff}_{def} \quad M_{!\gamma} \Vdash \varphi,$

$M \Vdash B\gamma \quad \text{iff}_{def} \quad \gamma \in E_B(s_\ell), \qquad M \Vdash [\hookrightarrow_{KK}^{\delta \to \gamma}]\varphi \quad \text{iff}_{def} \quad M_{\hookrightarrow_{KK}^{\delta \to \gamma}} \Vdash \varphi,$

$\qquad\qquad\qquad\qquad\qquad\qquad\qquad M \Vdash [\uparrow\gamma]\varphi \quad \text{iff}_{def} \quad M_{\uparrow\gamma} \Vdash \varphi,$

$\qquad\qquad\qquad\qquad\qquad\qquad\qquad M \Vdash [\hookrightarrow_{BK}^{\delta \to \gamma}]\varphi \quad \text{iff}_{def} \quad M_{\hookrightarrow_{BK}^{\delta \to \gamma}} \Vdash \varphi.$

Validity ($\vdash \varphi$) is defined as usual. Note how the modalities describing the effect of epistemic actions have no precondition: they simply evaluate φ in the LT model that results from its associated operation. ◂

It is worthwhile to emphasise some features of $\mathcal{L}_{K,B}$. First, it can talk about the epistemic state of the agent, but it cannot talk about the objective state of the world. Second, the epistemic state of the agent is limited to her knowledge/beliefs about propositional facts, leaving higher-order knowledge out of the discussion. Note how these drawbacks come not from $\mathcal{L}_{K,B}$ itself, but rather from the class of models it describes. Enriching the models will make it possible to define a language without these limitations.

The LT framework allows us to reason about the agent's past, present and future epistemic states. The past and present states are represented within the structure; the future states are represented by model operations.

However, this manuscript wants to do something more. Besides reasoning about the epistemic states that were, are and will be the case, the goal is also to talk about *counterfactual* epistemic states: those that the agent could have reached if different epistemic actions had occurred along the way.

Counterfactual conditionals, statements in which the antecedent expresses something contrary to fact, have an intrinsic relationship with several fundamental scientific problems, as the character of reasoning, the possibility of knowledge, and the status of laws of nature. Because of this, they are one of the most studied phenomena in philosophical logic, formal semantics, and philosophy of language (see Starr 2019 and references therein).

The most studied form of counterfactuals is that in which the antecedent expresses a *situation* contrary to fact ("*if ψ had been the case, then φ would have been the case*", typically written as $\psi > \varphi$). There have been different proposals assigning formal meaning to these sentences. Within possible worlds semantics, one can mention two main directions. The *strict* interpretation (first articulated in its contemporary form in Peirce 1896; see also, e.g., Daniels and Freeman 1980, Warmbrōd 1981, Gillies 2007) states that $\psi > \varphi$ is true in a world w when, in any possible situation u, either ψ is not true or φ is true. The *similarity* interpretation (e.g., Stalnaker 1968, Lewis 1973) uses a more fine-grained analysis, stating that $\psi > \varphi$ is true in a world w when all the ψ-worlds that are most similar to w are also φ-worlds. Note the crucial idea for both cases: look for certain *situations* where ψ holds, and then verify that they all satisfy φ.

Since this paper's main focus is the representation of abductive reasoning, the counterfactuals used here will have a very specific form. Recall the main intuition: the search for an explanation to a surprising observation should take place not at the stage *after* the surprising observation, but rather at the stage *before* it. More precisely, the idea is to take δ as the abductive solution of a surprising observation γ if and only if observing δ *before* observing γ would have allowed the agent to infer γ. Thus, one needs to reason not about *situations* that *are* not the case, but rather about *actions* that *did not take* place.

To do this, this proposal defines a further and yet different model operation. Instead of adding a node at the end of the temporal line, this operation removes the currently last state. In this way, it will be possible to reason about what would have been the case if a different action had taken place.

Definition 23.2.6 (Undo) Let $M = \langle S, \hookrightarrow, E \rangle$ be a LT model with s_ℓ its last state. The *undo* operation removes s_ℓ from M whenever possible, keeping everything else as before. Its formal definition is split in two cases. If $s_0 = s_\ell$ then M has just one state; in this case, the model $M_\ominus$ is exactly as M. If $s_0 \neq s_\ell$ then M has more than one state; let s'_ℓ be the unique predecessor of s_ℓ. In this case, $M_\ominus = \langle S', \hookrightarrow', E' \rangle$ is such that

- $S' := S \setminus \{s_\ell\}$;
- $\hookrightarrow' := \hookrightarrow \setminus \{(s'_\ell, s_\ell)\}$;
- for $s \in S'$,

  $E'_K(s) := E_K(s)$, $\qquad E'_B(s) := E_B(s)$;

Here are the formulas that will make use of this operation.

Definition 23.2.7 (Modality $\ominus$) The modality $\ominus$ is used to build formulas of the form $\ominus \varphi$, indicating that φ was the case in the next-to-last state. Given a LT model $M = \langle S, \hookrightarrow, E \rangle$, their semantic interpretation is defined as

$M \Vdash \ominus \varphi$ iff$_{def}$ $M_\ominus \Vdash \varphi$ ◀

This concludes the presentation of the tools. The next section shows what they can do.

23.3 Searching for explanations

It is time to put the definitions to work. Here is a simple example of the situations this framework can represent.

Example 23.3.1 Portia is a 5-years-old girl. She has found out that the Zoo has a new guest, an animal named Fabian, and she wants to know about it. Her 7-years-old brother has told her that if Fabian is a bird, then it flies ($b \to f$). He has been mistaken in the past, so although Portia believes what he said, she does not put it in the list of things that she knows for sure. Her mother, on the other hand, is never wrong, and she has told her that if Fabian is a penguin then it does not fly ($p \to \neg f$). This initial situation, represented by LT model below on the left, changes when her father (also 100% reliable) tells her that Fabian is a bird (b). This produces the LT below on the right.

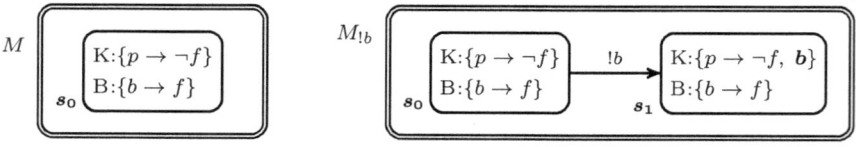

Note how $M \Vdash \neg K b \wedge [!b] K b$. Now, in the current state (s_1), Portia can infer additional information, which produces the LT model below.

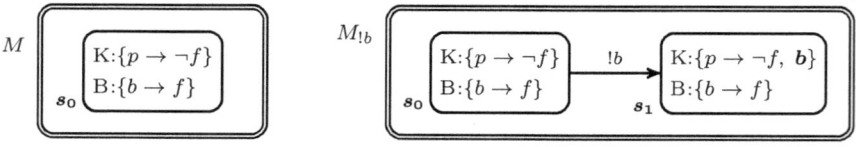

In words, at s_0 Portia believes that if Fabian is a bird then it flies, but she does not know Fabian is a bird. After the information from her father (i.e., at s_1), she now knows that Fabian is a bird, and then she can perform a non-deductive inference that leads her to state s_2 where she believes Fabian flies. Thus, $M \Vdash B(b \to f) \wedge \neg K b \wedge [!b] \left(B(b \to f) \wedge K b \wedge [\hookrightarrow_{BK}^{b \to f}] B b \right)$. ◀

This shows how the LT framework can represent the way Portia's knowledge and beliefs evolve due to diverse epistemic actions. The story continues.

Example 23.3.2 On her way to the Zoo, Portia reads an official booklet introducing Fabian to the Zoo's visitors. The booklet says that Fabian does not fly; thus,

Counterfactuals in reasoning from observations to explanations   357

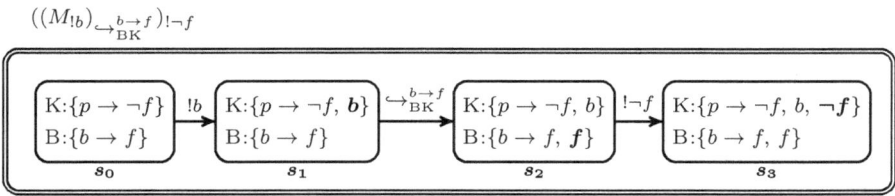

For Portia, this is a surprising observation, as immediately *before* it she believed Fabian flies.   ◀

This is the typical scenario that fires abductive reasoning: there is a surprising observation $\neg f$, and the agent tries to account for it by looking for explanations, that is, pieces of information that, in Peirce's words, would have made $\neg f$ "a matter of course". For the purposes of this section, the important question is the following: where should the agent look for explanations?

As mentioned, most approaches to abductive reasoning have used propositional or first-order tools. For them, an abductive solution is a formula that, together with the background theory, entails the surprising observation. The simplest interpretation of this idea is what yields the typical understanding of abduction as deduction in reverse: from the surprising observation γ and the background theory $\delta \to \gamma$ to the abductive solution δ.

However, this understanding leaves out the temporal aspect that is crucial for an epistemic approach to abductive reasoning. Portia has observed the propositional $\neg f$, and this has changed her epistemic state. If she is searching for information that would have made $\neg f$ a matter of course, she should look for it not at her current epistemic state (s_3), but rather at the one immediately before observing $\neg f$ (s_2). In other words, she should reason *counterfactually* about what would had happened if, exactly before reading the booklet, she would have gotten further information.

Example 23.3.3 Recall the model $((M_{!b})_{\hookrightarrow_{BK}^{b \to f}})_{!\neg f}$ of Example 23.3.2. Portia has made a surprising observation ($\neg f$) and now she is looking for explanations. Thus, she goes one step back.

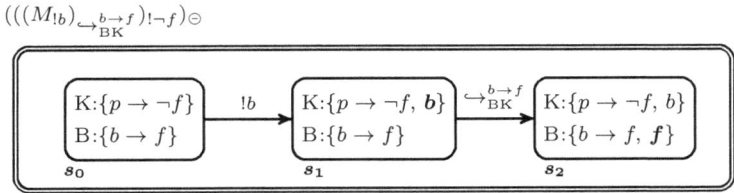

This is the stage where she can look for information that would have allowed her to know $\neg f$. In particular, if she had learnt that Fabian is a penguin

$((((M_{!b})_{\hookrightarrow^{b\to f}_{BK}})_{!\neg f})_{\ominus})_{!p}$

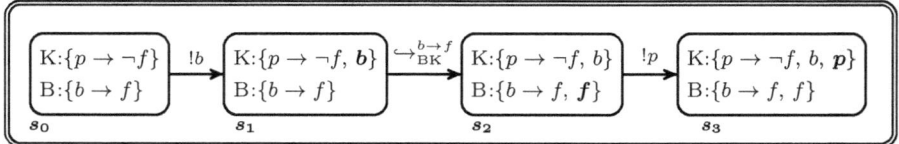

then she would have been able to deduce that it does not fly:

$(((((M_{!b})_{\hookrightarrow^{b\to f}_{BK}})_{!\neg f})_{\ominus})_{!p})_{\hookrightarrow^{p\to\neg f}_{KK}}$

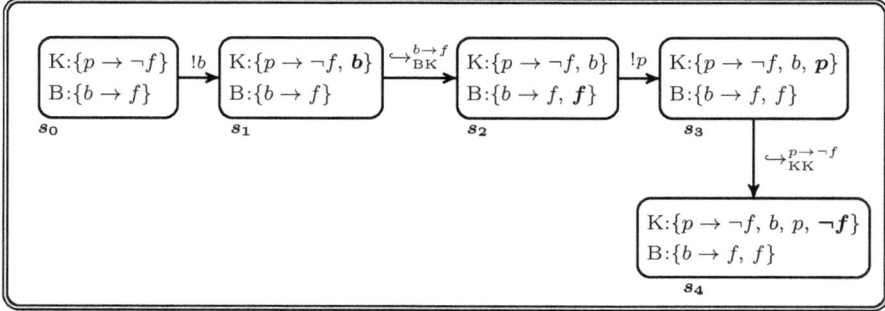

This, expressed in the formal setting as

$$((M_{!b})_{\hookrightarrow^{b\to f}_{BK}})_{!\neg f} \Vdash \ominus\left(\neg K \neg f \wedge [!p](K\,p \wedge [\hookrightarrow^{p\to\neg f}_{KK}]\,K\,\neg f)\right),$$

is the reason why p is a good explanation for the surprising observation $\neg f$. ◀

The example suggests the following definitions.

Definition 23.3.1 (Abductive problem, abductive solution) Let M be a LT model.

- The formula $\gamma \in \mathcal{L}$ is an abductive problem at M if and only if the agent knows it but, one epistemic action ago, she did not know it and in fact believed its negation:

$$M \Vdash K\,\gamma \wedge \ominus(\neg K\,\gamma \wedge B\,\neg\gamma).$$

- The formula $\delta \in \mathcal{L}$ is, at M, an abductive solution for the abductive problem γ if and only if γ is an abductive problem and, had the agent learnt δ in the previous stage, it would have allowed her to deduce γ in one step:

$$M \Vdash K\,\gamma \wedge \ominus\left(\neg K\,\gamma \wedge B\,\neg\gamma \wedge [!\delta]\,[\hookrightarrow^{\delta\to\gamma}_{KK}]\,K\,\gamma\right). \quad ◀$$

These definitions can be refined and extended. First, the current definition of abductive problem does not take into account the type of the just performed epistemic action. Thus, it allows for abductive problems to arise even through the use of deductive inferences. A more fine-grained definition could restrict the last epistemic action to observations, making the definition more in line with the literature. Additionally, one might want to look closer at what constitutes a *surprising observation* (e.g., Lorini and Castelfranchi 2007), to allow more cognitively plausible scenarios.

Then, the definition of abductive solution requires for δ to allow the agent to deduce γ in one step. But one can extend the definition to allow information that would have required more than one deductive inference to produce γ, and even allow the use of inferences of a non-deductive nature (e.g., BK).

The previous definitions have limitations, but they do meet the goal stated in the introduction: they define an abductive problem and an abductive solution in terms of counterfactuals, as hinted in Peirce's original formulation.

23.4 Integrating solutions

Some authors understand abductive reasoning as the inference from a surprising observation to its explanation (Lobo and Uzcátegui 1997, Aliseda 2003). Yet, for some others, abductive reasoning is a process consisting of several stages. A first example is Velázquez-Quesada et al. (2013), which distinguishes three stages: one before the surprising observation, another after it but before selecting an abductive solution, and a final one reached when the chosen 'best' explanation has been incorporated to the agent's information. Another is Ma and Pietarinen (2018), which extends the process by considering abductive solutions as *investigands* (propositions with an epistemic status of 'pre-belief') which become the focus of the research.

This manuscripts understands abductive reasoning as a process, along the ideas in Velázquez-Quesada et al. (2013). Indeed, the topic of the previous section can be understood as the stages of realising there is an abductive problem and then looking for possible abductive solutions. The process of selecting the best explanation is not discussed in this manuscript,[6] so the only stage left is that of integrating the selected explanation to the agent's epistemic state.

The issue of how to integrate the selected abductive solution into the agent's epistemic state has not been discussed at depth in the literature. The reason might be that, typically, abductive reasoning is not discussed from a dynamic perspective: one needs to acknowledge the existence of different stages in order to consider alternatives for defining *the next*. Still, the tools used by some approaches leave them without too many options. For example, several proposals consider only one epistemic attitude (either by talking explicit about knowledge or beliefs, or else by talking about a theory), and thus they can only incorporate the solution to it.

---

[6]Selecting the best explanation is, for some authors (e.g., Harman 1965, Hintikka 1998), an important part of abductive reasoning. However, see Campos (2011) for a discussion about the relationship between abduction and inference to the best explanation.

One aspect to keep in mind in this discussion is the non-monotonic nature of abductive reasoning: the chosen explanation does not need to be true, and in fact can be discarded in the light of further information. Indeed, as observed in Nepomuceno-Fernández (2014), Peirce's famous formulation does not proclaim that the abductive conclusion should be true with certainty. Thus, an abductive solution cannot be assimilated as knowledge, or at lest not as its *infallible/irrevocable* kind. Yet, following Nepomuceno-Fernández (2014) again, there is reason to suspect that the solution is true, and this makes it plausible. This can be represented here because the agent has not only knowledge, a 'hard' form of information which is not subjected to amendments; she also has a 'soft' form that can be revised as many times as it is needed: beliefs.

Example 23.4.1 The model $((M_{!b})_{\hookrightarrow_{BK}^{b \to f}})_{!\neg f}$ of Example 23.3.2, show again below, represents the situation immediately after Portia has made the surprising observation "Fabian does not fly" ($\neg f$).

$((M_{!b})_{\hookrightarrow_{BK}^{b \to f}})_{!\neg f}$

s_0		s_1		s_2		s_3
K:$\{p \to \neg f\}$ B:$\{b \to f\}$	$\xrightarrow{!b}$	K:$\{p \to \neg f, \boldsymbol{b}\}$ B:$\{b \to f\}$	$\xrightarrow{\hookrightarrow_{BK}^{b \to f}}$	K:$\{p \to \neg f, b\}$ B:$\{b \to f, \boldsymbol{f}\}$	$\xrightarrow{!\neg f}$	K:$\{p \to \neg f, b, \neg\boldsymbol{f}\}$ B:$\{b \to f, f\}$

Thanks to counterfactual reasoning (Example 23.3.3), Portia identifies "Fabian is a penguin" (p) as an explanation. This is because, if before the surprising observation she would have learnt that Fabian is a penguin, she would have been able to deduce that Fabian does not fly.

But Portia's explanation, that Fabian is a penguin, is not guaranteed to be true (e.g., Fabian might be an ostrich). Thus, she adopts it by changing only her beliefs:

$(((((M_{!b})_{\hookrightarrow_{BK}^{b \to f}})_{!\neg f}) \odot)_{!\neg f})_{\uparrow p}$

s_0		s_1		s_2		s_3
K:$\{p \to \neg f\}$ B:$\{b \to f\}$	$\xrightarrow{!b}$	K:$\{p \to \neg f, \boldsymbol{b}\}$ B:$\{b \to f\}$	$\xrightarrow{\hookrightarrow_{BK}^{b \to f}}$	K:$\{p \to \neg f, b\}$ B:$\{b \to f, \boldsymbol{f}\}$	$\xrightarrow{!\neg f}$	K:$\{p \to \neg f, b, \neg\boldsymbol{f}\}$ B:$\{b \to f, f\}$

$\downarrow \uparrow p$

s_4: K:$\{p \to \neg f, b, \neg\boldsymbol{f}\}$
 B:$\{b \to f, f, \boldsymbol{p}\}$

By taking the initial stage to be the situation immediately before the surprising observation, the changes in Portia's epistemic state can be expressed in the formal setting as follows:

$$(M_{!b})_{\hookrightarrow_{\mathrm{BK}}^{b\to f}} \Vdash [!\neg f] \underbrace{(\mathrm{K}\,\neg f \wedge \ominus(\neg\mathrm{K}\,\neg f \wedge \mathrm{B}\,f)}_{\neg f \text{ is an}} \wedge \underbrace{\ominus [!p]\,[\hookrightarrow_{\mathrm{KK}}^{p\to\neg f}]\,\mathrm{K}\,\neg f}_{p \text{ is an}} \wedge \underbrace{[\uparrow p]\,\mathrm{B}\,p}_{p \text{ is}})$$

$\neg f$ is an abd. problem p is an abd. solution for $\neg f$ p is adopted

Thus, by reading the booklet, Portia gets to know that Fabian does not fly ($\mathrm{K}\,\neg f$). However, this is a surprising observation, as immediately before she did not know it and, in fact, believed the opposite ($\ominus(\neg\mathrm{K}\,\neg f \wedge \mathrm{B}\,f)$). When looking for an explanation, she realises that, had she learnt before reading the booklet that Fabian is a penguin, she could have known that it does not fly ($\ominus [!p]\,[\hookrightarrow_{\mathrm{KK}}^{p\to\neg f}]\,\mathrm{K}\,\neg f$). This makes "Fabian is a penguin" a reasonable explanation, and thus she comes to believe it ($[\uparrow p]\,\mathrm{B}\,p$). ◀

23.5 Abductive reasoning, once again

This manuscript's proposal for representing abductive reasoning is based in two essential ideas. The second, borrowed from Velázquez-Quesada et al. (2013), concerns the way the selected abductive solution is integrated into the agent's epistemic state. The selected explanation does not need to be true, and it fact can be discarded in the light of further information. Thus, the agent does not add it to her collection of irrevocable information (here, knowledge); instead, she only adds it to her collection of information that can be revised as many times as it is needed (here: *beliefs*).

Yet, the most important idea concerns the counterfactual nature of abductive reasoning. It has been argued that, when looking for an explanation to a surprising observation, the agent should look not at the stage after the observation; instead, she should look at the stage immediately *before*. In other words, when looking for explanations, the agent should look for those pieces of information that *would have allowed* her to 'predict' the surprising observation.

The formal setting introduced here allows us to make those ideas precise. It can deal with the second because the involved agent has not only information that is fully reliable (knowledge) but also information that is plausible and yet fallible (beliefs). It is precisely this what allows the representation of abduction as a form of reasoning that relies on knowledge to generate beliefs. Indeed, if γ is an abductive problem and δ its selected abductive solution, then

$$\Vdash \mathrm{K}(\delta \to \gamma) \to [!\gamma](\mathrm{K}\,\gamma \to [\uparrow\delta]\,\mathrm{B}\,\delta). \qquad (\star\star)$$

More importantly, the formal framework can deal with the first idea. This is not only because it keeps track of past epistemic states but also because its 'undo' operation allows counterfactual reasoning about what would have happened if different epistemic actions had taken place. Indeed, as stated, γ is an abductive problem and δ one of its abductive solutions if and only if

$$\Vdash \mathrm{K}\,\gamma \wedge \ominus(\neg\mathrm{K}\,\gamma \wedge \mathrm{B}\,\neg\gamma \wedge [!\delta]\,[\hookrightarrow_{\mathrm{KK}}^{\delta\to\gamma}]\,\mathrm{K}\,\gamma). \qquad (\star)$$

Still, the setting presented here is just a brief sketch of what a fully fledged framework can look like. The crucial aspect is a proper representation of the agent's epistemic state. The discussed plausibility models provide a widely accepted alternative, powerful enough to deal with an agent with higher order knowledge and higher order beliefs. Yet, such models bring with them idealisations that might not be adequate for all situations. Some of the mentioned alternatives might be better suited for representing more 'real' agents.

A thoroughly developed setting would also allows us to look into further aspects of abductive reasoning. As indicated above, *(i)* a more specific definition of abductive problem that takes into account the type of action that created the surprised observation, and *(ii)* a more general definition of abductive solution that allows pieces of information requiring more than one step (and even non-deductive inferences) to reach the surprising γ. One can even look at abductive problems raised not because the background theory is incomplete, but rather because the agent did not have enough time to make all possible deductive inferences (cf. Soler-Toscano and Velázquez-Quesada 2014).

Then, the full setting would allow a more adequate exploration of abductive consequence relations (cf. Lobo and Uzcátegui 1997, Aliseda 2003). Indeed, relying on (⋆⋆), one can follow Cordón-Franco et al. (2013) and define a *dynamic* abductive consequence relation $\chi \mathrel{\vdash_\Phi} \psi$ ("ψ is a solution to the abductive problem χ under the background theory Φ") as, e.g.,

$$\chi \mathrel{\vdash_\Phi} \psi \quad \text{iff} \quad \bigwedge_{\phi \in \Phi} K\phi \Vdash [!\chi](K\chi \to [\uparrow\psi]\,B\,\psi).$$

and then study its structural properties.

Finally, a multi-agent version of the setting would allow to explore multi-agent scenarios involving abductive reasoning, as those in which a group of agents put together their individual knowledge and beliefs to look for find a solution for a surprising observation.

As mentioned, abductive reasoning has been one of the central themes in Ángel's research. His work on the topic is enough to consider his academic career a very successful one, and yet it is only the tip of the iceberg. Ángel has also made multiple contributions in other areas, witness the other papers in this volume. Moreover, there is the large list of research projects in which he has been involved, in many of them as the main researcher. Last, but definitely not least, are the several students he has supervised over the years. These are the achievements most people will have in mind when thinking about Ángel's career.

Yet, when I think about Ángel's academic life, the first things that come to mind are not the ones mentioned above. Instead, I think about all those details that do not produce publications, research grants or degrees (at least not immediately), but nevertheless have a deep impact. The ones that shine brighter for me are Ángel's willingness to welcome people of different backgrounds into his academic circle as well as the support he gives to them. This is what allows us to hear different perspectives and different opinions, which enriches our understanding of research topics in invaluable ways. This is also what allowed an inexperienced researcher from across the ocean to make his first steps into his post-PhD academic life.

Gracias por todo Ángel; te estoy siempre agradecido.

Bibliography

A. Aliseda. Mathematical reasoning vs. abductive reasoning: a structural approach. *Synthese*, 134(1-2):25–44, 2003. ISSN 0039-7857. doi: 10.1023/A:1022127429205.

A. Aliseda. *Abductive Reasoning. Logical Investigations into Discovery and Explanation*, volume 330 of *Synthese Library Series*. Springer, 2006. ISBN 978-1-4020-3907-2.

S. N. Artëmov and E. Nogina. Introducing justification into epistemic logic. *Journal of Logic and Computation*, 15(6):1059–1073, 2005. doi: 10.1093/logcom/exi053.

A. Baltag and S. Smets. A qualitative theory of dynamic interactive belief revision. In G. Bonanno, W. van der Hoek, and M. Wooldridge, editors, *Logic and the Foundations of Game and Decision Theory (LOFT7)*, volume 3 of *Texts in Logic and Games*, pages 13–60. Amsterdam University Press, Amsterdam, The Netherlands, 2008. ISBN 978-90 8964 026 0.

A. Baltag and S. Smets. Learning what others know. In E. Albert and L. Kovács, editors, *LPAR 2020: 23rd International Conference on Logic for Programming, Artificial Intelligence and Reasoning, Alicante, Spain, May 22-27, 2020*, volume 73 of *EPiC Series in Computing*, pages 90–119. EasyChair, 2020. URL https://easychair.org/publications/paper/V8Jp.

A. Baltag, L. S. Moss, and S. Solecki. The logic of public announcements, common knowledge, and private suspicions. In I. Gilboa, editor, *TARK*, pages 43–56, San Francisco, CA, USA, 1998. Morgan Kaufmann. ISBN 1-55860-563-0. URL http://dl.acm.org/citation.cfm?id=645876.671885.

A. Baltag, A. Özgün, and A. L. V. Sandoval. APAL with memory is better. In L. S. Moss, R. J. G. B. de Queiroz, and M. Martínez, editors, *Logic, Language, Information, and Computation - 25th International Workshop, WoLLIC 2018, Bogota, Colombia, July 24-27, 2018, Proceedings*, volume 10944 of *Lecture Notes in Computer Science*, pages 106–129. Springer, 2018. ISBN 978-3-662-57668-7. doi: 10.1007/978-3-662-57669-4_6.

J. Beall, G. Restall, and G. Sagi. Logical Consequence. In E. N. Zalta, editor, *The Stanford Encyclopedia of Philosophy*. Metaphysics Research Lab, Stanford University, spring 2019 edition, 2019.

O. Board. Dynamic interactive epistemology. *Games and Economic Behavior*, 49(1): 49–80, Oct. 2004. doi: 10.1016/j.geb.2003.10.006.

D. G. Campos. On the distinction between peirce's abduction and lipton's inference to the best explanation. *Synthese*, 180(3):419–442, 2011. doi: 10.1007/s11229-009-9709-3.

A. Cordón-Franco, H. van Ditmarsch, and Á. Nepomuceno-Fernández. Dynamic consequence and public announcement. *The Journal of Symbolic Logic*, 6(4):659–679, 2013. doi: 10.1017/S1755020313000294.

C. B. Daniels and J. B. Freeman. An analysis of the subjunctive conditional. *Notre Dame Journal of Formal Logic*, 21(4):639–655, Oct. 1980. doi: 10.1305/ndjfl/1093883247. URL https://doi.org/10.1305/ndjfl/1093883247.

R. Fagin, J. Y. Halpern, Y. Moses, and M. Y. Vardi. *Reasoning about knowledge*. The MIT Press, Cambridge, Mass., 1995. ISBN 0-262-06162-7.

K. T. Fann. *Peirce's Theory of Abduction*. Martinus Nijhoff, The Hague, 1970. ISBN 0-262-06162-7.

D. Fernández-Duque, Á. Nepomuceno-Fernández, E. Sarrión-Morillo, F. Soler-Toscano, and F. R. Velázquez-Quesada. Forgetting complex propositions. *Logic Journal of the IGPL*, 23(6):942–965, 2015. ISSN 1367-0751. doi: 10.1093/jigpal/jzv049. URL http://arxiv.org/abs/1507.01111.

C. Fernández-Fernández and F. R. Velázquez-Quesada. *Awareness of* and *awareness that*: their combination and dynamics. *Logic Journal of the IGPL*, Jan. 2020. ISSN 1367-0751. doi: 10.1093/jigpal/jzz043.

J. Gerbrandy and W. Groeneveld. Reasoning about information change. *Journal of Logic, Language, and Information*, 6(2):147–196, 1997. doi: 10.1023/A:1008222603071.

A. Gillies. Counterfactual scorekeeping. *Linguistics and Philosophy*, 30(3):329–360, 2007. doi: 10.1007/s10988-007-9018-6.

D. Harel, D. Kozen, and J. Tiuryn. *Dynamic Logic*. MIT Press, Cambridge, USA, 2000. ISBN 0-262-08289-6.

G. H. Harman. The inference to the best explanation. *The Philosophical Review*, 74(1):88–95, Jan. 1965. doi: 10.2307/2183532. URL https://www.jstor.org/stable/2183532.

J. Hintikka. *Knowledge and Belief: An Introduction to the Logic of the Two Notions*. Cornell University Press, Ithaca, N.Y., 1962. ISBN 1-904987-08-7.

J. Hintikka. What is abduction? The fundamental problem of contemporary epistemology. *Transactions of the Charles S. Peirce Society*, 34(3):503–533, 1998.

J. E. Hopcroft, R. Motwani, and J. D. Ullman. *Introduction to automata theory, languages, and computation - international edition (2. ed)*. Addison-Wesley, 2003. ISBN 978-0-321-21029-6.

R. Koons. Defeasible reasoning. In E. N. Zalta, editor, *The Stanford Encyclopedia of Philosophy*. Metaphysics Research Lab, Stanford University, winter 2017 edition, 2017.

H. J. Levesque and G. Lakemeyer. *The logic of knowledge bases.* MIT Press, 2000. ISBN 978-0-262-12232-0. URL https://mitpress.mit.edu/books/logic-knowledge-bases.

D. Lewis. *Counterfactuals.* Blackwell, Oxford, 1973.

J. Lobo and C. Uzcátegui. Abductive consequence relations. *Artificial Intelligence,* 89(1-2):149–171, 1997. doi: 10.1016/S0004-3702(96)00032-X.

E. Lorini. Rethinking epistemic logic with belief bases. *Artificial Intelligence,* 282: 103233, 2020. doi: 10.1016/j.artint.2020.103233.

E. Lorini and C. Castelfranchi. The cognitive structure of surprise: looking for basic principles. *Topoi,* 26(1):133–149, Mar. 2007. ISSN 0167-7411. doi: 10.1007/s11245-006-9000-x. URL http://www.istc.cnr.it/doc/83a_2007021612537t_extended_version.pdf.

M. Ma and A. Pietarinen. Let us investigate! dynamic conjecture-making as the formal logic of abduction. *Journal of Philosophical Logic,* 47(6):913–945, 2018. doi: 10.1007/s10992-017-9454-x.

Á. Nepomuceno-Fernández. Modelos de razonamiento abductivo. *Contrastes,* Suplemento X:155–180, 2005. ISSN 1136-9922. doi: 10.24310/Contrastescontrastes.v0i0.1367.

Á. Nepomuceno-Fernández. Scientific models of abduction: The role of non classical logic. In W. J. Gonzalez, editor, *Bas van Fraassen's Approach to Representation and Models in Science,* volume 368 of *Synthese Library Series,* pages 121–141. Springer, Dordrecht, 2014. ISBN 978-94-007-7837-5. doi: 10.1007/978-94-007-7838-2_6.

Á. Nepomuceno-Fernández and F. Soler-Toscano. Metamodeling abduction. *Theoria,* 22(60):285–293, 2007. ISSN 0495-4548.

Á. Nepomuceno-Fernández, F. Soler-Toscano, and A. Aliseda-Llera. Abduction via C-tableaux and delta-resolution. *Journal of Applied Non-Classical Logics,* 19(2): 211–225, 2009. ISSN 1166-3081. doi: 10.3166/jancl.19.211-225. URL https://doi.org/10.3166/jancl.19.211-225.

Á. Nepomuceno-Fernández, F. J. Salguero-Lamillar, and D. Fernández-Duque. Tableaux for structural abduction. *Logic Journal of the IGPL,* 20(2):388–399, 2012. doi: 10.1093/jigpal/jzq054.

Á. Nepomuceno-Fernández, F. Soler-Toscano, and F. R. Velázquez-Quesada. An epistemic and dynamic approach to abductive reasoning: selecting the best explanation. *Logic Journal of the IGPL,* 21(6):943–961, Dec. 2013. ISSN 1367-0751. doi: 10.1093/jigpal/jzt013.

Á. Nepomuceno-Fernández, F. Soler-Toscano, and F. R. Velázquez-Quesada. The fundamental problem of contemporary epistemology. *Teorema,* 33(2):89–103, May 2014. ISSN 0210-1602. URL http://dialnet.unirioja.es/servlet/articulo?codigo=4729765.

C. S. Peirce. The regenerated logic. *The Monist*, 7(1):19–40, 1896. doi: 10.5840/monist18967121.

J. A. Plaza. Logics of public communications. In M. L. Emrich, M. S. Pfeifer, M. Hadzikadic, and Z. W. Ras, editors, *Proceedings of the 4th International Symposium on Methodologies for Intelligent Systems*, pages 201–216, Tennessee, USA, 1989. Oak Ridge National Laboratory, ORNL/DSRD-24. Republished as Plaza (2007).

J. A. Plaza. Logics of public communications. *Synthese*, 158(2):165–179, 2007. doi: 10.1007/s11229-007-9168-7.

B. Renne, J. Sack, and A. Yap. Logics of temporal-epistemic actions. *Synthese*, 193 (3):813–849, 2016. doi: 10.1007/s11229-015-0773-6.

A. L. Reyes-Cabello, A. Aliseda-Llera, and Á. Nepomuceno-Fernández. Towards abductive reasoning in first-order logic. *Logic Journal of the IGPL*, 14(2):287–304, Mar. 2006. ISSN 1367-0751. doi: 10.1093/jigpal/jzk019. URL https://doi.org/10.1093/jigpal/jzk019.

J. Sack. Temporal languages for epistemic programs. *Journal of Logic, Language and Information*, 17(2):183–216, 2008. doi: 10.1007/s10849-007-9054-1.

C. Shi, S. Smets, and F. R. Velázquez-Quesada. The logic of justified beliefs based on argumentation. Under submission, 2020.

A. Solaki and F. R. Velázquez-Quesada. Towards a logical formalisation of theory of mind: A study on false belief tasks. In P. Blackburn, E. Lorini, and M. Guo, editors, *Logic, Rationality, and Interaction - 7th International Workshop, LORI 2019, Chongqing, China, October 18-21, 2019, Proceedings*, volume 11813 of *Lecture Notes in Computer Science*, pages 297–312. Springer, 2019. ISBN 978-3-662-60291-1. doi: 10.1007/978-3-662-60292-8_22. URL https://eprints.illc.uva.nl/id/document/10229.

F. Soler-Toscano and F. R. Velázquez-Quesada. Generation and selection of abductive explanations for non-omniscient agents. *Journal of Logic, Language and Information*, 23(2):141–168, June 2014. ISSN 0925-8531. doi: 10.1007/s10849-014-9192-1.

F. Soler-Toscano, D. Fernández-Duque, and Á. Nepomuceno-Fernández. A modal framework for modelling abductive reasoning. *Logic Journal of the IGPL*, 20(2): 438–444, 2012. doi: 10.1093/jigpal/jzq059.

R. Stalnaker. A theory of conditionals. In N. Rescher, editor, *Studies in Logical Theory*, pages 98–112. Basil Blackwell Publishers, Oxford, 1968.

W. Starr. Counterfactuals. In E. N. Zalta, editor, *The Stanford Encyclopedia of Philosophy*. Metaphysics Research Lab, Stanford University, fall 2019 edition, 2019.

J. van Benthem. Dynamic logic for belief revision. *Journal of Applied Non-Classical Logics*, 17(2):129–155, 2007. doi: 10.3166/jancl.17.129-155. URL http://www.illc.uva.nl/Publications/ResearchReports/PP-2006-11.text.pdf.

J. van Benthem. *Logical Dynamics of Information and Interaction*. Cambridge University Press, 2011. ISBN 978-0-521-76579-4.

J. van Benthem and F. R. Velázquez-Quesada. The dynamics of awareness. *Synthese (Knowledge, Rationality and Action)*, 177(Supplement 1):5–27, Dec. 2010. ISSN 0039-7857. doi: 10.1007/s11229-010-9764-9.

J. van Benthem, D. Fernández-Duque, and E. Pacuit. Evidence and plausibility in neighborhood structures. *Annals of Pure and Applied Logic*, 165(1):106–133, Jan. 2014. ISSN 0168-0072. doi: 10.1016/j.apal.2013.07.007. URL http://www.illc.uva.nl/Research/Publications/Reports/PP-2012-25.text.pdf.

H. van Ditmarsch, W. van der Hoek, and B. Kooi. *Dynamic Epistemic Logic*, volume 337 of *Synthese Library Series*. Springer, Dordrecht, The Netherlands, 2008. ISBN 978-1-4020-5838-7. doi: 10.1007/978-1-4020-5839-4.

H. van Ditmarsch, T. French, and F. R. Velázquez-Quesada. Action models for knowledge and awareness. In W. van der Hoek, L. Padgham, V. Conitzer, and M. Winikoff, editors, *International Conference on Autonomous Agents and Multiagent Systems, AAMAS 2012, Valencia, Spain, June 4-8, 2012 (3 Volumes)*, pages 1091–1098. IFAAMAS, 2012. URL http://dl.acm.org/citation.cfm?id=2343853.

F. R. Velázquez-Quesada. Dynamic epistemic logic for implicit and explicit beliefs. *Journal of Logic, Language and Information*, 23(2):107–140, June 2014. ISSN 0925-8531. doi: 10.1007/s10849-014-9193-0.

F. R. Velázquez-Quesada, F. Soler-Toscano, and Á. Nepomuceno-Fernández. An epistemic and dynamic approach to abductive reasoning: abductive problem and abductive solution. *Journal of Applied Logic*, 11(4):505–522, 2013. ISSN 1570-8683. doi: 10.1016/j.jal.2013.07.002.

Y. Venema. Temporal logic. In L. Goble, editor, *The Blackwell Guide to Philosophical Logic*, pages 203–223. Basil Blackwell Publishers, 2001. ISBN 978-0-631-20693-4. doi: 10.1111/b.9780631206934.2001.x.

K. Warmbrōd. Counterfactuals and substitution of equivalent antecedents. *Journal of Philosophical Logic*, 10(2):267–289, 1981. doi: 10.1007/BF00248853.

A. Yap. Dynamic epistemic logic and temporal modality. In P. Girard, O. Roy, and M. Marion, editors, *Dynamic Formal Epistemology*, volume 351 of *Synthese Library*, pages 33–50. Springer Netherlands, 2011. ISBN 978-94-007-0074-1. doi: 10.1007/978-94-007-0074-1_3. URL http://www.illc.uva.nl/Research/Reports/PP-2006-39.text.pdf.

Y. Zhang and Y. Zhou. Knowledge forgetting: Properties and applications. *Artificial Intelligence*, 173(16–17):1525–1537, 2009. doi: 10.1016/j.artint.2009.07.005.

www.ingramcontent.com/pod-product-compliance
Lightning Source LLC
Chambersburg PA
CBHW050121170426
43197CB00011B/1671